计算机辅助园林制图

Photoshop实例

制作树木阴影

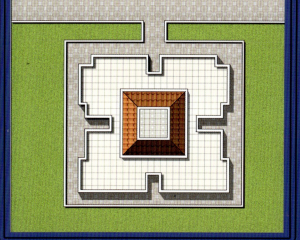

制作建筑平面图

填充绿地和植物色带

填充植物种植

小游园绿化平面效果图制作

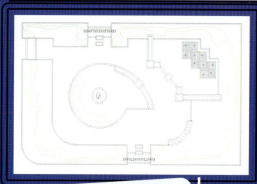

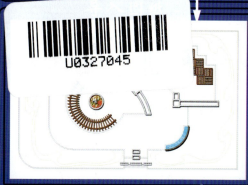

填充建筑

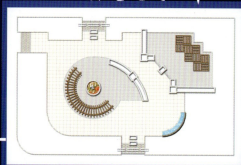

填充地面

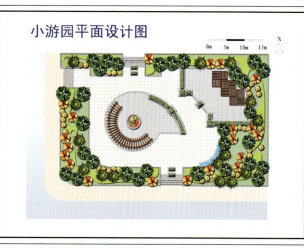

添加文字、图框的最后效果

计算机辅助园林制图 3ds max 实例

园林效果图制作流程

创建三维场景

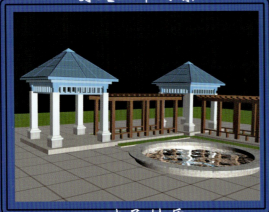
赋予材质

设置灯光、相机

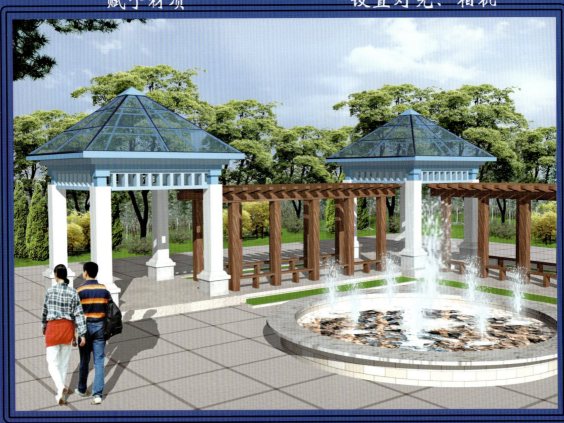
后期处理

计算机辅助园林制图

材质制作

3ds max 实例

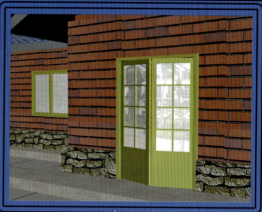

反射玻璃材质

墙、砖材质

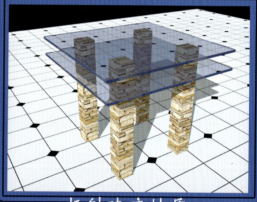

折射玻璃材质

静态水材质

大理石材质

动态水材质

不锈钢材质

计算机辅助园林制图

3ds max 实例

小游园效果图制作

创建场景

赋予材质

设置灯光

设置、调整相机

后期处理

QUANGUOJIANSHEHANGYE
ZHONGDENGZHIYEJIAOYUGUIHUA
TUIJIANJIAOCAI

全国建设行业中等职业教育规划推荐教材【园林专业】

计算机辅助园林制图

邵淑河 ◎ 主编

中国建筑工业出版社

图书在版编目(CIP)数据

计算机辅助园林制图/邵淑河主编. —北京：中国建筑工业出版社，2007（2021.11重印）
全国建设行业中等职业教育规划推荐教材（园林专业）
ISBN 978-7-112-09657-2

Ⅰ. 计… Ⅱ. 邵… Ⅲ. 园林设计：计算机辅助设计—专业学校—教材 Ⅳ. TU986.2-39

中国版本图书馆 CIP 数据核字(2007)第 164223 号

本书从园林制图工作的实际需要出发，详细介绍了在当前计算机辅助园林设计、制图领域应用最为广泛的三个制图软件，即 AutoCAD、Photoshop、3ds Max 进行园林平面设计图、园林平面设计效果图以及园林透视效果图制作的基本方法和技巧。

全书共分为三大部分：第一部分，主要介绍 AutoCAD 的基本知识，重点介绍了应用 AutoCAD 的绘图、编辑、尺寸标注、图层等工具进行园林平面设计图绘制的方法。第二部分，主要介绍 Photoshop 基本知识，重点介绍了 Photoshop 在园林平面效果图制作以及透视效果图的后期处理方面的主要方法和技巧。第三部分，结合园林三维空间场景的创建，主要介绍了 3ds Max 建模和材质制作的方法。

本书内容生动具体、浅显易懂，所举实例尽可能结合园林行业需要，适于中等职业学校园林专业以及相关的园林设计、园林设计与施工专门化等专业使用，也可作为计算机园林制图初学者的培训教材和自学用书。

* * *

责任编辑：陈　桦　吕小勇
责任设计：董建平
责任校对：王　爽　陈晶晶

全国建设行业中等职业教育规划推荐教材（园林专业）
计算机辅助园林制图
邵淑河　主编

*

中国建筑工业出版社出版、发行（北京西郊百万庄）
各地新华书店、建筑书店经销
北京天成排版公司制版
北京建筑工业印刷厂印刷

*

开本：787×1092毫米　1/16　印张：$26\frac{1}{2}$　插页：2　字数：660千字
2008年1月第一版　2021年11月第九次印刷
定价：**48.00**元（含光盘）
ISBN 978-7-112-09657-2
（21053）

版权所有　翻印必究
如有印装质量问题，可寄本社退换
（邮政编码 100037）

前　言

随着计算机辅助设计在园林规划设计领域的广泛应用，计算机辅助园林制图已经成为中等职业学校园林专业的一门重要的专业通用课程。

本教材在编写上充分考虑中职学生的学习能力和学习特点，力求做到内容生动、简明浅显，实例丰富且突出园林专业的特点。适于中等职业学校园林专业以及相关的园林设计、园林设计与施工专门化等专业使用，也可作为计算机园林制图初学者的培训教材和自学用书。

全书共分为三大部分：第一部分，主要介绍 AutoCAD 的基本知识，重点介绍了应用 AutoCAD 的绘图、编辑、尺寸标注、图层等工具进行园林平面设计图的绘制方法。第二部分，主要介绍 Photoshop 基本知识，重点介绍了 Photoshop 在园林平面效果图制作以及透视效果图的后期处理方面的主要方法和技巧。第三部分，结合园林三维空间场景的创建，主要介绍了 3ds Max 建模和材质制作的方法。

本教材由北京市园林学校邵淑河主编(绪论、第 1 章、第 2 章、第 3 章)，北京市园林学校乔程参编(第 1 章 1.3.6、1.4.5、1.5.4、1.8；第 2 章 2.5)。

本教材在编写过程中，得到了编辑陈桦同志和吕小勇同志的大力支持和帮助，在此一并致谢。由于时间仓促，加之编者水平和经验所限，书中疏漏在所难免，恳请读者批评、指正。

目 录

绪论/1
    0.1 计算机辅助园林制图的软件选择 /2
    0.2 园林设计效果图的制作流程 /4

第1章 AutoCAD 2006(中文版)应用基础及园林设计平面图绘制/7
    1.1 AutoCAD 2006(中文版)操作基础知识 /8
    1.2 AutoCAD 基本图形绘制命令 /16
    1.3 AutoCAD 基本图形编辑 /47
    1.4 图块、边界与图案填充 /78
    1.5 文字、表格与尺寸标注 /102
    1.6 绘图环境设置与图形打印输出 /134
    1.7 查询、对象特性、显示顺序及其他 /154
    1.8 园林小游园绿化平面设计图绘制实例 /169

第2章 Photoshop CS(中文版)应用基础及园林平面效果图制作/177
    2.1 Photoshop CS(中文版)操作基础知识 /178
    2.2 图像选取与图像变换 /187
    2.3 图像处理工具 /218
    2.4 图层的应用 /238
    2.5 园林小游园绿化平面效果图制作实例 /266

第3章 3ds Max 7.0(中文版)应用基础及园林三维效果图制作/273
    3.1 3ds Max 7.0(中文版)操作基础知识 /274
    3.2 三维实体模型的建立与编辑修改 /280
    3.3 二维线形的创建与二维线形建模 /314
    3.4 复合对象建模与三维对象的编辑修改 /334
    3.5 材质与贴图 /356
    3.6 灯光、摄像机设置与场景文件的渲染输出 /376
    3.7 园林小游园绿化鸟瞰效果图制作实例 /388

参考文献/419

绪 论

利用计算机绘图软件进行园林制图已经被广泛应用在当前的园林规划设计领域。与传统手工制图相比，计算机制图在减轻设计者的工作量、提高设计效率和设计质量方面都有着无法比拟的优越性。可以这样说，熟悉和掌握计算机制图，已经成为当前园林规划设计从业人员的一门必备技能。

0.1 计算机辅助园林制图的软件选择

从技术上来讲，适用于园林设计，制图领域的计算机绘图软件有很多，如：AutoCAD、LandCADD、3ds Max、3ds VIZ、Maya、Photoshop、CorelDRAW、Illustrator、Lightscape 等。从实用性和普及性的角度来看，AutoCAD、3ds Max 和 Photoshop 软件还是目前制作园林设计效果图的最佳软件组合。

0.1.1 AutoCAD

AutoCAD 是世界上使用最广泛的计算机辅助绘图和设计软件，在目前的园林规划设计领域也是首选的核心软件，其强大的绘图和编辑功能可以帮助设计师充分表达其设计意图。

由于 AutoCAD 具有很高的绘图精确性，因此在园林制图中主要用来绘制一些如平面图、立面图、剖面图等以线条为主的园林施工图(图 0-1-1)。

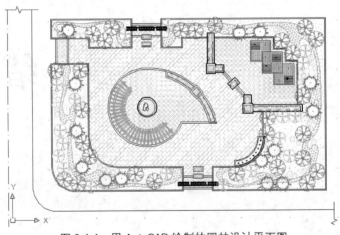

图 0-1-1　用 AutoCAD 绘制的园林设计平面图

0.1.2 3ds Max

3ds Max 是目前在 PC 机上使用最为广泛的一种三维场景制作软件，它具有很强的建模能力和高品质的渲染功能，具有丰富的材质、贴图、灯光和合成器。

在园林制图领域中，3ds Max 被用于园林三维效果图场景的制作，如园林立面效果图、透视效果图和鸟瞰效果图等(图 0-1-2)。

0.1.3 Photoshop

Photoshop 是目前应用广泛的二维图像处理软件，其图像处理功能非常强大，在园林制图领域中主要用于效果图制作的后期处理工作，如色彩校正、环境的构建以及提高效果图的品质等。

图 0-1-2 用 3ds Max 创建的三维园林场景

Photoshop 在园林效果图制作中的具体应用大致可以归纳为以下两个方面：

◆ 彩色平面效果图的制作

利用 AutoCAD 所绘制的园林平面设计图，由于具有较强的专业性，对于非专业人士来讲，其直观性和生动性往往不够，因此要使这些人了解园林设计就需要一个比平面设计图更加形象直观的方式。而利用 Photoshop 制作出来的彩色平面园林效果图恰恰可以很好地解决这个问题。

制作彩色平面园林效果图时，首先需要将 AutoCAD 所绘制的园林平面设计图输出，然后将其导入到 Photoshop 中，再利用 Photoshop 的图像处理功能，对其进行颜色、图案的填充，添加树木、人物以及车辆等平面图形模块，这样，一幅简单明了的园林设计效果图便制作好了(图 0-1-3)。

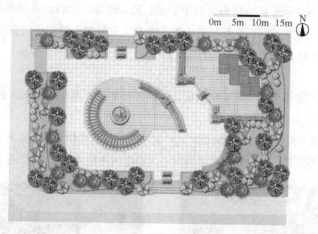

图 0-1-3 用 Photoshop 制作的园林平面效果图

◆ 园林效果图的后期处理

利用 3ds Max 可以创建真实的园林三维效果图场景，但其在处理环境氛围和制作真实配景时则显得有些力不从心，即使可以完成这样的工作，也要花费大量的时间。而利用 Photoshop 则可以轻而易举地完成这一任务，包括修饰场景以及制作场景周围的环境，如添加天空、树木、花卉、人物以及汽车等配景(图 0-1-4)。

图 0-1-4 用 Photoshop 进行园林透视效果图后期处理

0.2 园林设计效果图的制作流程

从制图角度来看，园林图大致可以分为线条图和效果图两大类。其中大部分线条图(如平面图、立面图、施工图等)都可以利用 AutoCAD 来完成。而效果图的制作相对比较复杂，需要前面介绍的三个软件共同配合来完成，其制作过程也大致分为创建三维模型，赋材质，设置灯光、相机，渲染输出以及后期处理等几个步骤。

◆ 创建三维模型

利用 AutoCAD 和 3ds Max 都可以创建三维模型(如园林中的亭、廊、花架等造型)。其中 AutoCAD 是以精确著称，可以用于复杂精确的模型创建；而 3ds Max 的特点是建模的操作相对于 AutoCAD 更为简单直观。一般的，我们还是利用 AutoCAD 确定三维模型的空间位置并绘制精确的模型二维线条，再利用 3ds Max 进行放样建模(图 0-2-1)。

◆ 赋予材质

每一个创建完的三维模型，都要根据图纸设计的外部效果，利用 3ds Max 的材质、贴图功能调制其材质并将材质赋予该三维模型。

3ds Max 提供了强大的材质制作和编辑功能，它不仅可以创建现实生活中各种真实的材质，也可以创建虚幻的材质，经过精心的调制可真实再现三维模型的各种质感和特性(图 0-2-2)。

图 0-2-1 创建三维模型

图 0-2-2 赋予材质

◆ 设置灯光、相机

在 3ds Max 中需要设置灯光来照亮场景，并使三维模型产生真实的光影特效。为了使效果图具有较强的感染力，还需要在场景中添加一个或多个相机，以便观察效果图的不同视角，使效果图呈现出较强的层次感和透视感(图 0-2-3)。

◆ 渲染输出

在 3ds Max 中完成效果图场景的全部设置后，就可以对其进行渲染输出，输出图像的大小需要根据效果图的打印尺寸来确定。

◆ 后期处理

后期处理就是对渲染输出后的场景文件进行润色、加工，对其进行配景和背景的必要添加和修改的过程。此项工作主要是利用 Photoshop 软件来完成的(图 0-2-4)。

图 0-2-3　设置灯光、相机

图 0-2-4　后期处理

此外，在效果图后期处理时还需要用到大量的配景素材，这些配景素材主要通过以下几种途径获得：

(1) 图库文件：市面上有许多含有各种配景的软件商品，可供选购。

(2) 通过扫描仪扫描获得书刊图片中相关配景的图片资料，然后在 Photoshop 中进行必要的加工后应用。

(3) 使用数码相机直接从现实中拍摄得到各种所需的素材图片。

(4) 自己制作：利用一些专用的绘图软件，自己制作或建造所需的配景素材。

(5) 从互联网上获得一些共享的素材资源。

第1章 AutoCAD2006(中文版)应用基础及园林设计平面图绘制

AutoCAD 是美国 Autodesk 公司推出的目前在工程设计领域最为流行的制图软件，它以功能强大、界面友好、易于操作等特点而被广泛应用于建筑设计、机械设计、室内设计、园林设计等各个行业。

在园林设计中，AutoCAD 主要用来绘制园林设计平面图、立面图、剖面图等工程图纸。本章以 AutoCAD 2006 中文版为例，结合园林行业的实际需求，详细介绍 AutoCAD 的基本绘图和编辑修改功能，图块、文字以及尺寸标注的创建与使用方法，图形文件打印输出的方法和技巧等。

1.1 AutoCAD 2006（中文版）操作基础知识

本节学习要点：熟悉 AutoCAD 2006 中文版的工作界面；掌握 AutoCAD 2006 中文版中图形文件的创建、保存、打开等操作方法。

1.1.1 AutoCAD 2006 的启动

鼠标双击桌面上的"AutoCAD 2006 Simplified Chinese"图标 启动 AutoCAD；或者鼠标单击 按钮 ▶ 所有程序(P) ▶ "Autodesk" ▶ AutoCAD 2006 Simplified Chinese" ▶ "AutoCAD 2006"，启动 AutoCAD。

启动后进入图 1-1-1 所示"新功能专题研习"界面。

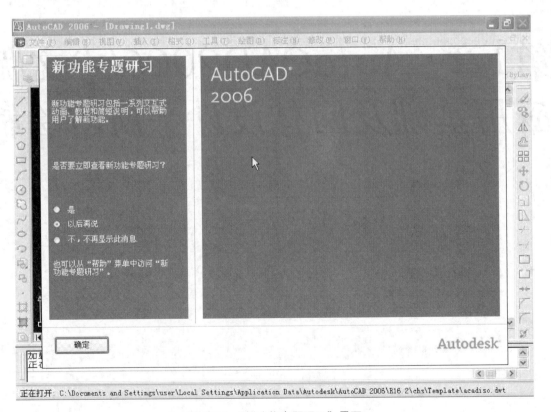

图 1-1-1 "新功能专题研习"界面

新功能专题研习包括一系列交互式动画、教程和简短说明，可以帮助用户了解 CAD2000 以后所发行的各版本 AutoCAD 软件所增加的新功能。对于初学者可忽略此功能，点选 以后再说 或 不,不再显示此消息 对话框后，单击 确定 按钮，进入如图 1-1-2 所示的工作界面。

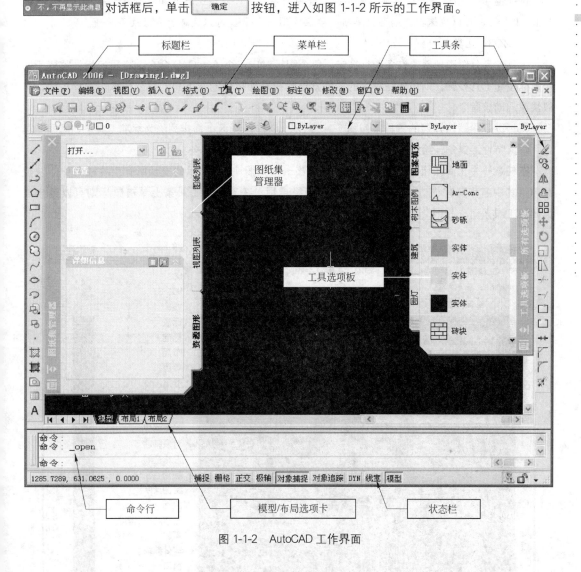

图 1-1-2　AutoCAD 工作界面

1.1.2　AutoCAD 2006 的工作界面

1.1.2.1　标题栏

该栏列出了软件的名称、版本号、当前所操作的文件的名称等信息，点击最右侧 三个按钮，则可以对软件进行"最小化"、"最大化(向下还原)"、"关闭"等项操作。

1.1.2.2　菜单栏

AutoCAD 中绝大部分的操作命令都包含在菜单栏中，在菜单栏中共列有 11 项菜单项。通过鼠标单击某一个菜单项可以显示下拉菜单，下拉菜单中还可以有次级的菜单，每个菜单项目对应一个 AutoCAD 命令，鼠标单击可以执行相应的命令。

提示：

通过按住"Alt"键+菜单项名称后面括号内的字母，可以快速打开和执行菜单项。例如：按住"Alt+D"键，可以快速打开绘图菜单项；按住"Alt+M"键可以快速打开修改菜单项。

1.1.2.3 工具条

工具条是分组排列着的许多图标按钮，每个图标对应一个 AutoCAD 命令。将鼠标指针放置于一个图标按钮上几秒钟，则该按钮命令的名称就显示在鼠标指针的右下角，用鼠标单击图标按钮，可以快速启动该命令。

AutoCAD 中默认开启的工具条如图 1-1-2 所示，其中绘图区上面排列的为标准工具条、图层工具条、对象特性工具条，绘图区左侧为绘图工具条，右侧为修改工具条。

在任意一个工具条上单击鼠标右键，则弹出一个如图 1-1-3 所示的显示所有工具栏名称的快捷菜单，其中名称前有"√"的表示该工具条已经启用。在某一个工具条上单击鼠标则可以开启或关闭该工具条。

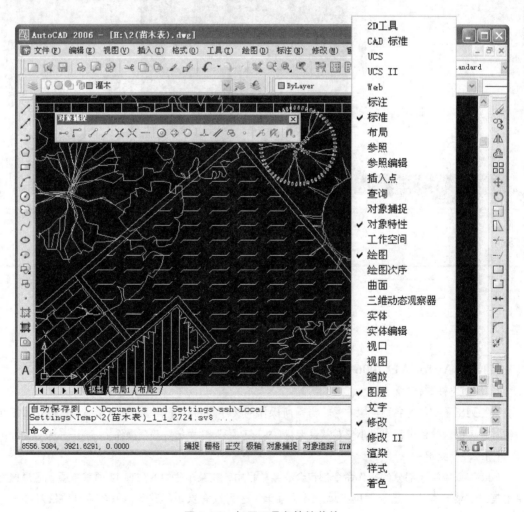

图 1-1-3 打开工具条快捷菜单

一般工具条开启后是浮动在绘图区上的，如图 1-1-3 所示的"对象捕捉"工具条。浮动工具条带有蓝色的标题栏，在蓝色标题栏上按下鼠标左键并拖动，则可以将工具条停泊在作图区的任何一个位置。

提示：

将浮动工具条移动到绘图区的任何一个边框的位置时，则该工具条的蓝色标题栏消失，代之以工具条的上端或左端出现一双线，此时要改变工具条的停泊位置时，则必须在这条双线上按下鼠标左键后再拖动该工具条。

1.1.2.4 绘图区

屏幕中央的黑色区域为绘图区，它是用来绘制、编辑和显示图形的区域。绘图区域可以理解为无限大，并可以通过视图工具条中的相关命令进行缩放、平移等。

提示：

黑色是绘图区模型空间的默认底色，黑色不仅节能而且有利于操作人员的健康，所以一般不更改其颜色。如果需要更改其颜色，则可以执行"工具▶选项"命令，弹出如图 1-1-4 所示"选项"对话框。在"选项"对话框中选择"显示"选项卡，单击 颜色(C)... 按钮，打开"颜色选项"面板，在此可以修改模型空间的背景颜色。

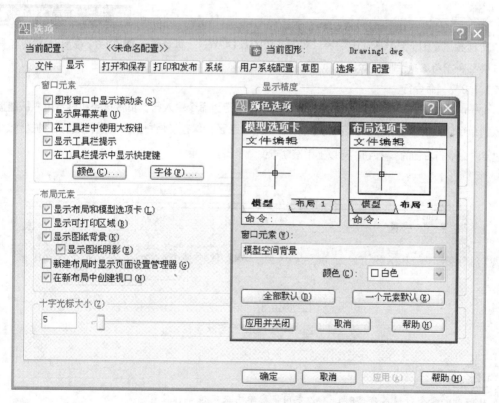

图 1-1-4　选项对话框

1.1.2.5 工具选项板

工具选项板是一组用来组织、放置一些在绘图中经常用到的图块及图案填充的浮动面板，工具选项板的内容可以根据各个设计行业的特点由软件使用人员自己开发定义，如图 1-1-5 所示，是专门为园林设计人员定义的"园林树木图例"的工具选项面板，上面储存了大量园林树木的平面图例，为园林设计制图提供了方便。

鼠标单击标准工具条上的 按钮可以开启或关闭工具选项板（快捷键：Ctrl+3）。在工具选项板开启的情况下，鼠标单击其右下角的 （自动隐藏）按钮可以自动隐藏工具选项板；或者也可以鼠标单击右下角的 特性按钮，在弹出的快捷菜单中可以将工具选项板设置为透明或自动隐藏以减少其对绘图区的遮挡。

1.1.2.6 模型/布局选项卡

如图 1-1-6 所示，用鼠标左键单击模型、布局 1、布局 2 选项卡可以在模型空间和布局空间之间进行切换。简单地说，模型空间就相当于设计时所面对的设计场地，而布局空间就相当于一张设计图纸的区域，所以也称为图纸空间。

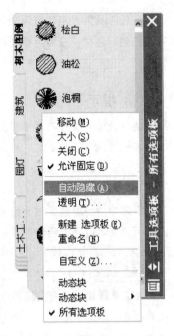

图 1-1-5 工具选项板

图 1-1-6 模型/布局选项卡

提示：

可以按"Ctrl＋PAGE UP"和"Ctrl＋PAGE DOWN"组合键进行模型和布局选项卡间的切换。

1.1.2.7 命令行

位于屏幕的下方，如图 1-1-7 所示，其中最下面一行为命令输入行，负责接受和显示用户从键盘上输入的命令、数值和字符。上面部分则为命令历史记录区，保存了用户前面所进行过的各种操作过程。通过点击命令行右侧的 按钮，可以上下滚动查询命令历史记录。

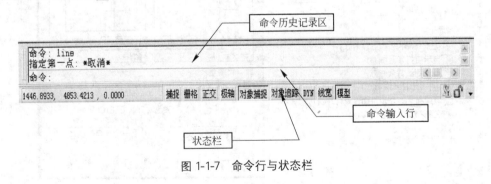

图 1-1-7 命令行与状态栏

提示：

从键盘向命令行输入命令时，不必先用鼠标单击来定位光标位置。

1.1.2.8 状态栏

位于 AutoCAD 窗口的最底部一行，如图 1-1-7 所示，最左端所显示的数值是当前鼠标所在位置的 x、y、z 三维坐标值，中间依次显示捕捉、栅格、正交等辅助制图工具的设置按钮。

1.1.3 重置系统配置

正常启动 AutoCAD 后其界面配置应该如图 1-1-2 所示。但初学者在开始练习的时候经常把系统的配置给搞乱了，这时只要正确执行下面的操作就可将系统恢复到"初装"时的状态。

执行菜单工具栏"工具▶选项"命令，弹出如图 1-1-8 所示"选项"对话框。选择"配置"选项卡并鼠标单击 [重置(R)] 按钮，在弹出的对话框中单击 [是(Y)] 选项，返回"选项"对话框后，点击 [确定] 按钮，关闭"选项"对话框。完成系统的重置工作。

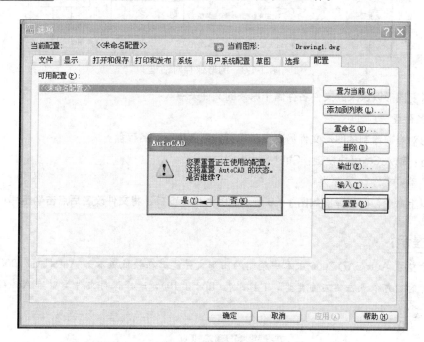

图 1-1-8　配置选项卡

1.1.4 常用文件操作命令

1.1.4.1 图形文件的保存

对于所绘制的图形文件要注意随时进行保存。

◆ 作图过程中第一次存盘

命令行：输入 QSave(快捷键：Ctrl+S)

标准工具栏：点选 💾

下拉菜单：文件▶保存

执行以上命令后，弹出如图 1-1-9 所示的"图形另存为"对话框，顺序执行图中所示的操作步骤，即可完成图形文件的保存。

◆ 作图过程中的存盘

在作图过程中可以随时用鼠标单击标准工具条中的 💾 保存按钮，此时不再弹出"图形另存为"

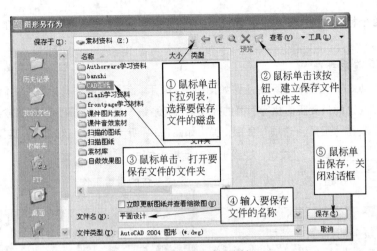

图 1-1-9　图形保存对话框

对话框，当前图形以原来的文件名存储于原来的文件夹中。

◆ 赋名存盘

如果想对当前绘制的图形文件另取名称保存，则应执行赋名存盘。

命令行：输入 Save(快捷键：Ctrl+Shift+S)

下拉菜单：文件 ▶ 另存为

执行以上命令，同样弹出如图 1-1-9 所示的图形保存窗口，将文件改名后点击确定即可。

提示：

如果希望在 AutoCAD 2006 版本中绘制的图形文件能够在较低版本如 AutoCAD 2000 打开，则在保存文件时，可以点击"文件类型"下拉列表（图 1-1-10），选择保存文件类型为 AutoCAD 2000/LT2000 图形（*.dwg）。

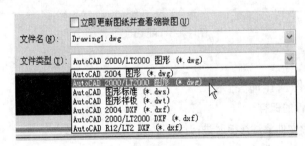

图 1-1-10　文件保存类型下拉列表

1.1.4.2　图形文件的打开

如果要想打开一幅已经保存过的图形为文件，则可以执行以下操作：

命令行：输入 Open(快捷键：Ctrl+O)

标准工具栏：点选

下拉菜单：文件 ▶ 打开

执行以上命令后，弹出如图 1-1-11 所示的"选择文件"对话框，顺序执行图中所示的操作步骤，即可打开所选择的图形文件。

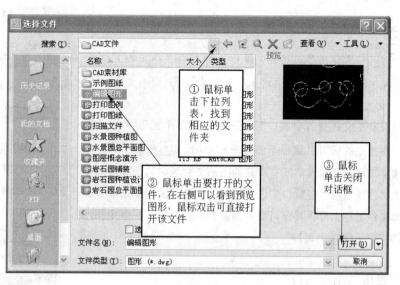

图 1-1-11　选择文件对话框

1.1.4.3　新建图形文件

启动 AutoCAD 后自动建立一幅新的图形文件 drawing1.dwg，如果在绘图过程中需要建立第二个图形文件，则可以执行以下操作：

命令行：输入 New(快捷键：Ctrl+N)

标准工具栏：点选 ▢

下拉菜单：文件➤新建

执行以上命令后，弹出如图 1-1-12 所示的"选择样板"对话框。默认的样板文件为 acadiso.dwt，可以在列表中选择要应用的图形样板，点击 打开(O) 按钮，即建立一个新的图形文件。

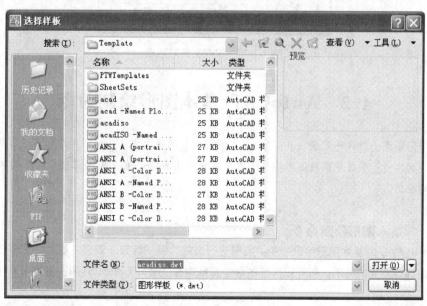

图 1-1-12　选择样板对话框

> **提示：**
> 点击 右侧的箭头按钮，弹出如图 1-1-13 所示的下拉列表，选择"无样板打开-公制"，可以建立一个无样板的新图形文件。

图 1-1-13　选择无样板文件

1.1.4.4　多文档操作

AutoCAD 具有多文档操作特性，可以同时打开多个图形文件，每个图形文件占有独立的窗口。鼠标单击菜单栏中的 窗口(W) 下拉菜单，在展开的下拉菜单底部列有当前所有打开的图形文件的名称，其中前面带有√标记的文件是当前绘图窗口中显示的图形文件，鼠标单击√选其中的一个图形文件名称，可将其窗口置为当前窗口，从而实现多个图形文件之间的切换显示(图1-1-14)。

1.1.5　退出 AutoCAD

命令行：输入 Quit 或 Exit(快捷键：Ctrl＋Q)

标准工具栏：点选 ✕

下拉菜单：文件▶退出

图 1-1-14　窗口下拉列表

执行以上命令后，如果有未保存的图形文件，则弹出如图 1-1-15 所示的提示窗口，单击 是(Y) 按钮后，窗口关闭，系统退出。

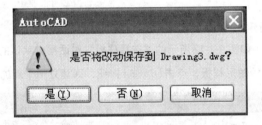

图 1-1-15　保存文件对话框

1.2　AutoCAD 基本图形绘制命令

本节学习要点：理解并掌握 AutoCAD 基本绘图命令的使用方法，能够熟练利用这些命令完成基本图形的绘制工作；掌握并正确运用辅助绘图工具的使用方法，重点掌握正交与对象捕捉在图形绘制过程中的运用。

1.2.1　基本图形绘制命令

利用 AutoCAD 的基本图形绘制命令，能够进行直线、圆、椭圆、圆弧、矩形、正多边形、多段线、样条曲线等图形的绘制。所有图形绘制命令都集中在"绘图工具条"(图 1-2-1)以及"绘图下拉菜单"(图 1-2-2)中。

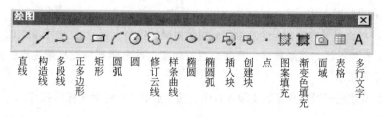

图 1-2-1 绘图工具条

1.2.1.1 直线—Line

直线是绘图中最常见的图素之一。执行直线命令可以绘制两个坐标点之间的直线段，持续输入点则可以创建一系列连续的线段，每条线段都是独立的图形对象，可以单独编辑而不影响其他线段。

◆ 启动命令

命令行：输入 Line(快捷键：L)

绘图工具条：点选 ／

下拉菜单：绘图 ▶ 直线

◆ 命令操作方法

【课堂实训】 绘制如图 1-2-3 所示的直线图形，则：

命令：line ↵	启动直线绘制命令
指定第一点：	点选线段起点 1 点
指定下一点或 ［放弃(U)］：	点选线段下一点 2 点
指定下一点或 ［放弃(U)］：	点选线段下一点 3 点
指定下一点或 ［闭合(C)/放弃(U)］：	点选线段下一点 4 点
指定下一点或 ［闭合(C)/放弃(U)］：↵	按回车键结束直线绘制

◆ 参数含义

放弃(U)：放弃当前绘制的直线，退回到上一点，结果如图 1-2-4 所示。

闭合(C)：输入该选项，则当前绘制的图形线段自动闭合，结果如图 1-2-5 所示。

1.2.1.2 直线端点位置的输入方式

在使用 Line 命令绘制直线时，首先要确定直线各个端点的位置。端点位置既可以用绝对坐标位置表示，也可以用相对坐标位置表示；既可以使用直角坐标表示，也可以用极坐标表示。

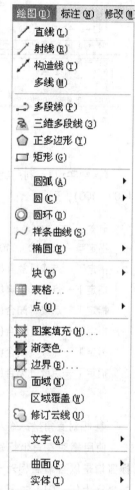

图 1-2-2 绘图下拉菜单

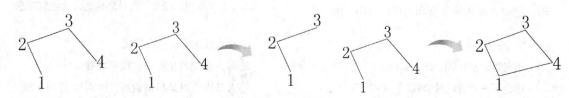

图 1-2-3 绘制直线图形　　图 1-2-4 选择放弃(U)　　图 1-2-5 选择闭合(C)

◆ 绝对直角坐标输入法

在 AutoCAD 绘图区域内的每一个点都有一组绝对坐标值(x, y, z)，坐标原点(0, 0, 0)位于绘图区的左下角。在绘图区上移动鼠标，则状态栏左边实时的显示当前光标所在点的绝对坐标值(x, y, z)，如图 1-2-6 所示。

在绘制连续直线图形时，只要顺次输入各个直线端点的平面绝对坐标值即可。

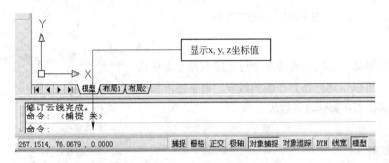

图 1-2-6　坐标状态栏

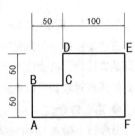

图 1-2-7　绝对坐标输入法绘制图形

【课堂实训】　利用绝对直角坐标输入法绘制图 1-2-7 所示图形，并已知 A 点的绝对平面坐标为(100, 100)，则：

命令：line ↵	启动直线绘制命令，按回车键
指定第一点：100, 100 ↵	输入 A 点绝对坐标值，按回车键
指定下一点或 [放弃(U)]：100, 150 ↵	输入 B 点绝对坐标值绘制直线 AB，按回车键
指定下一点或 [放弃(U)]：150, 150 ↵	输入 C 点绝对坐标值绘制直线 BC，按回车键
指定下一点或 [闭合(C)/放弃(U)]：150, 200 ↵	输入 D 点绝对坐标值绘制直线 CD，按回车键
指定下一点或 [闭合(C)/放弃(U)]：250, 200 ↵	输入 E 点绝对坐标值绘制直线 DE，按回车键
指定下一点或 [闭合(C)/放弃(U)]：250, 100 ↵	输入 F 点绝对坐标值绘制直线 EF，按回车键
指定下一点或 [闭合(C)/放弃(U)]：C ↵	输入闭合参数 C 将连续直线封闭，按回车键结束直线绘制命令

◆ 相对直角坐标输入法

使用相对直角坐标输入法绘制直线时，每条线段端点的坐标值均是以各端点相对于上一个端点的位置[即假设上一端点的坐标为(0, 0)] 推算出来的。凡使用相对直角坐标输入法时一定要在坐标输入前加上 @ 符号，即 @Δx, Δy。

【课堂实训】　利用相对直角坐标输入法绘制图 1-2-8 所示图形，已知 A 点的绝对坐标为(50, 50)，则：

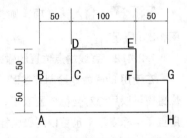

图 1-2-8　相对坐标输入法绘制图形

命令：line ↵	启动直线命令，按回车键
指定第一点：50, 50 ↵	输入 A 点绝对坐标值，按回车键
指定下一点或 [放弃(U)]：@0, 50 ↵	输入 B 点相对坐标值绘制直线 AB，按回车键
指定下一点或 [放弃(U)]：@50, 0 ↵	输入 C 点相对坐标值绘制直线 BC，按回车键

指定下一点或 [闭合(C)/放弃(U)]: @0,50 ↵	输入 D 点相对坐标值绘制直线 CD, 按回车键
指定下一点或 [闭合(C)/放弃(U)]: @100,0 ↵	输入 E 点相对坐标值绘制直线 DE, 按回车键
指定下一点或 [闭合(C)/放弃(U)]: @0,-50 ↵	输入 F 点相对坐标值绘制直线 EF, 按回车键
指定下一点或 [闭合(C)/放弃(U)]: @50,0 ↵	输入 G 点相对坐标值绘制直线 EF, 按回车键
指定下一点或 [闭合(C)/放弃(U)]: @0,-50 ↵	输入 H 点相对坐标值绘制直线 EF, 按回车键
指定下一点或 [闭合(C)/放弃(U)]: C ↵	输入闭合参数 C 将连续直线封闭, 按回车键结束直线绘制命令

◆ 提示:

在相对坐标输入法中,以对应坐标点为基点,则:

水平往右移动时,x 增量为正值;水平往左移动时,x 增量为负值。

垂直往上移动时,y 增量为正值;垂直往下移动时,y 增量为负值。

◆ 相对极坐标输入法

使用相对极坐标输入法绘制直线时,需要知道两端点之间的距离和方向。在确定直线两端点间的方向时,AutoCAD 将正右方确定为默认的 0°方向,其他各个方向沿逆时针方向旋转来确定。

相对极坐标法数据输入形式如下: @距离<角度(图 1-2-9)。

【课堂实训】 利用相对极坐标输入法绘制图 1-2-10 所示等边三角图形,并已知 A 点的绝对坐标为(200,50),则:

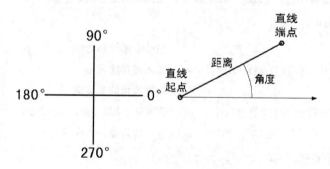

图 1-2-9 相对极坐标数据输入

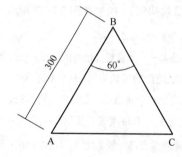

图 1-2-10 利用相对极坐标输入法绘制图形

命令: line ↵	启动直线绘制命令, 按回车键
指定第一点: 200,50 ↵	输入 A 点绝对坐标值, 按回车键
指定下一点或 [放弃(U)]: @300<60 ↵	输入 B 点极坐标值绘制直线 AB, 按回车键
指定下一点或 [放弃(U)]: @300<-60 ↵	输入 C 点极坐标值绘制直线 BC, 按回车键
指定下一点或 [闭合(C)/放弃(U)]: ↵	按回车键结束直线绘制命令

◆ 提示:

相对极坐标输入法下输入角度值时,顺时针角度为负值;逆时针角度为正值。

1.2.1.3 矩形—Rectang

通过定义矩形两个对角点的位置,可以完成矩形的绘制。

◆ 启动命令

命令行：输入 Rectang(快捷键：REC)

绘图工具条：点选 ▭

下拉菜单：绘图 ▶ 矩形

◆ 命令操作方法

执行矩形绘制命令可以绘制直角、圆角和倒角形式的矩形，同时还可以绘制有一定线条宽度的矩形。

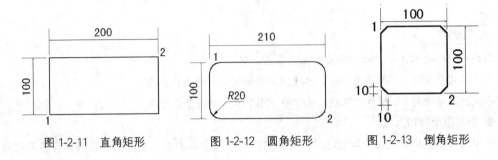

图 1-2-11　直角矩形　　　　图 1-2-12　圆角矩形　　　　图 1-2-13　倒角矩形

【课堂实训】　绘制如图 1-2-11 所示直角矩形，则：

命令：rectang ←　　　　　　　　　　　　　　　　　　启动矩形绘制命令
指定第一个角点或 [倒角(C)/标高(E)/圆角(F)/厚度(T)/线宽(W)]：　　在屏幕上点取 1 点，按回车键
指定另一个角点或 [面积(A)/尺寸(D)/旋转(R)]：@200, 100 ←　　　　输入对角点 2 的坐标值

【课堂实训】　绘制如图 1-2-12 所示圆角矩形，则：

命令：rectang ←　　　　　　　　　　　　　　　　　　启动矩形绘制命令
指定第一个角点或 [倒角(C)/标高(E)/圆角(F)/厚度(T)/线宽(W)]：F ←　输入圆角选项
指定矩形的圆角半径 ⟨0.0000⟩：20 ←　　　　　　　　　　　　　　输入圆角的半径值
指定第一个角点或 [倒角(C)/标高(E)/圆角(F)/厚度(T)/线宽(W)]：　　在屏幕上点取 1 点，按回车键
指定另一个角点或 [面积(A)/尺寸(D)/旋转(R)]：@210, －100 ←　　　输入对角点 2 的坐标值

【课堂实训】　绘制如图 1-2-13 所示倒角矩形，则：

命令：rectang ←　　　　　　　　　　　　　　　　　　启动矩形绘制命令
指定第一个角点或 [倒角(C)/标高(E)/圆角(F)/厚度(T)/线宽(W)]：C ←　输入倒角选项
指定矩形的第一个倒角距离 ⟨0.0000⟩：10 ←　　　　　　　　　　　输入第一个倒角距离
指定矩形的第二个倒角距离 ⟨0.0000⟩：10 ←　　　　　　　　　　　输入第二个倒角距离
指定第一个角点或 [倒角(C)/标高(E)/圆角(F)/厚度(T)/线宽(W)]：　　在屏幕上点取 1 点，按回车键
指定另一个角点或 [面积(A)/尺寸(D)/旋转(R)]：@100, －100 ←　　　输入对角点 2 的坐标值

提示：

如果已经设置的圆角或倒角无法显示出来，则说明所设置的圆角半径或倒角距离相对于边长来讲数值过大或过小，需要重新设置圆角或倒角距离。

1.2.1.4　正多边形—Polygon

执行该命令可以绘制具有 3～1024 条等长边的多边形，是绘制等边三角形、六边形等图形的简

单方法。

◆ 启动命令

命令行：输入 Polygon(快捷键：POL)

绘图工具条：点选 ⬠

下拉菜单：绘图 ▶ 正多边形

◆ 命令操作方法

有两种正多边形的绘制方法，一种是已知正多边形的圆心及内接圆或外切圆的半径；另一种是已知正多边形任意一条边的位置和长度。

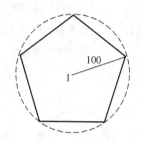 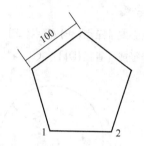

图 1-2-14　绘制内接于圆的正多边形　　　图 1-2-15　绘制已知边长的正多边形

【课堂实训】　绘制如图 1-2-14 所示正五边形，则：

命令：polygon ↵	启动正多边形绘制命令
输入边的数目⟨4⟩：5 ↵	输入正多边形的边数
指定正多边形的中心点或 [边(E)]：	在屏幕上点取 1 点
输入选项 [内接于圆(I)/外切于圆(C)]⟨I⟩：I ↵	输入内接于圆的选项 I
指定圆的半径：100 ↵	输入内接圆的半径

【课堂实训】　绘制如图 1-2-15 所示正五边形，则：

命令：polygon ↵	启动正多边形绘制命令
输入边的数目⟨4⟩：5 ↵	输入正多边形的边数
指定正多边形的中心点或 [边(E)]：E ↵	输入边选项 E
指定边的第一个端点：	在屏幕上点取 1 点
指定边的第二个端点：@100, 0 ↵	输入 2 点的相对坐标值

1.2.1.5　圆形—Circle

◆ 启动命令

命令行：输入 Circle(快捷键：C)

绘图工具条：点选 ⊙

下拉菜单：绘图 ▶ 圆

◆ 命令操作方法

绘图命令下拉菜单中共列有 6 种绘制圆形的方法，如图 1-2-16 所示。

【课堂实训】　利用指定"圆心、半径"方法绘制如图 1-2-17 所示圆形，则：

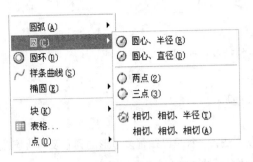

图 1-2-16 圆形绘制命令下拉菜单

命令：Circle ↵　　　　　　　　　　　　　　启动圆形绘制命令
指定圆的圆心或 [三点(3P)/两点(2P)/相切、相切、半径(T)]：　　在屏幕上点取 1 点设定圆心
指定圆的半径或 [直径(D)]：100 ↵　　　　　输入圆的半径值

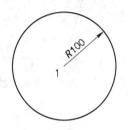

图 1-2-17 指定"圆心、半径"绘圆

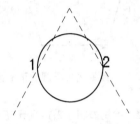

图 1-2-18 指定两点绘圆

【课堂实训】 利用指定"两点"方法绘制如图 1-2-18 所示圆形：

执行"工具▶草图设置"，打开"草图设置"对话框，选择"对象捕捉"选项卡(图 1-2-19)，将"端点、中点、象限点"选项勾选(√)。

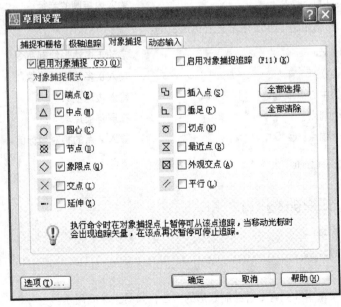

图 1-2-19 草图设置对话框

点击 确定 按钮,关闭对话框,然后将状态栏中的 对象捕捉 按钮按下

命令:Circle ↵   启动圆形绘制命令
指定圆的圆心或[三点(3P)/两点(2P)/相切、相切、半径(T)]:2p ↵   输入两点选项
指定圆直径的第一个端点: 捕捉到辅助直线的中点 1 点
指定圆直径的第二个端点: 捕捉到辅助直线的中点 2 点

【课堂实训】 利用指定"三点"方法绘制如图 1-2-20 所示圆形,则:
将状态栏中的 对象捕捉 按钮按下

命令:Circle ↵   启动圆形绘制命令
指定圆的圆心或[三点(3P)/两点(2P)/相切、相切、半径(T)]:3p ↵   输入三点选项
指定圆的上第一个点: 捕捉到辅助直线的中点 1 点
指定圆上的第二个点: 捕捉到辅助直线的中点 2 点
指定圆上的第三个点: 捕捉到两条辅助直线的交点 3 点

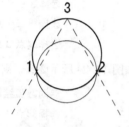   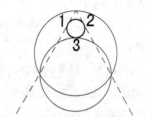

图 1-2-20 指定三点绘圆   图 1-2-21 "相切、相切、相切"绘圆

【课堂实训】 利用"相切、相切、相切"方法绘制如图 1-2-21 所示圆形,则:
执行"绘图▶圆▶相切、相切、相切"   启动圆形绘制命令
3p_指定圆上的第一个点:_tan 到   选择切点 1
指定圆上的第二个点:_tan 到   选择切点 2
指定圆上的第三个点:_tan 到   选择切点 3

提示:
"相切、相切、相切"绘圆命令只有通过"绘图下拉菜单"才能调用。通过两点(2p)画圆时的两点必然是圆直径的两个端点。

1.2.1.6 圆弧——Arc

◆ 启动命令

命令行:输入 Arc(快捷键:A)

绘图工具条:点选

下拉菜单:绘图▶圆弧

◆ 命令操作方法

绘图命令下拉菜单中共列有 11 种绘制圆弧的方法,如图 1-2-22 所示。

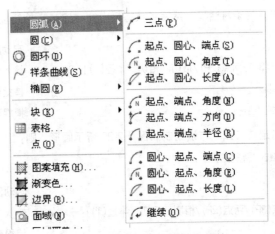

图 1-2-22 圆弧绘制命令下拉菜单

【课堂实训】 利用指定三点方法绘制如图 1-2-23 所示圆弧，则：

命令：Arc ↵   启动圆弧绘制命令
指定圆弧的起点或 [圆心(C)]：   选择起点 1
指定圆弧的第二个点或 [圆心(C)/端点(E)]：   选择第二个点 2
指定圆弧的端点：   选择端点 3

【课堂实训】 利用指定"起点、圆心、端点"方法绘制如图 1-2-24 所示圆弧，则：

执行"绘图▶圆弧▶起点、圆心、端点"   启动圆弧绘制命令
_arc 指定圆弧的起点或 [圆心(C)]：   选择起点 1
指定圆弧的第二个点或 [圆心(C)/端点(E)]：_c 指定圆弧的圆心：   选择圆心点 2
指定圆弧的端点或 [角度(A)/弦长(L)]：   选择端点 3

【课堂实训】 利用指定"起点、端点、角度"方法绘制如图 1-2-25 所示门的旋转轨迹（圆弧），则：

执行"绘图▶圆弧▶起点、端点、角度"   启动圆弧绘制命令
_arc 指定圆弧的起点或 [圆心(C)]：   选择起点 1
指定圆弧的端点：   选择端点 2
指定圆弧的圆心或 [角度(A)/方向(D)/半径(R)]：_a 指定包含角：90 ↵   输入圆弧包含角度

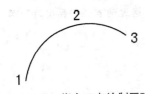
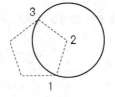
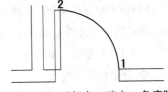

图 1-2-23 指定三点绘制圆弧   图 1-2-24 "起点、圆心、端点"绘制圆弧   图 1-2-25 "起点、端点、角度"绘制圆弧

【课堂实训】 绘制如图 1-2-26(b)所示连续的圆弧，则：

执行 Arc 命令，先绘制一个如图 1-2-26(a)圆弧；再次执行 Arc 命令，然后直接点按 Enter 键，就可以绘制连续的圆弧。

图 1-2-26　绘制连续的圆弧

1.2.1.7　椭圆及椭圆弧——Ellipse

◆ 启动命令

命令行：输入 Ellipse(快捷键：EL)

绘图工具条：点选 (椭圆) (椭圆弧)

下拉菜单：绘图▶椭圆

◆ 命令操作方法

绘图命令下拉菜单中共列有 3 种绘制椭圆和椭圆弧的方法，如图 1-2-27 所示，具体方法如下。

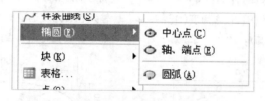

图 1-2-27　椭圆绘制命令下拉菜单

【课堂实训】　利用指定"轴、端点"方法绘制如图 1-2-28 所示椭圆，则：

命令：Ellipse ↵	启动椭圆绘制命令
指定椭圆的轴端点或 [圆弧(A)/中心点(C)]：	在屏幕上点选 1 点，指定轴端点位置
指定轴的另一个端点：@150,0 ↵	输入另一轴端点(2 点)的坐标值
指定另一条半轴长度或 [旋转(R)]：30 ↵	输入另一半轴的长度值

【课堂实训】　利用指定"中心点"方法绘制如图 1-2-29 所示椭圆，则：

执行"绘图▶椭圆▶中心点"	启动椭圆绘制命令
指定椭圆的中心点：	在屏幕上点选 1 点，指定椭圆中心点位置
指定轴的端点：@75<30 ↵	输入轴端点(2 点)的坐标值
指定另一条半轴长度或 [旋转(R)]：30 ↵	输入另一半轴的长度值

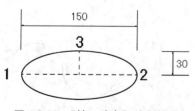

图 1-2-28　"轴、端点"绘制椭圆

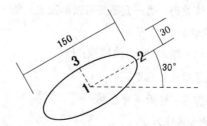

图 1-2-29　"中心点"绘制椭圆

【课堂实训】 利用指定"轴、端点"方法绘制如图1-2-30所示椭圆弧,则:

在绘图工具条点击 ⌢	启动椭圆弧绘制命令
指定椭圆弧的轴端点或[中心点(C)]:	在屏幕上点选1点,指定椭圆弧轴端点位置
指定轴的另一个端点:@200,0 ↵	输入另一轴端点(2点)的坐标值
指定另一条半轴长度或[旋转(R)]:40 ↵	输入另一半轴的长度值
指定起始角度或[参数(P)]:20 ↵	确定椭圆弧起点A点的位置
指定终止角度或[参数(P)/包含角度(I)]:225 ↵	确定椭圆弧终点B点的位置

【课堂实训】 利用指定"中心点"方法绘制如图1-2-31所示椭圆弧,则:

在绘图工具条点击 ⌢	启动椭圆弧绘制命令
指定椭圆弧的轴端点或[中心点(C)]:C ↵	输入中心点选项C
指定椭圆弧的中心点:	在屏幕上点选1点,指定椭圆弧中心点位置
指定轴的端点:@100,0 ↵	输入轴端点(2点)的坐标值
指定另一条半轴长度或[旋转(R)]:40 ↵	输入另一半轴的长度值
指定起始角度或[参数(P)]:20 ↵	确定椭圆弧起点A点的位置
指定终止角度或[参数(P)/包含角度(I)]:I ↵	输入包含角度选项I
指定弧的包含角度〈180〉:225 ↵	确定椭圆弧终点B点的位置

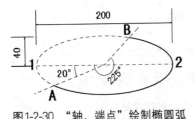

图1-2-30 "轴、端点"绘制椭圆弧

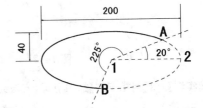

图1-2-31 "中心点"绘制椭圆弧

提示:

椭圆弧起始0°的位置由绘制椭圆弧时所确定的第一个轴端点的位置决定,从图1-2-30和图1-2-31的比较中可以看出,图1-2-30中确定的椭圆弧的第一个轴端点是1点,所以椭圆弧0°角值位于1点上,并由此确定A点角值为20°;图1-2-31中确定的椭圆弧的第一个轴端点是2点,所以椭圆弧的0°角值位于2点上,并由此确定A点角值为20°。

1.2.1.8 多段线—Pline

多段线是一条由连续的直线段、弧线段或者两者组合而成的单一实体。一方面它把多个线段作为一个实体处理;另一方面又可以单独定义每一段线段的起始和终止宽度。

◆ 启动命令

命令行:输入Pline(快捷键:PL)

绘图工具条:点选 ⌢

下拉菜单:绘图▶多段线

◆ 命令操作方法

【课堂实训】 绘制如图1-2-32所示多段线图形,则:

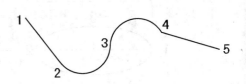

图1-2-32 绘制多段线

| 命令：Pline ↵ | 启动多段线绘制命令 |
| 指定起点： | 在屏幕上点选1点，指定多段线的起点 |

指定下一个点或 [圆弧(A)/半宽(H)/长度(L)/放弃(U)/宽度(W)]： 在屏幕上点选2点
指定下一个点或 [圆弧(A)/半宽(H)/长度(L)/放弃(U)/宽度(W)]： A ↵ 切换至圆弧
[角度(A)/圆心(CE)/闭合(CL)/方向(D)/半宽(H)/直线(L)/半径(R)/第二个点(S)/放弃(U)/宽度(W)]：
在屏幕上点选3点
[角度(A)/圆心(CE)/闭合(CL)/方向(D)/半宽(H)/直线(L)/半径(R)/第二个点(S)/放弃(U)/宽度(W)]：
在屏幕上点选4点
[角度(A)/圆心(CE)/闭合(CL)/方向(D)/半宽(H)/直线(L)/半径(R)/第二个点(S)/放弃(U)/宽度(W)]：
L ↵ 切换至直线
指定下一个点或 [圆弧(A)/半宽(H)/长度(L)/放弃(U)/宽度(W)]： 在屏幕上点选5点
指定下一个点或 [圆弧(A)/半宽(H)/长度(L)/放弃(U)/宽度(W)]： ↵ 回车结束多段线绘制命令

提示：

利用多段线命令绘制连续的直线时，看上去与直线命令相同，二者的区别是利用多段线绘制的连续直线是一个对象，而利用直线命令绘制的连续直线则是相互独立的线段。

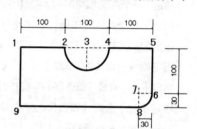

图 1-2-33　绘制多段线练习

【课堂实训】 绘制如图 1-2-33 所示多段线，则：

命令：Pline ↵ 启动多段线绘制命令
指定起点： 在屏幕上点选1点，指定多段线的起点
指定下一个点或 [圆弧(A)/半宽(H)/长度(L)/放弃(U)/宽度(W)]：@100,0 ↵ 输入2点坐标值
指定下一个点或 [圆弧(A)/半宽(H)/长度(L)/放弃(U)/宽度(W)]： A ↵ 切换至圆弧
[角度(A)/圆心(CE)/闭合(CL)/方向(D)/半宽(H)/直线(L)/半径(R)/第二个点(S)/放弃(U)/宽度(W)]：
CE ↵ 选择指定圆心选项
指定圆弧的圆心：@50,0 ↵ 输入圆弧的圆心(3点)坐标值
指定圆弧的端点或 [角度(A)/长度(L)]： A ↵ 选择输入角度选项
指定包含角：180 ↵ 输入圆弧角值，确定4点位置
[角度(A)/圆心(CE)/闭合(CL)/方向(D)/半宽(H)/直线(L)/半径(R)/第二个点(S)/放弃(U)/宽度(W)]：
L ↵ 切换至直线
指定下一个点或 [圆弧(A)/半宽(H)/长度(L)/放弃(U)/宽度(W)]：@100,0 ↵ 输入5点坐标值
指定下一个点或 [圆弧(A)/半宽(H)/长度(L)/放弃(U)/宽度(W)]：@0,-100 ↵ 输入6点坐标值
指定下一个点或 [圆弧(A)/半宽(H)/长度(L)/放弃(U)/宽度(W)]： A ↵ 切换至圆弧
[角度(A)/圆心(CE)/闭合(CL)/方向(D)/半宽(H)/直线(L)/半径(R)/第二个点(S)/放弃(U)/宽度(W)]：
CE ↵ 选择指定圆心选项
指定圆弧的圆心：@-30,0 ↵ 输入圆弧的圆心(7点)坐标值
指定圆弧的端点或 [角度(A)/长度(L)]： A ↵ 选择输入角度选项
指定包含角：-90 ↵ 输入圆弧角值，确定8点位置

[角度(A)/圆心(CE)/闭合(CL)/方向(D)/半宽(H)/直线(L)/半径(R)/第二个点(S)/放弃(U)/宽度(W)]:
　　　　　　　　　　　　　　　　　　　　　　　　　L ↵　　　切换至直线

指定下一个点或 [圆弧(A)/半宽(H)/长度(L)/放弃(U)/宽度(W)]: @-270,0 ↵　输入9点坐标值

指定下一个点或 [圆弧(A)/闭合(C)/半宽(H)/长度(L)/放弃(U)/宽度(W)]: C ↵　结束命令

【课堂实训】　绘制如图1-2-34所示箭头,则：

命令：Pline ↵　　　　　　　　启动多段线绘制命令

指定起点：　　　　　　　　　在屏幕上点选1点,指定
　　　　　　　　　　　　　　多段线的起点

指定下一个点或 [圆弧(A)/半宽(H)/长度(L)/放弃(U)/宽度(W)]:
　　　　　　W ↵　　选择宽度选项

指定起点宽度〈0.0000〉　50 ↵　　指定起点线宽　　　　图1-2-34　绘制箭头

指定端点宽度〈0.0000〉　50 ↵　　指定端点线宽

指定下一个点或 [圆弧(A)/半宽(H)/长度(L)/放弃(U)/宽度(W)]: @100,0 ↵　输入2点坐标

指定下一个点或 [圆弧(A)/半宽(H)/长度(L)/放弃(U)/宽度(W)]: W ↵　选择宽度选项

指定起点宽度〈50.0000〉　100 ↵　　　　　　　　　　　　指定起点线宽

指定端点宽度〈100.0000〉　0 ↵　　　　　　　　　　　　指定端点线宽

指定下一个点或 [圆弧(A)/半宽(H)/长度(L)/放弃(U)/宽度(W)]: @50,0 ↵　输入3点坐标

指定下一个点或 [圆弧(A)/半宽(H)/长度(L)/放弃(U)/宽度(W)]: ↵　　　回车结束命令

1.2.1.9　多线——Mline

多线主要用来绘制一组由多条平行线组成的线型。

◆ 启动命令

命令行：输入 Mline(快捷键：ML)

下拉菜单：绘图▶多线

◆ 命令操作方法

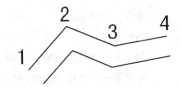

图1-2-35　绘制多线

绘制如图1-2-35所示多线,则：

命令：Mline ↵　　　　　　　　　　　　启动多线绘制命令

指定起点或 [对正(J)/比例(S)/样式(ST)]：　在屏幕上点取1点,确定多线的起点

指定下一点：　　　　　　　　　　　　在屏幕上点取2点

指定下一点或 [放弃(U)]：　　　　　　　在屏幕上点取3点

指定下一点或 [闭合(C)/放弃(U)]：　　　 在屏幕上点取4点

指定下一点或 [闭合(C)/放弃(U)]：↵　　 回车结束绘制命令

◆ 参数含义

对正(J)：根据多线绘制时与基准线的关系,多线的对正方式包括上对齐、下对齐和无对齐三种,其具体形式如图1-2-36所示。

【课堂实训】　绘制如图1-2-36所示不同对正类型的多线,则：

命令：Mline ↵　　　　　　　　　　　　　启动多线绘制命令

指定起点或 [对正(J)/比例(S)/样式(ST)]：输入 J ↵　输入对正选项

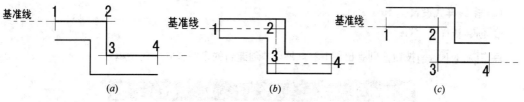

图 1-2-36 多线对正方式

(a)上对齐；(b)无对齐；(c)下对齐

输入对正类型 [上(T)/无(Z)/下(B)]：　　　　　输入不同的对正类型选项

比例(S)：设定多线的比例，即两条多线之间的距离大小。

【课堂实训】 绘制如图 1-2-37 所示不同对比例的多线，则：

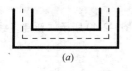  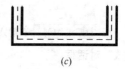

图 1-2-37 多线比例

(a)比例 20；(b)比例 40；(c)比例 10

命令：Mline ↵　　　　　　　　　　　　　　启动多线绘制命令
指定起点或 [对正(J)/比例(S)/样式(ST)]：输入 S ↵　　输入比例选项
输入多线比例〈20.00〉：　　　　　　　　　　输入不同的比例值

◆ 设置多线样式—Mlstyle

(1) 启动命令

命令行：输入 Mlstyle

下拉菜单：格式 ▶ 多线样式

执行以上命令，弹出如图 1-2-38 所示"多线样式"设定对话框。默认多线样式为 STANDARD。

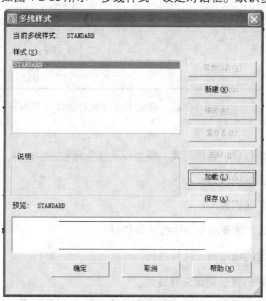

图 1-2-38 多线样式对话框

(2) 多线样式设置

◎ 创建新样式

点击 新建(N)... 按钮，则弹出图1-2-39所示"创建新的多线样式"对话框。

图1-2-39 创建新的多线样式对话框

在 新样式名(M) 中输入新样式的名称，然后点击 继续 按钮，则弹出如图1-2-40所示"新建多线样式"对话框。

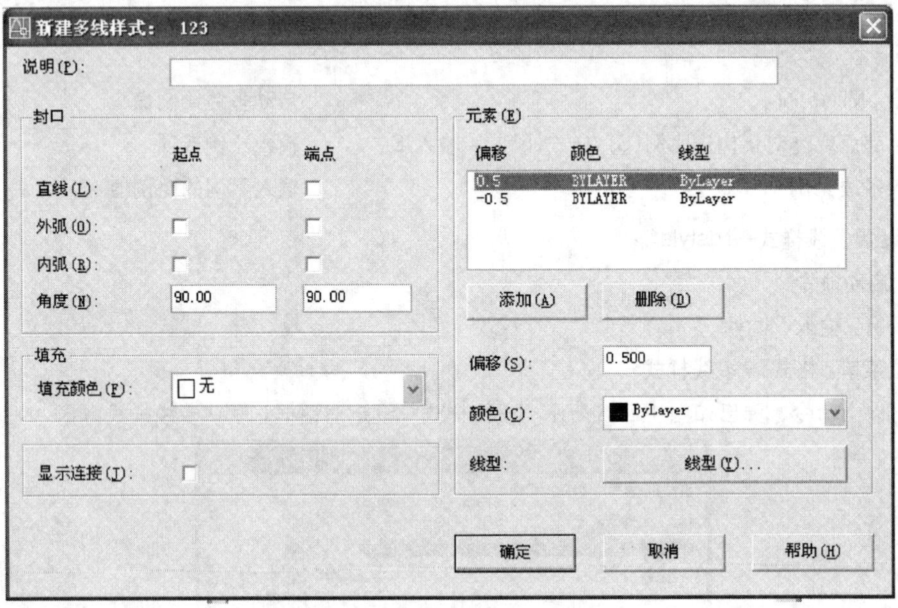

图1-2-40 新建多线样式对话框

◎ 参数设置

元素：设置多线的线条数目、偏移距离、线型以及线条颜色。

添加(A) ：用于添加多线的线条。

删除(D) ：用于删除多线的线条。

偏移(S) ：用于设置选定线条与多线中线的偏移量。

颜色(C) ：用于为选定的线条指定某种颜色。

线型(Y) ：用于为选定的线条指定某种线型。

封口：用于设置多线两端的封口形状。勾选复选框可以分别设置多线起点和端点封口形状以及是否封口。

填充：用指定的颜色填充多线的内部。

【课堂实训】 绘制如图1-2-41所示不同封口样式的多线。

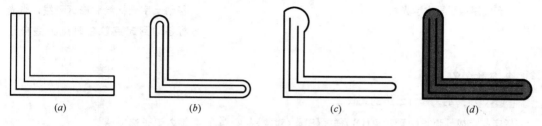

图1-2-41　多线绘制练习

(a)起点：直线，端点：直线；(b)起点：外弧、内弧(角度90°)，端点：外弧、内弧(角度90°)；
(c)起点：外弧(角度45°)，端点：内弧(角度90°)；(d)起点：外弧(角度90°)，端点：外弧(角度90°)，填充颜色：红色

1.2.1.10　样条曲线—Spline

利用样条曲线可以绘制形状不规则的光滑曲线，如园林中的自然式绿地、水面、游步道等。

◆ 启动命令

命令行：输入Spline(快捷键：SPL)

绘图工具栏：点选 ⌒

下拉菜单：绘图▶样条曲线

◆ 命令操作方法

【课堂实训】 绘制如图1-2-42所示样条曲线，则：

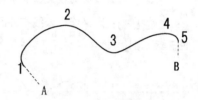

图1-2-42　绘制样条曲线

命令：SPline ↵	启动样条曲线绘制命令
指定第一个点或［对象(O)］：	在屏幕上点取1点，确定样条曲线的起点
指定下一点：	在屏幕上点取2点
指定下一点或［闭合(C)/拟合公差(F)］〈起点切向〉：	在屏幕上点取3点
指定下一点或［闭合(C)/拟合公差(F)］〈起点切向〉：	在屏幕上点取4点
指定下一点或［闭合(C)/拟合公差(F)］〈起点切向〉：	在屏幕上点取5点
指定下一点或［闭合(C)/拟合公差(F)］〈起点切向〉：↵	回车
指定起点切向：	沿1A方向在A点上点击
指定端点方向：	沿5B方向在B点上点击

1.2.1.11　修订云线—Revcloud

修订云线命令可用来创建一条由连续圆弧组成的云线型多段线。在园林设计中常用来绘制乔木和灌木树丛。

◆ 启动命令

命令行：输入Revcloud

绘图工具栏：点选 ⊙

下拉菜单：绘图▶修订云线

◆ 命令操作方法

图1-2-43　绘制云线

【课堂实训】 绘制如图1-2-43所示的修订云线,则:

命令:Revcloud ↵	启动修订云线命令
指定起点或［弧长(A)/对象(O)/样式(S)］〈对象〉:	在绘图区域中单击一点作为起点
沿云线路径引导十字光标	移动十字光标绘制修订云线,当光标移动到起点位置时则云线自动闭合

◆ 参数含义

：定义修订云线的弧长。

指定起点或［弧长(A)/对象(O)/样式(S)］〈对象〉：A ↵	输入弧长选项A
指定最小弧长〈20〉：10 ↵	输入最小弧长
指定最大弧长〈40〉：10 ↵	输入最大弧长

提示:
定义修订云线时的最大弧长不得超过最小弧长的3倍。

对象(O)：定义修订云线在外凸和内凹之间的转换。如图1-2-44所示,要将外凸云线转换为内凹云线,则:

图1-2-44 云线转换
(a)外凸云线；(b)内凹云线

指定起点或［弧长(A)/对象(O)/样式(S)］〈对象〉：O ↵	输入对象选项O
选择对象：	选择云线,如图1-2-44(a)
反转对象［是(Y)/否(N)]〈否〉： Y ↵	输入Y,完成云线反转

提示:
可以将圆、正多边形、多段线、样条曲线等图形转换为内凸或外凹云线,只是其弧长变化较小,外缘线不够生动。

：绘制不同样式的修订云线。如图1-2-45所示,要绘制手绘样式的修订云线,则:

图1-2-45 手绘样式云线

指定起点或［弧长(A)/对象(O)/样式(S)］〈对象〉：S ↵	输入样式选项
选择圆弧样式或［普通(N)/手绘(C)]〈普通〉： C ↵	选择手绘选项
指定起点或［弧长(A)/对象(O)/样式(S)］〈对象〉：	在绘图区域中单击一点作为起点
沿云线路径引导十字光标……	移动十字光标绘制修订云线,当光

标移动到起点位置时则云线自动闭合

1.2.1.12 圆环—Donut

用来绘制填实的圆环或圆

◆ 启动命令

命令行：输入 Donut(快捷键：DO)

下拉菜单：绘图➤圆环

◆ 命令操作方法

【课堂实训】 绘制如图 1-2-46 所示填实圆环，则：

命令：Donut ↵	启动圆环绘制命令
指定圆环的内径〈2.0000〉：5 ↵	输入圆环内径值
指定圆环的外径〈6.0000〉：10 ↵	输入圆环外径值
指定圆环的中心点或〈退出〉：	在绘图区域中单击一点作为圆环中心点
指定圆环的中心点或〈退出〉： ↵	回车结束命令

图 1-2-46 填实的圆环(内、外径不相等)　　图 1-2-47 填实的圆(内径为 0)

【课堂实训】 绘制如图 1-2-47 所示填实圆，则：

命令：Donut ↵	启动圆环绘制命令
指定圆环的内径〈2.0000〉：0 ↵	输入圆环内径值
指定圆环的外径〈6.0000〉：10 ↵	输入圆环外径值
指定圆环的中心点或〈退出〉：	在绘图区域中单击一点作为填实圆中心点
指定圆环的中心点或〈退出〉： ↵	回车结束命令

1.2.1.13 点—Point

◆ 启动命令

命令行：输入 Point(快捷键：PO)

绘图工具条：点选 ·

下拉菜单：绘图➤点

◆ 命令操作方法

绘图命令下拉菜单中共列有 4 种绘制点的方法，如图 1-2-48 所示，主要操作方法如下：

(1) 绘制多点

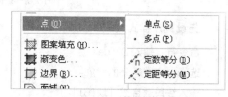

图 1-2-48 点绘制命令下拉菜单

绘图工具条点击 · (或执行下拉菜单：绘图➤点➤多点)：　启动多点绘制命令

指定点：　在绘图区内点击鼠标绘制点

指定点： 点击 ESC 键结束画点命令

(2) 设置点样式

命令行：Ddptype

下拉菜单：格式 ▶ 点样式

执行以上命令打开"点样式"对话框，如图 1-2-49 所示。在这里可以选择点的样式和设置点的大小。

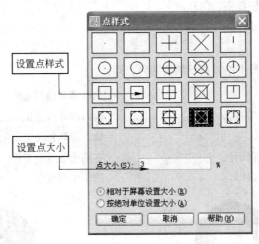

图 1-2-49　点样式对话框

(3) 定数等分

可以将点按指定的数目分布在指定的对象上。

命令行：输入 Divide(快捷键：DIV)

下拉菜单：绘图 ▶ 点 ▶ 定数等分

【课堂实训】欲将图 1-2-50 所示样条曲线等分为 10 段，则：

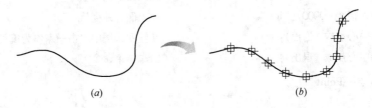

图 1-2-50　定数等分对象

(a)绘制样条曲线；(b)将样条曲线等合为 10 段

先设置点样式

命令行：输入 Divide　　　　　　　　　　　　启动定数等分命令

选择要定数等分的对象：　　　　　　　　　　选择样条曲线

输入线段数目或［块(B)］：　　　　　　　　　10　↵

(4) 定距等分

可以将点按指定的距离分布在指定的对象上。

命令行：输入 Measure(快捷键：ME)

下拉菜单：绘图 ▶ 点 ▶ 定距等分

【课堂实训】 沿图 1-2-51 所示多段线，每隔间距 250 单位插入一个定位点，则：

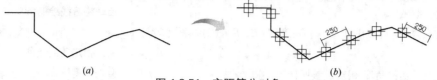

图 1-2-51　定距等分对象

(a)绘制多段线；(b)在多段线上等距离插入点

命令行：输入 Measure　　　　　　　　　　　　　　启动定距等分命令
选择要定距等分的对象：　　　　　　　　　　　　　选择多段线
指定线段长度或［块(B)］：　　　　　　　　　　　　250 ↵

 提示：

定距等分对象时，以选中对象的中点为界，选中时单击的点距离哪一端点的距离近，就从哪一端点开始量测距离。

1.2.1.14　构造线—Xline

利用构造线命令可以用来绘制一条向两个方向无限延伸的直线，一般用作辅助线。

◆ 启动命令

命令行：输入 Xline(快捷键：XL)

绘图工具条：点选

下拉菜单：绘图 ▶ 构造线

◆ 命令操作方法

利用构造线命令可以绘制 5 种形式的构造线，主要操作方法如下：

【课堂实训】 绘制如图 1-2-52 所示任意角度构造线，则：

命令：Xline ↵　　　　　　　　　　　　　　　　　启动构造线绘制命令
指定点或［水平(H)/垂直(V)/角度(A)/二等分(B)/偏移(O)］：　在绘图区内选择 1 点
指定通过点：　　　　　　　　　　　　　　　　　　依次选择通过点 2、3、4、5 ……
指定通过点：　↵　　　　　　　　　　　　　　　　结束命令

【课堂实训】 绘制如图 1-2-53 所示水平构造线，则：

命令：Xline ↵　　　　　　　　　　　　　　　　　启动构造线绘制命令
指定点或［水平(H)/垂直(V)/角度(A)/二等分(B)/偏移(O)］：
　　　　　　　　　　　　　　　　　　　　H ↵　　输入水平选项
指定通过点：　　　　　　　　　　　　　　　　　　依次选择通过点 1、2、3、4 ……
指定通过点：　↵　　　　　　　　　　　　　　　　结束命令

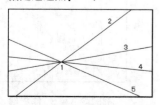
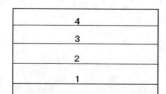

图 1-2-52　任意角度构造线　　图 1-2-53　水平构造线　　图 1-2-54　角度构造线

【课堂实训】 绘制如图1-2-54所示指定角度的构造线,则:

命令:Xline ↵ 　　　　　　　　　　　　　　　启动构造线绘制命令

指定点或［水平(H)/垂直(V)/角度(A)/二等分(B)/偏移(O)］:

　　　　　　　　　　　　　　　　A ↵　　　　输入指定角度选项

输入构造线的角度(0)或［参照(R)］:40 ↵　　输入角度值

指定通过点:　　　　　　　　　　　　　　　　依次选择通过点1、2、3、4……

指定通过点: ↵　　　　　　　　　　　　　　　结束命令

【课堂实训】 绘制如图1-2-55所示二等分构造线,则:

命令:Xline ↵　　　　　　　　　　　　　　　启动构造线绘制命令

指定点或［水平(H)/垂直(V)/角度(A)/二等分(B)/偏移(O)］:

　　　　　　　　　　　　　　　　B ↵　　　　输入二等分选项

指定角的顶点:　　　　　　　　　　　　　　　选择通过点1点

指定角的起点:　　　　　　　　　　　　　　　选择通过点2点

指定角的端点:　　　　　　　　　　　　　　　选择通过点3点

指定角的端点: ↵　　　　　　　　　　　　　　结束命令

【课堂实训】 绘制如图1-2-56所示偏移构造线,则:

命令:Xline ↵　　　　　　　　　　　　　　　启动构造线绘制命令

指定点或［水平(H)/垂直(V)/角度(A)/二等分(B)/偏移(O)］:

　　　　　　　　　　　　　　　　O ↵　　　　输入偏移选项

指定偏移距离或［通过(T)］〈1.0000〉:40 ↵　输入偏移距离

选择直线对象:　　　　　　　　　　　　　　　选择参照线

指定向哪侧偏移:　　　　　　　　　　　　　　选择1点

选择直线对象: ↵　　　　　　　　　　　　　　结束命令

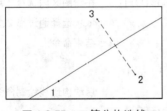
图1-2-55　二等分构造线

图1-2-56　偏移构造线

1.2.1.15　射线—Ray

利用射线命令可以绘制一条向单个方向无限延伸的辅助线。

◆ 启动命令

命令行:输入 Ray

下拉菜单:绘图▶射线

◆ 命令操作方法

【课堂实训】 绘制如图1-2-57所示的射线,则:

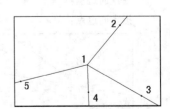
图1-2-57　绘制射线

命令：Ray ↵	启动射线绘制命令
指定点或［水平(H)/垂直(V)/角度(A)/二等分(B)/偏移(O)］：	在绘图区内选择1点
指定起点：	选择通过点1点
指定通过点：	依次选择通过点2、3、4、5
指定通过点： ↵	结束命令

1.2.1.16 徒手线—Sketch

徒手线可以绘制任意形状的线条。

◆ 启动命令

命令行：输入 Sketch

◆ 命令操作方法

【课堂实训】 绘制如图1-2-58所示的徒手线，则：

命令：Sketch ↵	启动徒手线绘制命令
记录增量〈1.0000〉：0.1 ↵	输入增量距离
徒手画：画笔(P)/退出(X)/结束(Q)/记录(R)/删除(E)/连接(C)。	在1点单击鼠标左键
徒手画：画笔(P)/退出(X)/结束(Q)/记录(R)/删除(E)/连接(C)。〈笔落〉	开始绘制徒手线，到2点位置单击鼠标左键
徒手画：画笔(P)/退出(X)/结束(Q)/记录(R)/删除(E)/连接(C)。〈笔落〉〈笔提〉 ↵	结束徒手线命令

【课堂实训】 利用徒手线命令绘制如图1-2-59所示的山石平面图。

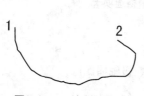
图1-2-58 绘制徒手线

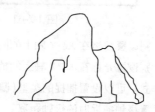
图1-2-59 徒手线绘图

1.2.2 辅助绘图工具

在AutoCAD工作界面下部的状态栏中，是一组限制或锁定光标移动的精确绘图工具，如图1-2-60所示，合理利用这些工具可以简化点的坐标输入，提高绘图的工作效率。

捕捉 栅格 正交 极轴 对象捕捉 对象追踪 DYN 线宽 模型

图1-2-60 辅助绘图工具

鼠标单击某一个工具按钮，可以打开或关闭此工具，按钮下陷时表示此工具是打开生效的。

在工具按钮上单击鼠标右键，选择 设置(S)… 打开设置面板，可以进行相关设置。也可以通过下拉菜单"工具▶草图设置"打开设置面板进行设置。

1.2.2.1 栅格和捕捉

在状态栏中按下 栅格 按钮(快捷键:【F7】)可以看到在绘图区中显示出来具有指定间距的点,这些点可以为绘图提供一种参考作用,其本身并不是图形的组成部分,也不会被输出。

在状态栏中按下 捕捉 按钮(快捷键:【F9】)即可启用"捕捉"功能。此时移动鼠标时,则光标只停留在栅格点上。

在栅格或捕捉按钮上单击鼠标右键,选择 设置(S)… 弹出"草图设置"面板,其中第一个选项卡即"捕捉和栅格"选项卡,如图1-2-61所示。该选项卡中包含了4个选项区。

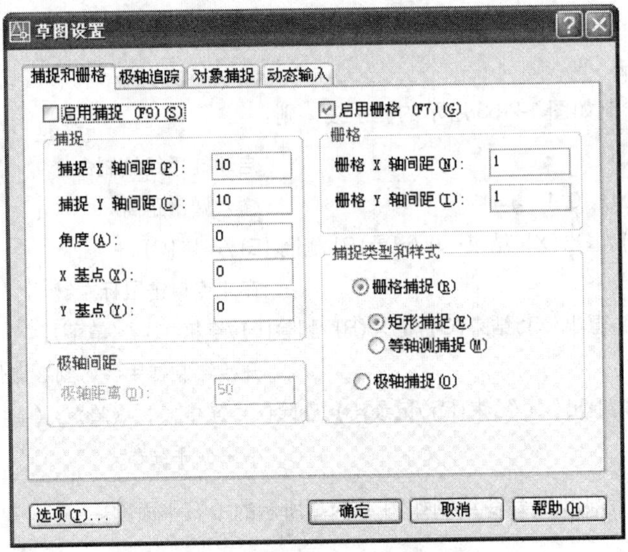

图 1-2-61 捕捉和栅格选项卡

栅格:可以分别设置栅格在 X、Y 轴上的间距。
捕捉:可以分别设置光标在 X、Y 轴上的捕捉间距。
捕捉类型和样式:可以设置捕捉的类型(栅格捕捉、极轴捕捉)。
极轴间距:设置极轴捕捉时的极轴距离。

提示:

如果点击栅格按钮后屏幕上并没有出现栅格点,命令行中显示"栅格太密,无法显示",则说明当前栅格设置太密,需要重新设置间距。

1.2.2.2 正交与极轴追踪

◆ 正交

在状态栏中按下 正交 按钮(快捷键:【F8】)即可启用"正交"功能。打开正交按钮后,光标只能沿水平或垂直方向移动。

要快速绘制水平或垂直的直线,则一般采用正交模式。具体方法如下,首先在状态栏中使正交模式处于打开状态,然后将光标移至要画线的方向,输入距离后即可迅速完成直线的绘制。

【课堂实训】 利用正交模式绘制图 1-2-62 所示图形,则:

打开正交模式(快捷键:【F8】):

命令：line ↵	启动直线命令
指定第一点：在屏幕上任意点取 A 点 ↵	确定 A 点位置
指定下一点或 [放弃(U)]：	
移动鼠标到 B 点方向，输入 50 ↵	绘制直线 AB
指定下一点或 [放弃(U)]：	
移动鼠标到 C 点方向，输入 25 ↵	绘制直线 BC
指定下一点或 [闭合(C)/放弃(U)]：	
移动鼠标到 D 点方向，输入 75 ↵	绘制直线 CD
指定下一点或 [闭合(C)/放弃(U)]：	
移动鼠标到 E 点方向，输入 50 ↵	绘制直线 DE
指定下一点或 [闭合(C)/放弃(U)]：	
移动鼠标到 F 点方向，输入 100 ↵	绘制直线 EF
指定下一点或 [闭合(C)/放弃(U)]：	
移动鼠标到 G 点方向，输入 75 ↵	绘制直线 FG
指定下一点或 [闭合(C)/放弃(U)]：	
移动鼠标到 H 点方向，输入 100 ↵	绘制直线 GH
指定下一点或 [闭合(C)/放弃(U)]： ↵	结束命令

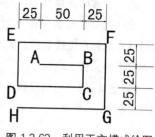

图 1-2-62 利用正交模式绘图

◆ 极轴追踪

在状态栏中按下 极轴追踪 按钮(快捷键：【F10】)即可启用"极轴追踪"功能。应用该功能可以快速绘制指定倾斜角度的直线。

在极轴按钮上单击鼠标右键，选择 设置(S)... 弹出"草图设置"面板，选择"极轴追踪"选项卡，如图 1-2-63 所示，在极轴角设置区可以设置增量角。

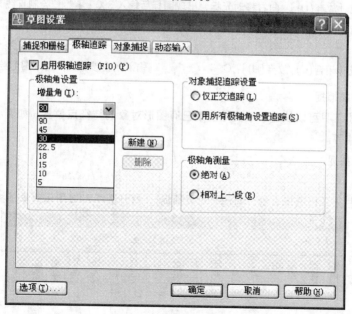

图 1-2-63 极轴追踪选项卡

如：设置增量角为30°，则当光标停留在0°、30°、60°、90°等30°的倍数角度上时，出现如图1-2-64所示的极轴方向和角度提示框，此时直接输入该方向的距离后即可准确定位点坐标。

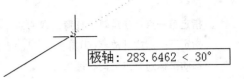

图1-2-64 极轴追踪提示框

【课堂实训】利用极轴追踪绘制图1-2-65(d)所示图形，则：

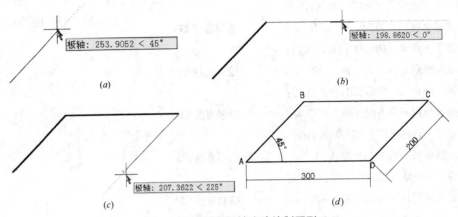

图1-2-65 利用极轴追踪绘制图形

(a)绘制倾斜线段AB；(b)绘制直线BC；(c)绘制倾斜线段CD；(d)完成图形绘制

打开极轴追踪(快捷键：【F10】)：设置增量角为45°

命令：line ↵	启动直线命令
指定第一点：在屏幕上任意点取A点 ↵	确定A点位置
指定下一点或 [放弃(U)]：向右上移动光标，出现图标后输入200 ↵	绘制直线AB，图1-2-65(a)
指定下一点或 [放弃(U)]：向右移动光标，出现图标后输入300 ↵	绘制直线BC，图1-2-65(b)
指定下一点或 [闭合(C)/放弃(U)]：向左下移动光标，出现图标后输入200 ↵	绘制直线CD，图1-2-65(c)
指定下一点或 [闭合(C)/放弃(U)]：C ↵	输入闭合参数C，完成图形绘制，图1-2-65(d)

1.2.2.3 对象捕捉

利用对象捕捉工具可以快速、准确地获取已有图形对象的特征点位置，如圆心点、对象交点、直线端点、象限点等。

◆ 调用对象捕捉

(1) 工具栏

在任意工具栏上单击鼠标右键，勾选"对象捕捉"，打开图1-2-66所示对象捕捉工具栏。每单击

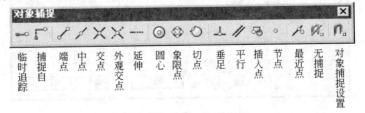

图1-2-66 对象捕捉工具栏

工具栏中的一个命令按钮就可以执行一次该命令。

(2) 状态栏

在状态栏中的 对象捕捉 按钮上单击鼠标右键，单击 设置(S)… 打开如图1-2-67所示的"对象捕捉"选项卡，在其中勾选要捕捉的对象特征点，单击 确定 完成设置。在绘图时按下 对象捕捉 按钮（快捷键：【F3】），打开对象捕捉，就可以在绘图过程中随时应用对象捕捉功能。

(3) 快捷菜单

在绘图过程中，按住键盘上的 Shift 键，同时在作图区内点击鼠标右键，则弹出如图 1-2-68 所示对象捕捉快捷菜单。每单击快捷菜单中的一个命令按钮就可以执行一次该命令。

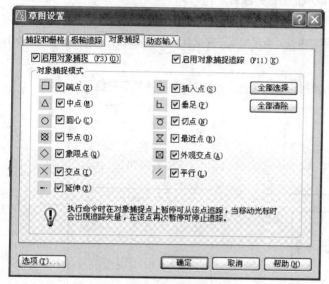

图 1-2-67　对象捕捉选项卡

图 1-2-68　对象捕捉快捷菜单

◆ 对象捕捉应用

(1) 中点 ⁄、象限点 ◇、端点 ⁄、垂足 ⊥

【课堂实训】利用"对象捕捉"模式绘制图 1-2-69(d)所示图形，则：

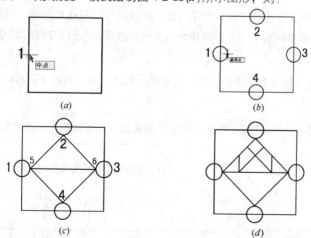

图 1-2-69　利用"中点"、"象限点"、"端点"、"垂足"捕捉绘制图形

打开对象捕捉设置卡,勾选"中点、象限点、端点、垂足"后,按下对象捕捉按钮,打开对象捕捉功能。

执行"绘图▶矩形"命令,绘制一个100×100的正方形。

执行"绘图▶圆"命令,将光标移动到正方形边上1的位置时,出现"捕捉到中点"的捕捉标记和名称提示后,点击确定圆心的位置,输入圆的半径10,完成圆的绘制,如图1-2-69(a)。

依次捕捉正方形各边的中点2、3、4点,并完成其他三个圆的绘制。

执行"绘图▶多段线"命令,将光标移动到1点圆上,出现"捕捉到象限点"的捕捉标记和名称提示后,点击确定多段线的起点,如图1-2-69(b)。

依次捕捉各个圆上的象限点,完成小正方形的绘制。

执行"绘图▶直线"命令,利用"端点捕捉"绘制5、6点之间的直线,如图1-2-69(c)。

执行"绘图▶多段线"命令,利用"中点、垂足捕捉"完成其余两条线段的绘制,如图1-2-69(d)。

(2) 捕捉平行线

【课堂实训】 如图1-2-70(a)所示图形,现欲通过1点绘制AB直线的平行线,则:

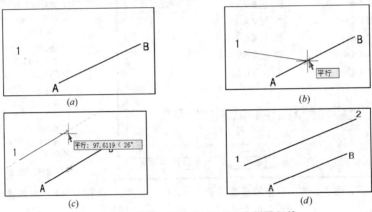

图1-2-70 利用"捕捉平行线"绘制平行线

打开对象捕捉设置卡,勾选"端点、平行"后,按下对象捕捉按钮,打开对象捕捉功能。

执行"绘图▶直线"命令,利用"端点捕捉"捕捉到1点作为直线的起点。

移动光标到直线AB上,出现"捕捉到平行线"的捕捉标记和名称提示,如图1-2-70(b)。

向上移动光标到AB平行线上方,出现极轴方向和角度提示框,同时在AB线上也显示捕捉到平行线的标志,如图1-2-70(c)。

输入直线距离或在平行线方向点击2点,结束平行线的绘制,如图1-2-70(d)。

(3) 捕捉延伸线

【课堂实训】 如图1-2-71(a)所示图形,现欲在两条直线延长线的交点1点位置绘制圆,则:

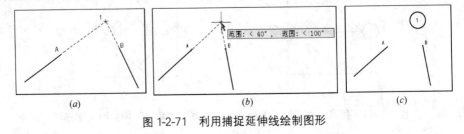

图1-2-71 利用捕捉延伸线绘制图形

打开对象捕捉设置卡,勾选"端点、延伸"后,按下对象捕捉按钮,打开对象捕捉功能。

执行"绘图➤圆"命令,命令提示指定圆心时,将光标移动到 A 点略作停留,再将光标移动到 B 点略作停留,然后将光标向上移动,出现两延伸线交点的极轴方向和角度提示框,如图 1-2-71(b)。

在交点上点击鼠标,确定圆的圆心,输入圆的半径,完成圆的绘制,如图 1-2-71(c)。

(4) 捕捉自

【课堂实训】 绘制如图 1-2-72 所示图形,则:

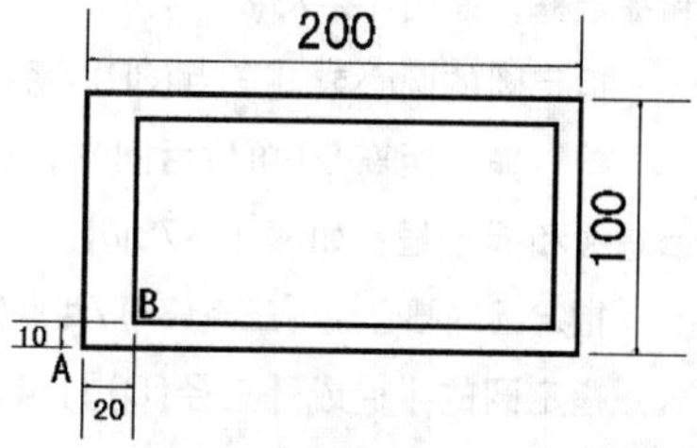

调出"对象捕捉"工具条

执行"绘图➤矩形"命令,绘制 200×100 的大矩形。

继续执行"绘图➤矩形"命令:

指定第一个角点或 [倒角(C)/标高(E)/圆角(F)/厚度(T)/线宽(W)]:

               在对象捕捉工具条中点选 (捕捉自)命令

指定第一个角点或 [倒角(C)/标高(E)/圆角(F)/厚度(T)/线宽(W)]: _from 基点 在图上点选 A 点

指定第一个角点或 [倒角(C)/标高(E)/圆角(F)/厚度(T)/线宽(W)]: _from 基点:〈偏移〉:

            @20,10 ↵   输入 B 点相对坐标值

指定另一个角点或 [面积(A)/尺寸(D)/旋转(R)]: @170,80 ↵ 结束图形的绘制

图 1-2-72 利用"捕捉自"绘制图形

(5) 临时追踪点

【课堂实训】 如图 1-2-73(c)所示,现欲在正五边形的右上角绘制一个半径为 40 的圆形,则:

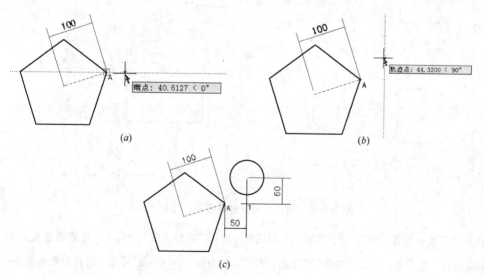

(a)   (b)

(c)

图 1-2-73 利用"临时追踪点"绘制图形

调出"对象捕捉"工具条

命令:Circle ↵   启动圆形绘制命令

指定圆的圆心或 [三点(3P)/两点(2P)/相切、相切、半径(T)]:

           在对象捕捉工具条中点选 (临时捕捉点)命令

指定圆的圆心或［三点(3P)/两点(2P)/相切、相切、半径(T)］：_tt指定临时对象追踪点：

　　将光标移动到在正多边形端点A点上停留片刻(不要点击)，向右移动光标出现一条水平追踪线和提示框，如图1-2-73(a)。

指定圆的圆心或［三点(3P)/两点(2P)/相切、相切、半径(T)］：_tt指定临时对象追踪点：50 ↵

　　输入距离50单位后回车，在这个点上会显示出一个"+"号，这时向上移动光标出现一条垂直追踪线和提示框，如图1-2-73(b)。

指定圆的圆心或［三点(3P)/两点(2P)/相切、相切、半径(T)］：60 ↵　　　输入距离60

指定圆的半径或［直径(D)］：40 ↵　　　　　　　　　　　　　　　输入圆的半径，回车结束命令

1.2.2.4 对象捕捉追踪

对象捕捉追踪与极轴追踪类似，也是沿一条追踪路径，确定一个点坐标的方法。追踪路径是在对象捕捉点上沿平行坐标轴或沿极轴方向引出的，因此对象捕捉追踪需要与对象捕捉、极轴角设置配合起来应用。

在状态栏中按下 对象追踪 按钮(快捷键：【F11】)即可启用"对象捕捉追踪"功能。

◆ 沿追踪路径长度定位目标点

【课堂实训】 绘制如图1-2-74(d)所示图形，则：

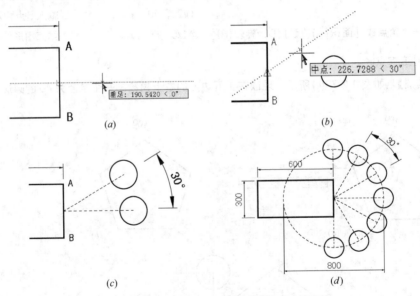

图1-2-74 利用"对象捕捉追踪"绘制图形

执行"工具▶草图设置"，打开草图设置对话框，选择"极轴追踪"选项卡，设置增量角为30°。打开"对象捕捉"选项卡，勾选"中点"选项后，在状态栏中按下 对象捕捉 按钮，打开对象捕捉功能。按下 对象追踪 按钮将对象捕捉追踪打开。

命令：Circle ↵　　　　　　　　启动圆形绘制命令

指定圆的圆心或［三点(3P)/两点(2P)/相切、相切、半径(T)］：

　　将光标移动到矩形AB边上，捕捉到中点后停留片刻(不要点击)，然后向右移动光标出现一条水平追踪线和提示框，如图1-2-74(a)所示

指定圆的圆心或 [三点(3P)/两点(2P)/相切、相切、半径(T)]：400 ↵ 输入圆心与 AB 边中点的距离
指定圆的半径或 [直径(D)]：80 ↵ 输入圆的半径，回车结束命令。绘制出 0°极轴方向线上的圆
按空格键重新启动圆形绘制命令
指定圆的圆心或 [三点(3P)/两点(2P)/相切、相切、半径(T)]：

将光标移动到矩形 AB 边上，捕捉到中点后停留片刻(不要点击)，然后向右上方移动光标捕捉到 30°极轴方向线和提示框，如图 1-2-74(b)所示
指定圆的圆心或 [三点(3P)/两点(2P)/相切、相切、半径(T)]：400 ↵ 输入圆心距 AB 边中点的距离
指定圆的半径或 [直径(D)]：80 ↵ 输入圆的半径，回车结束命令。绘制出 30°极轴方向线上的圆，如图 1-2-74(c)所示
重复以上操作步骤，顺次捕捉 60°、90°、330°、300°、270°极轴方向线，并分别绘制出极轴线上的圆形，完成图形的绘制，如图 1-2-74(d)所示

◆ 根据两条追踪路径的交点定位目标点

【课堂实训】 如图 1-2-75(b)所示，欲在正六边形的中心点绘制一个半径为 100 的圆，则：

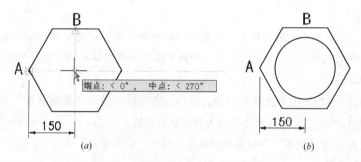

图 1-2-75 根据追踪路径的交点绘制目标点

打开"对象捕捉"选项卡，勾选"端点、中点"选项后，按下 对象捕捉 按钮，打开对象捕捉功能。按下 对象追踪 按钮将对象捕捉追踪打开。

命令：Circle ↵   启动圆形绘制命令
指定圆的圆心或 [三点(3P)/两点(2P)/相切、相切、半径(T)]：
移动光标捕捉到正多边形左侧的端点 A 点上，向右移动光标产生水平方向的追踪线；然后将光标移动到正多边形上面一条水平边上并捕捉到中点 B 点，向下移动光标产生竖直方向的追踪线；当竖直追踪线与水平追踪线垂直相交时，其交点即为正六边形的中心。单击鼠标确定圆心的位置
指定圆的半径或 [直径(D)]：80 ↵   输入圆的半径，回车结束命令

1.2.2.5 DYN—动态输入

动态输入功能是 AutoCAD 2006 新增的一个重要功能，该功能可以在绘图的同时在光标上即时显示各种命令提示，并代替命令行输入各项绘图命令。

◆ 动态输入的应用

在状态栏中按下 DYN 按钮(快捷键：【F12】)即可启用"动态输入"功能。

启动某个绘图命令，移动光标到作图区则光标旁边显示命令提示栏(图 1-2-76)。

图 1-2-76 动态输入命令提示栏

在数值输入栏中可直接输入坐标点的距离和角度(图1-2-77)。

提示：

按键盘上 键，可以使光标在距离数值栏和角度数值栏之间切换。

按住键盘上的向下键，可以打开当前命令的扩展选项(图1-2-78)。

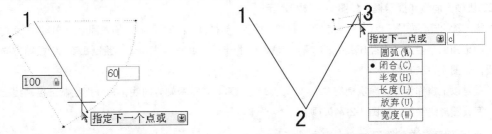

图1-2-77 动态输入数值输入栏　　　　图1-2-78 打开当前命令的扩展选项

提示：

可以用鼠标直接在命令扩展选项中点取要执行的命令；也可以通过控制键盘上的上、下键在命令扩展选项中点取要执行的命令；还可以通过输入扩展命令中的快捷键来执行所选择的命令。

◆ 动态输入的设置

在状态栏中 按钮上单击鼠标右键，选择 设置(S)... 弹出"草图设置"面板，选择"动态输入"选项卡(图1-2-79)，则可以对动态输入功能进行设置。

或选择"工具▶草图设置"下拉菜单，也可以打开"动态输入"选项卡。

(1) 指针输入设置

在动态输入对话框上点击指针输入区 设置(S)... 按钮，可以打开"指针输入设置"选项卡(图1-2-80)，在这里可以设置坐标点的输入方式、坐标工具栏的可见性。

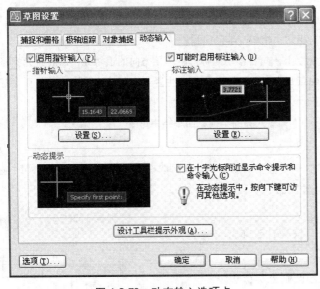

图1-2-79 动态输入选项卡

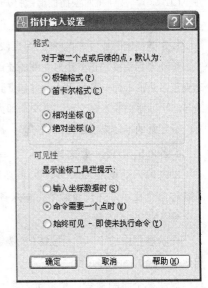

图1-2-80 "指针输入设置"选项卡

(2) 标注输入设置

在动态输入对话框上点击标注输入区 [设置(E)...] 按钮，可以打开"标注输入设置"选项卡（图 1-2-81），在这里主要设置当使用夹点编辑拉伸对象时，标注输入的可见性。

(3) 设计工具栏提示外观

在动态输入对话框上点击 [设计工具栏提示外观(A)...] 按钮，可以打开"工具栏提示外观"选项卡（图 1-2-82），在这里主要设置工具栏的颜色、大小和透明度。

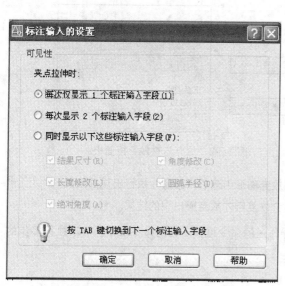

图 1-2-81 "标注输入设置"选项卡

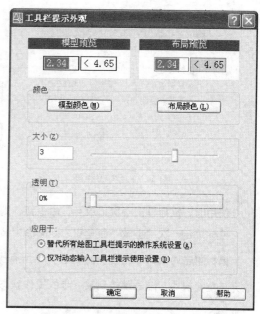

图 1-2-82 "工具栏提示外观"选项卡

1.3 AutoCAD 基本图形编辑

本节学习要点：理解并掌握 AutoCAD 中基本图形编辑命令的含义与使用方法，并能配合图形绘制命令熟练进行各种园林平面设计图纸的绘制、编辑与修改工作。

图形绘制与图形编辑是相辅相成的，借助图形编辑功能一方面可以简化图形的绘制过程，满足各种复杂图形的绘制工作；另一方面借助编辑功能还可以迅速完成相同或相近图形的绘制，大大提高作图效率。

1.3.1 命令的重复、放弃与重做

1.3.1.1 命令的重复执行

当结束一个绘图命令后紧跟着又要执行同一个绘图命令时，可以采用以下两种方法重复执行该命令。

◆ 通过快捷菜单执行

命令结束后，单击鼠标右键弹出快捷菜单（图 1-3-1），选择第一项"重复＊＊＊"并单击鼠标，即可再次执行上次完成的任务。

◆ 通过键盘按键执行

命令结束后，直接点击键盘上的"空格键"，即可再次执行上次执行的命令。

1.3.1.2 命令的取消

在命令执行过程中，点击键盘上的 ESC 键即可终止当前命令的执行。

1.3.1.3 命令的放弃与重做

"放弃与重做"按钮位于工作界面上部的标准工具栏中（图 1-3-2）。

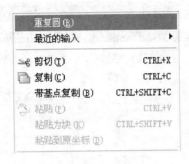

图 1-3-1　快捷菜单

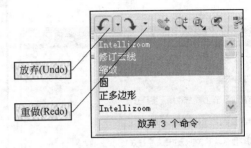

图 1-3-2　放弃与重做下拉面板

使用时，鼠标单击一次"放弃"命令钮，则放弃图形中最后一条命令执行出现的结果。

鼠标单击一次"重做"命令钮，则图形中又会恢复刚才放弃所出现的结果。

鼠标单击两个命令钮右侧的 ▼ 会弹出所有操作过的命令堆栈。利用命令堆栈，可以执行多步的放弃与重复操作，随时跳转到某一步的操作状态。

提示：

在命令行中输入 U，其作用与放弃按钮相同，也是放弃当前执行的命令，并向上恢复一个命令。

1.3.2 图形对象的选择

在对已绘制的图形进行编辑时，首先需要选定编辑的具体对象。

1.3.2.1 直接选择对象

在图形中用鼠标直接单击某一个图形对象，该对象以虚线显示，表示该对象已被选中。若连续点击多个图形对象，则可同时选择多个对象。

提示：

按住键盘上的 shift 键，同时用鼠标单击被选中的图形对象，则被选中对象的选择状态消失，该对象从选择集中被剔除。

1.3.2.2 选择全部对象

该方法需要结合修改工具栏中的"删除（Erase）"命令（参见 1.3.3.1）使用。操作方法如下：

命令行：Erase ↵　　　　　　　启动删除命令

选择对象：ALL ↵　　　　　　输入选择全部选项，回车后，则所有图形文件被删除

1.3.2.3 窗选

在图形左侧用鼠标单击1点,向右下侧拉动鼠标选择2点,这时在1、2两点间出现一个蓝色显示的实线窗口,该窗口即表示选择范围,如图1-3-3(a)所示。

将鼠标在2点单击,则所有完全被包围在选择窗口中的图形对象被选中,如图1-3-3(b)所示。

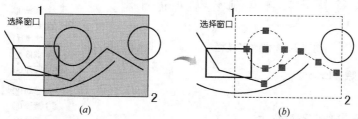

图 1-3-3 窗选图形对象

1.3.2.4 交叉窗选

在图形右侧用鼠标单击2点,向左上侧拉动鼠标选择1点,这时在1、2两点间出现一个绿色显示的虚线窗口,该窗口即表示选择范围,如图1-3-4(a)所示。

将鼠标在1点单击,则所有被窗口穿越或包围的图形对象被选中,如图1-3-4(b)所示。

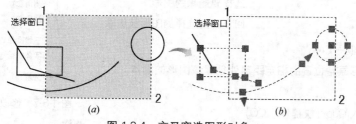

图 1-3-4 交叉窗选图形对象

1.3.2.5 栏选

该方法需要结合修改工具栏中的"删除(Erase)"命令(参见1.3.3.1)使用。操作方法如下:

命令行:Erase ↵	启动删除命令
选择对象:F ↵	选择栏选命令选项
指定第一个栏选点:	点选1点,然后顺次点选2、3、4点,形成栏选虚线,如图1-3-5(a)所示
指定下一个栏选点或[放弃(U)]:↵	回车结束栏选,则所有被栏选虚线穿过的图形被选中,如图1-3-5(b)所示
选择对象:↵	回车,则所有被选择的图形被删除,如图1-3-5(c)所示

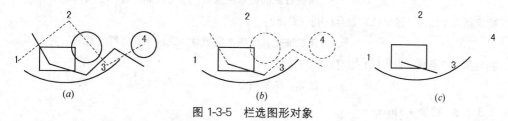

图 1-3-5 栏选图形对象

1.3.3 图形对象的修改

AutoCAD所有图形修改命令都集中在"修改工具栏"(图1-3-6)以及"修改"下拉菜单

(图 1-3-7) 中。

图 1-3-6　修改工具栏

1.3.3.1　删除—Erase

◆ 启动命令

命令行：输入 Erase(快捷键：E)

修改工具栏：点选

下拉菜单：修改 ▶ 删除

◆ 命令操作方法

命令行：Erase	启动删除命令
选择对象：	选择要删除的图形
选择对象：↵	回车，则选择的图形被删除

1.3.3.2　复制—Copy

在距选定图形原始位置的指定距离处创建该图形的副本。

◆ 启动命令

命令行：输入 Copy(快捷键：CO)

修改工具栏：点选

下拉菜单：修改 ▶ 复制

◆ 命令操作方法

【课堂实训】　绘制如图 1-3-8 所示平面树群，则：

图 1-3-7　修改下拉菜单

图 1-3-8　利用复制命令绘制平面树群

命令行：Copy ↵	启动复制命令
选择对象：	光标点取选择右侧的树木图例
指定基点或 [位移(D)] 〈位移〉：	捕捉树木图例的中心，将其指定为基点
指定基点或 [位移(D)] 〈位移〉：	指定第二个点或〈使用第一个点作为位移〉：捕捉右侧的树木定植点，单击鼠标左键，复制树木图例
指定第二个点或 [退出(E)/放弃(U)]〈退出〉：	依次捕捉其他树木定植点，完成平面树群的复制
指定第二个点或 [退出(E)/放弃(U)]〈退出〉：↵	回车，结束命令

1.3.3.3　镜像—Mirror

镜像命令适合于对称图形的绘制工作。

◆ 启动命令

命令行：输入 Mirror(快捷键：MI)

修改工具栏：点选

下拉菜单：修改▶镜像

◆ 命令操作方法

【课堂实训】 绘制如图1-3-9(b)所示对称花台平面图，则：

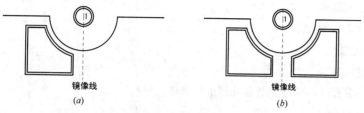

图1-3-9 镜像
(a)镜像前图形；(b)镜像后图形

命令行：Mirror ↵	启动镜像命令
选择对象：	选择左侧的花台图形
选择对象：	回车，结束选择
指定镜像线的第一点：	捕捉上面中央圆形花坛的中点1点
指定镜像线的第一点：指定镜像线的第二点：	
	打开正交按钮，向下引出镜像线，鼠标单击确定镜像线的第二点
要删除源对象吗？[是(Y)/否(N)]〈N〉： ↵	回车，结束命令，镜像后的图形如图1-3-9(b)所示

提示：

在AutoCAD中有一个系统变量Mirrtext用于控制文本在镜像后的显示效果。当其值为1时，镜像得到的文本呈对称显示；当其值为0时，镜像得到的文本呈正常显示(图1-3-10)。

修改Mirrtext的步骤如下：在命令行输入文本Mirrtext后按回车键，然后在"输入Mirrtext的新值"的提示下，输入0或1，按回车键即可。系统变量设定后，在下次修改前不会改变。

图1-3-10 文字镜像效果
(a)Mirrtext=0；(b)Mirrtext=1

【课堂实训】 利用"镜像"命令绘制如图1-3-11所示园林花窗平面图。

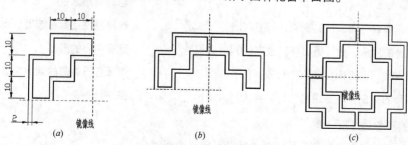

图1-3-11 利用"镜像"命令绘制花窗
(a)绘制1/4花窗；(b)镜像出1/2花窗；(c)镜像出完整的花窗

1.3.3.4 偏移—Offset

偏移命令用来创建与选定图形对象平行的新对象，如平行线、同心曲线、同心圆等。

◆ 启动命令

命令行：输入 Offset(快捷键：O)

修改工具栏：点选 [图标]

下拉菜单：修改▶镜像

◆ 命令操作方法

(1) 指定偏移距离

【课堂实训】将图 1-3-12 中的样条曲线进行偏移，则：

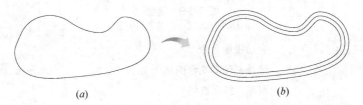

图 1-3-12　根据指定偏移距离偏移图形

(a)样条曲线；(b)偏移后的样条曲线

命令行：Offset	启动偏移命令
指定偏移距离或 [通过(T)/删除(E)图层(L)]：50 ↵	输入偏移距离后回车
选择要偏移的对象，或 [退出(E)/放弃(U)]〈退出〉：	选择中心的样条曲线
指定要偏移的那一侧上的点，或 [退出(E)/多个(N)/放弃(U)〈退出〉：	在样条曲线的外侧点击一点，偏移出外侧的样条曲线
选择要偏移的对象，或 [退出(E)/放弃(U)]〈退出〉：	继续选择中心的样条曲线
指定要偏移的那一侧上的点，或 [退出(E)/多个(N)/放弃(U)〈退出〉：	在样条曲线的内侧点击一点，偏移出内侧的样条曲线

(2) 选择通过点偏移对象

【课堂实训】将图 1-3-13(a)正五边形中心的圆通过"偏移"命令偏移到正五边形的顶点上去，则：

命令行：Offset	启动偏移命令
指定偏移距离或 [通过(T)/删除(E)图层(L)]：T ↵	选择通过点偏移选项，回车
选择要偏移的对象，或 [退出(E)/放弃(U)]〈退出〉：	选择中心的圆形
指定通过点或 [退出(E)/多个(N)/放弃(U)〈退出〉：	选择正五边形的端点 2 点
选择要偏移的对象，或 [退出(E)/放弃(U)]〈退出〉： ↵	回车结束命令

◆ 其他偏移参数选项

删除(E)：该参数用来控制偏移完对象后源对象是否删除

图层(L)：该参数用来控制偏移对象所在图层为源对象图层或当前图层

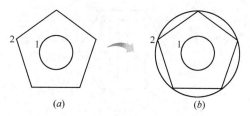

图 1-3-13 选择通过点偏移图形　　　　图 1-3-14 样条曲线的偏移

 提示：

多段线和样条曲线在偏移距离大于可调整的距离时将自动进行修剪。

图 1-3-14 中粗线为原始样条曲线，向内偏移时自动修剪为两个闭合样条曲线；向外偏移时由于不能同时满足平行于原始对象和自身光滑两个条件，发生断裂。

1.3.3.5 修剪—Trim

修剪命令以指定的图形对象为剪切边，将要修剪的对象(直线、多段线、圆、圆弧、样条曲线、射线、构造线等)剪去超出部分。

◆ 启动命令

命令行：输入 Trim(快捷键：TR)

修改工具栏：点选

下拉菜单：修改▶修剪

◆ 命令操作方法

(1) 逐一修剪对象

【课堂实训】 如图 1-3-15 所示，以 4 条直线互为边界，完成交叉路口的修剪，则：

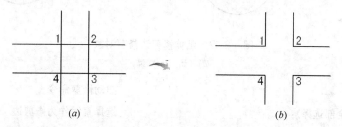

图 1-3-15 逐一修剪对象
(a)开始；(b)结果

命令行：Trim ↵　　　　　　　　　　　启动修剪命令
选择对象或〈全部选择〉：　　　　　　　依次选择 4 条直线，作为修剪边
选择对象：↵　　　　　　　　　　　　 回车，结束选择
选择要修剪的对象，或按住 shift 键选择要延伸的对象，或 [栏选(F)/窗交(C)/投影(B)/边(E)/删除
(R)/放弃(U)]：　　　　　　　　　　　依次点取 12 边、23 边、34 边、41 边
[栏选(F)/窗交(C)/投影(B)/边(E)/删除(R)/放弃(U)]：↵　回车结束修剪命令

(2) 窗交修剪对象

【课堂实训】 要修剪如图 1-3-16 所示图形，则：

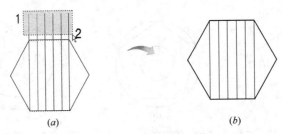

图 1-3-16 窗选修剪对象

(a)开始；(b)结果

命令行：Trim ↵	启动修剪命令
选择对象或〈全部选择〉：	选择正六边形作为修剪边
选择对象：↵	回车，结束选择
选择要修剪的对象，或按住 shift 键选择要延伸的对象，或[栏选(F)/窗交(C)/投影(B)/边(E)/删除(R)/放弃(U)]：C ↵	输入"窗选"选项
指定第一个角点：	点击 1 点
指定第一个角点：指定对角点	点击 2 点，窗选的图形被删除
[栏选(F)/窗交(C)/投影(B)/边(E)/删除(R)/放弃(U)]：↵	回车结束修剪命令

(3) 延伸修剪边修剪对象

【课堂实训】如图 1-3-17 所示，以直线为边界，要将圆上部份修剪掉，则：

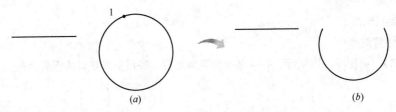

图 1-3-17 延伸修剪边修剪对象

(a)开始；(b)结果

命令行：Trim ↵	启动修剪命令
选择对象或〈全部选择〉：	选择直线作为修剪边
选择对象：↵	回车，结束选择
选择要修剪的对象，或按住 shift 键选择要延伸的对象，或[栏选(F)/窗交(C)/投影(B)/边(E)/删除(R)/放弃(U)]：E ↵	选择边选项，回车
输入隐含边延伸模式 [延伸(E)/不延伸(N)]：E ↵	选择延伸选项，回车
选择要修剪的对象，或按住 shift 键选择要延伸的对象，或[栏选(F)/窗交(C)/投影(B)/边(E)/删除(R)/放弃(U)]：	点选圆上的 1 点位置，则圆的上部分被修剪
[栏选(F)/窗交(C)/投影(B)/边(E)/删除(R)/放弃(U)]：↵	回车结束修剪命令

(4) 修剪与延伸对象同步进行

【课堂实训】如图 1-3-18 所示，利用修剪命令完成图形绘制，则：

| 命令行：Trim ↵ | 启动修剪命令 |

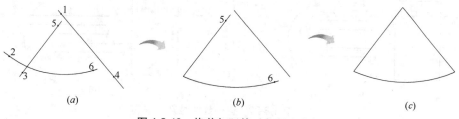

图 1-3-18 修剪与延伸对象同步进行

(a)开始；(b)修剪；(c)延伸

选择对象或〈全部选择〉：
选择对象：↵
选择要修剪的对象，或按住 shift 键选择要延伸的对象，或 [栏选(F)/窗交(C)/投影(B)/边(E)/删除(R)/放弃(U)]：E ↵
输入隐含边延伸模式 [延伸(E)/不延伸(N)]：E ↵
选择要修剪的对象，或按住 shift 键选择要延伸的对象，或 [栏选(F)/窗交(C)/投影(B)/边(E)/删除(R)/放弃(U)]：
[栏选(F)/窗交(C)/投影(B)/边(E)/删除(R)/放弃(U)]：
[栏选(F)/窗交(C)/投影(B)/边(E)/删除(R)/放弃(U)]：↵

选择 3 条直线互为修剪边
回车，结束选择

选择边选项，回车

选择延伸选项，回车

依次点取图上 1 点、2 点、3 点、4 点位置的直线并将其修剪

按住 shift 键，依次点选图形上 5 点、6 点位置并将其延伸

回车结束修剪命令

【课堂实训】 利用"修剪"命令完成图 1-3-19 所示图形的绘制。

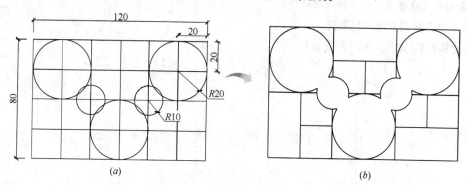

图 1-3-19 修剪练习

(a)图形尺寸；(b)完成修剪

1.3.3.6 延伸——Extend

延伸命令是以指定的对象为边界，延伸某对象(直线、多段线、射线、圆弧等)与其精确相交。

◆ 启动命令

命令行：输入 Extend(快捷键：EX)

修改工具栏：点选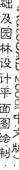

下拉菜单：修改 ▶ 延伸

◆ 命令操作方法

(1) 逐一延伸对象

【课堂实训】 如图 1-3-20 所示，现欲将中间的直线延伸到与左右两侧的图形相交，则：

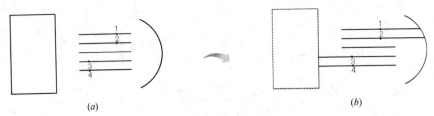

图 1-3-20 逐一延伸对象

(a)开始；(b)结束

命令行：Extend ↵	启动延伸命令
选择对象或〈全部选择〉：	选择左侧的矩形和右侧的圆弧，作为延伸的边界
选择对象：↵	回车，结束选择

选择要修剪的对象，或按住shift键选择要延伸的对象，或 [栏选(F)/窗交(C)投影(B)/边(E)/放弃(U)]：

依次点取直线上1点、2点位置，则两条直线延伸到与圆弧相交；依次点取直线上3点、4点位置，则两条直线延伸到与矩形相交

[栏选(F)/窗交(C)投影(B)/边(E)删除(R)/放弃(U)]：　↵　回车结束延伸命令

 提示：

选择要延伸的对象时的拾取点决定了延伸的方向，延伸发生在拾取点的一侧。样条曲线可以修剪，但不能够被延伸。

(2) 延伸与修剪对象同步进行

【课堂实训】如图1-3-21所示，则：

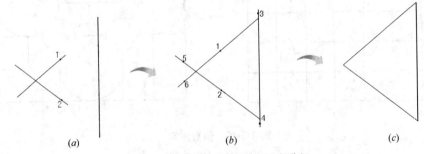

图 1-3-21 修剪与延伸对象同步进行

(a)开始；(b)延伸；(c)修剪

命令行：Extend ↵	启动延伸命令
选择对象或〈全部选择〉：	选择3条直线互为延伸边
选择对象：↵	回车，结束选择

选择要延伸的对象，或按住shift键选择要延伸的对象，或 [栏选(F)/窗交(C)投影(B)/边(E)放弃(U)]：

依次点取直线上1点、2点位置，则两条斜线延伸到与竖直线相交

选择要修剪的对象，或按住shift键选择要延伸的对象，或 [栏选(F)/窗交(C)投影(B)/边(E)/放弃(U)]：

按住shift键，依次点取图上3点、4点、5点、6点位置的直线并将其修剪

[栏选(F)/窗交(C)投影(B)/边(E)/放弃(U)]：　↵　回车结束延伸命令

1.3.3.7 阵列—Array

阵列命令可以复制图形对象并将其排列成矩形或环形规则分布的形状。

◆ 启动命令

命令行：输入 Array(快捷键：AR)

修改工具栏：点选 品

下拉菜单：修改 ▶ 阵列

◆ 命令操作方法

(1) 矩形阵列

【课堂实训】 如图 1-3-22 所示，欲将源图形复制三行四列，则：

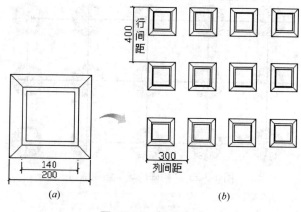

图 1-3-22　矩形阵列

(a)源图形；(b)矩形阵列

◎ 命令行：Array。

启动阵列命令，弹出如图 1-3-23 所示的"阵列"命令对话框。

◎ 选择"矩形阵列"选项。

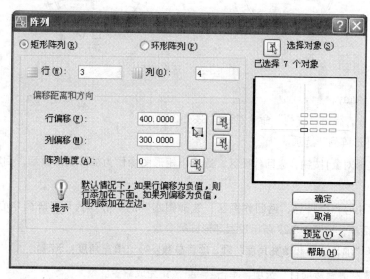

图 1-3-23　"矩形阵列"参数设置

点击 ■ (选择对象)按钮，返回作图区，选择源图形作为被阵列对象后，回车返回"阵列"命令对话框，如图 1-3-23 所示设置阵列参数。

输入：行数 3、列数 4；行偏移(行间距)400、列偏移(列间距)300

◎ 点取 预览(V)< 按钮，弹出如图 1-3-24 所示的对话框，如果对阵列的结果不满意，单击 修改 按钮可以返回到阵列窗口中调整参数。如果对阵列的结果满意，则单击 接受 按钮完成图形阵列，结果如图 1-3-22(b)所示。

图 1-3-24 阵列确定对话框

【课堂实训】 利用"矩形阵列"命令绘制如图 1-3-25 所示树阵广场。

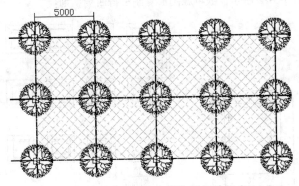

图 1-3-25 "树阵广场"绘制练习

(2) 环形阵列

【课堂实训】 欲绘制如图 1-3-26(b)所示图形，则：

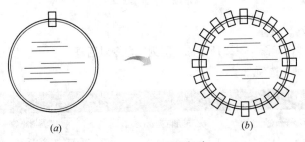

图 1-3-26 环形阵列

◎ 命令行：Array。

启动阵列命令，弹出"阵列"命令对话框(图 1-3-27)。

◎ 选择"环形阵列"选项。

点击 ■ (选择对象)按钮，返回作图区，选择小矩形图像作为被阵列对象后，回车返回"阵列"命令对话框。

点击拾取"中心点"按钮，返回作图区，选择圆水池的中心作为环形阵列中心后，回车返回"阵列"命令对话框，按图 1-3-27 所示设置环形阵列参数。

方法：选择"项目总数和填充角度"项、项目总数：40、填充角度：360°。

◎ 勾选"复制时旋转项目"选项，单击 确定 按钮完成命令。

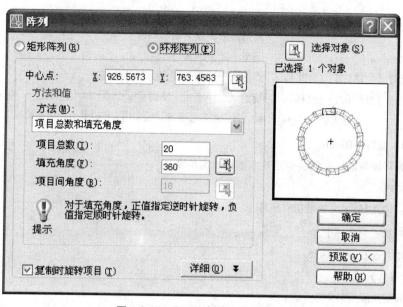

图 1-3-27 "环形阵列"参数设置

【课堂实训】 利用"环形阵列"命令绘制如图 1-3-28 所示植物图例。

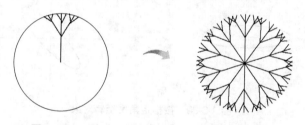

图 1-3-28 利用"环形阵列"命令绘制植物图例

1.3.3.8 移动—Move

移动命令用来将一组或一个对象从一个位置移动到另外一个位置。

◆ 启动命令

命令行：输入 Move(快捷键：M)

修改工具栏：点选

下拉菜单：修改➤移动

◆ 命令操作方法

【课堂实训】 如图 1-3-29(a)所示，欲将圆形沿矩形图形向右侧平移 3500 单位，则：

图 1-3-29 利用"移动"命令移动对象

(a)移动前；(b)移动后

命令行：Move ↵	启动移动命令
选择对象：	选择圆形，作为移动对象
选择对象： ↵	回车，结束选择
指定基点或 [位移(D)]〈位移〉：	点击圆形的圆心 1 作为移动的基点
指定基点或 [位移(D)]〈位移〉：	指定第二个点或〈使用第一个点作为位移〉：
@3500, 0 ↵	输入圆形的移动距离，回车结束移动命令，结果如图 1-3-29(b)所示

1.3.3.9 旋转——Rotate

旋转命令可以将某一对象绕指定基点旋转一定角度。

◆ 启动命令

命令行：输入 Rotate(快捷键：RO)

修改工具栏：点选 ⟳

下拉菜单：修改 ▶ 旋转

◆ 命令操作方法

(1) 按指定角度旋转对象

【课堂实训】如图 1-3-30 所示，欲将椭圆沿圆心旋转 45°，则：

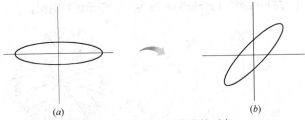

图 1-3-30 按指定角度旋转对象
(a)旋转前；(b)旋转后

命令行：Rotate ↵	启动旋转命令
选择对象：	选择椭圆，作为旋转对象
选择对象： ↵	回车，结束选择
指定基点：	点击椭圆的圆心作为旋转的基点
指定旋转角度，或 [复制(C)/参照(R)]：45 ↵	输入旋转角值后，回车，结束命令

(2) 复制旋转对象

【课堂实训】欲绘制图 1-3-31(c)所示图形，则：

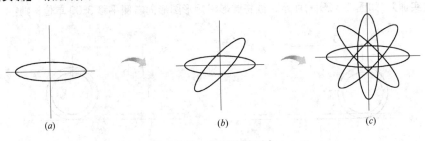

图 1-3-31 复制旋转对象
(a)旋转前；(b)复制旋转一个椭圆；(c)复制旋转三个椭圆

命令行：Rotate ↵	启动旋转命令
选择对象：	选择椭圆，作为旋转对象
选择对象： ↵	回车，结束选择
指定基点：	点击椭圆的圆心作为旋转的基点
指定旋转角度，或 [复制(C)/参照(R)]：C ↵	选择复制选项，回车
指定旋转角度，或 [复制(C)/参照(R)]：45 ↵	输入旋转角值后，回车，复制旋转出一个椭圆，如图 1-3-31(b)所示

点击空格键，重新启动旋转命令后，重复以上操作步骤，完成图 1-3-31(c)的图形绘制

1.3.3.10 比例—Scale

比例命令可以将选定图形对象沿 X、Y 轴方向进行等比放大或缩小。

◆ 启动命令

命令行：输入 Scale(快捷键：SC)

修改工具栏：点选 ▣

下拉菜单：修改▶比例

◆ 命令操作方法

【课堂实训】 如图 1-3-32 所示，欲将该图形以右上角 1 点为基点缩小一半，则：

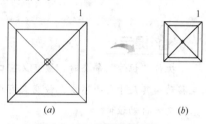

图 1-3-32 比例缩放对象
(a)开始；(b)结果

命令行：Scale ↵	启动比例命令
选择对象：	选择图形，作为比例缩放对象
选择对象： ↵	回车，结束选择
指定基点：	点击图形左上角的 1 点作为缩放基点
指定比例因子或 [复制(C)/参照(R)]：0.5 ↵	输入缩小倍率，回车结束命令

提示：

比例缩放的数值为 0～1 时表示缩小；数值大于 1 时则表示放大。

1.3.3.11 拉伸—Stretch

拉伸命令用来拉伸与交叉窗口相交的对象(直线多段线、射线、样条曲线、圆弧、二维实体等)，并且被包含在交叉窗口内的端点被移动，而窗口外的端点不被移动。

◆ 启动命令

命令行：输入 Stretch(快捷键：S)

修改工具栏：点选 ▣

下拉菜单：修改▶拉伸

◆ 命令操作方法

【课堂实训】 如图 1-3-33 所示，欲将建筑门及门洞的位置进行移动，则：

命令行：Stretch ↵	启动拉伸命令
选择对象：	建立交叉窗口，将建筑门及门洞选中
选择对象： ↵	回车，结束选择

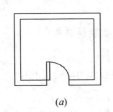 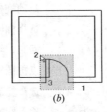 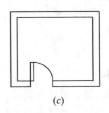

图 1-3-33 拉伸对象

(a)原图；(b)交叉窗口选择对象；(c)结果

指定基点： 选择门洞上 3 点作为拉伸基点
指定第二个点或〈使用第一个点作为位移〉： 向左水平移动光标到合适的位置，点击鼠标结束命令，结果如图 1-3-33(c)所示

提示：

执行"拉伸"命令时，被交叉窗口完全包围的对象（如上例中的门），在命令执行后只是位置发生移动而其尺寸大小不变；被交叉窗口不完全包围的对象（如上例中左右两侧的墙体），在命令执行后其尺寸自动拉伸。

1.3.3.12 圆角—Fillet

圆角命令是用一个指定半径的圆弧为两段直线、多段线、样条曲线、圆弧、圆、构造线、射线等加圆角。

◆ 启动命令

命令行：输入 Fillet(快捷键：F)

修改工具栏：点选

下拉菜单：修改▶圆角

◆ 命令操作方法

(1) 一般圆角

【课堂实训】 如图 1-3-34 所示，欲将十字路口各顶点进行圆角，则：

图 1-3-34 圆角对象

(a)圆角前；(b)圆角后

命令行：Fillet ↵ 启动圆角命令
选择第一个对象或【放弃(U)/多段线/半径(R)/修剪(T)/多个(M)】：
R ↵ 选择圆角半径选项
选择圆角半径：100 ↵ 设定圆角半径后，回车
选择第一个对象或【放弃(U)/多段线/半径(R)/修剪(T)/多个(M)】：
单击直线上 1 点、2 点则该顶点被圆角
选择第一个对象或【放弃(U)/多段线/半径(R)/修剪(T)/多个(M)】：
重复执行以上的操作步骤，直到各个顶点被圆角，结果如图 1-3-34(b)所示

(2) 多段线圆角

对多段线进行圆角时，执行一次"圆角"命令，则该多段线上每个交点都被圆角。

【课堂实训】 如图 1-3-35 所示，欲将多段线进行圆角，则：

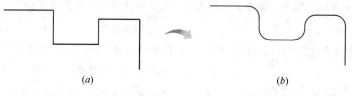

图 1-3-35 多段线圆角

(a)原图；(b)结果

命令行：Fillet ↵	启动圆角命令
选择第一个对象或【放弃(U)/多段线/半径(R)/修剪(T)/多个(M)】：R ↵	选择圆角半径选项
选择圆角半径：100 ↵	设定圆角半径后，回车
选择第一个对象或【放弃(U)/多段线(P)/半径(R)/修剪(T)/多个(M)】P ↵	选择多段线选项
选择二维多段线：	单击多段线，则多段线被圆角，命令结束

 提示：

对平行线进行圆角时，不需要定义圆角半径，如图 1-3-36 所示。

图 1-3-36 平行线圆角

(a)原图；(b)结果

对于不相交的两条直线进行圆角时，如果圆角半径设为 0，则两条直线延伸到交点上；对于相交的两条直线进行圆角时，如果圆角半径设为 0，则两条直线剪切到交点上，如图 1-3-37 所示。

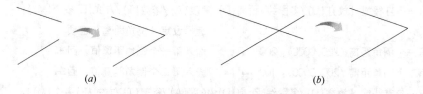

图 1-3-37 圆角半径为 0 时的圆角

(a)不相交直线圆角；(b)相交直线圆角

1.3.3.13 倒角—Chamfer

倒角命令是为两段不平行的直线、多段线、构造线、射线等创建直线倒角。

◆ 启动命令

命令行：输入 Chamfer(快捷键：CHA)

修改工具栏：点选

下拉菜单：修改 ▶ 倒角

◆ 命令操作方法

(1) 倒角距离的设置

在对图形对象进行"倒角"操作时,首先要设定倒角距离,设置方法是:

命令行:Chamfer ↵   启动倒角命令
选择第一条直线或【放弃(U)/多段线/距离(D)/角度(A)/修剪(T)/方式(E)多个(M)】:
                    D ↵   选择设定"倒角距离"选项
指定第一个倒角距离〈200.0000〉:   ↵   输入第一个倒角距离值后,回车
指定第二个倒角距离〈200.0000〉:   ↵   输入第二个倒角距离值后,回车

提示:

第一个倒角距离是指在进行"倒角"操作时所选择的第一条直线上的倒角长度;第二个倒角距离是指在所选择的第二条直线上的倒角长度,如图1-3-38所示,因此在执行倒角选择对象时必须注意先后顺序。

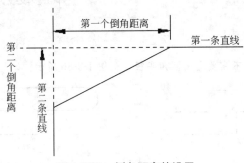

图1-3-38 倒角距离的设置

(2) 一般倒角

【课堂实训】 如图1-3-39所示,对图形进行指定距离的倒角,则:

命令行:Chamfer   ↵   启动倒角命令
选择第一条直线或【放弃(U)/多段线/距离(D)/角度(A)/修剪(T)/方式(E)多个(M)】:
                    D ↵   选择设定"倒角距离"选项
指定第一个倒角距离〈200.0000〉:200 ↵   输入第一个倒角距离值,回车
指定第二个倒角距离〈200.0000〉:100 ↵   输入第二个倒角距离值,回车
选择第一条直线或【放弃(U)/多段线/距离(D)/角度(A)/修剪(T)/方式(E)多个(M)】:
                              点击选择1点所在直线边
选择第二条直线,或按住shift键选择要应用角点的直线:点击选择2点所在直线边,结束命令

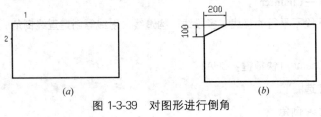

图1-3-39 对图形进行倒角
(a)原图;(b)结果

(3) 角度倒角模式

【课堂实训】 如图1-3-40所示,对图形进行指定距离和角度的倒角,则:

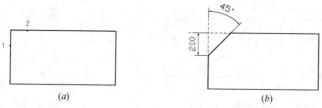

图 1-3-40 对图形进行指定距离和角度的倒角

(a)原图; (b)结果

命令行:Chamfer　　　　　　　←　　　　启动倒角命令
选择第一条直线或【放弃(U)/多段线/距离(D)/角度(A)/修剪(T)/方式(E)多个(M)】:
　　　　　　　　　　　　　　A　←　　选择设定角度、距离选项
指定第一条直线的倒角长度〈200.0000〉:200　←　输入第一条直线的倒角距离值,回车
指定第一条直线的倒角角度〈30〉:45　←　输入第一条直线的倒角角度值,回车
选择第一条直线或【放弃(U)/多段线/距离(D)/角度(A)/修剪(T)/方式(E)多个(M)】:
　　　　　　　　　　　　　　　　　　　点击选择 1 点所在直线边
选择第二条直线,或按住 shift 键选择要应用角点的直线:
　　　　　　　　　　　　　　　　　　　点击选择 2 点所在直线边,结束命令

◆ **提示:**

对两条不相交的直线进行倒角时,如果两个倒角距离都设置为 0,则两直线延伸到交点上。对多段线进行倒角时,执行一次"倒角"命令,则该多段线上每个交点都被倒角。

1.3.3.14 打断—Break

打断命令可以将选定对象(直线、多段线、圆、圆弧、椭圆、样条曲线、圆环等)在两个指定点之间的部分删除,或者将对象在一个点上断开。

◆ 启动命令

命令行:输入 Break(快捷键:BR)

修改工具栏:点选 (打断)、▭(打断于点)

下拉菜单:修改▸打断

◆ 命令操作方法

(1) 两点打断

【课堂实训】 要将图 1-3-41 中所示矩形的 1、2 点之间的距离打断,则:

修改工具栏:点选 ▭　　　　　　　启动打断命令
_ break 选择对象:　　　　　　　　在图形对象的 1 点上单击鼠标(在选择打断目标的同时,也确定了第一个打断点的位置)
指定第二个打断点或 [第一点(F)]:　在图形对象的 2 点上单击鼠标,结束命令

◆ **提示:**

对于圆执行"打断"命令时,是删除第一点逆时针旋转到第二点的弧,因此拾取点的顺序很重要,如图 1-3-42 所示。

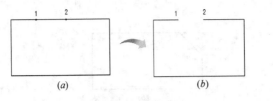
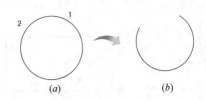

图 1-3-41 打断矩形　　　　　　　　图 1-3-42 打断圆

(a)原图；(b)结果　　　　　　　　　(a)原图；(b)结果

(2) 单点打断

当需要将图形对象一分为二时,可以执行单点打断命令。如图 1-3-43 所示,欲将直线从 1 点断开,则:

图 1-3-43 单点打断

(a)原图；(b)结果

修改工具栏:点选 　　　　　　　　启动"打断于点"命令

_ break 选择对象:　　　　　　　　　在直线上单击鼠标,选择直线

指定第一个打断点或:　　　　　　　　在 1 点上单击鼠标,直线被打断,结束命令

提示:

对于圆不能执行"单点打断"命令。

1.3.3.15 合并—Join

合并命令可以将两个连接在一起但又各自独立的图形对象(直线和直线、多段线和多段线、直线和多段线、样条曲线和样条曲线)合并为一个对象。

◆ 启动命令

命令行:输入 Join(快捷键:J)

修改工具栏:点选 ➤➤

下拉菜单:修改 ▶ 合并

◆ 命令操作方法

(1) 合并对象

【课堂实训】 如图 1-3-44 所示,欲将两条连接在一起的样条曲线合并为一条,则:

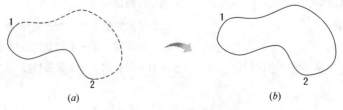

图 1-3-44 合并样条曲线

(a)原图；(b)结果

命令行：Join ↵　　　　　　　　　　　启动合并命令
_join 选择源对象：　　　　　　　　　鼠标点击其中一条样条曲线
选择要合并到源的样条曲线：　　　　鼠标点击另外一条样条曲线
选择要合并到源的样条曲线：　↵　　回车结束命令 两样条曲线已合并

(2) 闭合对象

可以通过"合并"命令将独立的圆弧、椭圆弧闭合为圆和椭圆。如图 1-3-45 所示，则：

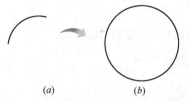

图 1-3-45　闭合对象

(a)圆弧；(b)将圆弧闭合为圆；(c)椭圆弧；(d)将椭圆弧闭合为椭圆

命令行：Join ↵　　　　　　　　　　　启动合并命令
_join 选择源对象：　　　　　　　　　鼠标点击源图形对象(圆弧、椭圆弧)
选择圆(椭圆)弧，以合并到源或进行 [闭合(L)]：L ↵　输入闭合选项，回车结束命令，图形闭合

1.3.3.16　分解—Explode

分解命令可以将多段线、多边形、图块、文字、标注等整体对象分解为单独的对象。

◆ 启动命令

命令行：输入 Explode(快捷键：X)

修改工具栏：点选 ![icon]

下拉菜单：修改 ▶ 分解

◆ 命令操作方法

【课堂实训】　如图 1-3-46 所示，欲将由闭合多段线绘制的正五边形分解为独立的 5 条直线段，则：

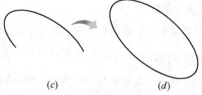

图 1-3-46　分解对象

(a)原图；(b)结果

命令行：Explode ↵　　　　　　　　　启动分解命令
选择对象：　　　　　　　　　　　　鼠标点击正五边形
选择对象：　↵　　　　　　　　　　回车结束命令

1.3.3.17　拉长—Lengthen

拉长命令可以修改指定直线或圆弧的长度或角度。

◆ 启动命令

命令行：输入 Lengthen(快捷键：LEN)

下拉菜单：修改 ▶ 拉长

◆ 命令操作方法

【课堂实训】　欲将图 1-3-47 所示直线长度增加 100 个单位，则：

命令行：Lengthen ↵　　　　　　　　　启动拉长命令
选择对象或 [增量(DE)/百分数(P)/全部(T)/动态(DY)]　DE ↵　选择增量选项，回车
输入长度增量或 [角度(A)]：100 ↵　　输入直线要延长的绝对大小值，回车

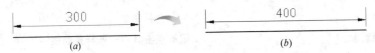

图 1-3-47 拉长对象

(a)原图；(b)结果

选择要修改的对象或 [放弃(U)]：　　　　单击鼠标选择直线，直线即时被延长
选择要修改的对象或 [放弃(U)]：↵　　　回车，结束命令

◆ 主要命令参数

增量 定义被选择对象增量的绝对大小，正值则对象拉长；负值则对象减短。

百分数 定义被选择对象增量的相对大小，类似于缩放比例。

全部 定义被选择对象最后的长度(或圆弧的角度)。

动态 定义被选择对象的动态修改。

提示：

点取直线、圆弧进行拉长时，其拾取点的位置决定了对象拉长或缩短的方向。

1.3.4　利用夹点编辑图形

所谓夹点是指图形对象上可以控制其位置、大小的关键点。鼠标单击选中图形对象时，在对象关键点上会出现一些实心的小方框，这就是夹点，如图 1-3-48 所示。

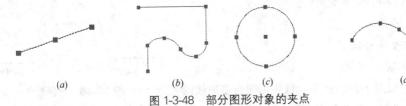

图 1-3-48　部分图形对象的夹点

(a)直线；(b)多段线；(c)圆；(d)样条曲线

利用夹点可以对图形对象快速进行拉伸、移动、镜像、旋转、缩放等编辑操作。

在选取了某个图形对象后，再选取要进行编辑的夹点(此时该夹点变为红色，称为热点)，单击鼠标右键，则弹出图 1-3-49 所示的夹点编辑快捷菜单，在该菜单中列出了可以进行的编辑项目，点取相应的菜单命令即可对图形对象进行相应的编辑。

提示：

执行下拉菜单：工具▶选项，打开"选择"选项卡，在这里可以自主设置夹点显示的大小、颜色、选中后的颜色等选项。

◆ 利用夹点拉伸对象

【课堂实训】 如图 1-3-50 所示，要将左侧的样条曲线的 1 点与右侧的椭圆的 2 点连接起来，则：

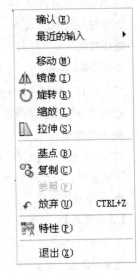

图 1-3-49　夹点编辑快捷菜单

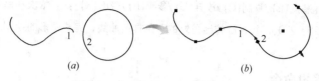

图 1-3-50 利用夹点拉伸连接对象

(a)原图；(b)结果

（1）单击左侧的样条曲线，在样条曲线上出现蓝色的夹点。

（2）单击 1 点位置的夹点，该夹点变为红色，鼠标单击右键，在弹出的夹点编辑快捷菜单中选择"拉伸"选项。

（3）移动 1 点的夹点到 2 点位置，鼠标单击后，两个图形连接在一起。

提示：

利用夹点编辑连接两个图形对象时，两个对象仍是独立的，只是两个对象的端点坐标重合在一起，通常用于填充边界端点的连接。

◆ 利用夹点缩放对象

【课堂实训】 通过复制缩放命令绘制图 1-3-51(b)所示图形，则：

（1）单击椭圆，出现蓝色的夹点。

（2）单击 1 点位置的夹点，该夹点变为红色，鼠标单击右键，在弹出的编辑快捷菜单中选择"缩放"选项。

指定比例因子或 [基点(B) /复制(C) /放弃(U) /参照(R) /退出(X)]：C ↵　　选择复制缩放选项

指定比例因子或 [基点(B) /复制(C) /放弃(U) /参照(R) /退出(X)]：　　依次在命令行中输入缩放比例 0.8、0.6、0.4、0.2，复制出另外的 4 个椭圆，完成图形的绘制

◆ 利用夹点旋转对象

【课堂实训】 通过复制旋转命令绘制图 1-3-52(b)所示图形，则：

（1）单击样条曲线，出现蓝色的夹点。

（2）单击 1 点位置的夹点，该夹点变为红色，鼠标单击右键，在弹出的夹点编辑快捷菜单中选择"旋转"选项。

指定旋转角度或 [基点(B) /复制(C) /放弃(U) /参照(R) /退出(X)]：C ↵　　选择复制旋转选项

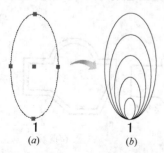

图 1-3-51 利用夹点复制缩放对象

(a)原图；(b)结果

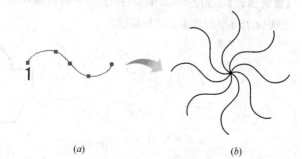

图 1-3-52 利用夹点复制旋转对象

(a)原图；(b)结果

指定比例因子或 [基点(B)/复制(C)/放弃(U)/参照(R)/退出(X)]： 依次在命令行中输入旋转角度 45、90、135、180、225、270、315，旋转出另外的 7 条样条曲线，完成图形的绘制。

1.3.5 其他编辑命令

AutoCAD 还有一些其他图形编辑命令都集中在"修改Ⅱ"工具栏(图 1-3-53)以及"修改"下拉菜单(图 1-3-54)中。

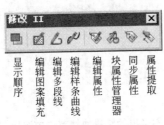

图 1-3-53 修改Ⅱ工具栏

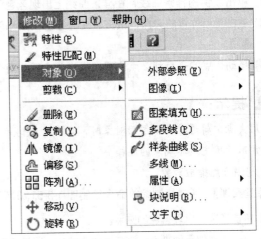

图 1-3-54 修改下拉菜单

1.3.5.1 编辑多段线

编辑多段线，可以修改其宽度、开口或封闭、移动顶点位置、增减顶点数、样条化、直线化和拉直等。

◆ 启动命令

命令行：输入 Pedit(快捷键：PE)

修改Ⅱ工具栏：点选

下拉菜单：修改➤对象➤多段线

◆ 命令操作方法

(1) 将一般图线转换为多段线

【课堂实训】 如图 1-3-55(a)所示为一条圆弧和若干条直线围合成的图形，现要偏移出如图 1-3-55(d)所示的该图形的内轮廓线。

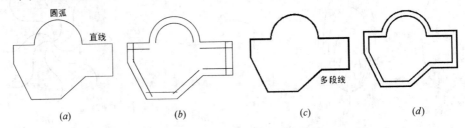

图 1-3-55 一般图线转换为多段线

(a)原图； (b)原图偏移内轮廓线； (c)转换为多段线； (d)多段线偏移内轮廓线

如果直接对该图形进行偏移，其结果如图 1-3-55(b) 所示，不能产生首尾相连的内轮廓线，这时就需要进行多段线的转换，则：

命令行：Pedit ↵	启动编辑多段线命令
_pedit 选择多段线 [多条(M)]：	选择图中的圆弧，回车
是否将其转换为多段线〈Y〉：Y ↵	选择是，回车
输入选项 [闭合(C)/合并(J)/宽度(W)/编辑顶点(E)/拟合(F)/样条曲线(S)/非曲线化(D)/线型生成(L)/放弃(U)]：J ↵	选择合并多段线选项，回车
选择对象：	选择全部直线后，回车
	八条线段已添加到多段线
输入选项 [打开(C)/合并(J)/宽度(W)/编辑顶点(E)/拟合(F)/样条曲线(S)/非曲线化(D)/线型生成(L)/放弃(U)]：W ↵	选择设置多段线宽选项，回车
指定所有线段的新线宽：5 ↵	选择线宽值，回车
输入选项 [打开(C)/合并(J)/宽度(W)/编辑顶点(E)/拟合(F)/样条曲线(S)/非曲线化(D)/线型生成(L)/放弃(U)]：↵	回车结束命令

图线已转换为多段线，此时对图线进行偏移，其结果如图 1-3-55(d) 所示。

(2) 移动多段线顶点的位置

【课堂实训】 如图 1-3-56 所示，欲将多段线的顶点 1 由现在的位置移动到 2 点的位置，则：

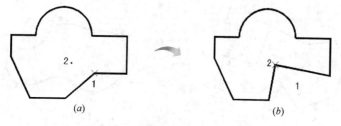

图 1-3-56　移动多段线顶点的位置

(a)原图；(b)结果

命令行：Pedit ↵	启动编辑多段线命令
_pedit 选择多段线 [多条(M)]：	选择图中的多段线
输入选项 [闭合(C)/合并(J)/宽度(W)/编辑顶点(E)/拟合(F)/样条曲线(S)/非曲线化(D)/线型生成(L)/放弃(U)]：E ↵	选择编辑顶点选项，回车。此时在多段线顶点上出现一个×标记，提示现在正在编辑的顶点的位置
输入顶点编辑选项	
[下一个(N)/上一个(P)/打断(B)/插入(I)/移动(M)/重生成(R)/拉直(S)/切向(T)/宽度(W)/退出(X)]〈N〉：N ↵	选择下一个选项，反复单击鼠标，直到×标记出现在 1 点上
[下一个(N)/上一个(P)/打断(B)/插入(I)/移动(M)/重生成(R)/拉直(S)/切向(T)/宽度(W)/退出(X)]〈N〉：M ↵	选择移动顶点选项
指定标记顶点的新位置：	在 2 点单击鼠标，顶点移动到 2 点
[下一个(N)/上一个(P)/打断(B)/插入(I)/移动(M)/重生成(R)/拉直(S)/切向(T)/宽度(W)/退出(X)]〈N〉：X ↵	选择退出顶点编辑选项

输入选项 [打开(C)/合并(J)/宽度(W)/编辑顶点(E)/拟合(F)/样条曲线(S)/非曲线化(D)/线型生成(L)/放弃(U)]: ↵　　回车结束命令

(3) 拟合多段线

对多段线进行拟合，将创建通过各顶点的平滑曲线。

【课堂实训】 如图1-3-57所示，欲将多段线拟合为曲线，则：

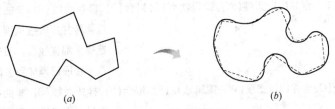

图 1-3-57　拟合多段线

(a)原图；(b)结果

输入选项 [闭合(C)/合并(J)/宽度(W)/编辑顶点(E)/拟合(F)/样条曲线(S)/非曲线化(D)/线型生成(L)/放弃(U)]: F ↵　　选择拟合多段线选项，回车，此时多段线被拟合为曲线

(4) 多段线样条曲线化

对多段线进行样条曲线化，曲线将以切线方式产生各种平滑曲线。

【课堂实训】 如图1-3-58所示，欲将多段线样条曲线化，则：

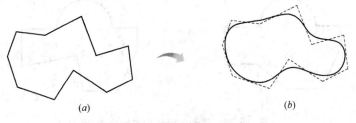

图 1-3-58　多段线样条曲线化

(a)原图；(b)结果

输入选项 [闭合(C)/合并(J)/宽度(W)/编辑顶点(E)/拟合(F)/样条曲线(S)/非曲线化(D)/线型生成(L)/放弃(U)]: S ↵　　选择样条曲线多段线选项，回车，此时多段线被转换为样条曲线，结果如图1-3-58(b)所示。

1.3.5.2 编辑样条曲线

通过编辑样条曲线的数据点或通过点，可以改变其形状和特征。

◆ 启动命令

命令行：输入 Splinedit(快捷键：SPE)

修改Ⅱ工具栏：点选

下拉菜单：修改▶对象▶样条曲线

◆ 命令操作方法

(1) 移动样条曲线顶点的位置

【课堂实训】 如图1-3-59所示，欲将样条曲线的顶点1由现在的位置移动到2点的位置，则：

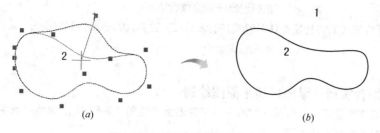

图 1-3-59　移动样条曲线的顶点

(a)原图；(b)结果

命令行：Splinedit ↵　　　　启动编辑样条曲线命令
选择样条曲线：　　　　　　选择图中的样条曲线，在顶点位置出现蓝色夹点标记
输入选项 [打开(O)/移动顶点(M)/精度(R)/反转(E)/放弃(U)/退出(X)]〈退出〉：
　　　　　　　M ↵　　　　选择移动顶点选项，回车，此时样条曲线端点的夹点变为红色，提示现在编辑点的位置
指定新位置或 [下一个(N)/上一个(P)/选择点(S)/退出(X)]〈下一个〉：
　　　　　　　N ↵　　　　选择下一个选项，反复单击鼠标，直到 1 点上的夹点变为红色
指定新位置或 [下一个(N)/上一个(P)/选择点(S)/退出(X)]〈下一个〉：
　　　　　　　　　　　　　移动 1 点的夹点到 2 点，单击鼠标，顶点被移动到 2 点
指定新位置或 [下一个(N)/上一个(P)/选择点(S)/退出(X)]〈下一个〉：
　　　　　　　X ↵　　　　选择退出移动顶点选项
指定新位置或 [下一个(N)/上一个(P)/选择点(S)/退出(X)]〈下一个〉：↵　　回车结束命令

(2) 增加样条曲线控制点数量

【课堂实训】 如图 1-3-60 所示，要增加样条曲线控制点的数量，以便将来精细调整样条曲线的形状，则：

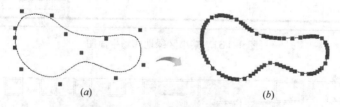

图 1-3-60　增加样条曲线控制点数量

(a)原图；(b)结果

命令行：Splinedit ↵　　　　启动编辑样条曲线命令
选择样条曲线：　　　　　　选择图中的样条曲线，在顶点位置出现蓝色夹点标记
输入选项 [打开(O)/移动顶点(M)/精度(R)/反转(E)/放弃(U)/退出(X)]〈退出〉：
　　　　　　　R ↵　选择精度选项，回车
输入精度选项 [添加控制点(A)/提高阶数(E)/权值(W)/退出(X)]〈退出〉：
　　　　　　　E ↵　选择提高阶数选项，回车
输入新阶数〈4〉：10 ↵　　输入新阶数值，回车
输入精度选项 [添加控制点(A)/提高阶数(E)/权值(W)/退出(X)]〈退出〉：

　　　　　　　　　X ↵　　选择退出提高阶数选项

输入选项 [打开(O)/移动顶点(M)/精度(R)/反转(E)/放弃(U)/退出(X)]〈退出〉:↵

回车结束命令

1.3.6　综合实训：绿地广场平面图绘制（一）

　　经过本章第3节、第4节和第5节的学习，将逐步完成图1-3-61所示绿地广场平面图绘制。这一节主要完成图1-3-62的内容。

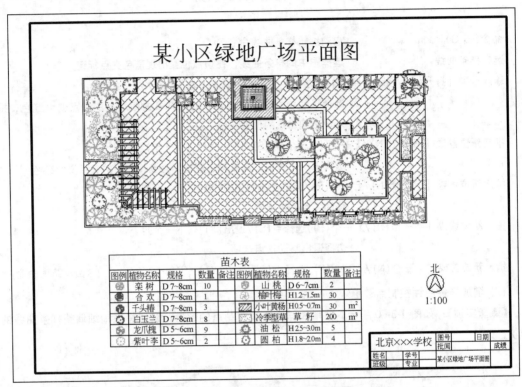

图1-3-61　某小区绿地广场平面图

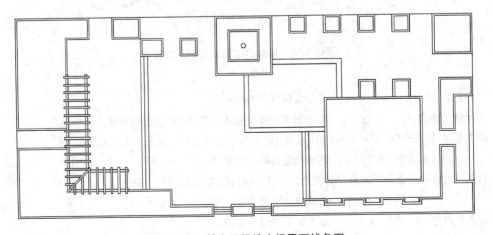

图1-3-62　某小区绿地广场平面线条图

利用本章上节学过的图形绘制命令和本节学习的图形编辑命令,可以绘制园林平面图中的道路广场等园林设施。

1.3.6.1 种植池的绘制

用直线命令绘制辅助线,尺寸要求如图 1-3-63 所示。

用偏移命令绘制如图 1-3-64 所示辅助线。

用多段线沿着辅助线勾勒如图 1-3-65 所示图形。

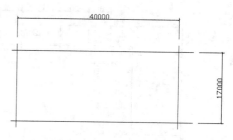

图 1-3-63 绘制绿地广场边界辅助线

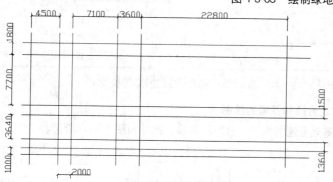

图 1-3-64 绘制绿地广场内部辅助线

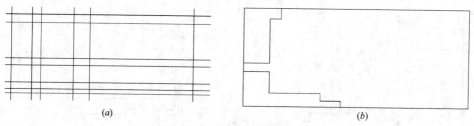

图 1-3-65 绿地广场外形的绘制

(a)勾勒绿地广场外形;(b)关闭辅助线图层后的效果

用上述辅助线法结合修剪、偏移等编辑命令绘制如图 1-3-66、图 1-3-67 所示图形。

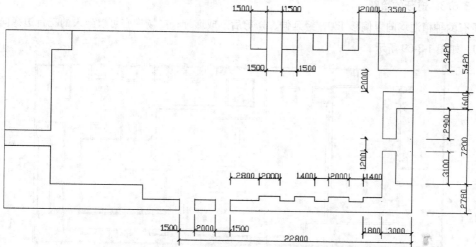

图 1-3-66 绘制绿地边缘花池后的效果

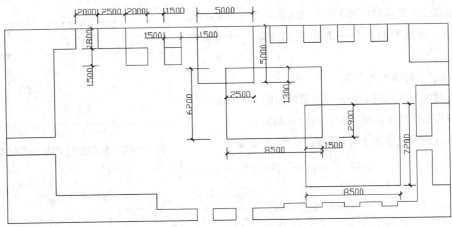

图 1-3-67 绘制内部种植池

1.3.6.2 水池、台阶和景墙的绘制

在图 1-3-67 的基础上绘制水池、台阶和景墙，尺寸如图 1-3-68 所示。

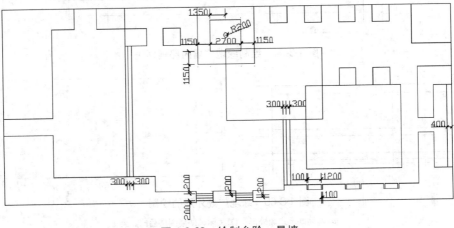

图 1-3-68 绘制台阶、景墙

1.3.6.3 道牙的绘制

所有的种植池均向里偏移 150，经延伸、修剪后形成道牙；广场中心可以坐人的花台边缘向里偏移 400，如图 1-3-69 所示。

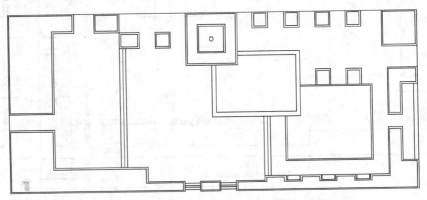

图 1-3-69 种植池和花台向内偏移、修剪后的效果

1.3.6.4 花架的绘制

用直线命令分别绘制图 1-3-70、图 1-3-71 所示图形，尺寸如图所示。

用阵列命令绘制图 1-3-72，行间距为 650。

用镜像命令绘制图 1-3-73；用直线、偏移命令绘制图 1-3-74。

用修剪命令绘制图 1-3-75；用移动命令将花架移至如图 1-3-76 所示位置。

用修剪、删除命令完成花架绘制，如图 1-3-77、图 1-3-78 所示。

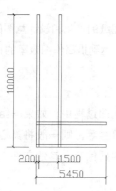
图 1-3-70　绘制长向花架

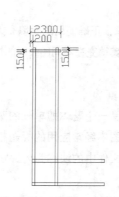
图 1-3-71　绘制一个单元的短向花架

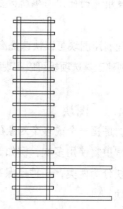
图 1-3-72　短向花架竖向阵列后的效果

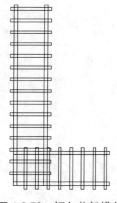
图 1-3-73　短向花架横向阵列后的效果

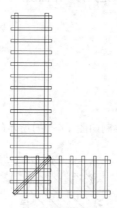
图 1-3-74　花架转角部分的绘制

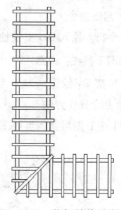
图 1-3-75　花架单体绘制后的整体效果

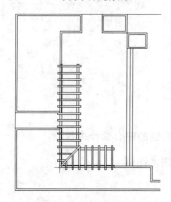
图 1-3-76　将花架移至图内相应位置

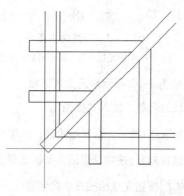
图 1-3-77　进行花架细部的修剪

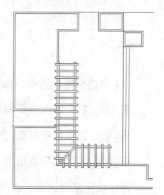
图 1-3-78　花架绘制完成的整体效果

1.4 图块、边界与图案填充

本节学习要点：理解图块的含义，掌握图块的创建与使用方法；掌握边界和面域的创建方法；掌握图案填充的使用与编辑方法；能够进行工具选项板的设置。

合理利用图块可以快速提高作图效率，正确使用图案填充则有利于图纸的美化和设计意图的表达，而通过创建工具选项板可以实现图块与图案填充在不同图纸间的快速拖拽，达到提高作图效率的目的。

1.4.1 图块

块，是指一个或多个对象的集合，是一个整体即单一的对象。在制图过程中，如果一组图形对象要经常重复使用多次，例如园林设计图中经常应用的标题栏、树木符号等，则一般将其定义为图块。图块分为两类，一种是保存在当前文件中的块称为内部块，另一种是保存在其他文件中的块称为外部块。

1.4.1.1 创建块

通过创建块命令可以将一组图形对象定义为一个图块。该方法创建的为内部块。

◆ 启动命令

命令行：输入 Block(快捷键：B)

绘图工具栏：点选 ▣

下拉菜单：绘图▶块▶创建

◆ 命令操作方法

(1) 把 0 图层置为当前图层，首先绘制如图 1-4-1(a)所示的树木图例。

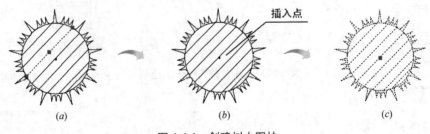

图 1-4-1 创建树木图块

(a)原图；(b)指定插入点位置；(c)完成块创建

(2) 启动创建块命令，弹出如图 1-4-2 所示块定义对话框。

在 名称 栏中填入当前创建块的名称。输入"桧柏"。

在 基点 选项栏中点击 ▣ (拾取点)按钮，返回绘图区，捕捉树木图例的中心点作为基点。

在 对象 选项栏中点击 ▣ (选择对象)按钮，返回作图区选择整个树木图例。

返回块定义对话框，点击 确定 按钮完成桧柏图块的创建。

◆ 参数含义

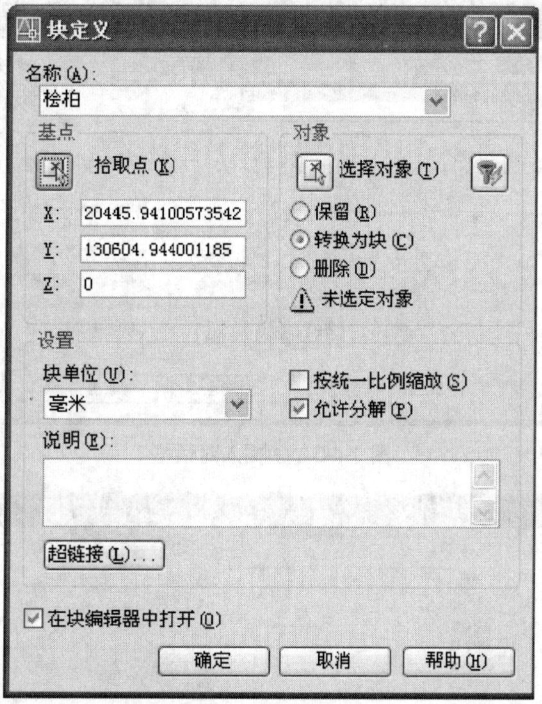

图 1-4-2　块定义对话框

保留：原图形保留，不被转换为块或删除。

转换为块：原图形被同步转换为块。

删除：创建完块后，原图形要被删除。

在块编辑器中打开：勾选该选项，则块创建完成后自动打开块编辑器，在这里可以定义块属性以及进行"动态块"的设定。

提示：

在 0 图层上创建的图块，其颜色、线型和线宽等特性是"透明"的，在其他图层上引用该图块时，则使用所在图层的特性。

1.4.1.2　插入块

◆ 启动命令

命令行：输入 Insert(快捷键：I)

修改工具栏：点选

下拉菜单：插入▶块

◆ 命令操作方法

启动插入块命令，弹出如图 1-4-3 所示块插入对话框。

在 名称 栏中排列的是当前图形中所保留的内部块的名称，如果要选择外部文件插入块，则单击右侧的 浏览(B)... 按钮，弹出图 1-4-4 所示选择图形文件对话框后，选择要插入的图块文件。

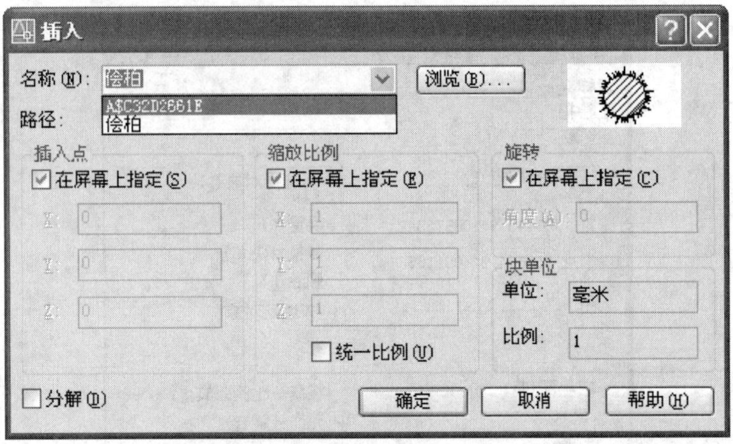

图 1-4-3 块插入对话框

图 1-4-4 选择图形文件对话

勾选 插入点 、 缩放比例 、 旋转 选项均为在屏幕上指定，点击 确定 按钮，返回作图区。

命令行：指定插入点或 [基点(B)/比例(S)/X/Y/Z 旋转(R)/预览比例(PS)/PX/PY/PZ 预览旋转(PR)]：
　　　　　　　　　　　　　　　　　　　　　　　在屏幕上选择图块插入点
输入 X 比例因子，指定对角点，或 [角点(C)/XYZ]〈1〉：　输入 X 比例，回车
输入 Y 比例因子或〈使用 X 比例因子〉：　　　　　　　　输入 Y 比例，回车
指定旋转角度〈0〉：　　　　　　　　　　　　　　　　　输入旋转角度，回车

提示：

完成第一次插入的外部文件即成为内部块，再次调用时，只要选择"名称"处的下拉列表即可。

1.4.1.3 利用绘点命令插入块

绘点命令中的定数等分和定距等分在命令执行过程中均有一个插入图块的选项。在园林制图中，经常利用该选项进行曲线道路行道树的种植。

【课堂实训】 利用绘点的"定数等分"和"定距等分"命令，绘制图 1-4-5 所示行道树种植图，则：

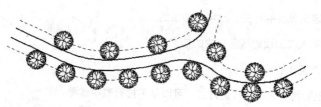

图 1-4-5 利用绘点命令插入图块

首先创建一个名为"栾树"的树木图块

执行"绘图►点►定数等分"	启动命令
选择要定数等分的对象：	鼠标单击选择下面的树木种植线
输入线段数目或 [块(B)]：B ↵	输入块选项，回车
输入要插的块名：栾树 ↵	
是否对齐块和对象？[是(Y)/否(N)]〈Y〉：Y ↵	选择对齐选项，回车
输入线段数目：10 ↵	线段被分为10段，实际种植树木9棵
执行"绘图►点►定距等分"	启动命令。
选择要定距等分的对象：	鼠标单击选择上面的树木种植线
指定线段长度 [块(B)]：B ↵	输入块选项，回车
输入要插的块名：栾树 ↵	
是否对齐块和对象？[是(Y)/否(N)]〈Y〉：Y ↵	选择对齐选项，回车
指定线段长度：1800 ↵	线段上则每隔1800单位种植一棵树

1.4.1.4 创建带属性的块

块属性就是块的各种信息，是附着于块上的文字。要创建带属性的块，首先要创建描述属性特征的属性定义，然后在定义图块时将它一起选中。插入此块时，AutoCAD 就会用在属性定义中指定的文字提示用户输入属性值，且每次插入该块时，都可以指定不同的属性值。

◆ 定义块属性

创建如图 1-4-6 所示的标高符号块，则：

(1) 首先在 0 图层绘制标高符号的原始图形。

(2) 执行"绘图►块►定义属性"，弹出属性定义对话框，设置参数如图 1-4-7 所示。

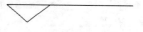

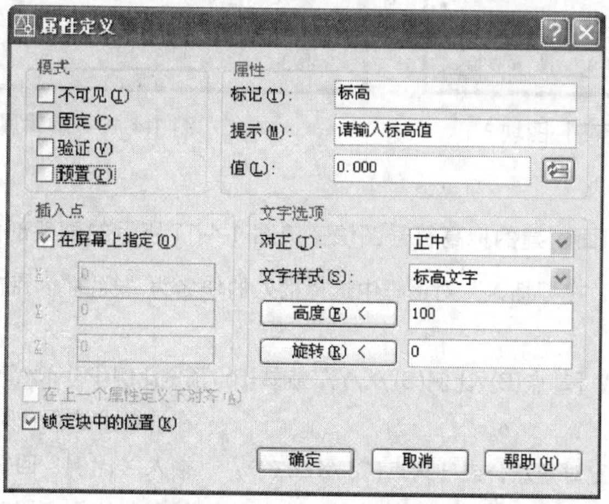

图 1-4-6 标高原图

图 1-4-7 属性定义对话框

标记(T)：用于定义属性的标签，此项是必填的。

提示(M)：用于插入该图块时提示用户的信息。

值(L)：用于定义属性的值

对正(J)：用于控制属性文本的对正方式，可以从下拉列表中选择。

文字样式(S)：用于设定属性文本的文字样式，可从下拉菜单中选择该图形中设置好的文字样式。

高度(E)＜：用于设置属性文本的高度。可以直接通过键盘键入文本的高度值，也可以通过点取"高度"按钮返回到作图区，通过在屏幕上点取两点来确定高度。

旋转(R)＜：用于设置属性文本的旋转角度。

(3) 设置好属性定义的参数后，点击 确定 按钮，返回到作图区，在标高图形的适当位置点击，确定属性文本的位置，如图1-4-8所示。

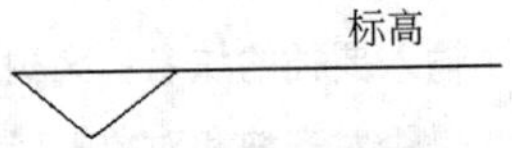

图 1-4-8 确定属性文本位置

执行"创建块"命令，将标高图形和属性文本全部选定，创建一个"标高"图块(图1-4-9)，点击 确定 按钮结束块定义，则弹出图1-4-10所示编辑属性对话框，点击 确定 按钮退出。

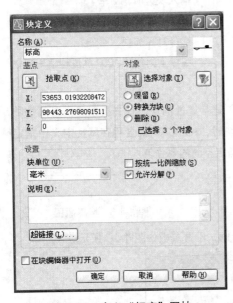

图 1-4-9 定义"标高"图块

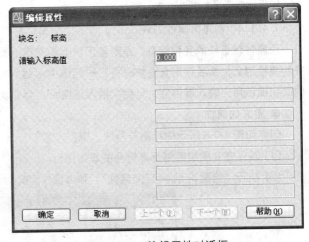

图 1-4-10 编辑属性对话框

◆ 属性块的插入

【课堂实训】利用前面创建的标高符号图块完成图1-4-11所示的廊架剖面图的标高标注，则：

执行"插入块"命令，在"插入"对话框中选择插入的块名为"标高"。点击"确定"按钮后返回作图区域。

命令行：指定插入点或 [基点(B) /比例(S) /X/Y/Z 旋转(R) /预览比例(PS) /PX/PY/PZ 预览旋转(PR)]：

在屏幕上选择台阶位置的标高图块插入点

输入 X 比例因子，指定对角点，或 [角点(C) /XYZ⟨1⟩：   输入 X 比例，回车

输入 Y 比例因子或⟨使用 X 比例因子⟩：   输入 Y 比例，回车

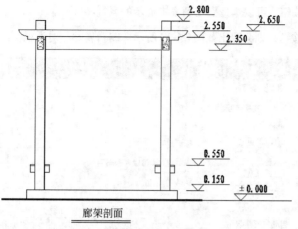

图 1-4-11 属性块的插入

指定旋转角度〈0〉： 输入旋转角度，回车
请输入标高值〈0.000〉 0.150 ↵ 输入标高值，回车

点击空格键重新启动插入块命令，重复以上操作步骤，完成其他位置标高绘制工作。

1.4.1.5 块属性编辑

绘图文件中插入了带属性的块后，还可以通过属性编辑命令来修改其属性，如修改属性值和属性的可见性等。

◆ 启动命令

命令行：输入 Battman

修改Ⅱ工具栏：点选

下拉菜单：修改▶对象▶属性▶块属性管理器

◆ 编辑操作

执行块属性编辑命令后，弹出图 1-4-12 所示块属性管理器对话框。

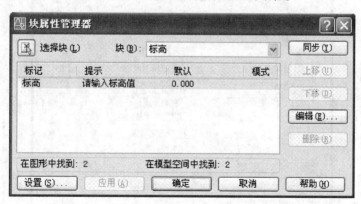

图 1-4-12 块属性管理器

点击 块(B) 下拉菜单可以选择要修改的块名称。

所选定块的属性显示在属性列表中，默认情况下，标签、提示、默认和模式属性特性显示在属性列表中。

选择 设置(S)... 按钮，可以选择要在列表中显示的属性特性。

点击 编辑(E)... 按钮，则会弹出如图1-4-13所示"编辑属性"对话框。

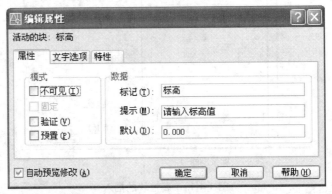

图 1-4-13　块属性管理器

在该对话框中可以修改图块的"属性"、"文字选项"、"特性"等属性。

1.4.1.6　写块

通过创建块命令创建的图块只能存在于定义该块的图形中，如果要在其他的图形文件中也能使用该块，则要使用写块命令。利用写块命令定义的块文件作为一个图形文件单独存储，称为外部块，该块可以被其他的图形引用，也可以单独被打开。

◆ 启动命令

命令行：输入 Wblock(快捷键：W)

◆ 命令操作方法

(1) 启动写块命令，弹出如图 1-4-14 所示写块对话框。

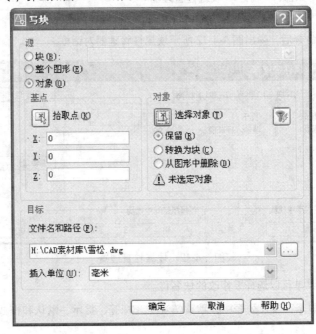

图 1-4-14　写块对话框

该对话框包含了"源"和"目标"两个选区。

◎ 源区：设置用于写块的图形来源

[块(B)] 可以从右侧的下拉菜单中选择已经定义过的图块作为写块的源。

[整个图形(E)] 选择整个图形作为写块的源。

[对象(O)] 选择绘制的图形对象作为写块的源。

◎ 基点区：定义写块时的基点。

◎ 对象区：选择用于定义块的图形对象。

◎ 目标区：用于设置块文件的的名称和保存位置。

提示：

选择"块"和"整个图形"作为写块来源时，基点区和对象区将变为不可用。

(2) 点击基点区的 [图] (拾取点)按钮，返回作图区点取欲选图形的中心点，返回写块对话框。

(3) 点击对象区的 [图] (选择对象)按钮，返回作图区点取欲定义块的图形对象，返回写块对话框。

(4) 设置好块文件的保留路径和文件名后，点取 [确定] 按钮，完成写块操作。

1.4.1.7 用设计中心插入外部块

通过设计中心，用户可以组织对块、填充、外部参照和其他图形内容的访问，并可以将源图形中的这些内容方便地拖动到当前图形中。

◆ 打开设计中心

标准工具栏：点选 [图]

下拉菜单：工具 ➤ 设计中心(快捷键：Ctrl + 2)

◆ 操作方法

通过设计中心插入块的操作方法如下：

(1) 将要插入图块的图层设置为当前图层，打开设计中心。

(2) 在文件夹列表中找到要应用的文件，单击"块"选项，显示出右侧的图块列表(图1-4-15)。

在图块列表中选择要插入的图块，鼠标左键点击该图块，不要松开鼠标，拖动该图块到绘图区域，松开鼠标，则该图块被插入到当前图形中。

1.4.1.8 块编辑

◆ 块的特性

随层：如果块在建立时颜色和线型被设置为"随层"，当块插入后，如果图形中有同名层，则块中对象的颜色和线型均被该图形中的同名图层所设置的颜色和线型所替代；如果图形中没有同名层，则块中的对象保持原有的颜色和线型，并且为当前的图形增加一个相应的图层。

随块：如果块在建立时颜色和线型被设置为"随块"，则它们在插入前没有明确的颜色和线型。当块插入后，如果图形中有同名层，则块中对象的颜色和线型均采用该图形中的同名图层所设置的颜色和线型；如果图形中没有同名层，则块中的对象采用当前图层的颜色和线型。

显性设置：如果在建立图块时明确指定其中对象的颜色和线型，则为显性设置。该块插入到其他任何图形文件中，不论该文件有没有同名层，均采用原有的颜色和线型。

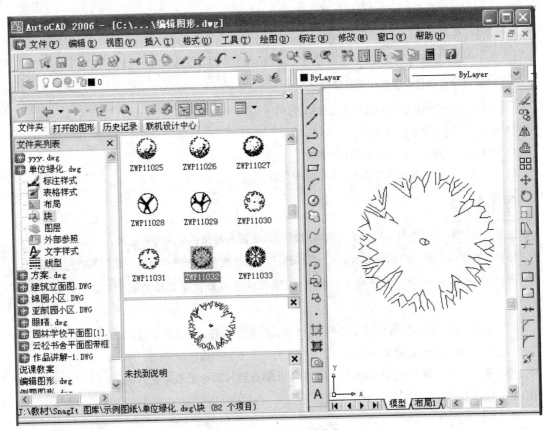

图 1-4-15 打开设计中心

0 层上的特殊性质：在 0 层上建立的块，无论是"随层"还是"随块"，均在插入时使用当前层的颜色和线型；而在 0 层上采用"显性设置"的图块，其特性则不会改变。

◆ 块的分解

块本身是一个整体，要编辑块中的单个元素，就必须将块分解。块分解的方式有两种：

(1) 插入块时，勾选"块插入"对话框左下角的 ☑分解(D) 选项，则图块在插入后被自动分解。

(2) 插入块后，选择修改工具栏中的 分解命令来分解图块。

1.4.1.9 利用"快速选择"命令统计苗木数量

在园林平面设计图中，不同的树种通常是用不同的树木符号来表示的。如果这些树木符号已经被定义为图块而且被分别命令，则可以利用快速选择命令迅速统计出图中某一树种的数量。

具体操作步骤如下：

(1) 选择下拉菜单："工具 ▶ 快速选择"，打开如图 1-4-16 所示快速选择对话框。

应用到(Y) 选择"整个图形"，则对全图范围进行统计。

对象类型(B) 选择"块参照"项。

运算符(O) 选择"=等于"。

值(V) 选择要统计的树木符号名称，如"白蜡"。

(2) 点击 确定 按钮后，注意观察命令行提示"已选定 53 个项目"，表示统计结果为白蜡有 53 株。

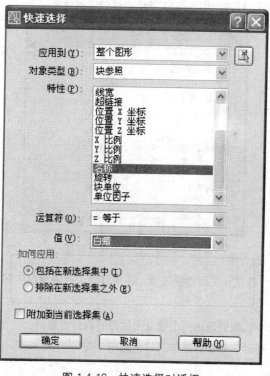

图 1-4-16　快速选择对话框

1.4.2　边界与面域

1.4.2.1　边界

利用边界命令可以从形成闭合区域的重叠对象的边界创建一条独立于原始图形的闭合多段线。生成的边界对象可以用于面积测算、图案填充，也可对其进行偏移、复制等修改操作。

◆ 启动命令

命令行：输入 Boundary(快捷键：BO)

下拉菜单：绘图▶边界

◆ 创建方法

【课堂实训】　欲创建如图 1-4-17 所示边界，则：

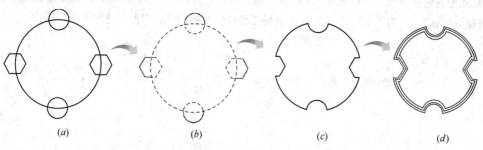

图 1-4-17　创建边界

(a)原图；(b)创建边界；(c)移动边界；(d)偏移边界

(1) 启动边界创建命令,打开如图 1-4-18 所示边界创建对话框。

图 1-4-18　边界创建对话框

(2) 单击 (拾取点)按钮,返回绘图区域,在要创建边界的图形内部点击鼠标,图形上出现以虚线表示的边界范围。

(3) 按回车键结束命令,则创建出一个独立于原图形的封闭边界。

(4) 对边界可以进行移动、偏移等操作,结果如图 1-4-17(d)所示。

1.4.2.2　面域

面域与边界的区别在于:边界是一个围合成闭合区域的线框,而面域则相当于一个没有厚度的薄片,如图 1-4-19 所示。

生成的面域也可以用于面积测算和图案填充,同时还可以附着材质和进行布尔运算。

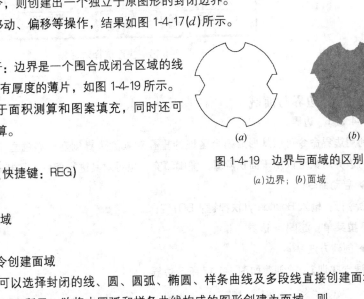

图 1-4-19　边界与面域的区别
(a)边界;(b)面域

◆ 启动命令

命令行:输入 Region(快捷键:REG)

绘图工具栏:点选

下拉菜单:绘图 ▶ 面域

◆ 创建方法

(1) 利用"面域"命令创建面域

启动面域创建命令,可以选择封闭的线、圆、圆弧、椭圆、样条曲线及多段线直接创建面域。

【课堂实训】　如图 1-4-20 所示,欲将由圆弧和样条曲线构成的图形创建为面域,则:

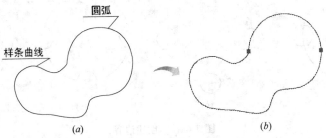

图 1-4-20　利用"面域"命令创建面域
(a)由圆弧和样条曲线构成的图形;(b)建立完成的面域

命令行：Region ↵　　　　　　　　　启动面域命令
选择对象：　　　　　　　　　　　选择圆弧和样条曲线，回车
已提取一个环。已创建一个面域。　提示完成面域的创建

(2) 利用边界查找封闭区间创建面域

【课堂实训】 欲创建如图 1-4-21(c) 所示形状的面域，则：

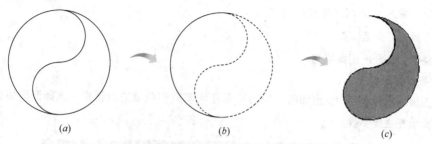

图 1-4-21　利用边界查找封闭区间创建面域
(a)原图；(b)选择创建区域；(c)创建完成的面域

(1) 执行"绘图▶边界"命令，打开如图 1-4-22 所示边界创建对话框。

(2) 在 对象类型(O) 下拉菜单中选择创建面域选项。

(3) 单击 (拾取点) 按钮，返回绘图区域，在要创建面域的图形区域内 1 点处点击鼠标，图形上出现以虚线表示的面域范围，如图 1-4-21(b) 所示。

(4) 按回车键结束命令，则创建出一个独立于原图形的面域。删除原有图形，可看见刚创建完的面域的形状，如图 1-4-21(c) 所示。

提示：

用来创建边界的封闭图形对象中不能包含椭圆、椭圆弧、样条曲线。

如图 1-4-23 所示，该图形由椭圆和椭圆弧组成，则执行边界创建命令，在闭合图形区域内单击拾取点后，弹出如图 1-4-24 所示的警告窗口，点击 是(Y) 则自动创建出一个面域。

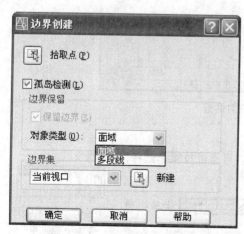

图 1-4-22　边界创建对话框

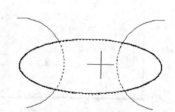

图 1-4-23　由椭圆和圆构成的图形

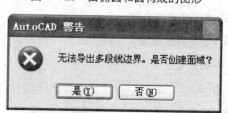

图 1-4-24　无法创建边界警告框

1.4.3 图案和渐变色填充

图案和渐变色填充是使用选定的图案或实体颜色填充某一闭合的图形区域，主要用来区分地块的类型或用来表现组成对象的材质。

1.4.3.1 图案填充

◆ 启动命令

命令行：输入 Bhatch(快捷键：H)

绘图工具栏：点选

下拉菜单：绘图➤图案填充…

◆ 主要参数设置

执行图案填充命令后，弹出如图 1-4-25 所示图案和渐变色填充对话框。选择图案填充选项卡，并设置图案填充主要参数。

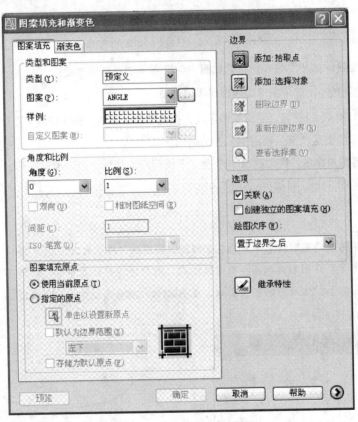

图 1-4-25 图案填充对话框

(1) 类型和图案选项

类型(Y) 包括预定义、用户定义、自定义等类型。可通过拉菜单选择，如图 1-4-26 所示。

点击 图案(P) 后的 ... 按钮或者在 样例 后的 ▓▓▓▓▓ 上单击鼠标，则弹出图1-4-27所示的填充图案选项板。

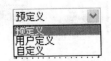

图 1-4-26 图案填充类型下拉菜单

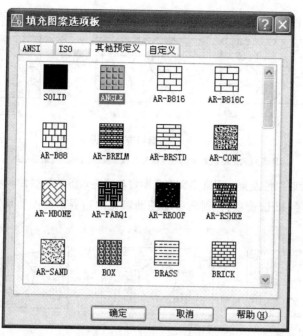

图 1-4-27 填充图案选项板

在图案填充选项板中直接选取要填充的图案，点击 确定 按钮，返回图案填充对话框。

(2) 边界选项

点击 🖼 (添加：拾取点)按钮，返回到作图区域，在要填充的边界内用鼠标任意单击一点，此时填充边界上出现虚线，回车后继续返回图案填充对话框。

(3) 角度和比例选项

在 角度(G) 和 比例(S) 后的数据输入窗口中直接输入填充图案的填充角度的填充比例。点击左下角的 预览 按钮，返回到作图区域，观察图案填充的效果。

📌提示：

如果在预览时可以看到边界虚线，但并没有出现填充图案，且命令行提示："图案填充间距太密，或短划尺寸太小"，则说明当前所设置的图案填充比例过小，应返回到图案填充对话框重新输入较大的比例数值。如果命令行提示："无法对边界进行图案填充"，则说明当前所设置的图案填充比例过大，应重新输入较小的比例数值。

反复调节图案填充比例，直到使填充图案疏密适中后，点击下方的 确定 按钮，完成图案填充命令操作。

◆ 其他参数设置

(1) "图案填充原点"设置：用来定义填充图案建立的原点位置，如图 1-4-28 所示。

点选"指定的原点"选项。点击 🖼 (单击以设置新原点)按钮，即可在图形中指定图案填充的原点，效果如

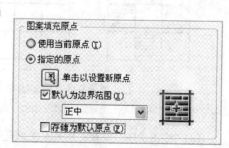

图 1-4-28 图案填充原点设置选项卡

图 1-4-29 所示。

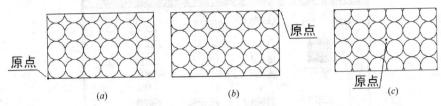

图 1-4-29 图案填充原点设置

(a)原点指定在左下角；(b)原点指定在右上角；(c)原点指定在中央

(2) 图案填充"关联"性设置：用来定义填充图案与填充边界的关联性。

勾选"关联"选项(默认选项)，则当移动图案填充的边界时，图案填充随之改变，效果如图 1-4-30 所示。

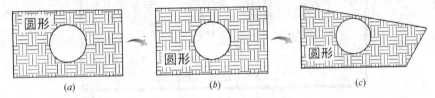

图 1-4-30 关联式图案填充

(a)原图；(b)移动填充中文字位置；(c)移动填充边界位置

取消"关联"选项，则当移动图案填充的边界时，图案填充位置不改变，如图 1-4-31 所示。

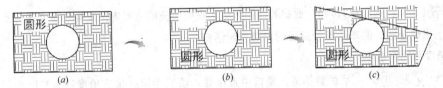

图 1-4-31 非关联式图案填充

(a)原图；(b)移动填充中文字位置；(c)移动填充边界位置

(3) "创建独立的图案填充"设置：用来定义连续图案填充时，为同一对象或个别独立对象。

不勾选"创建独立的图案填充"选项(默认选项)，则当删除某一个填充图案时会将整组的填充图案都删除，如图 1-4-32 所示。

勾选"创建独立的图案填充"对象，则删除时只会删除该组的独立对象，如图 1-4-33 所示。

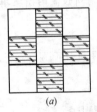 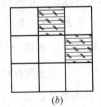

图 1-4-32 创建非独立图案填充　　　　　图 1-4-33 创建独立图案填充

(a)原图；(b)删除整组填充图案　　　　　(a)原图；(b)删除独立填充图案

(4) "绘图次序"设置：用来定义填充图案建立的绘图次序。

点击"选项"栏中的 绘图次序(W) 下拉列表(图 1-4-34)，可以选择图案填充的绘图显示顺序，效果如图 1-4-35 所示。

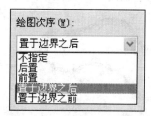

图 1-4-34 绘图次序下拉列表

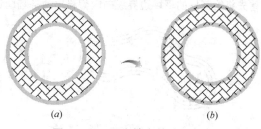

图 1-4-35 图案填充的绘图顺序

(a)置于边界之后；(b)置于边界之前

(5) 继承特性：用来复制图形上已有的图案填充特性为当前的图案填充特性。

【课堂实训】 如图 1-4-36 所示，欲用图 1-4-36(a)中的图案填充对图 1-4-36(b)中的图形进行填充，则：

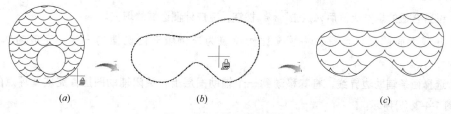

图 1-4-36 继承特性填充

执行图案填充命令，打开图案填充对话框，点击 按钮，返回到作图区中。

命令行提示：选择图案填充对象

在已有的填充图案上单击鼠标，如图 1-4-36(a)所示。

拾取内部点或 [选择对象(S)/删除边界(B)]：

在要填充的边界区域内单击鼠标，边界呈虚线显示如图 1-4-36(b)所示。

按回车键，返回图案填充对话框，点击 确定 按钮，结束命令，结果如图 1-4-36(c)所示。

◆ 孤岛检测样式

孤岛是位于选择范围之内的独立区域。孤岛检测样式是控制系统处理孤岛的方法。

点击图案填充对话框右下方的 ![](按钮，则弹出如图 1-4-37 所示孤岛检测选项卡，孤岛检测样式共有三种不同的处理方法，分别为普通、外部和忽略。它们之间的区别可以从对话框的图例中比较得出。

【课堂实训】 利用图案填充命令绘制如图 1-4-38 所示的填充草坪。

在园林设计图中经常需要在草坪边缘沿着边界线由外

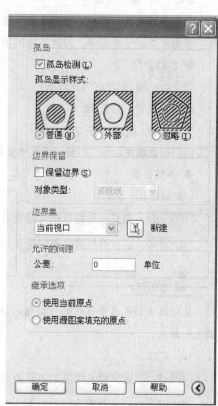

图 1-4-37 孤岛检测选项卡

向内点上由密到疏的圆点,其绘制步骤如下所示:

(1) 首先将绘制好的草坪边界线向内偏移出两条辅助边界线,如图1-4-38(a)所示。

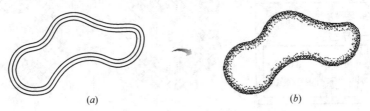

图 1-4-38　绘制填充草坪

(a)偏移边界辅助线; (b)完图

(2) 执行"图案填充"命令,打开图案填充对话框,设置填充图案为AR-SAND,点击 ▨ (添加:选择对象)按钮,返回到作图区中,分别选择草坪外侧轮廓线和中间那条辅助边界线,点击回车键,返回图案填充对话框。

(3) 设置合适的填充比例后,点击 确定 按钮,完成外侧区域的填充。

(4) 重复上面的操作步骤,将填充比例设置为外侧填充比例值的一半,完成内侧区域的填充。

(5) 选择两条辅助边界线,将其移动到一个辅助图层上,关闭辅助图层,完成草坪点的绘制,结果如图1-4-38(b)所示。

1.4.3.2　渐变色填充

渐变色填充是一种实体图案填充,能够体现出光照在平面上而产生的过渡颜色效果。在二维图形中常用来表现一些实体,如建筑物的顶面、水体表面等。

◆ 启动命令

命令行:输入 Bhatch(快捷键:H)

绘图工具栏:点选 ▨

下拉菜单:绘图▶渐变色…

执行图案填充命令,打开"图案填充和渐变色"对话框,选择"渐变色"选项板即可(图1-4-39)。

◆ 参数设置

(1) 颜色(C)

单色(O) :定义一种颜色来做渐变效果。拉动旁边的滚动条可以调整渐变强度。

双色(T) :定义两种颜色来做渐变效果。

 提示:

鼠标单击颜色区旁边的 ⋯ 按钮,弹出选择颜色对话框,如图1-4-40所示,在此可以改变渐变填充的颜色。

(2) 方向

居中(C) :定义渐变填充的对正方式,如图1-4-41所示。

角度(L) :定义渐变方向,如图1-4-42所示。

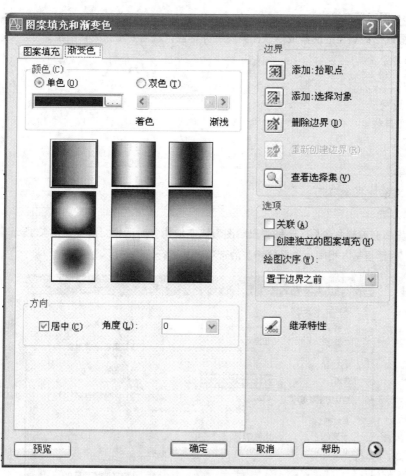

图 1-4-39 渐变色选项板

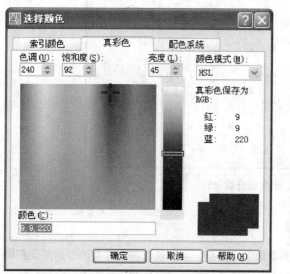

图 1-4-40 选择颜色对话框

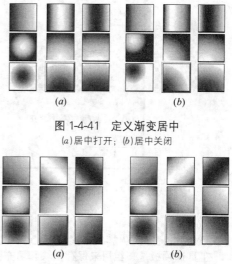

图 1-4-41 定义渐变居中
(a)居中打开；(b)居中关闭

图 1-4-42 定义渐变角度
(a)角度 45；(b)角度 135

1.4.3.3 图案填充编辑

如果要更改已经填充的图案或修改图案疏密等特性，就需要用到编辑图案命令。

◆ 启动命令

命令行：

输入 Hatchedit

修改Ⅱ工具栏：

点选

下拉菜单：

修改➤对象➤图案填充

◆ 编辑方法

执行图案填充编辑命令后，随即弹出"图案填充编辑"对话框，如图 1-4-43 所示，该对话框与"图案填充"对话框基本相同。选择要修改的选项对其进行修改即可。

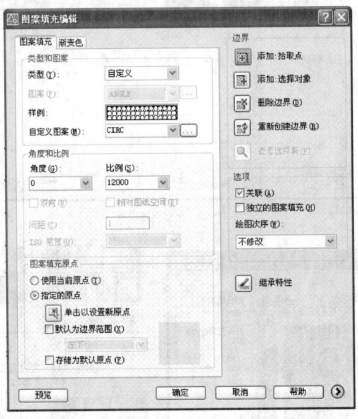

图 1-4-43　图案填充编辑对话框

1.4.4　工具选项板

工具选项板是一组用来保存图块和填充图案的工作面板。用户可以将当前文件中的图块和填充图案快速拖拽到工具选项板中，当在其他图形文件中需要复制这些图块和填充图案时就可以脱离当前的图形文件，而直接通过工具选项板进行插入操作。

1.4.4.1 打开工具选项板

命令行：输入 Toolpalettes(快捷键 Ctrl+3)

标准工具栏：点选

下拉菜单：工具➤工具选项板窗口

执行以上命令，则打开如图 1-4-44 所示的工具选项板窗口。

1.4.4.2 创建"树木图例"选项板

在园林设计制图中，常要应用到大量的园林图例，如果临时制作或从其他文件图形中引用这些图形文件很不方便。此时通过创建"树木图例"选项板，可以将这些树木图例拖拽到工具选项板中，这样将来在绘图时，就可以通过工具选项板随时调用这些树木图例，从而提高制图效率。

◆ 创建空白选项板

在已打开的"工具选项板"窗口的空白处单击鼠标右键，在弹出的快捷菜单中选择"新建选项板"命令，输入新建工具选项板的名称为"树木图例"，输入完成后按回车键确定。此时在工具选项板组中生成一个空白的"树木图例"选项板，如图 1-4-45 所示。

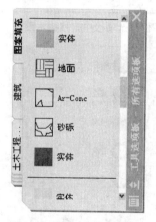

图 1-4-44 工具选项板窗口　　　图1-4-45 创建空白的"树木图例"选项板

◆ 向空白选项板中拖拽树木图块

执行"工具➤设计中心"命令，打开设计中心，在设计中心的文件夹列表中找到树木图块所在的文件，单击展开显示文件中所定义的树木图块，用鼠标拖拽的方法，将选中的树木图块从设计中心复制到"树木图例"选项板中，重复以上的操作步骤，将需要的树木图块全部拖拽到"树木图例"选项板中，如图 1-4-46 所示。

提示：

向"树木图例"选项板内添加树木图例时，一方面可以通过设计中心进行；另一方面也可以在当前打开的图形文件选择所需的树木图例后，直接将其拖拽到选项板内。

◆ 更改树木图块名称

为了使用方便，可以给拖拽到"树木图例"选项板中的树木图块统一命名，方法是在选中的树木图块上单击鼠标右键，弹出如图 1-4-47 所示快捷菜单，选择"重命名"命令，可以在工具选项板中直接给树木图块重新命名。完成后的"树木图例"选项板如图 1-4-48 所示。

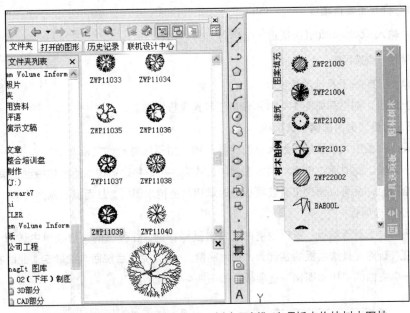

图 1-4-46　利用设计中心向空白的"树木图例"选项板中拖拽树木图块

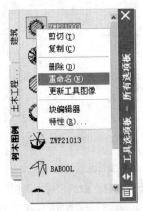

图 1-4-47　图块重命名快捷菜单　　图 1-4-48　创建完成"树木图例"选项板

1.4.4.3　工具选项板的应用

用鼠标左键点击选择工具选项板中的图块，然后直接拖拽至绘图区域后松开鼠标，则该图块插入到了当前图形文件中。

1.4.4.4　工具选项板的删除与重命名

在工具选项板上的空白区域内单击鼠标右键，弹出如图 1-4-49 所示快捷菜单，选择其中的 删除 选项板(D) 命令则弹出如图 1-4-50 所示的"确认选项板删除"对话框，点击 确定 按钮，则当前选项板即被删除。

选择其中的 重命名 选项板(N) 命令则可以给当前选定的选项板重新命名。

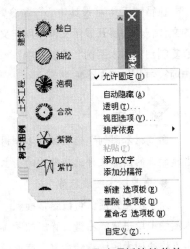

图 1-4-49　工具选项板快捷菜单

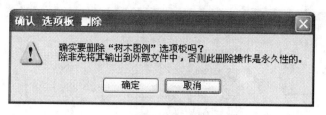

图 1-4-50 确认选项板删除对话框

1.4.5 综合实训：绿地广场平面图绘制(二)

在上一节中，已经完成广场平面图中种植池、花架、道牙的绘制，下面利用本节所讲述的图案填充命令进行广场铺装的填充，同时完成植物种植等的填充。

1.4.5.1 广场铺装的绘制

广场的铺装分为左、中、右三部分。首先填充左侧部分，填充图案的参数如图 1-4-51 所示；填充效果如图 1-4-52 所示。

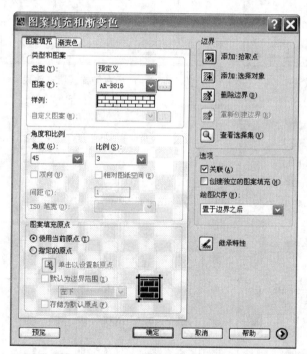

图 1-4-51 广场左侧铺装填充参数设置

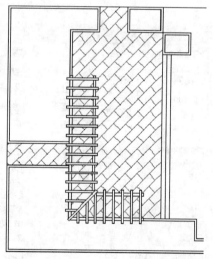

图 1-4-52 广场左侧铺装填充效果

广场右侧铺装填充方法与左侧一样，景墙的填充参数如图 1-4-53 所示；填充效果如图 1-4-54 所示。

广场中间部分的铺装填充参数如图 1-4-55 所示；填充效果如图 1-4-56 所示。

广场中间喷头的"填充样例"为"SOLID"；水面填充参数如图 1-4-57 所示，填充效果如图 1-4-58 所示。

1.4.5.2 植物种植的绘制

根据广场的植物种植设计从"中心广场平面设计图例"选择合适的落叶乔木图例，然后进行复制、移动等操作，绘制效果如图 1-4-59 所示。

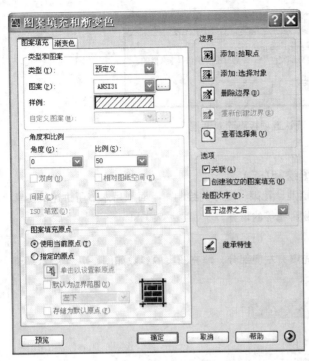

图 1-4-53 广场右侧铺装填充参数设置

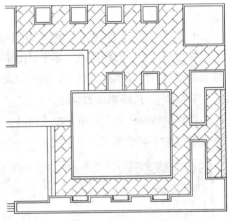

图 1-4-54 广场右侧铺装填充效果

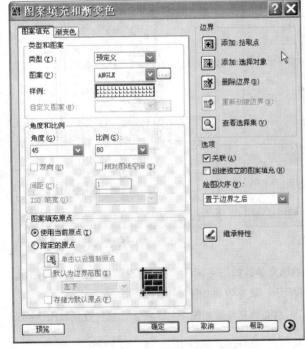

图 1-4-55 广场中部铺装填充参数设置

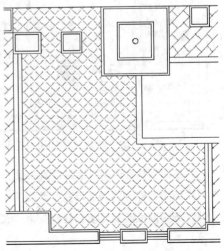

图 1-4-56 广场中部铺装填充效果

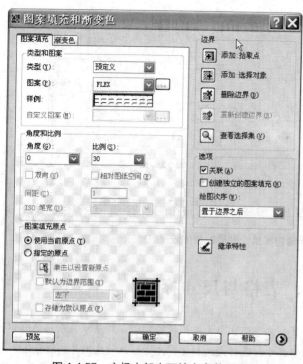

图 1-4-57 广场内部水面填充参数设置

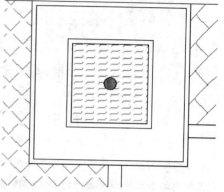

图 1-4-58 广场内部水面及喷头填充效果

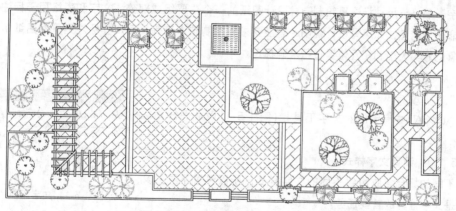

图 1-4-59 广场落叶乔木绘制效果

在绘制常绿灌木时，先用直线沟边，然后填充，绘制效果如图 1-4-60 所示；落叶灌木的画法与常绿灌木相同，草坪用"点"命令绘制，效果如图 1-4-61 所示。

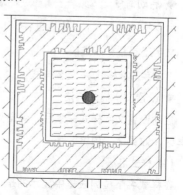

图 1-4-60 常绿灌木的绘制效果

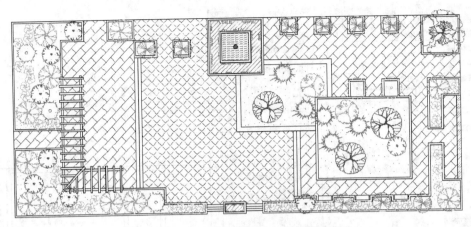

图 1-4-61 广场植物种植绘制后的整体效果

1.5 文字、表格与尺寸标注

本节学习要点：熟练掌握文字样式的设置、文字标注与文字编辑的方法；熟练掌握表格的创建、向表格内添加文字和块数据的方法；熟练掌握尺寸标注样式的创建、尺寸标注的应用与编辑方法。

文字、表格与尺寸标注是绘制园林设计图纸的一个重要组成部分。文字和表格用于标注图纸中的一些非图形信息，如编写设计说明、施工要求和绘制苗木表等；而尺寸标注则是对图纸中的各个图形对象的真实大小和相互位置进行准确标定。

1.5.1 文字

在 AutoCAD 中有专门的文字工具栏(图 1-5-1)用来进行文字控制。

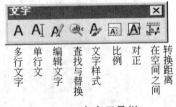

图 1-5-1 文字工具栏

1.5.1.1 设置文字样式

在不同的场合会应用到不同的文字样式，所以设置不同的文字样式是文字注写的首要任务。

◆ 启动命令

命令行：输入 Style(快捷键：ST)

文字工具栏：点选

下拉菜单：格式▶文字样式

◆ 设置文字样式方法

启动设置文字样式命令后，弹出如图 1-5-2 所示文字样式对话框。该对话框中包含了样式名区、字体区、效果区、预览区等。

(1) 样式名区

在样式名下拉列表框中显示的是当前文字样式的名称，点击列表框右侧的下拉小箭头可以弹出所有已经建立的文字样式的名称。点取某个文字样式后，则其他对应的项目相应显示该样式的设置。

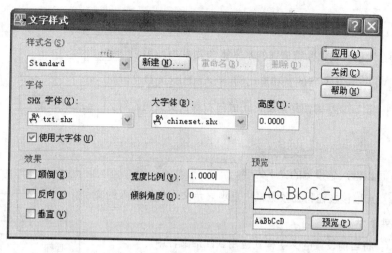

图 1-5-2 文字样式对话框

默认的文字样式是 Standard，该样式采用的字体为 txt.shx，该文字样式不能被删除。

点击 新建(N)... 按钮，弹出如图 1-5-3 所示新建文字样式对话框，在此输入新建文字样式的名称。点击 确定 按钮返回文字样式对话框，则此时在样式名称列表框中显示的是新建文字样式的名称。

图 1-5-3 新建文字样式对话框

> 提示：
>
> 新建文字样式名时，该名称最好具有一定的代表意义，最好与随即选择的字体对应起来或和它的用途对应起来，这样使用起来比较方便，也不至于混淆。

点击 重命名(R)... 按钮，可以为当前文字样式重新命名。

点击 删除(D) 按钮，可以删除一指定的文字样式。但在图形中已经被使用过的文字样式是不能被删除的。

> 提示：
>
> Standard 样式是不能被重新命名，也不能被删除的。

(2) 字体区

在字体名下拉列表中，可以为当前文字样式指定一种字体。如注写的是英文，可以采用某种英文字体，如果要使用汉字字体，则要将 使用大字体(U) 复选框前面的勾选去掉，此时在字体下拉列表中出现所有可用的汉字字体。

高度(T)：用于设置当前文字样式的字体高度。如果设定的文字高度为非 0 时，则在使用该文字样式时，在图形中输入文字的高度等于此高度，且不再提示输入高度；如果设定的文字高度为 0 时，则在使用该文字样式输入文字时将出现高度提示，且每使用一次就会提醒一次，同一字体可以输入不同高度。因此在设置文字高度值时一般采用默认值 0。

(3) 效果区

颠倒(E)：以水平线作为镜像线的垂直镜像效果。

反向(K)：以垂直线作为镜像线的水平镜像效果。

宽度比例(W)：设定文字的宽和高比例。AaBbCcD

倾斜角度：设定文字的倾斜角度，正值向右斜，负值向左斜。*AaBbCcD*

(4) 预览区

预览框：直观显示设定的文字效果。

文本框：可以输入想预览的文字内容。

预览(P)：点取该按钮将在预览框中直观显示文本框中输入的文本，如图 1-5-4 所示。

图 1-5-4　文本预览框

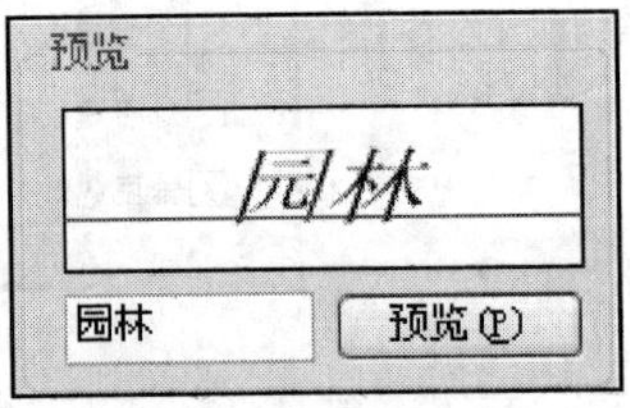

应用(A)：将当前设置的文字样式应用到图形文件中。

关闭(C)：关闭文字样式设定对话框，最后选定的样式成为当前使用的文字注写样式。

【课堂实训】 设置如图 1-5-5 所示的文字样式。

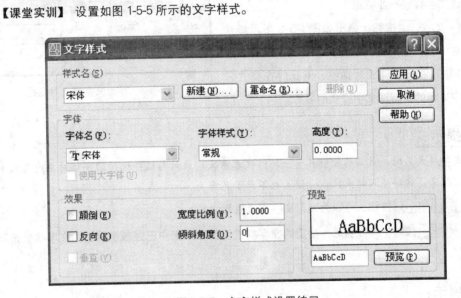

图 1-5-5　文字样式设置练习

1.5.1.2　标注单行文字

◆ 启动命令

命令行：输入 Dtext(快捷键：DT)

文字工具栏：点选 A

下拉菜单：绘图 ▶ 文字 ▶ 单行文字

◆ 命令操作方法

【课堂实训】 利用前节所设置的“宋体”文字样式在图 1-5-6 中标注篮球场文字，则：

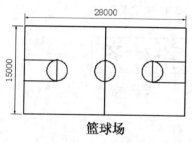

图1-5-6 单行文字注写

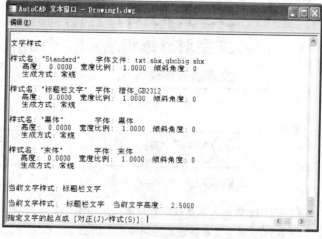

图1-5-7 命令窗口列表

命令行：Dtext ↵	启动单行文字标注命令，回车
当前文字样式：Standard 当前文字高度 1000.0000	
指定文字的起点或［对正(J)/样式(S)］：S ↵	输入选择文字样式选项，回车
输入样式名或［?］〈Standard〉　　　　宋体 ↵	输入要应用的文字样式名称
当前文字样式：宋体 当前文字高度 1000.0000	
指定文字的起点或［对正(J)/样式(S)］：	点击确定注写文字的起点位置
指定高度〈1000.000〉　　　　　　　1600 ↵	输入文字高度数值，回车
指定文字的旋转角度〈0〉　　　　　　　　↵	采用默认旋转角度0，回车
篮球场 ↵	输入要注写的文字

书写完文字后，按回车键，文字光标跳转到下一行，再次按回车键，结束单行文字命令

 提示：

如果不清楚已经设定的文字样式，则键入"?"，在弹出的命令窗口列表（图1-5-7）显示当前已经设定的文字样式。

◆ 文字对正方式

指定文字的起点或［对正(J)/样式(S)］：J ↵　　输入文字对正选项，出现以下不同的对正方式供选择：

［对齐(A)/调整(F)/中心(C)/中间(M)/右(R)/左上(TL)/中上(TC)/右上(TR)/左中(ML)/正中(MC)/右中(MR)/左下(BL)/中下(BC)/右下(BR)］：

◎ 对齐(A)：首先确定文本的起点和终点，则AutoCAD自动调整文本的高度，使文本放置在两点之间，即保持文字的高和宽之比不变，如图1-5-8所示。

◎ 调整(F)：首先确定文本的起点和终点，则AutoCAD自动调整文字的宽度以便将文本放置在两点之间，此时文字的高度保持不变，如图1-5-9所示。

◎ 中心(C)：确定文本基线的水平中心点，如图1-5-10所示。

◎ 中间(M)：确定文本基线的水平和垂直中心点，如图1-5-11所示。

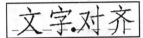

图 1-5-8 文字对齐　　　　　　　　图 1-5-9 文字调整

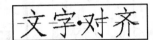

图 1-5-10 文字中心对齐　　　　　　图 1-5-11 文字中间对齐

◎ 右(R)：确定文本基线的右侧端点，如图 1-5-12 所示。
◎ 左(I)：确定文本基线的左侧端点，如图 1-5-13 所示。

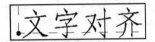

图 1-5-12 文字右对齐　　　　　　　图 1-5-13 文字左对齐

其他文字对齐方式如图 1-5-14 所示。

图 1-5-14 其他文字对齐方式

1.5.1.3 标注多行文字

◆ 启动命令

命令行：输入 Mtext(快捷键：MT)

绘图或文字工具栏：点选 A

下拉菜单：绘图 ▶ 文字 ▶ 多行文字

◆ 命令操作方法

与单行文字不同的是，多行文字命令(也称"段落文字"命令)在使用前并不需要必须设置文字样式，而可以在命令执行过程中，通过对话框在文字输入时进行设置，具体操作过程如下：

命令行：Mtext ↵　　　　　　　　　　　启动多行文字标注命令，回车

当前文字样式：Standard 当前文字高度 495.6139

指定第一角点：　　　　　　　　　　　在屏幕上单击确定文字框的一个框角点

指定对角点或 [高度(H)对正(J)行距(L)旋转(R)样式(S)宽度(W)]：

　　　　　　　　　　　　　　　　　　在屏幕上点选第二个框角点或输入相应的选项

点击第二个框角点，弹出如图 1-5-15 所示的多行文字编辑器。

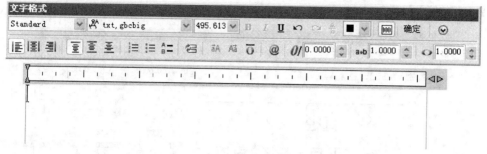

图 1-5-15 多行文字编辑器

在文本框中输入文字后,可以即时修改文字的字体、大小、颜色、宽度、倾斜角度等参数,如图 1-5-16 所示。

图 1-5-16 修改文字参数

当多行文字的显示情况并不符合要求的时候,比如希望在同一行出现的文字却并不在同一行显示,则此时可以通过拖拽标尺,即时修改文本框的宽度,直至获得满意的效果,如图 1-5-17 所示。

文字编辑完成后,点击 确定 按钮,即可结束多行文字注写命令。

图 1-5-17 拖拽标尺修改文本框宽度
(a) 拖拽前; (b) 拖拽后

◆ 标注特殊符号

点击多行文字编辑器上面的 @ (符号)键,则弹出特殊符号下拉列表(图 1-5-18),在列表中直接选择要应用的符号即可。

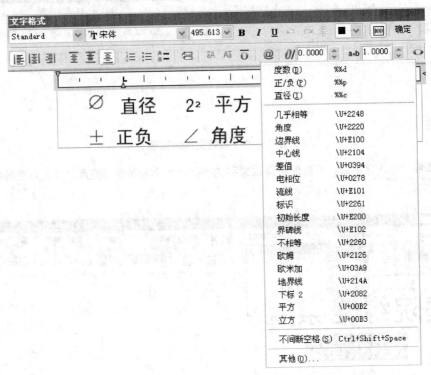

图 1-5-18 特殊符号下拉列表

在下拉列表中选择 其他(O)，弹出如图 1-5-19 所示字符影射表，在这里可以选择更多的标注符号。

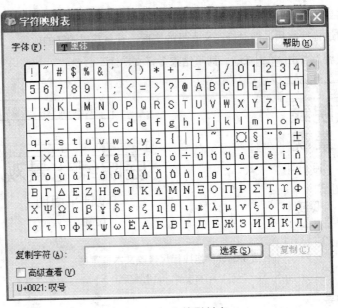

图 1-5-19 字符影射表

◆ 分式表示法

如果要在图纸上标注分式数字，例如五分之三，则可以先在文本框中输入文字 3/5，然后按【Enter】回车键，则弹出自动堆叠特性对话框(图 1-5-20)。

可以选择输入分数的表现形式为"水平分数形式"或"斜分数形式"(图 1-5-21)。

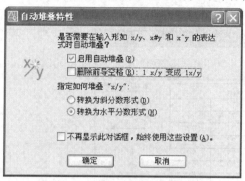

图 1-5-20　自动堆叠特性对话框

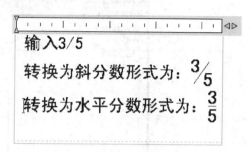

图 1-5-21　分数表示法

提示：

当"自动堆叠特性"对话框关闭时，如果要改变文字的分数表示方法，就可以先将文字选中，再单击多行文字编辑器中的按钮，就可出现水平分数的表现方式。

1.5.1.4　编辑文字

在 AutoCAD 中可以对已经输入的文字进行编辑修改。

◆ 启动命令

命令行：输入 Ddedit(快捷键：ED)

下拉菜单：修改▶对象▶文字▶编辑

直接在文字对象上双击鼠标

◆ 命令操作方法

根据所选择的文字对象是单行文字还是多行文字的不同，会弹出相应的对话框来修改文字。

(1) 单行文字编辑

选取要修改的文字执行编辑文字命令后，则该行文字呈现可编辑状态(图 1-5-22)，在文字编辑器中直接修改、编辑文字内容即可。

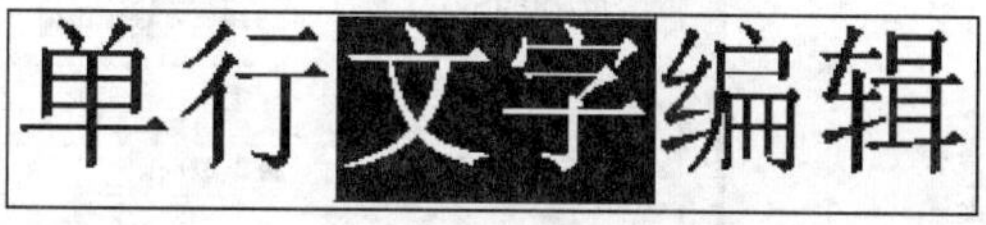

图 1-5-22　修改单行文字

(2) 多行文字编辑

选取要修改的多行文字执行编辑文字命令后，重新弹出多行文字编辑器(图 1-5-15)，参照书写多行文字的方法修改、编辑文字内容即可。

1.5.2　表格

利用表格命令，可以在 AutoCAD 中直接插入表格对象而不用绘制由单独的直线组成的栅格，在园林制图中可以利用表格命令快速完成苗木表的绘制。

1.5.2.1　设置表格样式

在绘制表格之前，要新建一个表格样式。

◆ 启动命令

命令行：输入 Tablestyle(快捷键：TS)

下拉菜单：格式▶表格样式

◆ 设置表格样式方法

启动设置表格样式命令后，弹出如图 1-5-23 所示表格样式对话框。

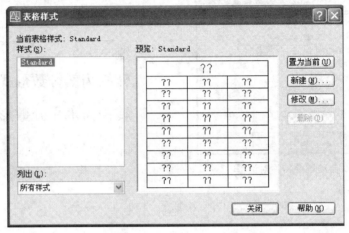

图 1-5-23 表格样式对话框

单击 新建(N) 按钮，出现"创建新的表格样式"对话框(图1-5-24)，输入新样式的名称为"苗目表"，再单击 继续 按钮，弹出"新建表格样式：苗目表"对话框(图1-5-25)。

图 1-5-24 创建表格样式对话框

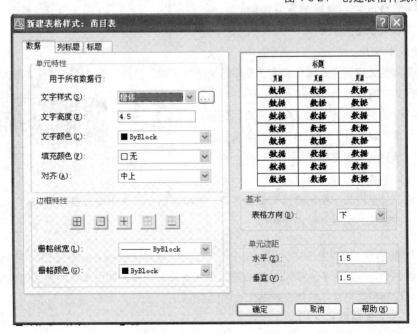

图 1-5-25 新建表格样式对话框

该对话框中包含"数据"、"列标题"、"标题"共3个选项卡，参数设置基本相同：

(1) 单元特性

用来设置"数据"、"列标题"和"标题"栏的文字样式、高度、颜色、对齐方式等特性。

点击 文字样式(S) 后的下拉菜单，可以选择已经设置的文字样式作为当前选项的文字样式，或者也可以点击 ... 按钮，实时建立一个文字样式作为当前选项的文字样式。

(2) 边框特性

用来设置表格边框的显示样式、边框线宽和颜色。

边框的显示样式共有5种，以"数据"栏边框设置为例，其具体样式如图1-5-26所示。

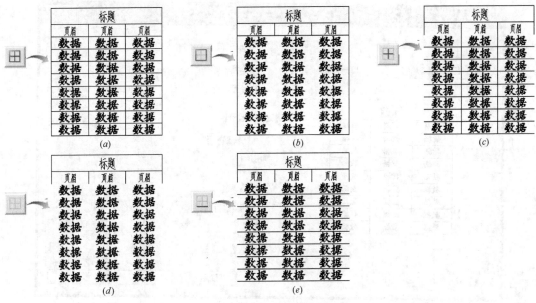

图1-5-26 设置边框特性

(3) 表格方向

表格方向分为"上"和"下"两个选项。具体表现形式如图1-5-27所示。

(4) 单元边距

用于设置数据中的文字、图块距离单元格的水平、垂直的距离。

图1-5-27 表格方向

(a)表格方向下；(b)表格方向上

【课堂实训】 根据以上参数内容，设置"苗木表"表格的样式如下：

◎ "数据"选项卡文字样式为宋体，文字高度1500，对齐方式"正中"，边框特性 ，表格方向为"上"，其余参数选择默认设置。

◎ "列标题"选项卡文字为楷体，文字高度1800，对齐方式为"正中"。边框特性 。

◎ "标题"选项卡文字样式为楷体，文字高度2500，对齐方式"正中"，边框特性 田。

设置完成后，单击 确定 按钮回到"表格样式"对话框，单击 置为当前(U) 按钮后，再单击

关闭 按钮即完成表格样式的设置工作。

1.5.2.2 创建表格

◆ 启动命令

命令行：输入 Table（快捷键：TB）

绘图工具栏，点选

下拉菜单：绘图➤表格

◆ 创建表格方法

启动创建表格命令后，弹出"插入表格"对话框（图1-5-28）。

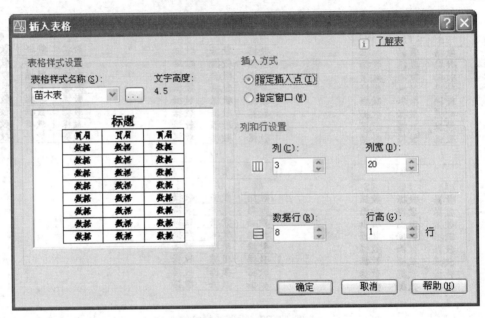

图1-5-28 插入表格对话框

（1）表格样式设置

在 表格样式名称(S) 下拉列表中可以选择当前已经设置过的表格样式，点击后面的 ... 按钮，则弹出"表格样式"对话框，可以设置新的表格样式（具体方法参见1.5.2.1）。

（2）插入方式

在AutoCAD中插入表格的方法主要有两种：

◎ 勾选 指定插入点(I) 选项，则可以在"列和行设置"参数区中直接设置表格的列数和列宽度、行数和行高度，如图1-5-29所示。

点击 确定 按钮，在绘图区域点选表格左上角位置即完成表格的创建，如图1-5-30所示。

◎ 勾选 指定窗口(W) 选项，则"列和行设置"参数区中只需设置表格的列数和行高即可，如图1-5-31所示。

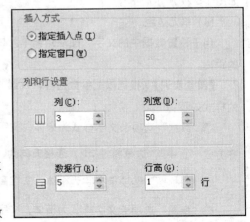

图1-5-29 "指定插入点"参数设置

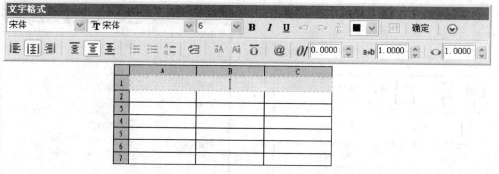

图 1-5-30 指定插入点方式创建表格

图 1-5-31 "指定窗口"参数设置

点击 确定 按钮,在绘图区域点选表格左上角位置后,直接拖拽鼠标点选表格的右下角位置,即完成表格的创建,如图 1-5-32 所示。

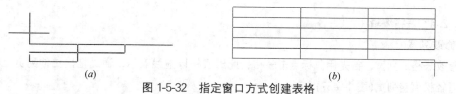

(a)　　　　　　　　　　　　　　(b)

图 1-5-32 指定窗口方式创建表格

(a)点选表格左上角;(b)拖拽鼠标点选表格的右下角

1.5.2.3 向表格内输入数据

表格内的数据包括文字数据和块数据。

◆ 文字数据的输入

在表格内输入文字数据,方法很简单,用鼠标点击要输入文字的单元格,然后在该单元格内输入文字即可。光标的移动只要操作键盘上的上、下、左、右方向键即可。

◆ 块数据的输入

(1) 在图形文件中先创建好要插入图表中的图块。

选择要插入图块的图表单元格,单击鼠标右键,弹出如图 1-5-33 所示的快捷菜单。

(2) 选择"插入块"选项,弹出如图 1-5-34 所示"在表格单元中插入块"对话框。

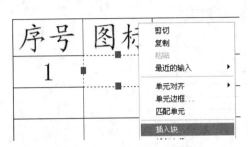

图 1-5-33　插入图块的快捷菜单

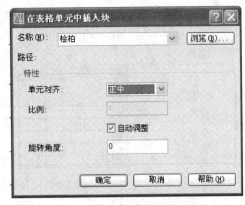

图 1-5-34　在表格单元中插入块对话框

在 名称(N) 下拉列表中选择要插入的图块的名称， 单元对齐 一般选择“正中”，并务必勾选 ☑自动调整 。

(3) 最后点击 确定 按钮，图块填充结果如图1-5-35 所示。

【课堂实训】 利用前面设置的苗木表样式，绘制如图 1-5-36 所示的苗木表。

序号	图标	植物名称
1		桧柏
2		油松

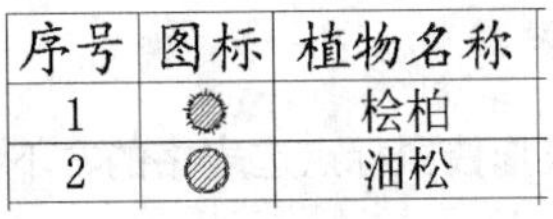

图 1-5-35　在表格单元中插入块后的效果

苗木表

序号	图标	植物名称	规格	单位	数量
1		桧柏	H 3-3.5m	株	15
2		油松	H 2-2.5m	株	7
3		法桐	D 8-10cm	株	8
4		栾树	D 8-10cm	株	25
5		千头椿	D 8-10cm	株	12
6		白蜡	D 8-10cm	株	13
7		紫叶李	H 1.8-2m	株	42
8		紫薇	H 1.8-2m	株	22

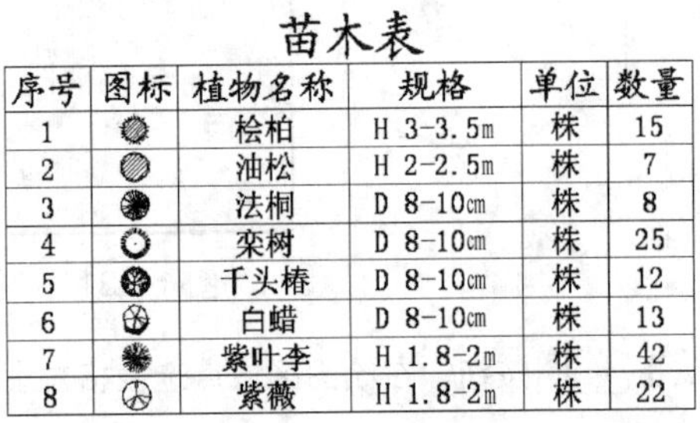

图 1-5-36　创建苗木表表格

1.5.2.4　表格编辑

◆ 修改列宽

要修改表格的列宽，首先用鼠标点击表格，此时表格以虚线表示，通过拖拽拉伸列宽上的夹点位置即可轻松调整列宽(图 1-5-37)。

苗木表

序号	图标	植物名称	规格	单位	数量
1		桧柏	H 3-3.5m	株	15
2		油松	H 2-2.5m	株	7
8		紫薇	H 1.8-2m	株	22

苗木表

序号	图标	植物名称	规格	单位	数量
1		桧柏	H 3-3.5m	株	15
2		油松	H 2-2.5m	株	7
8		紫薇	H 1.8-2m	株	22

(*a*)　　(*b*)

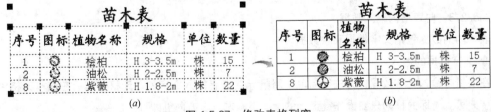

图 1-5-37　修改表格列宽

(*a*)点选整个表格；(*b*)调整表格列宽的结果

◆ 编辑单元格内的文字和图块

直接在要编辑的单元格内双击鼠标，即可弹出“文字样式”或“在表格单元中插入块”对话框，在此可以方便地编辑单元格内的文字或图块。

1.5.3 尺寸标注

尺寸标注是向图形中添加测量注释的过程。尺寸在图纸中的作用甚至比图形本身更加重要，因为图形中各个对象的真实大小和相互位置只有经过尺寸标注后才能确定。利用 AutoCAD 提供的尺寸标注命令和尺寸标注修改命令，可以对图形对象自动测量并添加尺寸文本。

AutoCAD 的尺寸标注命令都集中在"标注工具栏"(图 1-5-38)以及"标注"下拉菜单(图 1-5-39)中。

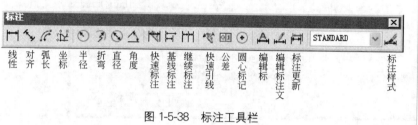

图 1-5-38 标注工具栏

图 1-5-39 标注下拉菜单

1.5.3.1 尺寸标注组成

一个完整的尺寸标注主要由尺寸线、尺寸界限、箭头和标注文字四个元素组成(图 1-5-40)。

尺寸标注是一个整体，利用分解命令可以将其分解为独立对象。

图 1-5-40 尺寸标注的组成要素

1.5.3.2 设定尺寸标注样式

和在图纸中标注文字要先设置文字样式一样，要给图纸中的图形元素标注尺寸，首先要设定好符合标准的尺寸标注样式。

◆ 启动命令

命令行：输入 Dimstyle(快捷键：D)

标注工具栏，点选

下拉菜单：标注▶标注样式

◆ 设置标注样式方法

启动设定尺寸标注样式命令后，弹出如图 1-5-41 所示"标注样式管理器"对话框。

点击"标注样式管理器"对话框右侧的 新建(N)... 按钮，弹出如图 1-5-42 所示"创建新标注样式"对话框，并进行如下参数设置：

◎ 样式名(N) 用于输入新创建的样式的名称。

◎ 基础样式(S) 用于选择一种已有的样式作为新创建样式的基础样式。

◎ 用于(U) 在后面的下拉列表中选择新建样式所适用于的标注类型(图1-5-43)。

点击"创建新标注样式"对话框中的 继续 按钮，弹出如图 1-5-44 所示"新建标注样式"对话框。该对话框中共设有"直线"、"符号和箭头"、"文字"、"调整"、"主单位"、"换算单位"、"公差"7 个选项板。

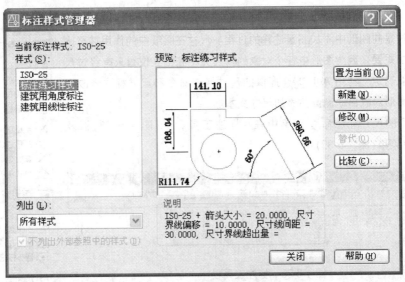

图 1-5-41　标注样式管理器

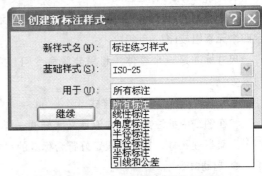

图 1-5-42　创建新标注样式对话框　　　　图 1-5-43　标注样式适用类型列表

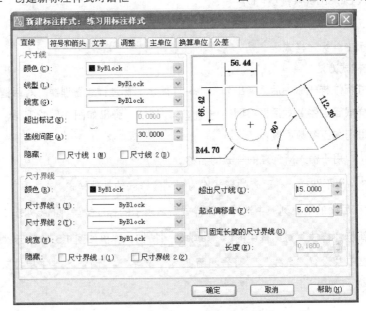

图 1-5-44　新建标注样式对话框

(1) 直线选项板

直线选项板包含尺寸线和尺寸界限两个选项区。

◎ 尺寸线区

颜色(C)、线型(L)、线宽(G)：分别通过各自的下拉列表框可以为尺寸线选择相应的颜色、线型和线宽。

基线间距(A) 基线间距的含义如图1-5-45所示，用于设定在基线标注方式下尺寸线之间的间距大小。可以直接键入数值，也可以通过调整右侧的上下箭头来增减。

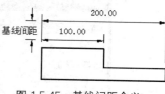

图 1-5-45 基线间距含义

隐藏 可以在"尺寸线1"和"尺寸线2"两个复选框中选择是否隐藏尺寸线1、尺寸线2，或二者都隐藏(图1-5-46)。

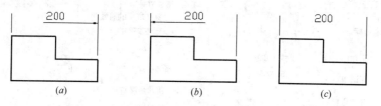

图 1-5-46 隐藏尺寸线

(a)隐藏尺寸线1；(b)隐藏尺寸线2；(c)隐藏尺寸线1和2

超出标记(N) 设置当用斜线作为尺寸终端时尺寸线超出尺寸界限的大小，如图1-5-47所示。

◎ 尺寸界限区

隐藏 可以在"尺寸界线1"和"尺寸界线2"两个复选框中选择是否隐藏尺寸界线1、尺寸界线2，或二者都隐藏，效果如图1-5-48所示。

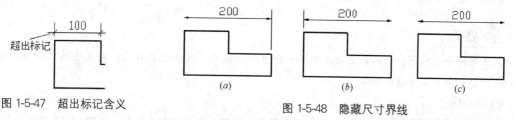

图 1-5-47 超出标记含义

图 1-5-48 隐藏尺寸界线

(a)隐藏尺寸界线1；(b)隐藏尺寸界线2；(c)隐藏尺寸界线1和2

超出尺寸线(X) 用于设定尺寸界线超出尺寸线部分的长度，如图1-5-49所示。

起点偏移量(F) 用于设定尺寸界线与标注尺寸时的拾取点之间的距离，如图1-5-49所示。

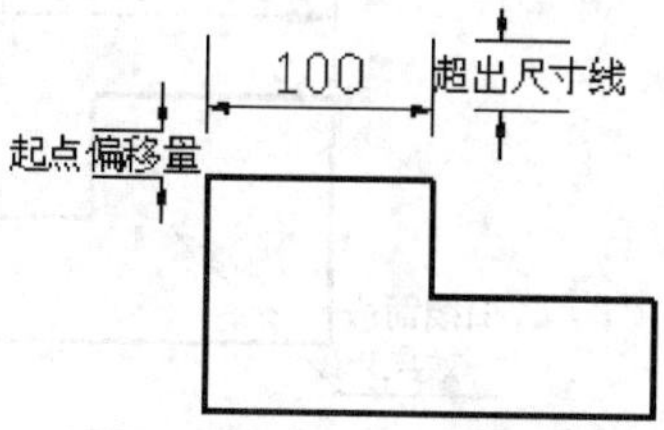

(2) 符号和箭头选项板

它包含箭头、圆心标记、弧长符号、半径标注折弯4个选项区，如图1-5-50所示。

图 1-5-49 超出尺寸线与起点偏移量含义

◎ 箭头

第一项(T)、第二个(D) 用于设置尺寸标注的第一个和第二个箭头的效果，在AutoCAD中共有

20 种不同的箭头效果可供选择。

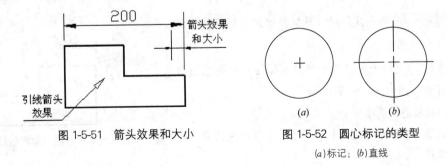

图 1-5-50　符号和箭头选项板

箭头大小(I) 用于设置箭头符号的长度。

引线(L) 用于设置指引线终端的箭头效果如图 1-5-51 所示。

提示：

点击第一个箭头图标钮后，则第二个箭头会自动切换成一致的箭头效果；而点击第二个箭头图标钮，则仅切换第二个箭头效果。

◎ 圆心标记

无(N) 、 标记(M) 、 直线(E) 3 个选项，用来控制圆心标记的显示类型，如图1-5-52 所示。

图 1-5-51　箭头效果和大小　　　图 1-5-52　圆心标记的类型

(a)标记；(b)直线

大小(S) 用于设定圆心标记的大小。

如果类型为标记，则指标记的长度大小；如果类型为直线，则指中间的标记长度以及直线超出圆或圆弧轮廓的长度。

◎ 弧长符号

用于设置弧长符号的标注位置，如图 1-5-53 所示。

弧长符号主要有 3 种标注位置，即 标注文字的前缀(P) 、 标注文字的上方(A) 、 无(O) 。

◎ 半径标注折弯

用于设置带有折弯角度的半径标注，如图 1-5-54 所示。

(a)　　(b)

图 1-5-53　弧长符号的标注位置

(a)标注文字的前缀；(b)标注文字的上方

(a)　　(b)

图 1-5-54　半径标注折弯

(a)折弯角度 = 90；(b)折弯角度 = 45

折弯角度(J) 可以直接键入折弯角度的数值。

(3) 文字选项板

它包含文字外观、文字位置、文字对齐 3 个选项区，如图 1-5-55 所示。

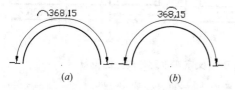

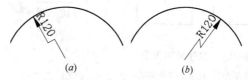

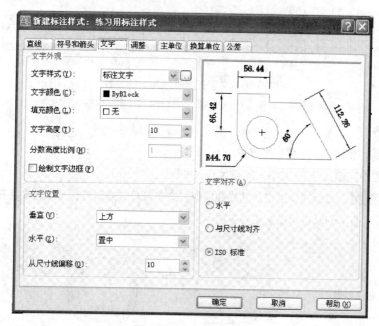

图 1-5-55　文字选项板

◎ 文字外观

文字样式(Y) 通过下拉列表选择用于尺寸标注的文字样式，点击 ... 按钮，可以打开文字样式设置对话框，设置用于尺寸标注的文字样式。

文字颜色(C) 用于设置标注文字的颜色。

填充颜色(L) 用于设置标注文字的底衬颜色。

勾选 ☑绘制文字边框(F) 复选框可以为标注文字添加边框，如图 1-5-56 所示。

◎ 文字位置

垂直(V) 用于设置标注文字在尺寸线上的垂直位置，可以选择置中、上方、外部或 JIS 位置。图 1-5-57 显示了它们之间的区别。

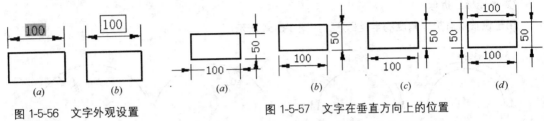

图 1-5-56 文字外观设置
(a)填充颜色；(b)绘制文字边框

图 1-5-57 文字在垂直方向上的位置
(a)置中；(b)上方；(c)外部；(d)JIS

水平(Z) 用于设置标注文字在尺寸线上的水平位置，可以选择置中、第一条尺寸界线、第二条尺寸界线、第一条尺寸界线上方、第二条尺寸界线上方。图 1-5-58 显示了它们之间的区别。

从尺寸线偏移(O) 用于设定文字和尺寸线之间的间隔，图 1-5-59 显示了尺寸线偏移的含义。

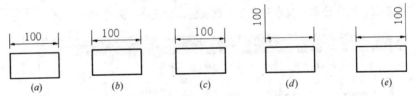

图 1-5-58 文字在水平方向上的位置
(a)置中；(b)第一条尺寸界线；(c)第二条尺寸界线；(d)第一条尺寸界线上方；(e)第二条尺寸界线上方

◎ 文字对齐

勾选 ◉水平，标注文字一律水平放置。

勾选 ◉与尺寸线对齐，标注文字方向与尺寸线平行。

勾选 ◉ISO 标准，当标注文字在尺寸界线内时，文字与尺寸线对齐；当标注文字在尺寸线外时，文字成水平放置。图 1-5-60 显示了文字对齐的不同效果。

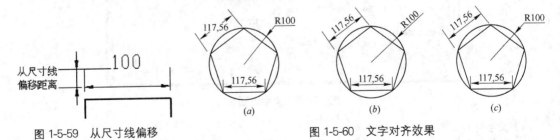

图 1-5-59 从尺寸线偏移

图 1-5-60 文字对齐效果
(a)水平；(b)与尺寸线对齐；(c)ISO 标准

(4) 调整选项板

它包含调整选项、文字位置、标注特征比例和优化 4 个选项区，如图 1-5-61 所示。

◎ 调整选项

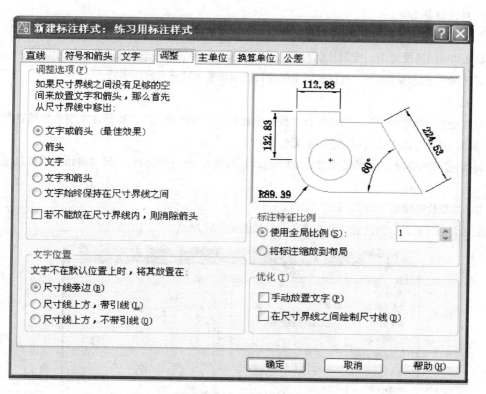

图 1-5-61　调整选项板

当尺寸标注的文字太长时，利用该项用来设置文字与箭头是隐藏于尺寸界线内，还是置于尺寸界线外，图 1-5-62 显示了调整选项的不同设置效果。

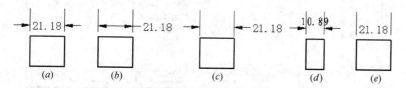

图 1-5-62　调整选项设置

(a)移出箭头；(b)移出文字；(c)移出箭头与文字；(d)文字始终在尺寸界线间；(e)消除箭头

◎ 文字位置

当文字不能放置在尺寸界线之间时，利用该项可以设置文字在尺寸界限外的放置位置，图 1-5-63 显示了文字位置选项的不同设置效果。

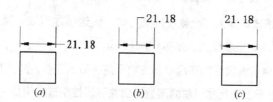

图 1-5-63　文字位置的不同设置

(a)尺寸线旁；(b)尺寸线上方，加引线；(c)尺寸线上方，不加引线

◎ 标注特征比例

勾选 ⊙ 使用全局比例(S)，用于设置尺寸元素的比例因子，使之与当前图形的比例因子相符。例如：标注文字的高度为 17，全局比例为 10，则当前图形中标注文字的高度 = 17 × 10 = 170。

勾选 ⊙ 将标注缩放到布局，根据图纸空间视口比例调整尺寸元素的比例因子。

◎ 优化

勾选 ☑ 手动放置文字(P)，当选择标注线点位置时，左右移动鼠标，则标注文字也会随着在尺寸线上移动，从而可以手动控制文字的放置位置。

勾选 ☑ 在尺寸界线之间绘制尺寸线(D)，则不论尺寸界线之间的空间如何，尺寸线始终画在尺寸界线之间。

(5) 主单位选项板

它包含线性标注、角度标注两个选项区，如图 1-5-64 所示。

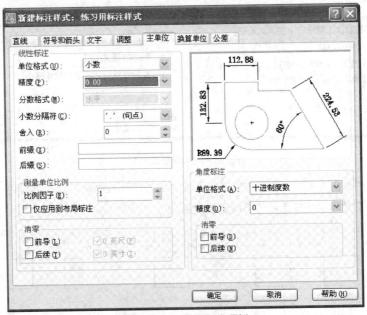

图 1-5-64　主单位选项板

◎ 线性标注选项区

单位格式(U) 用于设置除角度外标注类型的单位格式，通过下拉列表可以选择单位格式为：科学、小数、工程、建筑等格式，如图 1-5-65 所示。

精度(P) 用于设置标注尺寸的精度位数，如图 1-5-66 所示。

分数格式(M) 当单位格式选择为"分数或建筑"时，该选项才有效。通过下拉列表可以选择分数格式为：水平、对角以及非堆叠样式，如图 1-5-67 所示。

前缀(X) 、 后缀(S) 用于设定增加在尺寸标注数字前、后的字符，如图 1-5-68 所示。

◎ 测量单位比例：用于设置尺寸标注的测量比例并可以控制该比例是否仅应用到布局标注中。

比例因子(E) 用于设定除角度标注外的所有标注数值的比例因子，如设定比例因子为 2，则 AutoCAD 在标注尺寸时，自动将测量值乘上 2 标注，如图 1-5-69 所示。

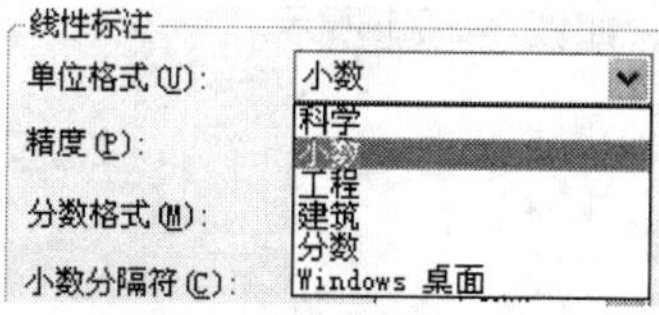

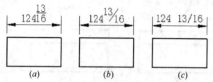
图 1-5-65 单位格式下拉列表

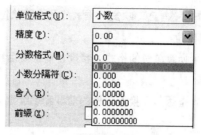
图 1-5-66 小数单位格式下的精度列表

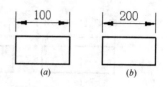

图 1-5-67 分数格式
(a)水平格式；(b)对角格式；(c)非堆叠格式

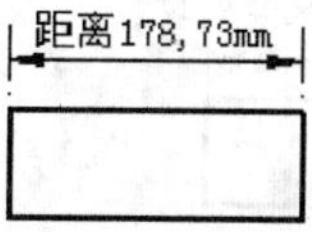

图 1-5-68 为标注数字增加前、后缀

图 1-5-69 设定比例因子
(a)比例因子＝1；(b)比例因子＝2

勾选 ☑仅应用到布局标注，则设定的比例因子仅对在布局中创建的标注有效。

◎ 消零：用于设置将尺寸标记数字前导与后续无效的零隐藏。

勾选 ☑前导(L) 复选框，则使得输出数值没有前导零，如 0.45，结果为 .45。

勾选 ☑后续(T) 复选框，则使得输出数值没有后续零，如 5.30，结果为 5.3。

◎ 角度标注选项区

单位格式(A) 用于设置角度的单位格式，通过下拉列表可以选择角度单位格式为：十进制度数、度/分/秒、百分度以及弧度。

精度(P) 用于设置角度标注的精度位数。

(6) 换算单位选项板

用于在标注尺寸时提供不同的测量单位(如公制和英制)的标注方式，可以同时适合使用公制和英制的用户。该选项板包含换算单位、消零和位置 3 个选项区，如图 1-5-70 所示。

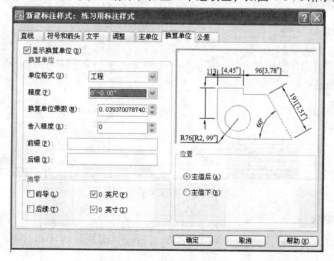

图 1-5-70 换算单位选项板

勾选 ☑显示换算单位(D) 复选框，打开换算单位显示效果。

◎ 换算单位

用于设置换算单位的格式、精度、前缀及后缀等参数，如图 1-5-71 所示。

◎ 消零

用于设置是否显示换算单位的前导和后续零。

◎ 位置

用于设定换算后的数值放置在主值的后面或下面，如图 1-5-72 所示。

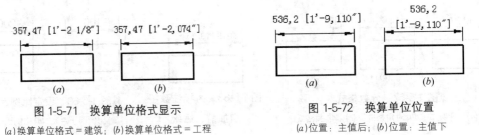

图 1-5-71　换算单位格式显示

(a)换算单位格式＝建筑；(b)换算单位格式＝工程

图 1-5-72　换算单位位置

(a)位置：主值后；(b)位置：主值下

(7) 公差选项板

尺寸公差是经常碰到的需要标注的内容。公差选项板主要包含公差格式和换算单位公差两个选项区，如图 1-5-73 所示。

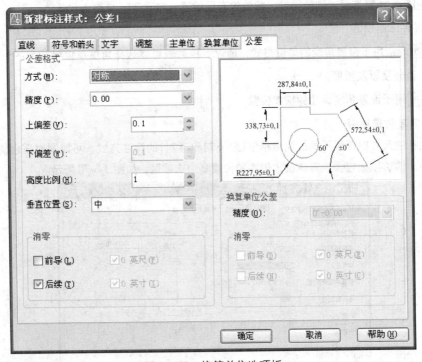

图 1-5-73　换算单位选项板

◎ 公差格式选项区

方式(M) 用于设定公差标注方式，通过下拉列表可以选择标注方式为：无、对称、极限偏差、极限尺寸以及基本尺寸等标注方式，如图 1-5-74 所示。

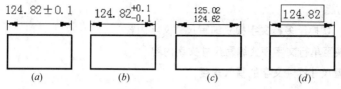

图 1-5-74 公差方式

(a)对称，上偏差＝0.1；(b)极限偏差，上、下偏差0.1，高度比例0.7；
(c)极限尺寸，上、下偏差0.2，高度比例0.7；(d)基本尺寸

精度(P) 用于设置公差精度位数。

上偏差(V) 用于设定公差的上限值(正值)的大小。

下偏差(W) 用于设定公差的下限值(负值)的大小。对于对称公差，则无下偏差设置。

高度比例(H) 用于设定公差值相对于尺寸标注的高度设置。

垂直位置(S) 用于设定公差在垂直位置上和尺寸标注的对齐方式。

◎ 换算单位公差选项区

用于设置换算单位公差的精度与消零设置。

1.5.3.3 线性标注

用于水平或垂直距离的标注。

◆ 启动命令

命令行：输入 Dimlinear(快捷键：DLI)

标注工具栏，点选 ⊢⊣

下拉菜单：标注 ▶ 线性

◆ 命令操作方法

(1) 选择两点标注尺寸

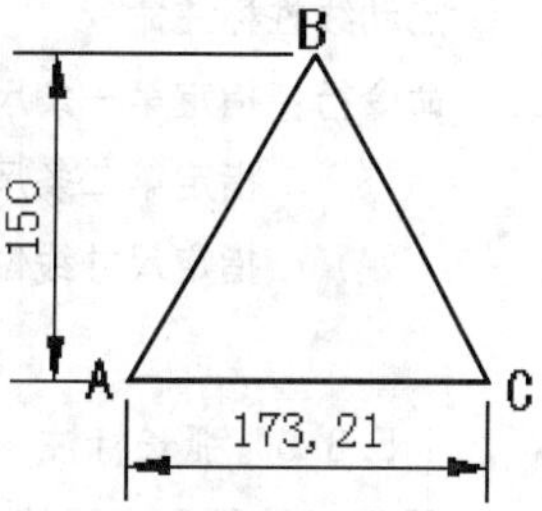

【课堂实训】 如图 1-5-75 所示，欲标注出等边三角形的底边长，则：

图 1-5-75 线性标注

启动线性标注命令

命令行：指定第一条尺寸界线原点或〈选择对象〉： 捕捉 A 点

指定第二条尺寸界线原点： 捕捉 C 点

指定尺寸线位置或 [多行文字(M)/文字(T)/角度(A)/水平(H)/
垂直(V)/旋转(R)]：

向下拖动鼠标至合适位置后，单击鼠标，完成 AC 边的尺寸标注

(2) 选择对象标注尺寸

【课堂实训】 如图 1-5-75 所示，欲标注出等边三角形的高度，则：

启动线性标注命令

命令行：指定第一条尺寸界线原点或〈选择对象〉： 直接按 Enter 回车键

选择标注对象： 鼠标点击 AB 边

指定尺寸线位置或 [多行文字(M)/文字(T)/角度(A)/水平(H)/垂直(V)/旋转(R)]：

向左拖动鼠标至合适位置后，单击鼠标，完
成三角形高度的尺寸标注

◆ 其他选项功能

多行文字(M)：切换至多行文字模式编写尺寸文字内容

文字(T)：切换至单行文字模式编写尺寸文字内容

角度(A)：设置尺寸标注文字的写入角度

水平(H)：水平标注

垂直(V)：垂直标注

旋转(R)：设置尺寸标注的旋转角度

1.5.3.4 对齐标注

用于斜向距离的标注。

◆ 启动命令

命令行：输入 Dimaligned(快捷键：DAL)

标注工具栏，点选

下拉菜单：标注 ▶ 对齐

◆ 命令操作方法

【课堂实训】 如图 1-5-76 所示，欲标注出等边三角形的斜边 AB 边的长度，则：

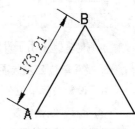

图 1-5-76 对齐标注

启动线性标注命令

命令行：指定第一条尺寸界线原点或〈选择对象〉：　　捕捉 A 点

　　　　指定第二条尺寸界线原点：　　　　　　　　　捕捉 B 点

　　　　指定尺寸线位置或［多行文字(M)/文字(T)/角度(A)］：

　　　　　　　　　　向左拖动鼠标至合适位置后，单击鼠标，完成 AB 边的尺寸标注

1.5.3.5 弧长标注

用于弧线段和多段线中弧线段的弧长标注。

◆ 启动命令

命令行：输入 Dimarc(快捷键：DAR)

标注工具栏，点选

下拉菜单：标注 ▶ 弧长

◆ 命令操作方法

【课堂实训】 如图 1-5-77 所示，欲标注出 AB 两点间的圆弧长度，则：

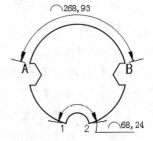

图 1-5-77 弧长标注

启动弧长标注命令

命令行：选择弧线段或多段线弧线段：　　　　　鼠标点击选择 A、B 两点间的圆弧

　　　　指定弧长标注位置或［多行文字(M)/文字(T)/角度(A)/部分(P)/引线(L)］：

　　　　　　　　　　向上拖动鼠标至合适位置后，单击鼠标，完成 A、B 间圆弧长的尺寸标注

　　　　　重复以上操作，完成 1、2 两点间的弧长标注

◆ 其他选项功能

部分(P)：标注部分弧长

1.5.3.6 坐标标注

用于标注点的 X 坐标或 Y 坐标。

◆ 启动命令

命令行：输入 Dimordinate(快捷键：DOR)

标注工具栏，点选

下拉菜单：标注 ▶ 坐标

◆ 命令操作方法

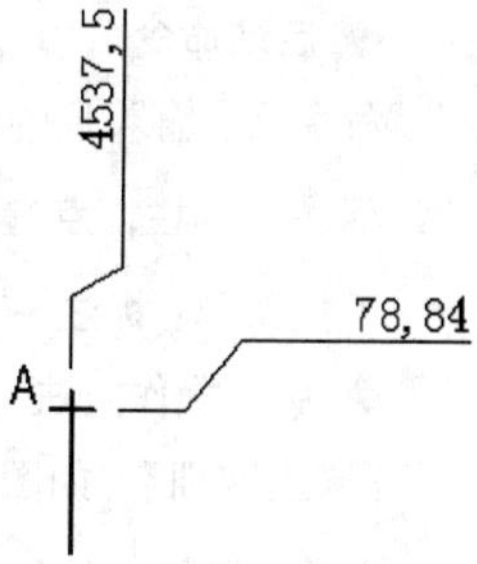

【课堂实训】 如图 1-5-78 所示，欲标注出 A 点的 X、Y 坐标值，则：

启动坐标标注命令

命令行：指定点坐标：   捕捉 A 点

   指定引线端点或 [X 基准(X)/Y 基准(Y)/多行文字(M)/文字(T)/角度(A)]：

       向上拖动鼠标至合适位置后单击鼠标，标注出 A 点的 X 坐标值

按 Enter 回车键，重新启动坐标标注命令

命令行：指定点坐标：   捕捉 A 点

   指定引线端点或 [X 基准(X)/Y 基准(Y)/多行文字(M)/文字(T)/角度(A)]：

       向右拖动鼠标至合适位置后单击鼠标，标注出 A 点的 Y 坐标值

图 1-5-78 坐标标注

提示：

AutoCAD 在标注点的坐标值时以 45°线为界线，大于 45°则标注 X 坐标值；小于 45°则标注 Y 坐标值。

1.5.3.7 半径标注

用于标注圆或圆弧的半径。

◆ 启动命令

命令行：输入 Dimradius(快捷键：DRA)

标注工具栏，点选

下拉菜单：标注 ▶ 半径

◆ 命令操作方法

【课堂实训】 如图 1-5-79 所示，欲标注出圆和圆弧的半径，则：

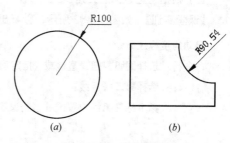

图 1-5-79 半径标注
(a)圆半径标注；(b)圆弧半径标注

启动半径标注命令

命令行：选择圆弧或圆：   鼠标点击选择圆或圆弧

   指定尺寸线位置或 [多行文字(M)/文字(T)/角度(A)]：

      向圆外拖动鼠标至合适位置后单击鼠标，标注出圆和圆弧的半径值

提示：

尺寸变量 DIMFIT 默认值为 3，此时尺寸线是标注在圆外的；当尺寸变量 DIMFIT 设为 0 时，则尺寸线将标注在圆内(图 1-5-80)。

图 1-5-80 变量 DIMFIT＝0，尺寸线标注在圆内

1.5.3.8 直径标注

用于标注圆或圆弧的直径。

◆ 启动命令

命令行：输入 Dimdiameter(快捷键：DDI)

标注工具栏，点选

下拉菜单：标注 ▶ 直径

◆ 命令操作方法

【课堂实训】 如图 1-5-81 所示，欲标注出圆的直径，则：

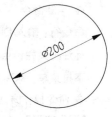

图 1-5-81　标注直径

启动直径标注命令

命令行：选择圆弧或圆：　　　　　　　　鼠标点击选择圆

　　　　指定尺寸线位置或［多行文字(M)/文字(T)/角度(A)］：

　　　　　　　　　　　　在圆上拖动鼠标至合适位置后单击鼠标，标注出圆的直径值

1.5.3.9　角度标注

用于标注角或圆弧的角度。

◆ 启动命令

命令行：输入 Dimangular(快捷键：DAN)

标注工具栏，点选

下拉菜单：标注 ▶ 角度

◆ 命令操作方法

(1) 根据两直线标注夹角

【课堂实训】 如图 1-5-82 所示，欲标出正五边形 B 点的内角值，则：

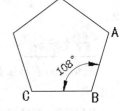

图 1-5-82　标注角值

启动角度标注命令

命令行：选择圆弧、圆、直线或〈指定顶点〉：　鼠标点击 BA 边

　　　　选择第二条直线：　　　　　　　　　鼠标点击 BC 边

　　　　指定标注弧线位置或［多行文字(M)/文字(T)/角度(A)］：

　　　　　　　　　　　　向左拖动鼠标至合适位置后单击鼠标，标注出 B 点的内角值

 提示：

根据鼠标移动位置的不同，可以分别标注出该角的对顶角和补角(图 1-5-83)。

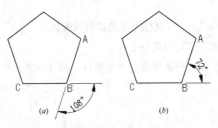

图 1-5-83　标注对顶角与补角

(a)对顶角标注；(b)补角标注

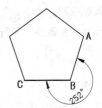

图 1-5-84　标注大于 180°的夹角

(2) 根据三点标注夹角

【课堂实训】 如图 1-5-84 所示，欲标出正五边形 B 点的外角值，则：

启动角度标注命令

命令行：选择圆弧、圆、直线或〈指定顶点〉：↵　　　按 Enter 回车键

指定角的顶点：　　　　　　　　　　　　　　　鼠标点击 B 点

指定角的第一个端点：　　　　　　　　　　　　鼠标点击 A 点

指定角的第二个端点：　　　　　　　　　　　　鼠标点击 C 点

指定标注弧线位置或［多行文字(M)/文字(T)/角度(A)］：
　　　　　　　　　　向右拖动鼠标至合适位置后单击鼠标，标注出 B 点的外角值

提示：

根据以上方法可以标注大于 180°的夹角角值。

1.5.3.10 基线标注

用于创建自相同基线测量的一系列线性标注、坐标标注或角度标注。

◆ 启动命令

命令行：输入 Dimbaseline(快捷键：DBA)

标注工具栏，点选 ⊏

下拉菜单：标注 ▶ 基线

◆ 命令操作方法

【课堂实训】 如图 1-5-85 所示，对图形进行基线标注，则：

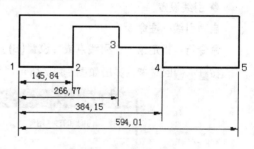

图 1-5-85 基线标注

首先利用线性标注命令完成 1、2 点之间的尺寸标注。

然后启动基线标注命令

命令行：指定第二条尺寸界线原点或［放弃(U)/选择(S)］〈选择〉：↵　按 Enter 回车键

选择基准标注：　　　　　　　　　　　　　　　　　　　点击选择左侧的尺寸界线

指定第二条尺寸界线原点或［放弃(U)/选择(S)］〈选择〉：依次向右顺序捕捉 3、4、5 各标注点，完成各点的标注后，按 Enter 回车键结束命令

1.5.3.11 连续标注

用于创建从上一个标注或选定标注的第二条尺寸界线处创建一系列线性标注、坐标标注或角度标注。

◆ 启动命令

命令行：输入 Dimcontinue(快捷键：DCO)

标注工具栏，点选 ┡┥

下拉菜单：标注 ▶ 连续

◆ 命令操作方法

【课堂实训】 如图 1-5-86 所示，对图形进行连续标注，则：

首先利用线性标注命令完成 1、2 点之间的尺寸标注，然后启动连续标注命令

图 1-5-86 连续标注

命令行：指定第二条尺寸界线原点或［放弃(U)/选择(S)］〈选择〉：↵ 按 Enter 回车键

选择连续标注：点击选择1、2点之间的尺寸标注

指定第二条尺寸界线原点或［放弃(U)/选择(S)］〈选择〉：依次向右顺序捕捉3、4、5各标注点，完成各点的标注后，按 Enter 回车键结束命令

1.5.3.12 引线标注

在图形绘制过程中经常需要对一些图形对象进行注释，这时就需要绘制指引线。指引线一般由箭头、一条直线或样条曲线、一条水平线组成。指引线不测量尺寸。

◆ 启动命令

命令行：输入 Qleader(快捷键：LE)

标注工具栏，点选

下拉菜单：标注▶引线

◆ 引线设置

启动引线标注命令

命令行：指定第一个引线点或［设置(S)］〈设置〉：↵

按 Enter 回车键，弹出如图1-5-87所示"引线设置"对话框。

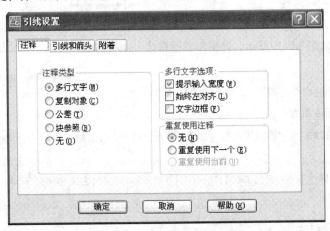

图1-5-87　引线设置对话框

该对话框中设有"注释"、"引线和箭头"、"附着"3个选项卡。

(1) 注释选项卡

◎ 注释类型选项区

多行文字(M)：使用多行文字命令写入标注文字的内容。

复制对象(C)：选择图形上已存在的文字对象为标注内容。

块参照(B)：使用图块名称为标注名称。

◎ 多行文字选项区

提示输入宽度(W)：输入文字前提示指定的宽度。

始终左对齐(L)：输入的文字始终向左对齐。

◎ 重复使用注释选项区

无(N)：每次标注引线时，必须输入标注内容。

重复使用下一个(E)：当第一个标注内容完成时，下一个引线标注自动切换至"重复使用当前"，即标注内容和刚完成的引线内容相同。

(2) 引线和箭头选项卡(图 1-5-88)

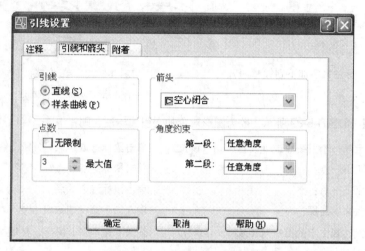

图 1-5-88　引线和箭头选项卡

◎ 引线选项区

设置指引线的样式为直线或是样条曲线(图 1-5-89)。

◎ 点数选项区

设置引线点的数量。

◎ 箭头选项区

设置指引线箭头的形状。

◎ 角度约束

设置引线绘制的角度方向限制。

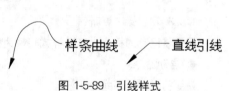

图 1-5-89　引线样式

(3) 附着选项卡(图 1-5-90)

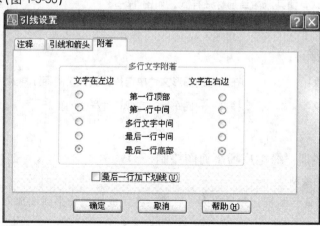

图 1-5-90　附着选项卡

用于设置标注文字与引线之间的位置关系。

勾选 ☑最后一行加下划线(U) 选项，则标注效果如图 1-5-91 所示。

◆ 引线标注方法

图 1-5-91　标注文字加下划线

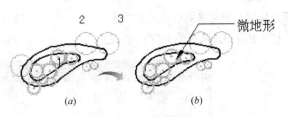

图 1-5-92　引线标注

(a)原图形；(b)加注引线标注

【课堂实训】　如图 1-5-92 所示，欲为图形对象加上引线标注，则：

命令行：指定第一个引线点或 [设置(S)]〈设置〉：　单击鼠标选取 1 点
　　　　指定下一点：　　　　　　　　　　　　　　　单击鼠标选取 2 点
　　　　指定下一点：　　　　　　　　　　　　　　　单击鼠标选取 3 点
　　　　指定文字宽度：　　　　　　　　　　　　　　输入文字宽度的数值
　　　　输入注释文字的第一行〈多行文字(M)〉：　　 输入"微地形"文字，然后按 Enter 回车键
　　　　输入注释文字的下一行：　↵　　　　　　　　按 Enter 回车键结束命令，完成引线标注

1.5.3.13　标注更新

用于将已有的标注由当前样式转换为另一种标注样式。

◆ 启动命令

命令行：输入 Dimstyle

标注工具栏，点选 ⊨

下拉菜单：标注 ▶ 更新

◆ 命令操作方法

鼠标单击标注工具栏右侧的标注样式下拉列表，从中选择将要采用的标注样式，使其成为当前标注样式，如图 1-5-93 所示。

图 1-5-93　标注更新

启动标注更新命令

命令行：选择对象：　　　　　　在绘制的图形文件中选择要被替代的标注样式
　　　　选择对象：　↵　　　　 按 Enter 回车键，完成标注样式的更新

1.5.4　综合实训：绿地广场平面图绘制(三)

1.5.4.1　图框的绘制

用直线命令绘制 2 号图框，并且放大 100 倍，将完成的广场平面图放入其中，如图 1-5-94 所示。

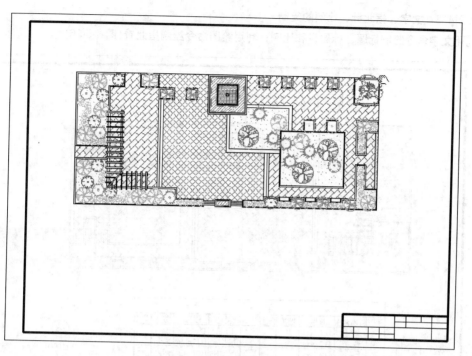

图 1-5-94　图框的绘制

1.5.4.2　苗木表的绘制

用 1.5.2 中绘制表格的方法，绘制苗木表，并将其放入图框中（图 1-5-95）。

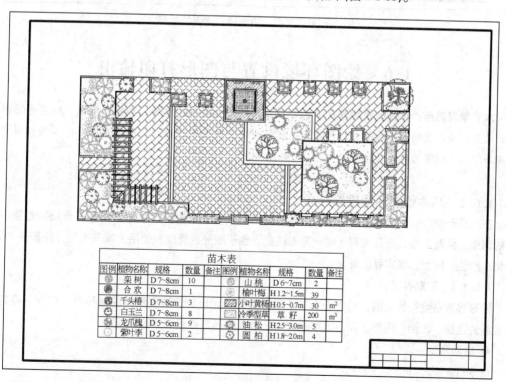

图 1-5-95　苗木表的绘制

1.5.4.3 文字、指北针、比例的绘制

利用文字命令绘制标题、标题栏和比例；利用绘图命令绘制指北针(图 1-5-96)。

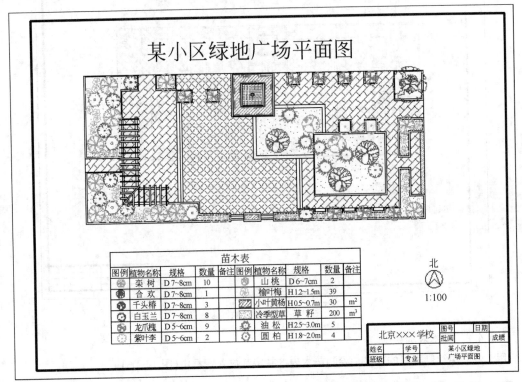

图 1-5-96　文字、指北针、比例的绘制

1.6　绘图环境设置与图形打印输出

本节学习要点：理解绘图环境设置的含义；掌握图形界限、单位、颜色、线型、线宽等图形环境的设置方法；理解图层的含义，熟练掌握图层的设置与管理方法，正确使用图层；掌握模型空间与布局空间输出图形文件的方法。

1.6.1　基本绘图环境设置

在正式开始绘制图形之前，应进行必要的绘图环境设置，这样不仅可以简化图形绘制过程中大量的调整、修改工作，而且有利于统一图形格式，便于图形的管理和使用。本节主要介绍图形界限、单位、颜色、线型、线宽等设置。

1.6.1.1　图形界限

图形界限是绘图的范围，相当于手工绘图时图纸的大小。设置合适的图形界限，有利于确定图形绘制的范围、比例、图形之间的距离，有利于检查图形是否超出"绘图框"。

◆ 启动命令

命令行：输入 Limits

下拉菜单：格式 ▶ 图形界限

◆ 命令操作方法

【课堂实训】 设置图形界限为一张标准 A2 图纸(宽为 594，高为 420)，并通过栅格显示该图形界限。

启动图形界限命令

命令行：指定左下角点或 [开(ON)/关(OFF)] 〈0.0000, 0.0000〉： ↵

　　　　　　　　　　回车，指定图形界限左下角点位于坐标原点

指定右上角点〈420.0000, 297.0000〉： 594, 420 ↵

　　　　　　　　　　输入图形界限右上角点的坐标值后，回车，结束命令

点击 栅格 按钮(快捷键 F7)，打开栅格显示，则该栅格显示的就是当前设置的图纸范围，结果如图 1-6-1 所示。

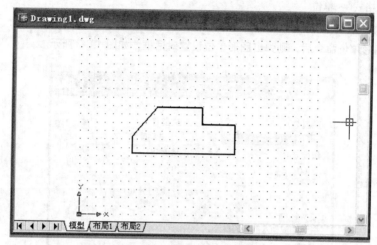

图 1-6-1　栅格显示图形界限

◆ 图形界限的作用

(1) 根据图形界限(图纸大小)，决定图形的绘制比例，类似于手工绘图的绘制思路。

(2) 绘制图形时，如果打开图形界限检查 [开(ON)]，则系统不接受设定的图形界限之外的点输入。例如对于直线、多段线等图形只能绘制在图形界限之内；对于圆、多边形、单行文字等，只要其圆心、起点定义在界限范围之内即可，如图 1-6-2 所示。

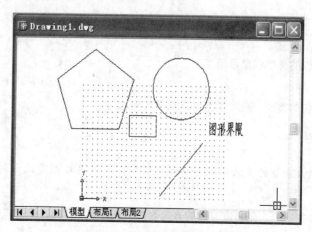

图 1-6-2　打开图形界限检查

(3) 打印图形时，可以指定图形界限作为打印区域。

提示：

在园林设计制图中，应尽量采用 1 : 1 的比例绘制图形，最后在图形输出中再控制输出比例，因此可以忽略图形界限的设置。

1.6.1.2 图形单位

用来设置图形绘制时的长度单位类型和精度，以及角度单位类型、精度和方向。

◆ 启动命令

命令行：输入 Units(快捷键：UN)

下拉菜单：格式 ▶ 单位

◆ 命令操作方法

启动设置图形单位命令后，则弹出图形单位设置对话框，如图 1-6-3 所示。

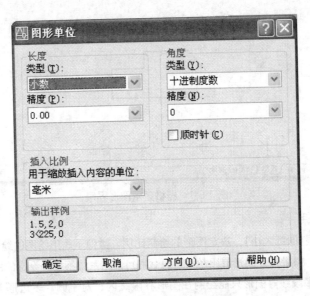

图 1-6-3　图形单位对话框

该对话框中包含"长度"、"角度"、"插入比例"和"输出样例"4 个选项区。

(1) 长度选项区

用于设定长度单位的类型和显示精度。

(2) 角度选项区

用于设定角度单位的类型、显示精度以及角度方向。

提示：

AutoCAD 默认角度测量的基准方向(0°方向)为"东"，且角度测量的方向为"逆时针"方向，如图 1-6-4(a)所示。

勾选 顺时针(C) 复选框，则角度测量的方向改为"顺时针"方向，如图 1-6-4(b)所示。

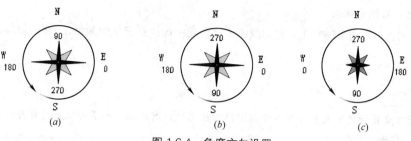

图 1-6-4 角度方向设置

(a)默认方向设置；(b)"顺时针"方向设置；(c)设置基准方向为"西"

点击 方向(D)... 按钮，则弹出方向控制对话框，如图 1-6-5 所示。

在该对话框中可以设置基准角度的方向，默认 0°为东的方向，也可以选择北、西、南方向为基准方向，如图 1-6-4(c)所示。

(3) 插入比例选项区

用于控制当插入一个图块时，其单位如何换算。可以通过下拉列表选择一种单位。

1.6.1.3 颜色

可以为各个图形对象设置不同的颜色。合理使用颜色，可以充分体现设计效果，而且有利于图形的管理。

◆ 选择颜色

命令行：输入 Colour(快捷键：COL)

下拉菜单：格式 ▷ 颜色

对象特性工具栏：在颜色下拉列表中点选 选择颜色... 选项

执行以上选择颜色命令后，则弹出"选择颜色"对话框，如图 1-6-6 所示。

在要选择的颜色小方块上点取或双击，则选择的颜色自动显示在对象特性工具栏的颜色显示框中，且保留在颜色下拉列表中，如图 1-6-7 所示。

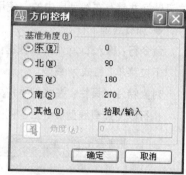

图 1-6-5 方向控制对话框

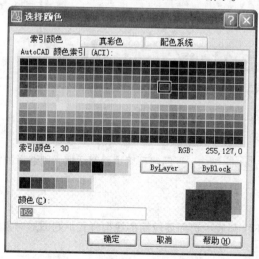

图 1-6-6 选择颜色对话框

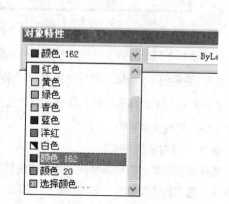

图 1-6-7 颜色下拉列表

◆ 为图形对象指定颜色

选择图形对象,在对象特性工具栏的颜色下拉列表中选择要应用的颜色,则图形对象颜色改变为选定的颜色。

提示:

为图形对象直接指定了颜色,则不论该图形对象在什么图层上,都不会改变其自身的颜色。

1.6.1.4 线型

线型是图样表达的关键要素之一,不同的线型表示不同的含义。AutoCAD 中所应用的线型是预先设计好并储存在线型库中的,使用时需要加载。

◆ 加载线型

命令行:输入 Linetype(快捷键:LT)

下拉菜单:格式▶线型

对象特性工具栏:在线型下拉列表中点选 其他 选项

执行以上加载线型命令后,则弹出如图 1-6-8 所示"线型管理器"对话框。

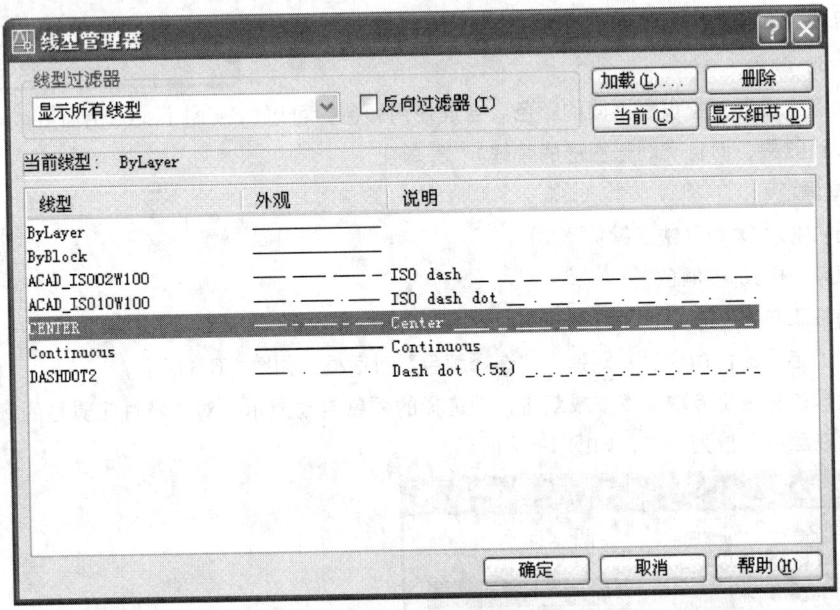

图 1-6-8 线型管理器对话框

该对话框中列表显示了目所有已加载的线型,包括线型名称、外观和说明。

点击 加载(L)... 按钮,则弹出如图 1-6-9 所示"加载或重载线型"对话框。

在该对话框中选择要加载的线型,然后点击 确定 按钮,返回线型管理器对话框,则选择的线型被显示在当前线型列表中。

◆ 为图形对象指定线型

选择图形对象,在对象特性工具栏的线型下拉列表中选择要应用的线型样式,则图形对象的线型改变为选定的线型样式,如图 1-6-10 所示。

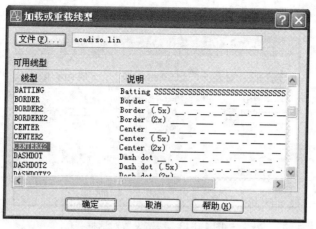

图 1-6-9　加载或重载线型对话框

 提示：

有时会发现为某个图形对象指定某种不连续的线型后，如———CENTER 线型，图形对象看起来似乎仍然显示为实线，如图 1-6-11(a)所示，此时可以通过增大线型比例因子来解决。

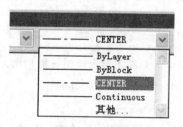

图 1-6-10　选择线型

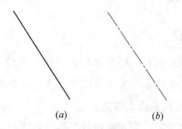

图 1-6-11　修改线型显示比例
(a)比例=1；(b)比例=500

点击选择该图形对象后，执行"修改▶特性"弹出"特性"选项板，如图 1-6-12 所示。

点击"线型比例"选项，在后面的对话框中直接输入新的线型比例后，点击 ▦ (切换 PICKADD 系统变量的值)按钮，点击 ESC 按钮，此时图形对象就显示出虚线效果，如图1-6-11(b)所示。

1.6.1.5　线宽

可以为各个图形对象设置不同的线宽，从而有利于更好地表达设计意图。

◆ 默认打印线宽设置

在绘制图形文件时，除非为图形对象指定线宽，否则图形对象一律以默认的线型宽度进行绘制，默认线宽可以自由指定。

命令行：输入 Lineweight(快捷键：LW)

下拉菜单：格式▶线宽

执行以上线宽设置命令后，则弹出"线宽设置"对话框，如

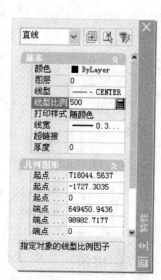

图 1-6-12　特性对话框

图 1-6-13 所示。

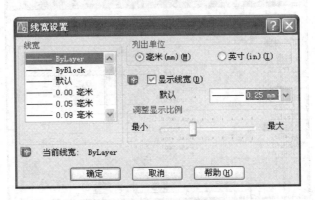

图 1-6-13 线宽设置对话框

选择 默认 选项后的下拉列表，在其中可以选择某个线宽作为默认线宽。一般图层使用的默认打印线宽值设置为 0.25mm 即可。

列出单位：选择线宽单位为"毫米"或"英寸"。

调整显示比例：调整图形线宽在屏幕上的显示比例，如图 1-6-14 所示。

提示：

线型显示比例和线型打印输出时的线宽没有关系。例如在图形上绘制一条宽度为 0.3mm 的直线，则不管其在屏幕上显示的线宽为多宽，其打印输出时宽度始终为 0.3mm。

◆ 为图形对象指定线宽

选择图形对象，在对象特性工具栏的线宽下拉列表中选择要应用的线宽，如图 1-6-15 所示，则图形对象线宽改变为选定的线宽。

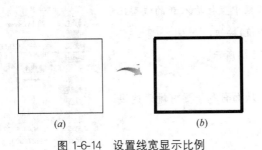

图 1-6-14 设置线宽显示比例
(a)线宽 0.3mm，显示比例小；(b)线宽 0.3mm，显示比例大

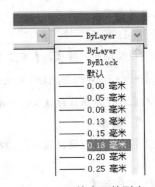

图 1-6-15 线宽下拉列表

提示：

为图形对象指定了线宽后，按下状态栏中的 线宽 按钮，在屏幕上才能显示出线宽的效果。

1.6.2 图层

图层就像是一张透明的图纸,且多个图层可以重叠在一起。利用图层可以很好地组织不同类型的图形信息,可以将具有相同属性的图形对象绘制在一个图层上。

如图 1-6-16 所示园林设计平面图,其道路、建筑及建筑小品、填充图案、植物种植等图形对象都分别绘制在了不同的图层上,将这几个图层叠加在一起,就完成了总平面图的绘制。

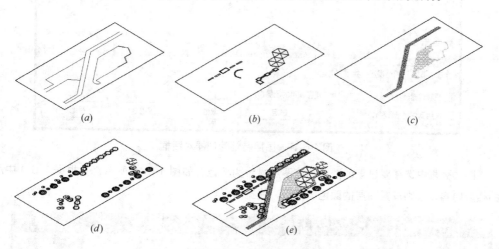

图 1-6-16 图层的概念

(a)道路图层; (b)建筑、小品图层; (c)图案填充图层; (d)植物种植图层; (e)所有图层叠合为总平面图

除了图形对象,对于尺寸标注、文字、辅助线等,都可以将其分别放置在不同的图层上。

1.6.2.1 创建新图层及设置图层特性

任何新建立的图形文件,开始时都有一个名为 0 的特殊图层。默认情况下,图层 0 将被指定使用 7 号颜色(白色或黑色,由背景色决定)、Continuous 线型、默认打印线宽、打印状态为可打印。图层 0 不能被删除或重命名。

◆ 创建新图层

要应用更多的图层,则需要创建新的图层。

命令行:输入 Layer(快捷键:LA)

下拉菜单:格式 ▶ 图层

图层工具栏:

点选 按钮执行以上创建新图层命令后,则弹出"图层特性管理器"对话框,如图 1-6-17 所示。

点击 (新建图层)按钮,在列表上多出一个"图层 1",输入新图层的名称,则建立完成一个新的图层。

◆ 设置图层特性

图层有一些特殊的性质。例如可以设置图层是否可见、是否可以编辑、是否输出等,还可以设置每个图层上的图形对象的颜色、线型和线宽等特性。

(1) 图层颜色、线型、线宽设置

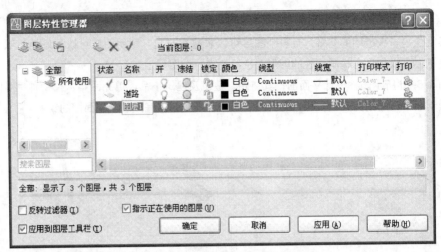

图 1-6-17　图层特性管理器对话框

在图层列表中选择要设置的图层，该图层显示为蓝色，如图 1-6-18 所示，并根据 1.6.1 中所讲述的相应内容，分别设置图层的颜色、线型、线宽即可。

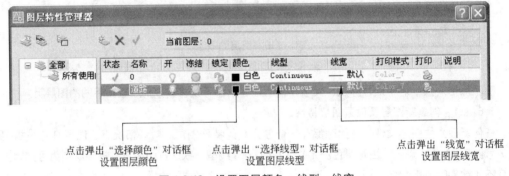

图 1-6-18　设置图层颜色、线型、线宽

 提示：

在某个图层上所绘制的图形文件，默认情况下将始终以该图层所设置的颜色、线型和线宽显示。如果在使用某个图层时，发现线型或颜色并非由当前图层控制，则请将对象特性工具栏中的线型、颜色与线宽选项设定为 BYLAYER(随层)。

(2) 图层的开与关

点击图层上的 💡 (开)，则切换为 💡 (关)状态，表示该图层被关闭。被关闭图层上的图形对象在屏幕上消失。

(3) 图层的冻结与解冻

点击图层上的 ☀ (解冻)，则切换为 ❄ (冻结)状态，表示该图层被冻结。被冻结图层上的图形对象在屏幕上消失。

 提示：

关闭与冻结图层都可以使图层上的图形对象在屏幕上隐藏起来，不被输出和编辑。但二者的区别在于冻结图层后，图形在重生成时不参与计算；关闭图层时，图形在重生成时参与计算。

特别的： 当前图层可以被关闭，但不能被冻结。

(4) 图层的解锁与锁定

点击图层上的 (解锁)，则切换为 (锁定)状态，表示该图层被锁定。被锁定图层上的图形对象在屏幕上能够被显示但不能被编辑。

(5) 图层的打印与不打印

点击图层上的 (打印)，则切换为 (不打印)状态，表示图形文件在打印输出时，该图层上的图形对象不被打印输出。

 提示：

图层 Defpoints 是尺寸标注时自动生成的图层，在该图层上绘制的图形对象不能被打印输出。

1.6.2.2 当前图层的设置

在绘图过程中，无论有多少图层，AutoCAD 的绘图命令只能在当前图层上绘图，因此要在哪个图层上绘制图形对象，则首先要将哪个图层设置为当前图层。

首先在"图层特性管理器"对话框中选择要置为当前的图层，该图层以蓝色显示，点击 (当前图层)按钮或直接在图层名称上双击鼠标，点击 确定 按钮，该图层被置为当前图层并出现在图层工具栏的图层列表框中。

1.6.2.3 删除图层

在"图层特性管理器"对话框中选择要删除的图层，点击 (删除图层)按钮，再点击 确定 按钮即可。

要删除的图层必须是不含有任何对象的，否则将出现警告信息，提示图层无法删除，如图 1-6-19 所示。

图 1-6-19 不能删除图层提示框

1.6.2.4 利用"图层"工具栏更改图层设置

图层的切换、开关、冻结和锁定的操作可以在"图层特性管理器"对话框中进行设置，也可以在图层工具栏中进行设置。

◆ 切换当前图层

在"图层"工具栏中切换当前图层的方法有两种。

(1) 利用图层下拉列表切换当前图层

如图 1-6-20 所示，在图层下拉列表中选择要切换的图层，鼠标单击该图层后，则该图层自动切换为当前图层。

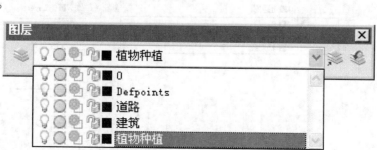

图 1-6-20 利用图层下拉列表切换当前图层

(2) 将图形对象所在的图层置为当前图层

点击 ![] (将对象的图层置为当前)按钮。

命令行：选择将使其图层成为当前图层的对象：

在绘图区中鼠标点击选择某个图形对象，则该对象所在的图层自动切换为当前图层。

◆ 更改图层的开关、冻结与锁定特性

如图1-6-21所示，在图层下拉列表中直接点击图层前面的各符号，即可快速更改该图层的各种设置效果。

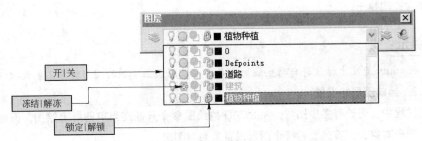

图1-6-21 利用图层下拉列表更改图层的特性

◆ 恢复前一个图层

单击 ![] (上一个图层)按钮，可恢复到前一个图层设置，可多步操作。

1.6.2.5 在图层间搬运图形对象

在图形绘制过程中，经常遇到要将位于某一个图层上的图形对象移动到一个目标图层上去，具体步骤如下：

(1) 鼠标单击要被搬运的图形对象。

(2) 点击图层工具栏中的图层下拉列表，选择目标图层，则图形对象被搬运到目标图层上并显示出目标图层的特性。

(3) 点击 Esc (退出)键，结束命令。

【课堂实训】 创建新图层并设置图层特性，在图层间搬运图形对象。

(1) 创建新图层并设置图层特性如下：

◎ 名称：粗实线   颜色：蓝色   线型：Continuous   线宽：0.3mm

◎ 名称：辅助线   颜色：红色   线型：CENTER   线宽：默认

(2) 将0图层置为当前图层，并在0图层上绘制如图1-6-22所示的图形对象。

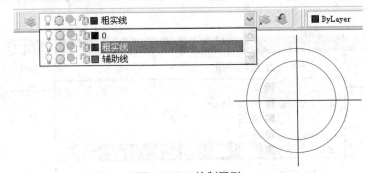

图1-6-22 绘制图形

(3) 选择外圆并将其移动到粗实线图层；选择中心线并将其移动到辅助线图层，结果如图 1-6-23 所示。

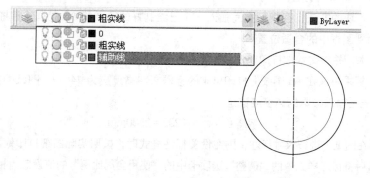

图 1-6-23　改变图形对象的图层位置

1.6.3　图形打印与输出

在 AutoCAD 中绘制的图形，一般都需要通过打印机或绘图机进行输出。图形的打印输出可以在模型空间中进行，但如果要输出多个视图、添加标题栏等，则应在布局(图纸)空间中进行。

所谓模型空间就是 AutoCAD 中所对应的黑色绘图区域，所有图形文件的绘制和编辑工作都是在模型空间里进行的。模型空间可以看作是无限大，因此在模型空间中绘制的图形通常是以真实尺寸、即 1∶1 的等比例绘制。所谓布局空间就是一张定义了大小的图纸，在布局空间中可以对图形的输出进行布置。通过点击模型/布局选项卡(　模型　布局1　布局2　)中的相关按钮，可以实现模型空间和布局空间的快速切换。

1.6.3.1　在模型空间打印、输出图形

在完成图形文件的绘制工作之后，可以直接在模型空间进行打印输出。在模型空间打印、输出图形文件的具体操作思路如下。

◆ 绘制图形

(1) 按 1∶1 的比例绘制图形文件(如图 1-6-24 所示，具体绘制步骤参见第 8 节)。

(2) 先确定图形文件的打印比例，再根据打印比例推算出图纸的打印幅面。

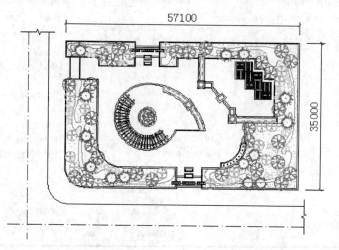

图 1-6-24　在模型空间按照 1∶1 的比例绘制图形

例如：要将图 1-6-24 所绘图形打印出一张 1∶200 比例的图纸，则根据计算输出图纸的大小应确定为 A3(420mm×297mm) 为宜。

(3) 利用插入块的方法，在模型空间插入一个已绘制好的标准的 A3 图框，并将其放大 200 倍。将图形文件移动到图框中的合适位置。

(4) 输入文本，并将文本按打印比例放大相应的倍数。

在本例中，要求将来在 A3 图纸上打印出来的标题文字高度应为 14mm，图纸的打印比例是 1∶200，则当前图纸上输入文本的高度应该是：

$$字高 = 14mm \times 200 = 2800mm$$

(5) 如果要在图纸上进行尺寸标注，则在设置标注样式时，按照实际图纸打印输出后的大小设置各尺寸要素，然后将标注样式中的"调整"选项卡中的"使用全局比例"的值设定为相应的放大倍数。

例如：希望将来在图纸上的尺寸标注文字的高度为 6mm，则在设置标注样式时，将文字高度直接设定为 6mm，然后在标注样式中的"使用全局比例"的值设定为 200 即可，如图 1-6-25 所示。

在当前图形上进行尺寸标注时，则尺寸标注文字的实际大小为 6mm×200 = 1200mm。

图 1-6-25　设定标注特征比例值

◆ 打印图形

(1) 启动打印命令

命令行：输入 Plot(快捷键：Ctrl + P)

下拉菜单：文件▶打印

标准工具栏：点选 选项

执行以上命令后，弹出"打印—模型"对话框(图 1-6-26)。

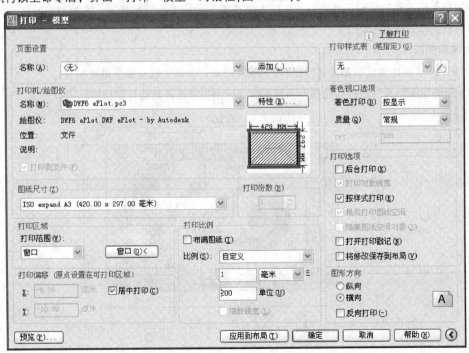

图 1-6-26　"打印—模型"对话框

(2) 设置打印参数

打印机/绘图仪 选项组：在名称下拉列表中选择已经配置好的打印机型号。

图纸尺寸(Z) 选项组：在下拉列表中选择图纸尺寸为"ISO A3(420mm×297mm)"。

打印区域 选项组：在下拉列表中选择"窗口"选项，打印对话框消失，返回到绘图区域；

命令行：指定第一个角点　　　鼠标点击图框的左上角点
指定对角点　　　　　　　　鼠标点击图框的右下角点

重新弹出"打印—模型"对话框。

> 提示：

"打印范围"其他选项的含义：

图形界限：设置打印区域为图形界限；

显示：设置打印区域为屏幕显示结果；

范围：设置打印区域为图形最大范围。

打印比例 选项组：将 勾选项去掉，再将比例设置为"1 毫米＝200 单位"。

打印偏移 选项组：在该组中选择"居中打印"选项。在 图形方向 中选择"横向"。

打印样式表(笔指定)(G) 选项组：用于定义打印图纸的色彩模式。点击下拉列表，弹出所有可用的样式表，如图 1-6-27 所示。

◎ acad.ctb(彩色)：按图层特性定义的颜色输出彩色图。

◎ Grayscale.ctb(灰度)：将彩色抖动成灰度打印成黑、白、灰组成的灰度图，可用于黑白打印机输出以区分不同的彩色图层。

◎ monochrome.ctb(单色)：将彩色图纸设置为黑白打印模式，用于打印黑白线条图。

(3) 单击 预览(P)... 按钮，打印效果如图1-6-28 所示。点击 确定 按钮，则图形文件即可打印。

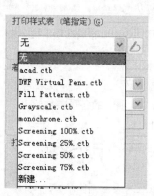

图1-6-27　打印样式下拉列表

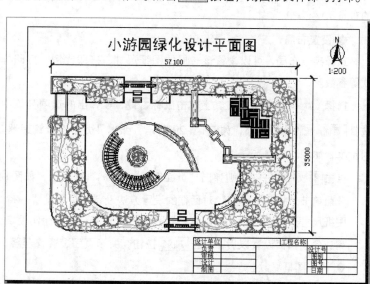

图 1-6-28　模型空间打印预览

1.6.3.2 在布局空间打印、输出图形

布局即代表一张要输出的设计图纸，布局环境称为图纸空间。可以在一个图形文件中创建多个布局，每个布局都可以包含不同的打印设置和图纸尺寸。

在布局中可以创建并放置视口，视口显示图形的模型空间对象，即在"模型"选项卡上创建的对象。一个布局中可以创建多个视口，每个视口都可以指定视口比例显示模型空间对象，例如：一条实际长度为 5m 的小路，在一个视口里的长度为 5cm，在另一个视口里的长度为 5mm，则两个视口的比例分别为 1∶100 和 1∶1000。

◆ 创建新布局

运行 AutoCAD 后，在"模型/布局"选型卡中，默认生成布局 1 和布局 2 两个布局。要创建新的布局，可以执行以下命令：

(1) 命令行：输入 Layout(快捷键：LO)

命令行：输入布局选项 [复制(C)/删除(D)/新建(N)/样板(T)/重命名(R)/另存为(SA)/设置(S)/?]：
　　　　　　　　　　　　N ↵　　　　输入新建布局选项后，按回车键
输入新布局名〈布局 3〉：　　　↵　　　直接按回车键，则在"模型/布局"选项卡中自动生成一个以
　　　　　　　　　　　　　　　　　　默认名称"布局 3"命名的新布局

> **提示：**
> 也可以根据需要为布局另起一个新的名称。

(2) 下拉菜单：插入 ▶ 布局 ▶ 新建布局

命令行：输入新布局名〈布局 3〉：

参照前面的方法进行设置即可。

(3) 在"模型/布局"选项卡的布局 1 或布局 2 上单击鼠标右键，在弹出的选项列表中选择 新建布局(N) 选项，如图1-6-29 所示，即可建立新的布局 3、4、……。

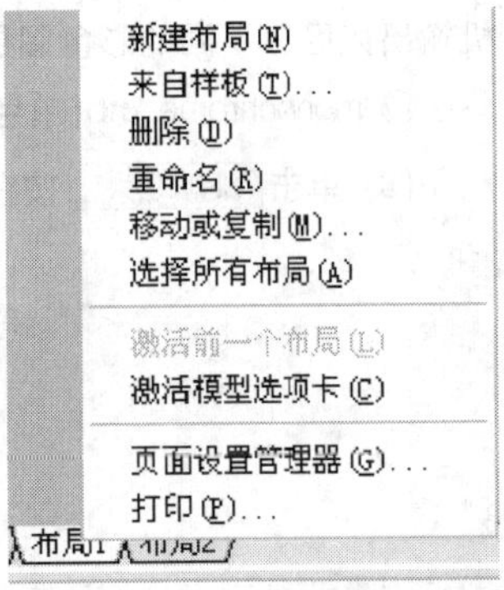

◆ 设置布局

选择某个布局，可以设置该布局的图纸尺寸、打印比例、打印样式等参数。

选择 布局1 选项卡，在其上单击鼠标右键，在弹出的选项列表中选择 页面设置管理器 选项，如图1-6-29 所示，弹出"页面设置管理器"对话框，如图 1-6-30 所示。

图 1-6-29　布局选项下拉列表

点击 修改(M) 按钮，则弹出"页面设置—布局1"选项卡，如图1-6-31 所示。

参照前节"打印—模型"对话框的设置方法设置"页面设置—布局 1"选项卡的各项参数。

图纸尺寸选择 A3 图符，打印区域设定为"布局"，打印比例设定为 1∶1。

完成各项页面设置以后，点击 确定 按钮，关闭页面设置管理器，此时屏幕如图1-6-32 所示。

◆ 插入图框

首先选择删除命令，将布局 1 中自动创建的视口删除，此时布局 1 是一个空白视图。

执行插入块命令，将已绘制好的 A3 图框插入到布局 1 中，结果如图 1-6-33 所示。

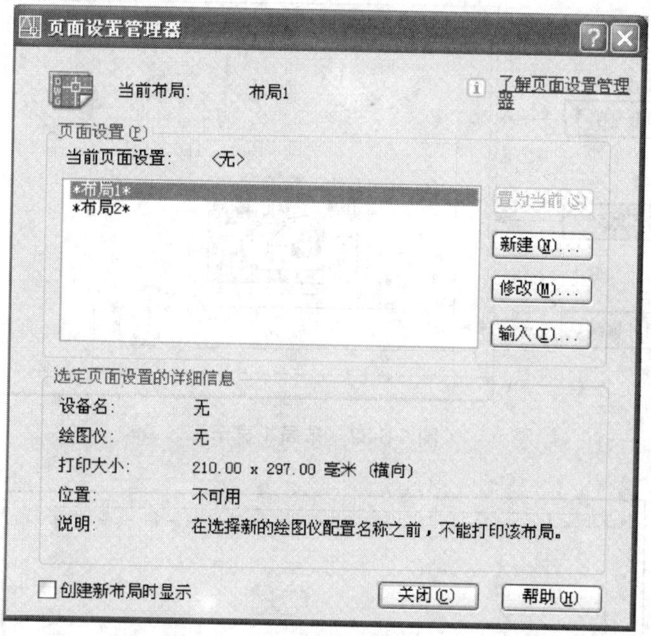

图 1-6-30 页面设置管理器对话框

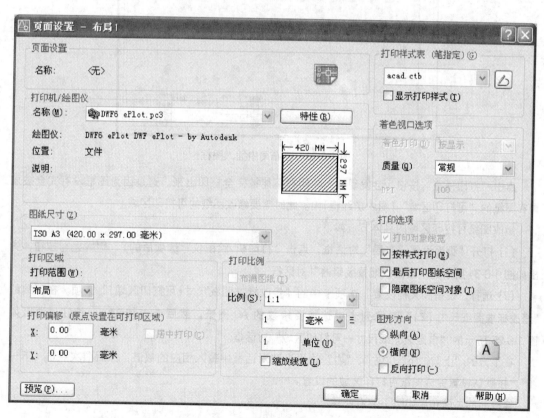

图 1-6-31 页面设置—布局 1 对话框

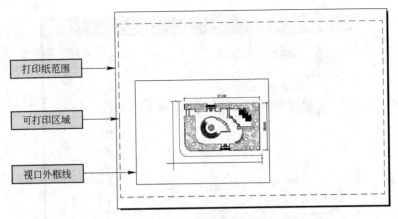

图 1-6-32　布局 1 显示

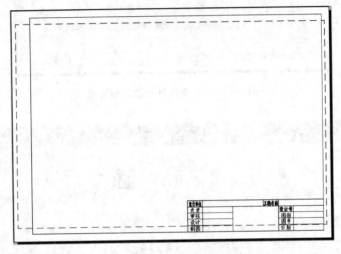

图 1-6-33　在布局中插入图框

点击"打印预览"按钮，会发现插入的图框不能被完全打印出来。这是因为图框没有完全被放置在图纸的"可打印区域"（图中虚线框）内。此时需要修改图纸的可打印区域。

修改图纸可打印区域的具体方法如下：

（1）打开"页面设置—布局"对话框，点击"打印机/绘图仪"选项后的 [特性(R)] 按钮，弹出如图 1-6-34 所示的"绘图仪配置编辑器"对话框。

（2）选择"设备和文档设置"选项卡中的"修改标准图纸尺寸(可打印区域)"选项。在下端的"修改标准图纸尺寸(Z)"下拉列表中选择要修改的 A3 图纸，然后点击 [修改(M)...] 按钮，弹出如图 1-6-35 所示的"自定义图纸尺寸—可打印区域"对话框。

在下方的"上"、"下"、"左"、"右"边界设置对话框中输入相应的数值，然后顺次点击"下一步"，按默认设置完成图纸可打印区域的设置。

修改后的页面布局如图 1-6-36 所示。

◆ 在布局中创建视口

创建视口命令集中在"视口"工具栏(图 1-6-37)，以及"视图➤视口"下拉菜单中(图 1-6-38)。

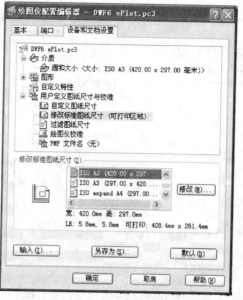

图 1-6-34 绘图仪配置编辑器对话框

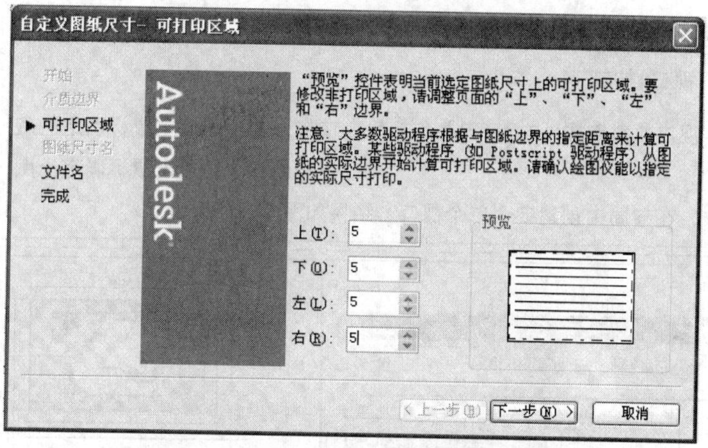

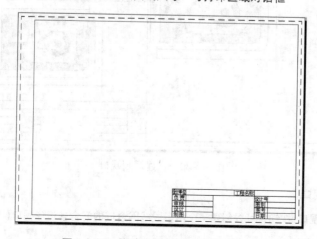

图 1-6-35 自定义图纸尺寸—可打印区域对话框

图 1-6-36 修改布局图纸的可打印区域

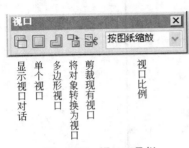

图 1-6-37　视口工具栏

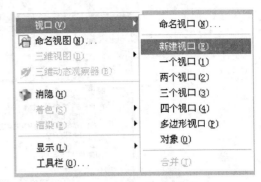

图 1-6-38　视口下拉菜单

(1) 创建视口图层

新建一个"视口"图层，并将其置为当前图层。

提示：

建立"视口图层"的目的是为了将所有的视口线全部放置于独立的图层，以便于控制其是否被打印输出。

(2) 创建规则视口

点击 （单个视口）按钮

命令行：指定视口的角点或 [布满(F)] 〈布满〉：在布局左上角单击鼠标确定一点

指定对角点：　　　　　　　　　　　　在布局右下角单击鼠标确定一点

重复以上操作，在布局中创建 3 个单个视口，结果如图 1-6-39 所示。

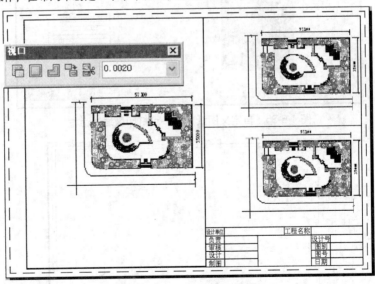

图 1-6-39　创建规则视口

(3) 创建多边形视口

点击 （多边形视口）按钮，可以创建一个由多段线围合成的闭合多边形视口（图 1-6-40）。

(4) 创建不规则形状视口

首先在布局图纸中根据需要绘制圆、样条曲线、云线等闭合图形对象，点击 ▣ (将对象转换为视口)按钮，分别选择绘制的闭合图形对象，则可将图形对象转换为视口(图1-6-40)。

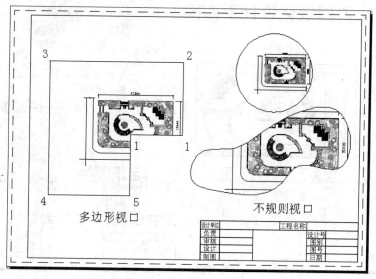

图1-6-40　创建不规则视口

◆ 设置视口大小与比例

(1) 设置视口比例

在图1-6-39所示的左侧视口内双击鼠标，观察到该视口的外框线变为粗线，该视口成为当前视口。执行 ▣ (平移)、▣ (缩放)命令将当前视口内的图形移动、缩放到合适位置和大小。观察视口工具栏右侧的数值，如图所示为0.0020，这就是视口当前的比例尺。将数值修改为0.0025，此时的视口比例尺为0.0025＝1∶400。

重复以上操作，调整另外两个视口的图形位置和比例。

(2) 设置视口锁定

在视口框线外双击鼠标，所有的视口边框恢复原状即重新进入布局中。

单击左侧视口的边框，该视口显示夹点。在视口线上单击鼠标右键，在弹出的快捷菜单中选择"显示锁定▶是"选项，可以将该视口的比例锁定，防止意外的修改。同样的步骤可以将锁定的视口打开。

(3) 设置视口大小

单击左侧视口的边框，该视口显示夹点。利用夹点编辑功能调节视口到合适的大小，用同样的方法调节右侧的两个视口。

◆ 在布局中标注文字

将文字图层置为当前图层，设置合适的文字样式，分别在视口的下方注写各个视口的名称和显示比例。

◆ 打印布局

(1) 将"视口"图层关闭。

(2) 点击标准工具栏中的 ▣ (打印)按钮或执行"文件▶打印"命令，弹出"打印—布局"对话框，设置图纸大小为A3，打印比例为1∶1，打印预览的效果如图1-6-41所示。

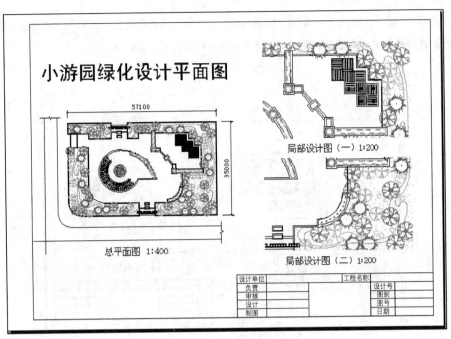

图 1-6-41　布局打印预览

1.7　查询、对象特性、显示顺序及其他

本节学习要点：掌握利用查询命令测量图形的距离、面积等特性的方法；了解特性选项板，利用特性选项板更改图形对象的特性；掌握图形对象显示顺序的设定方法；熟练掌握向 Photoshop 输出 AutoCAD 平面图的主要方法。

1.7.1　查询

利用查询工具可以查询图形对象的距离、面积、面域/质量特性、列表显示、点坐标等。

AutoCAD 中的查询命令集中在工具下拉菜单(图 1-7-1)和查询工具栏(图 1-7-2)中。

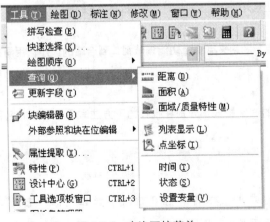

图 1-7-1　查询下拉菜单

图 1-7-2　查询工具栏

1.7.1.1 查询距离

◆ 启动命令

命令行：输入 Dist(快捷键：DI)

下拉菜单：工具▶查询▶距离

查询工具栏：点击  按钮

◆ 命令操作方法

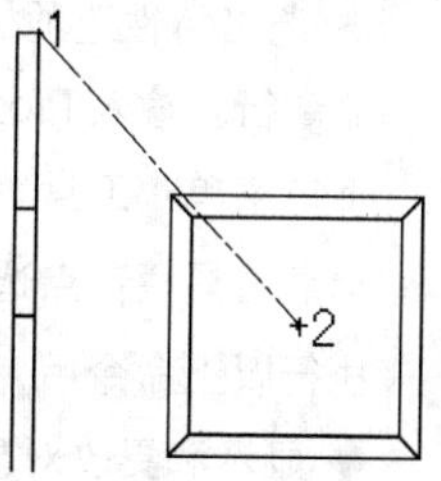

【课堂实训】 欲测量图 1-7-3 中的 1、2 两点之间的距离，则：

启动查询距离命令

命令行：_ dist 指定第一点： 　　　鼠标单击 1 点

指定第二点： 　　　鼠标单击 2 点

命令行显示查询结果： 距离 = 3519.7824　　XY 平面中的倾角 = 314 与 XY 平面的夹角 = 0

　　　　　X 增量 = 2430.0232　　Y 增量 = -2546.3416　　Z 增量 = 0.0000

图 1-7-3　距离查询

1.7.1.2 查询面积

◆ 启动命令

命令行：输入 Area(快捷键：AA)

下拉菜单：工具▶查询▶面积

查询工具栏：点击按钮

◆ 命令操作方法

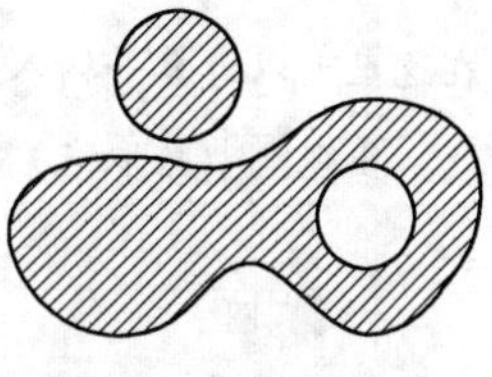

【课堂实训】 欲测量图 1-7-4 中阴影线部分的图形面积，则：

启动查询面积命令

命令行：指定第一个角点或 [对象(O)/加(A)/减(S)]：

　　　　　　　　　　　　　　　A ↵　　　输入加对象选项，按回车键

指定第一个角点或 [对象(O)/减(S)]：

　　　　　　　　　　　　　　　O ↵　　　输入选择对象选项，按回车键

(|加|模式)选择对象：　　　　　　　　鼠标单击选择上面的圆形

命令行显示：面积 = 279835443.4420　周长 = 59300.2183　总面积 = 279835443.4420

(|加|模式)选择对象：　　　　　　　　鼠标单击选择下面的闭合样条曲线

命令行显示：面积 = 1645852026.7195　周长 = 183830.5269　总面积 = 1925687440.1616

(|加|模式)选择对象：↵　　　　　　　按回车键

指定第一个角点或 [对象(O)/减(S)]：S ↵　输入减除对象选项，按回车键

指定第一个角点或 [对象(O)/加(A)]：O ↵　输入选择对象选项，按回车键

(|减|模式)选择对象：　　　　　　　　鼠标单击选择闭合样条曲线内的圆形

命令行显示：面积 = 180101741.8922　周长 = 47573.3669　总面积 = 1745585728.2693

(|减|模式)选择对象：↵ ↵　　　　　　连续按回车键两次，结束命令

图 1-7-4　面积查询

1.7.2 对象特性

所谓特性是指图形对象固有的一些属性。有些特性是基本特性，适用于大多数图形对象，如：图层、颜色、线型、线宽等；有些特性是某类图形对象所特有的，如：直线具有长度和角度特性，

而圆具有半径和面积特性等。

大多数的对象特性都可以进行修改。

1.7.2.1 利用特性选项板显示和更改对象特性

◆ 调出特性选项板

命令行：输入 Properties(快捷键：Ctrl＋1)

下拉菜单：工具▶特性

标准工具栏：点选 按钮

执行以上命令后，弹出"特性"选项板(图 1-7-5)。

◆ 显示和更改对象特性

在作图区中随意点击某个图形对象，则特性选项板中列出当前图形的特性。图 1-7-5 所显示的是选择一个圆后的特性。

对于基本图形特性的修改，如：颜色、图层、线型、线宽等，可在下拉列表中选择修改。对于特有图形特性的修改，如：圆心、半径等，则可直接在对话框中输入要更改的数值即可。

提示：

特性选项对话框后面出现 (计算器)符号，点击该符号后，弹出"快速计算器"（图 1-7-6），在这里可以计算并输入要更改的数值。

出现 (拾取点)符号，可以通过在屏幕上直接拾取来更改该项的坐标值。

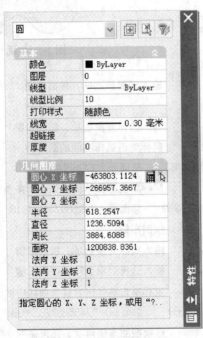

图 1-7-5　特性选项板

图 1-7-6　快速计算器面板

1.7.2.2 特性匹配

利用特性匹配可以将一个图形对象的某些或所有特性复制给另外一些图形对象。可以复制的特性类型包括图层、颜色、线型、线型比例、线宽、打印样式等。

◆ 启动命令

命令行：输入 Matchprop(快捷键：MA)

下拉菜单：修改▶特性匹配

标准工具栏：点选 ✎ 按钮

◆ 命令操作方法

【课堂实训】 如图 1-7-7 所示，欲将 B 图形(样条曲线图形)中的图案填充样式修改为 A 图形(圆图形)中的图案填充样式；同时要将图形中的乱码文字内容显示出来，则：

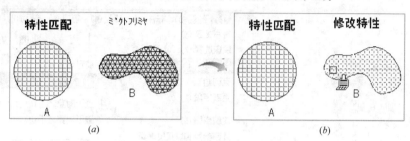

图 1-7-7　利用特性匹配修改图形特性

(a)原始图形；(b)修改特性后的图形

启动特性匹配命令

命令行：选择源对象　　在 A 图形(圆图形)内部点击鼠标

选择目标对象或［设置(S)］：移动鼠标，此时鼠标显示形状为 🖌 形状，移动鼠标到 B 图形(样条曲线图形)内部并单击鼠标，则 B 图形内的图案填充样式改为 A 图形的样式。

利用同样的方法将图形中乱码的文字显示出来，结果如图 1-7-7(b)所示。

▣ 提示：

默认情况下，所有可用的特性都自动的从选定的对象被复制到其他对象，如果不希望复制某个特性，则在执行特性匹配命令后，单击鼠标右键，在弹出的快捷菜单(图 1-7-8)中，选择 设置(S) 选项，弹出如图 1-7-9 所示的"特性设置"选项板。

图 1-7-8　特性匹配快捷菜单

图 1-7-9　特性设置选项板

在"特性设置"选项板中，将不希望被复制的对象特性前面的√去掉即可。

1.7.3 显示顺序

在绘图过程中经常遇到重叠绘制在一起的图形对象，例如：标注的文字被填充图案所覆盖，此时就需要调整图形对象的显示顺序。

AutoCAD中的显示顺序命令集中在绘图次序工具栏（图1-7-10）和"工具/绘图顺序"下拉菜单（图1-7-11）中。

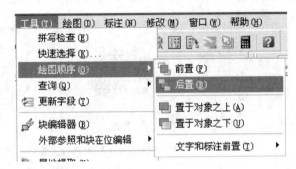

图1-7-10 绘图次序工具栏　　　　图1-7-11 绘图顺序下拉菜单

1.7.3.1 选项功能

◆ 前置：将所选对象置于所有图形对象的最上方

◆ 后置：将所选对象置于所有图形对象的最下方

◆ 置于对象之上：将所选对象置于指定图形对象的上方

◆ 置于对象之下：将所选对象置于指定图形对象的下方

1.7.3.2 命令操作方法

【课堂实训】 如图1-7-12所示，欲将文字对象调整到填充图案的上方，则：

命令行：Draworder(快捷键：DR)　　　启动显示顺序命令

选择对象：　　　　　　　　　　　　　选择文字对象

选择对象：↵　　　　　　　　　　　　点击 Enter 回车键，结束选择

输入对象排序选项［对象上(A)/对象下(U)/最前(F)/最后(B)］〈最后〉：

　　　　F ↵　　　　　　　　　　　输入"将对象置于最前"选项，点击 Enter 回车键，

结果如图1-7-12(b)所示。

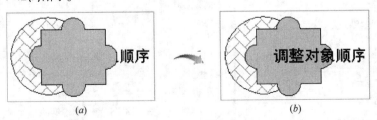

图1-7-12 调整文字对象显示顺序

(a)原始图形；(b)调整显示顺序

1.7.4 扫描图纸的矢量化

在利用 AutoCAD 进行园林设计时，首先需要用到设计场地的现状图纸。要将这些现状图纸引入到 CAD 中，通常的做法是：将图纸用扫描仪扫描成图像（图像格式为 JPG、TGA、TIF），然后将扫描的图像插入到 AutoCAD 的作图区中，利用绘图命令将图像描画一遍，即完成图纸的矢量化工作。

1.7.4.1 在 AutoCAD 中插入扫描的图像

执行"插入➤光栅图像"命令，弹出如图 1-7-13 所示的"选择图像文件"对话框。

图 1-7-13　选择图像文件对话框

找到要插入的图像文件，点击 打开(O) 按钮，弹出如图 1-7-14 所示"图像"对话框。

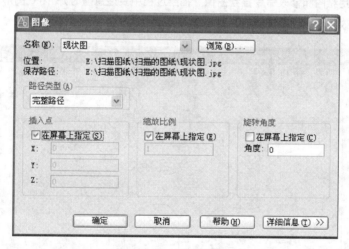

图 1-7-14　图像对话框

点击 确定 按钮，返回到作图区域：

命令行：指定插入点 〈0, 0〉：

　　在作图区域的左下角位置点击一点

指定缩放比例因子或 [单位(U)] 〈1〉：

　　默认缩放比例为 1，输入合适的缩放比例数值，点击 Enter 回车键，则选择的图像被插入到 0 图层，结果如图 1-7-15 所示。

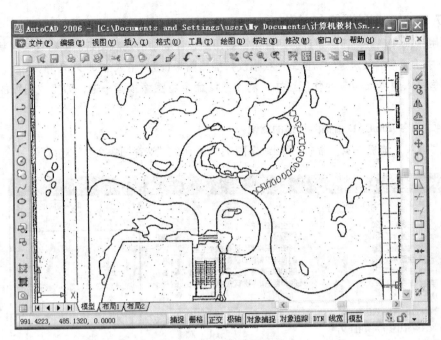

图 1-7-15　插入光栅图像

1.7.4.2　描绘图像

创建新的图层，设置一种除黑色以外的颜色作为图层的颜色。

在新图层上利用绘图和修改命令描绘图像。描绘过程中要注意随时开/闭 0 图层，以便检查并及时修整图像的描绘效果。描绘完图像后，关闭 0 图层，结果如图 1-7-16 所示。

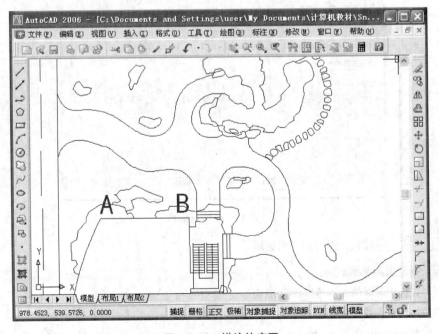

图 1-7-16　描绘的底图

1.7.4.3 将矢量化后的图纸缩放到实际尺寸

由于插入扫描的源图像的比例已经发生了变化，为了在模型空间中以实际尺寸进行设计，可使用缩放命令将矢量化的底图放大到实际尺寸。

如图 1-7-16 中已知建筑侧墙 A、B 两点之间的实际距离为 30m，要将该线段长度按 1∶1 的比例在图纸上表示出来(图形单位为 mm)，则：

启动比例缩放命令

命令行：选择对象：ALL ↵　　　　　输入全选项，选择全部图形对象，按 Enter 回车键
选择对象：↵　　　　　　　　　　　结束选择对象
指定基点：　　　　　　　　　　　　在图形左下角点击鼠标
指定比例因子或 [复制(C)/参照(R)]〈1.0000〉：R ↵　　输入参照选项，按 Enter 回车键
指定参照长度〈1.0000〉：　　　　　鼠标单击 A 点
指定第二点：　　　　　　　　　　　鼠标单击 B 点
指定新的长度或 [点(P)]〈1.0000〉：
　　30000.00 ↵　　　　　　　　　　输入该线段的实际长度值，按 Enter 回车键结束命令。

此时图形对象转换为 1∶1 的比例。

1.7.5 AutoCAD 至 Photoshop 的图形传输方法

利用 AutoCAD 绘制的园林规划设计图纸，可以完全满足园林工程施工的需要。但如果要想更好地表达设计者的设计意图，则可以将 AutoCAD 绘制的图形文件传输到 Photoshop 中进行后期处理，将其加工绘制成精美的园林设计效果图。

将 AutoCAD 中的图形文件传输到 Photoshop 可以采用的方法主要有三种，即屏幕拷贝法、文件菜单输出法、虚拟打印法。

1.7.5.1 屏幕拷贝法

屏幕拷贝法主要有分为两种：一种是 Windows 键盘拷贝法；一种是软件截图法。

◆ Windows 键盘拷贝法

(1) 在 AutoCAD 中打开要输出的图形文件，关闭不需要的图层，并将所有可见图层的颜色都转变为黑色。

(2) 执行菜单栏中的"工具▶选项▶显示"命令，在颜色选择里将屏幕作图区的颜色修改为白色。

(3) 点击键盘上的 PrintScreen 按键，将当前屏幕显示内容以图像的形式存入到剪贴板中，然后关闭 AutoCAD。

(4) 打开 Photoshop 软件系统，执行菜单栏中的"文件▶新建"命令，在弹出的"新建"对话框中，参数取其默认值，建立一个新文件。

(5) 执行菜单栏中的"编辑▶粘贴"命令，即可将剪贴板中暂存的图像粘贴到当前文件中，结果如图 1-7-17 所示。

◆ 软件截图法

利用一些屏幕抓图软件(如 HyperSnap 或 SnagIt)，可以截取屏幕上需要的图像内容。将截取的图像保存，然后在 Photoshop 中直接打开即可。

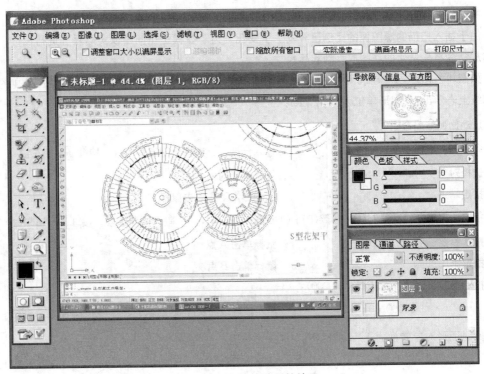

图 1-7-17 文件粘贴后的效果

 提示：

利用屏幕拷贝法输出的图像文件，其分辨率都比较低。因此，此方法仅适用于出小图的需要，不能用于对分辨率较高的彩色效果图的制作。

1.7.5.2 文件菜单输出法

执行 AutoCAD 菜单栏中的"文件➤输出"命令，可以将图形文件输出为(＊.eps)、(＊.bmp)等各式的图像文件。

◆ 输出位图法

(1) 在 AutoCAD 中打开要输出的图形文件。

(2) 执行菜单栏中的"文件➤输出"命令，在保存类型中选择"位图(＊.bmp)"格式，单击"保存"按钮后，返回到作图区中，此时命令行提示选择对象，选择要输出的图形对象后，点击 Enter 回车键，即已将所选择的图形以 bmp 的格式保存为一个图像文件。

(3) 在 Photoshop 中直接打开刚才所保存的位图文件即可。

◆ 输出 EPS 格式图法

(1) 在 AutoCAD 中打开要输出的图形文件。

(2) 执行菜单栏中的"文件➤输出"命令，在保存类型中选择"封装 PS(＊.eps)"格式，单击"保存"按钮，即已将所选择的图形文件以 bmp 的格式保存为一个图像文件。

(3) 打开 Photoshop 软件系统，执行菜单栏中的"文件➤新建"命令，在弹出的"新建"对话框中将文件尺寸和分辨率参数设置得高一些，建立一个新文件。

(4) 执行菜单栏中的"文件➤置入"命令，可将输出的(＊.eps)文件置入到新建文件中。

(5)置入的(＊.eps)文件周围含有一个变换框,将光标放置在变换框的控制点上拖动鼠标,可以对其进行放大或缩小。在按住 Shift 键的同时拖动变换框的控制点,则可以对图像文件进行等比缩放。结果如图1-7-18所示。

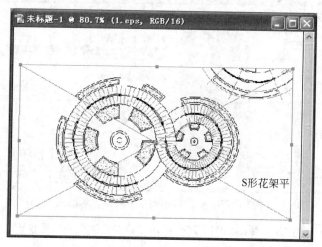

图 1-7-18　对置入的文件进行缩放

提示:

输出 EPS 格式文件的优点是:具有较大的灵活性和易编辑性,可以满足不同分辨率的出图要求。缺点是:如果图中曲线较多时,会出现曲线移位现象。

1.7.5.3　虚拟打印法

通过设置虚拟的打印机,并设置打印的尺寸,可以自由地控制输出的图像达到我们所需要的精度和大小。

◆ 添加、设置虚拟打印机

(1)启动 AutoCAD 软件

(2)执行菜单栏中的"文件➤绘图仪管理器"命令,打开"Plotters"窗口。在"Plotters"窗口中双击"添加绘图仪向导"文件,弹出如图 1-7-19 所示的"添加绘图仪—简介"对话框。

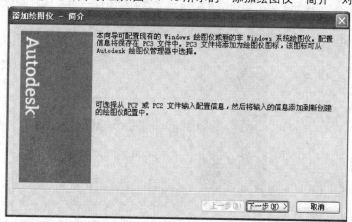

图 1-7-19　"添加绘图仪—简介"对话框

(3) 点击 下一步(N)> 按钮，弹出如图1-7-20所示的"添加绘图仪—开始"对话框。在对话框中选择 我的电脑(M) 选项。

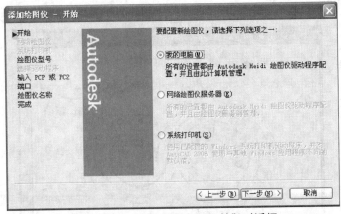

图1-7-20 "添加绘图仪—开始"对话框

(4) 点击 下一步(N)> 按钮，弹出如图1-7-21所示"添加绘图仪—绘图仪型号"对话框。在"生产商"选项中选择光栅文件格式，在型号选项中选择打印机的型号为"TIFF Version 6(不压缩)"。

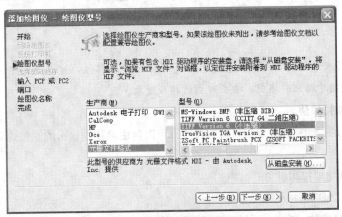

图1-7-21 "添加绘图仪—绘图仪型号"对话框

(5) 点击 下一步(N)> 按钮，弹出如图1-7-22所示"添加绘图仪—输入PCP或PC2"对话框。

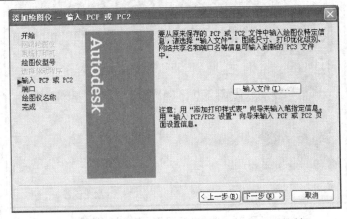

图1-7-22 "添加绘图仪—输入PCP或PC2"对话框

(6) 点击 下一步(N) > 按钮，弹出如图 1-7-23 所示"添加绘图仪—端口"对话框。在对话框中选择 打印到文件(F) 选项。

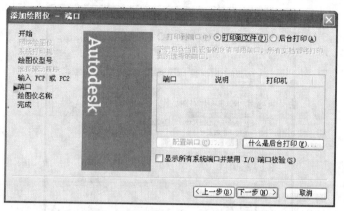

图 1-7-23　"添加绘图仪—端口"对话框

(7) 点击 下一步(N) > 按钮，弹出如图 1-7-24 所示"添加绘图仪—绘图仪名称"对话框。在对话框中设置打印机的名称。

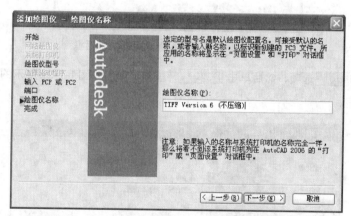

图 1-7-24　"添加绘图仪—绘图仪名称"对话框

(8) 点击 下一步(N) > 按钮，弹出如图 1-7-25 所示"添加绘图仪—完成"对话框。

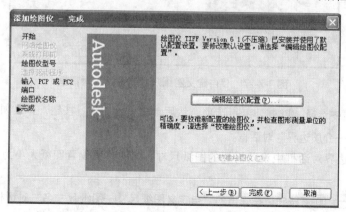

图 1-7-25　"添加绘图仪—完成"对话框

(9) 在完成对话框中单击 [编辑绘图仪配置(E)...] 按钮,弹出如图1-7-26所示"绘图仪配置编辑器"对话框。

图 1-7-26 "绘图仪配置编辑器"对话框

选择 [自定义图纸尺寸] 选项,然后单击 [添加(A)...] 按钮,弹出如图1-7-27所示的"自定义图纸尺寸—开始"对话框。

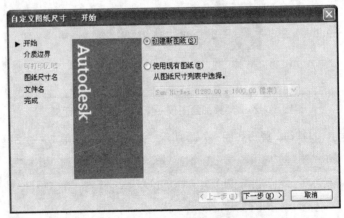

图 1-7-27 "自定义图纸尺寸—开始"对话框

在开始对话框中选择 [创建新图纸(S)] 选项,然后单击 [下一步(N)>] 按钮,弹出如图1-7-28所示的"自定义图纸尺寸—介质边界"对话框。

(10) 在介质边界对话框中设置需要的图纸尺寸,如在这里设置图纸大小为5000像素×4500像素。

(11) 点击 [下一步(N)>] 按钮,在弹出的"自定义图纸尺寸—图纸尺寸名"对话框中设置图纸尺寸的名称(图1-7-29)。

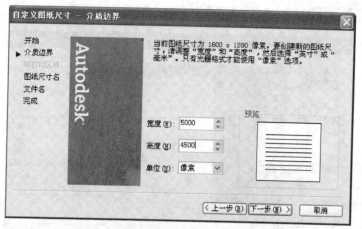

图 1-7-28 "自定义图纸尺寸—介质边界"对话框

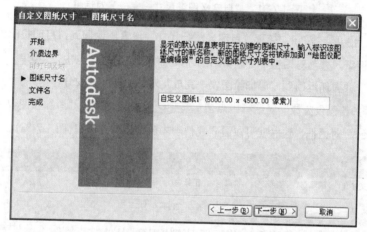

图 1-7-29 "自定义图纸尺寸—图纸尺寸名"对话框

(12) 点击 下一步(N) > 按钮，在弹出的"自定义图纸尺寸—文件名"对话框中设置文件的名称(图1-7-30)。

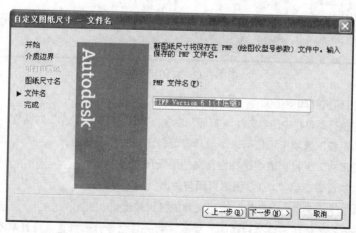

图 1-7-30 "自定义图纸尺寸—文件名"对话框

(13) 点击 下一步(N) 按钮，弹出如图 1-7-31 所示 "自定义图纸尺寸—完成" 对话框。

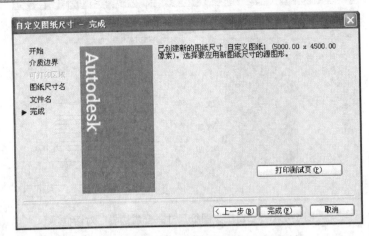

图 1-7-31 "自定义图纸尺寸—完成" 对话框

(14) 点击 完成(F) 按钮，结束 "自定义图纸尺寸" 设置。返回到 "打印机配置编辑器" 对话框，在 "自定义图纸尺寸" 对话框中可以看到刚才设置的图纸尺寸。点击 确定 按钮关闭 "打印机配置编辑器" 并重新返回到 "添加绘图仪—完成" 对话框(图 1-7-25)。

(15) 在 "添加绘图仪完成" 对话框中点击 完成(F) 按钮，关闭 "添加绘图仪—完成" 对话框并返回到 "Plotters" 对话框，这时就可以看到我们刚才自定义的打印机(图 1-7-32)。

图 1-7-32 打印机列表

◆ 利用虚拟打印机打印图形文件

在 AutoCAD 中执行菜单栏中的 "文件▶打印" 命令，弹出 "打印—模型" 对话框，并进行如下设置：

(1) 在 "打印设备" 选项卡下拉列表中选择前面自定义的打印设备；

(2) 在 "图纸尺寸" 下拉列表中选择自定义的图纸尺寸；

(3) 其他参数的设置参见 "1.6.3 图形打印与输出" 的内容。

预览无误后单击 确定 按钮，进行文件的打印输出。

打开 Photoshop 软件，执行菜单栏中的 "文件▶打开" 命令，即可直接打开刚才输出的 TIF 格式的图形文件。

1.8 园林小游园绿化平面设计图绘制实例

本章学习要点：利用 AutoCAD 2006 软件绘制园林小游园绿化平面设计图；了解绘制步骤和技巧；熟练掌握绘图工具、编辑工具、尺寸标注、图层等知识。

1.8.1 绘图准备

绘制如图 1-8-1 所示小游园平面图。

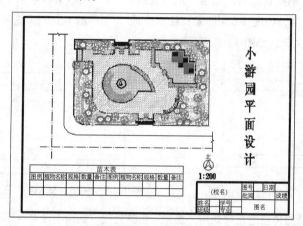

图 1-8-1　小游园平面图

1.8.1.1 建立绘图环境

图形的长度为 118800mm，宽度为 84000mm。我们可以将绘图范围定为左下角点为 0，0，右上角点为 230000，200000。

1.8.1.2 建立图层

图层的设定，可按照图 1-8-2 所示进行。

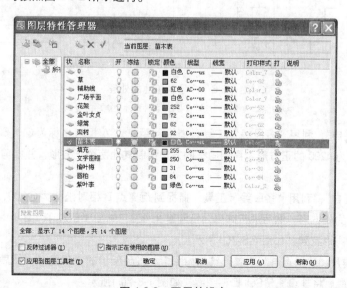

图 1-8-2　图层的设定

1.8.2 绘图步骤

1.8.2.1 绘制广场平面

◆ 将"辅助线"置为当前图层,在作图区绘制垂直线,长为50000,并向右分别偏移8000,9000,6000,4500,6000,17600,6000;在垂直线上方绘制长为78000的水平线,并向下偏移4000,2000,3000,22000,4000。如图1-8-3所示。

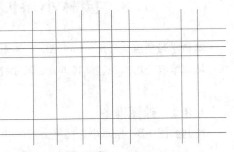

◆ 将"广场平面"图层置为当前图层。用"直线"命令绘制广场上的种植池,如图1-8-4所示;绘制完成后,将"辅助线"图层关闭,如图1-8-5所示。

图1-8-3 广场平面辅助线的绘制

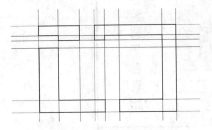

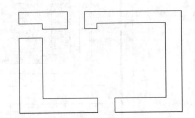

图1-8-4 广场种植池的绘制　　　图1-8-5 关闭"辅助线"图层后的效果

◆ 将小游园西南角的种植池拐弯处用"圆角"工具处理,圆角半径为5000;将东北角的种植池进行"偏移"、"修剪"处理,如图1-8-6所示。

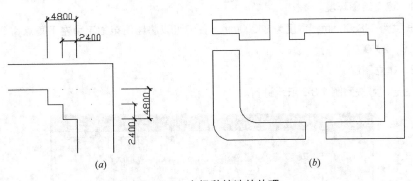

(a)　　　　　　　　　　　　(b)

图1-8-6 广场种植池的处理

(a)广场东北角种植池的处理；(b)广场种植池处理后的整体效果

◆ 打开"捕捉自",利用"多段线"工具,捕捉到距离点A相对坐标为@-600,-600的点,然后绘制一个边长为4200的正方形。再用同样的方法绘制其他两个正方形,并修剪,如图1-8-7(a)、图1-8-7(b)所示。

◆ 打开"捕捉自",利用"多段线"工具,捕捉到距离点B相对坐标为@200,200的点,绘制边长为1800×200的长方形。然后进行阵列,行间距为400,如图1-8-7(c)、图1-8-7(d)所示。用相同的方法绘制整个方形花架,如图1-8-7(e)所示。

◆ 利用"直线"和"捕捉自"工具,绘制如图1-8-7(f)所示的花架柱子;然后再进行修剪,如图1-8-7(g)所示;最后将其填充"SOLID"图案,如图1-8-7(h)所示。

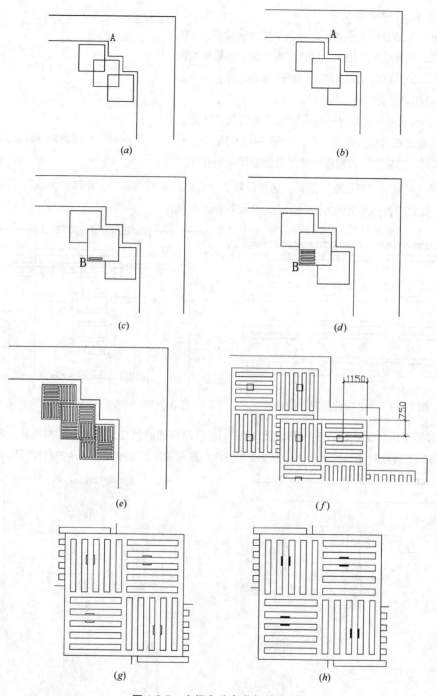

图 1-8-7 广场东北角花架的绘制

(a)小游园东北角正方形的绘制；(b)小游园东北角正方形修剪后的效果；(c)在正方形内按尺寸绘制一个长方形；
(d)将长方形局部阵列后的效果；(e)方形花架镂空绘制后的整体效果；(f)花架柱子的绘制；
(g)花架柱子的修剪；(h)花架柱子的填充

◆ 利用"直线"和"捕捉自"工具，绘制小游园西侧入口的第一级台阶，捕捉距离 1000，然后用"偏移"工具进行偏移，偏移距离分别为 300，2100，300。用同样的方法绘制小游园北侧和南侧的入口台阶，如图 1-8-8 所示。

◆ 绘制长为 8300 的水平直线，并向下依次偏移 50，100，50，300，200，用直线将这组水平线的左端封闭，然后依次向右偏移 2100，500，3100，500，2100，如图 1-8-9(a)所示。

将图 1-8-9(a)修剪成图 1-8-9(b)。

在图 1-8-9(b)的左端绘制一组平行竖直的短线，间距为 100，并使左边的短线和封闭线重合，如图 1-8-9(c)所示；利用"矩形阵列"、"复制"、"偏移"等工具完成图 1-8-9(d)。

◆ 利用"复制"、"捕捉自"工具，将花门移至北门处，如图 1-8-10。并用"偏移"、"修剪"工具绘制北门处的花台；用相同方法绘制南门及其花台。

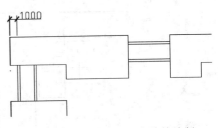

图 1-8-8 小游园入口台阶的绘制

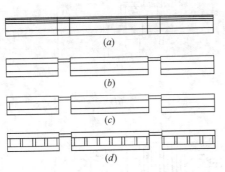

图 1-8-9 小游园北门花门的绘制

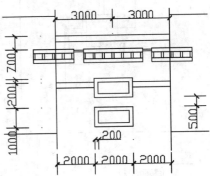

图 1-8-10 将花门移至北门后的效果

◆ 按如图 1-8-11(a)、图 1-8-11(b)、图 1-8-11(c)所示标注的尺寸，绘制台阶和花台。利用"偏移"、"修剪"工具绘制花池的池壁，壁厚为 200，均向里侧偏移，结果如图 1-8-11(d)所示。

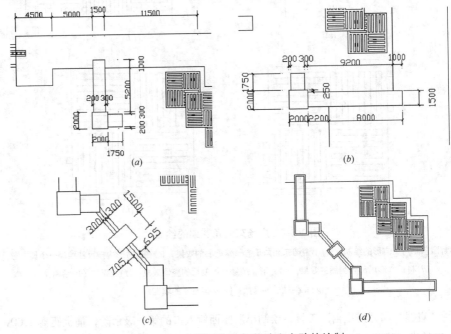

图 1-8-11 小游园东北部花池和台阶的绘制

◆ 将东南角的种植池作如图 8-1-12(a)所示的调整，并将其边缘圆角化，圆角半径为 6000，如图 1-8-12(b)所示；将圆弧向下偏移 300，向上分别偏移 400、600、200，周围直线偏移量如图 1-8-12(c)所示；利用"延伸"、"修剪"工具将线条整理为图 1-8-12(d)所示；最后利用"定数等分"工具绘制喷泉，如图 1-8-12(e)所示。

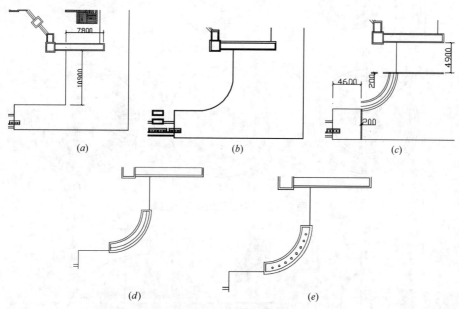

图 1-8-12 小游园东南角水池和喷泉的绘制

◆ 将所有的种植池边界线向里偏移 200，如图 1-8-13 所示。并将入口处的大门作如图 1-8-14 所示调整。

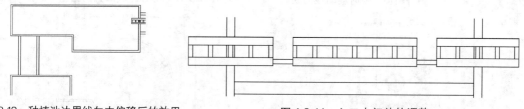

图1-8-13 种植池边界线向内偏移后的效果　　图 1-8-14 入口大门处的调整

◆ 利用"圆"和"捕捉自"命令，绘制一组同心圆，半径分别为：1700、2000、4500、5000、5300、6700、7000、7500、8000，圆心距离 C 点的极坐标为 @12000，-9000。如图 1-8-15(a)所示。

◆ 绘制如图 1-8-15(b)所示临时辅助线，并修剪为图 1-8-15(c)。绘制如图 1-8-15(d)所示辅助线并左右各偏移 100，进行如图 1-8-15(e)所示修剪，然后进行环形阵列并修剪，效果如图 1-8-15(f)所示。将花架定义为块，放入"花架"图层中。

◆ 绘制如图 1-8-16 所示的临时辅助线，绘制如图 1-8-17 所示圆弧，圆弧的包含角为 80°。

◆ 把圆弧、圆、辅助线向里偏移 300，如图 1-8-18 所示，然后进行修剪，如图 1-8-19 所示。

◆ 将里面的圆弧分别向下偏移 900、300，辅助线向右偏移 300，如图 1-8-20 所示。进行修剪，如图 1-8-21 所示。

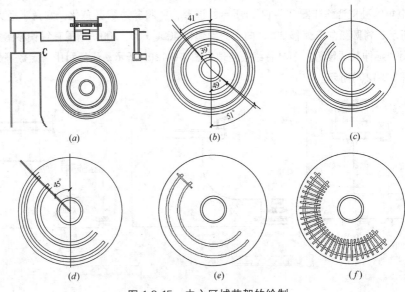

图 1-8-15 中心区域花架的绘制

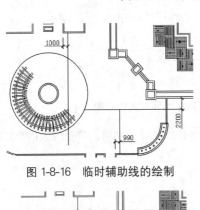

图 1-8-16 临时辅助线的绘制

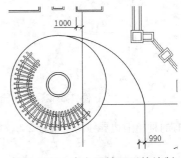

图 1-8-17 中心区域圆弧的绘制

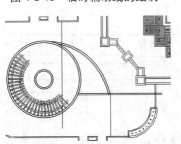

图 1-8-18 中心区域圆弧、圆的偏移效果

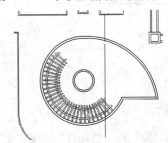

图 1-8-19 中心区域边界的修剪

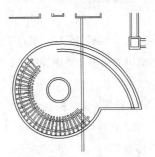

图 1-8-20 中心区域花台制作中圆弧向内偏移的效果

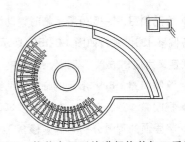

图 1-8-21 将花台圆弧处进行修剪加工后的效果

◆ 将里侧圆弧偏移450。用多段线绘制边长为2000的正方形,向里偏移300,然后旋转45°,如图1-8-22所示。把正方形的中心移动到中间圆弧的中点上,如图1-8-23所示。修剪图形,结果如图1-8-24所示。

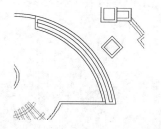

图 1-8-22　中心区域方形小花台的绘制

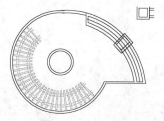

图 1-8-23　将方形小花台移至相应位置

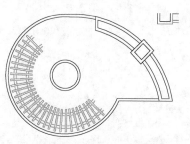

图 1-8-24　中心区域弧形与方形花台修剪后的效果

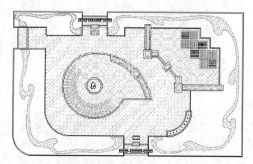

图 1-8-25　小游园铺装的绘制

1.8.2.2　植物及铺装的绘制

◆ 把"金叶女贞"图层置为当前图层。用样条曲线绘制金叶女贞色带,用"直线"和"修剪"命令绘制小叶黄杨绿篱,在填充层填充色带、绿篱和铺装。在中心花池绘制山石和花卉。如图1-8-25所示。

◆ 打开"小游园平面设计图例",将"栾树"复制到小游园设计平面图上,此时自动生成一个新的图层,可将其名称改为"栾树",然后进行复制。按同样的方法绘制"圆柏"、"紫叶李"、"榆叶梅"。把"草"图层置为当前图层,然后用"点"命令绘制草地,如图1-8-26所示。

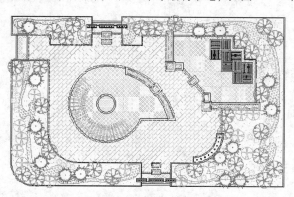

图 1-8-26　小游园内植物的绘制

1.8.2.3　其余部分的绘制

◆ 绘制苗木表、图框、标题栏、指北针等,最终效果如本节图1-8-1所示。

第2章 Photoshop CS(中文版)应用基础及园林平面效果图制作

Photoshop 是美国 Adobe 公司开发的优秀图形图像处理软件。其特点是具有强大的图像合成、处理功能,因而非常适用于园林效果图制作领域的应用。

本章以 Photoshop CS 中文版为例,结合园林行业的实际需求,在介绍 Photoshop 基本命令和操作的基础上,重点介绍与园林效果图制作相关的命令操作方法和技巧等内容。

2.1 Photoshop CS(中文版)操作基础知识

本节学习要点:了解数字图像的基本知识;熟悉 Photoshop CS 中文版的工作界面。

2.1.1 Photoshop CS 的启动

鼠标双击桌面上的图标,启动 Photoshop CS;或者鼠标单击 开始 按钮 ▶ 所有程序(P) ▶ Adobe Photoshop CS ,启动 Photoshop CS。

启动后进入图 2-1-1 所示 Photoshop 工作界面。

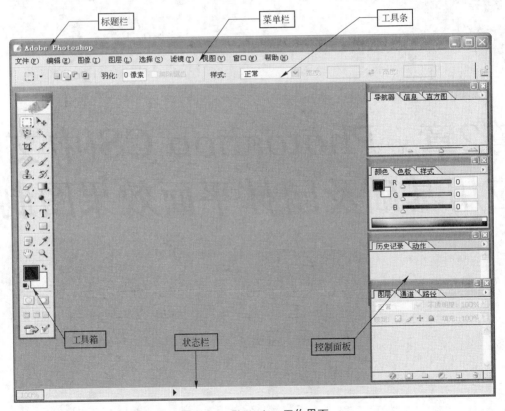

图 2-1-1 Photoshop 工作界面

2.1.2 Photoshop CS 的工作界面

2.1.2.1 标题栏

该栏列出了软件的名称、版本号、当前所操作文件的名称等信息,点击最右侧 三个按钮,则可以对软件进行"最小化、最大化(向下还原)、关闭"等项操作。

2.1.2.2 菜单栏

标题栏下面是菜单栏。Photoshop菜单栏中共列有9项菜单(图2-1-2),通过鼠标单击某一个菜单项可以显示下拉菜单,下拉菜单中还可以有次级的菜单,每个菜单项目对应一个Photoshop命令。

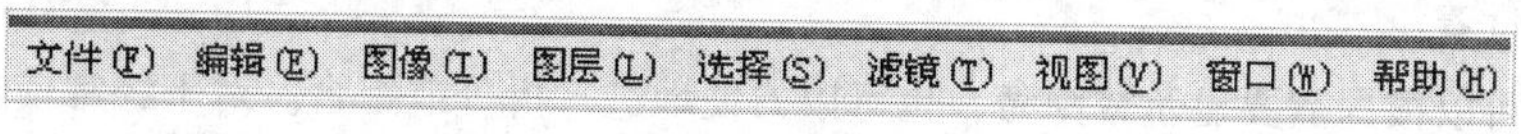

文件(F) 编辑(E) 图像(I) 图层(L) 选择(S) 滤镜(T) 视图(V) 窗口(W) 帮助(H)

图 2-1-2 菜单栏

提示:

某些常用的菜单命令的右侧显示有该命令的快捷键,如图 2-1-3 所示在键盘上按下 Ctrl+N 键,就可以执行"新建图像"命令。

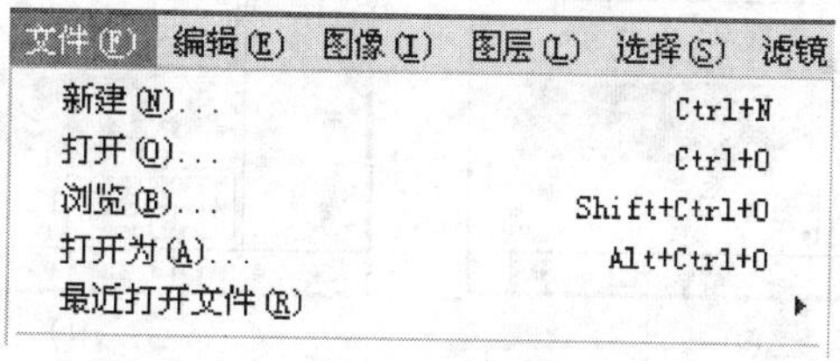

图 2-1-3 菜单命令的快捷键

2.1.2.3 工具箱

工具箱里分组排列着许多图标按钮,每个图标按钮对应着一个Photoshop工具,包括选择、绘图、编辑、颜色、文字等共40多种工具,如图2-1-4所示。

将鼠标指针放置于一个按钮上几秒钟,其工具名称会显示在鼠标指针的右下角,单击该按钮可以启动这个工具。

工具箱中的许多工具并没有直接显示出来,而是以成组的形式隐藏在右下角带有小三角的图标按钮中。在工具箱中选择隐藏工具的方法主要有以下三种。

◎ 在带有隐藏工具的图标按钮上单击鼠标右键或按住左键1秒钟左右,即可显示该组的所有工具。

◎ 在按下 Alt 键的同时用鼠标左键反复单击隐藏工具所在的图标按钮,就会循环出现各个隐藏的工具。

◎ 按下 Shift 键的同时反复按工具的快捷键,也可以循环出现其隐藏的工具项。

例如选框工具的快捷键为M,则在按下 Shift 键的同时,反复按M键,选框工具的图标栏将依次出现矩形选框工具和椭圆选框工具的图标。

工具箱可以任意移动位置,以放置于Photoshop窗口的各处。要移动工具箱的位置只需用鼠标拖动工具箱的标题栏即可。

提示:

执行菜单栏中的"窗口▶工具"命令,可以"隐藏|显示"工具箱。

图2-1-4 工具箱

2.1.2.4 控制面板

Photoshop 提供的控制面板共有 16 个之多，通过控制面板可以对 Photoshop 图像的图层、通道、路径、历史记录、颜色、样式等进行操作和控制。

控制面板通常是浮动在图像的上方，而不会被图像所覆盖，拖动控制面板的标题栏可以将其置于屏幕的任意位置。

控制面板可以根据需要显示或隐藏，也可以方便地进行拆分或组合。对于经常使用的控制面板，可以将其组合在一起，以节省屏幕空间，也可以拖动面板标签将其拆分以单独显示，如图 2-1-5 所示。

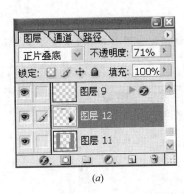 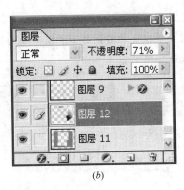

(a)　　　　　　　　　　　　(b)

图 2-1-5　控制面板的组合与拆分

(a)组合；(b)拆分

提示：

按键盘上的 Shift+Tab 组合键，可以"隐藏｜显示"屏幕上所有打开的控制面板。

2.1.2.5 选项栏

菜单栏下面是选项栏，在选项栏中显示了当前所选工具的相关选项，图 2-1-6 所示为点选工具箱中的 ◎ (橡皮擦)工具后，选项栏所显示的参数。选项栏中所列出的参数可以被修改。

图 2-1-6　选项栏

提示：

选项栏只有在显示器分辨率为 1024×768 像素以上时才能完全显示在屏幕上。

按键盘上的 Tab 键，可以"隐藏｜显示"屏幕上所有打开的控制面板、工具箱和选项栏。

2.1.2.6 文件浏览器

点击选项栏中的 ◎ (切换文件浏览器)按钮，可以打开如图 2-1-7 所示的"文件浏览器"面板。利用"文件浏览器"可以快速预览并在 Photoshop 中打开图片，还可以对图片进行标注、排序等处理。

图 2-1-7　文件浏览器

2.1.2.7　工作区

处于窗口中部的大片灰色区域，用于显示打开的图像文件，是 Photoshop 绘制、编辑、修改图像的主要工作区域。

2.1.2.8　状态栏

位于屏幕的下方，如图 2-1-8 所示。状态栏由三部分组成，最左侧的图像显示比例框显示当前图像的显示比例；中间区域用于显示图像的文件信息，默认状态下显示当前图像文件的大小，单击其右侧的 ▶ 按钮，可以选择显示其他信息，如文档尺寸、当前工具等；最右侧区域显示当前 Photoshop 的工作状态和操作时的提示信息。

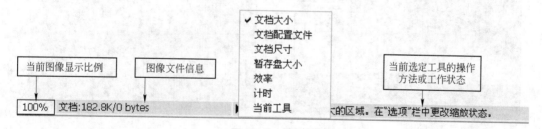

图 2-1-8　状态栏

2.1.3　保存与恢复工作区

2.1.3.1　保存工作区

执行菜单栏中的"窗口▶工作区▶保存工作区"命令，可以将当前的工作区设置(包括工具箱、选项栏、控制面板的组合方式以及放置位置等)以指定的名称进行保存。保存的工作区会出现在"窗口▶工作区"下拉菜单中(图 2-1-9)。

在作图过程中，如果工作区变得凌乱需要恢复时，直接从该菜单中选择相应的工作区即可，从而避免出现反复设置工作区的问题。

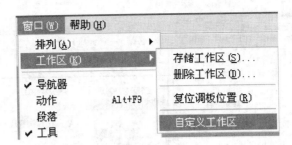

图 2-1-9　保存工作区

2.1.3.2　复位工作面板位置

如果要将改变位置的工具箱和控制面板位置恢复到 Photoshop 的初始位置，可执行以下操作：

执行菜单栏中的"窗口▶工作区▶复位调板位置"命令即可。

2.1.4　数字图像基础

所谓数字图像，就是用数字方式记录、处理和存储的图像。计算机能够加工和处理的图像都是数字图像。

2.1.4.1　位图与矢量图

一般而言，数字图像主要分为两大类，即位图图像和矢量图形。

◆ 位图图像

位图图像又称为点阵图像，位于位图上的每一个图形对象，不管是直线还是圆形，都是由许许多多的方格点组成的，这些方格点我们称之为像素(Pixel)。当把图像放大到一定的程度显示，在屏幕上就可以看到一个个的小色块(图 2-1-10)，这些色块就是组成图像的像素。

图 2-1-10　位图图像放大显示

(a)100% 显示；(b)放大至 1600% 显示

每个像素都有一个明确的颜色，位图正是利用许多颜色以及颜色之间的差异来表现图像的，因而它可以表现出图像的阴影和色彩的细微变化，使图像看起来非常逼真。

位图图像与分辨率相关，分辨率越高，图像单位面积内包含的像素越多，图像也就越清晰。反之，如果分辨率太低，或者将图像显示比例放得过大，图像就会出现锯齿状边缘使图像变得模糊。

提示：

从数码相机、扫描仪中得到的图像格式都是位图格式。Photoshop 是制作和处理位图图像的软件。

◆ 矢量图形

矢量图形又称为向量图形，内容是由点、线或者文字组成的，其中每一个对象都是独立的个体，它们都有各自独立的色彩、形状、尺寸和位置坐标等属性。矢量图形与图形分辨率无关，能以任意大小进行输出，不会遗漏细节或降低清晰度，更不会出现锯齿状的边缘现象(图 2-1-11)。

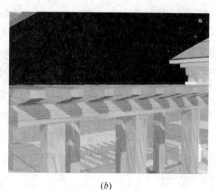

(a)   (b)

图 2-1-11　矢量图像放大显示

(a)原图；(b)局部放大显示

矢量图形在工程绘图上占有很大的优势。

 提示：

在计算机上绘制的图形一般都是矢量图形。AutoCAD 是制作和处理矢量图形的软件。3ds Max 也是矢量图形处理软件，但其渲染输出的效果图却是位图图像。

2.1.4.2　分辨率

分辨率对于图像处理与打印非常重要，主要包括图像分辨率和打印分辨率。

◆ 图像分辨率

图像分辨率是指图像在一个单位长度内所包含像素的个数，一般用像素/英寸(ppi)表示。例如：一幅图像的分辨率是 72ppi，也就是说在 1 英寸×1 英寸的图像中共有 5184 个像素(72 像素长×72 像素宽)，而对于分辨率是 300ppi 的图像，同样是 1 英寸×1 英寸的图像中却包含有 90000 个像素。

对于图幅尺寸相同的图像来说，由于分辨率高的图像比分辨率低的图像包含更多的像素数，其像素点尺寸变小，因此高分辨率的图像能够比低分辨率图像重现更详细和更精细的颜色变化，图像细腻、清晰，输出质量好。

图像的清晰度还与像素总数有关，如果一幅图像的像素总数固定，那么提高分辨率虽然可以使图像变清晰，但同时会使图像尺寸变小；反之，降低分辨率固然会使图像尺寸变大，但图像质量会变得比较粗糙。

◆ 打印分辨率

打印机分辨率是指激光打印机(包括照排机)等输出设备产生的每英寸的油墨点数，一般用点/英寸(dpi)表示。大多数桌面激光打印机的分辨率为 300～600dpi，而照排机的分辨率可以达到 1200dpi

或更高。

喷墨打印机产生的是喷射状油墨点，而不是真正的点。但大多数的喷墨打印机的分辨率大约为300～600dpi，在打印高达 150ppi 的图像时，打印效果很好。

提示：

分辨率高的图像品质固然好，但也意味着图像文件变大，所需的磁盘存储空间过多，图像的编辑和打印速度变慢。因此在制作图像时，要根据需要设置不同的分辨率，才能最经济有效地制作出所需的作品。

2.1.4.3 图像格式

图像文件的存储格式多种多样，在 Photoshop CS 中，能够支持 20 多种不同的图像文件格式，因此利用 Photoshop CS 可以打开不同格式的图像进行编辑并保存，或者根据需要另存为其他格式的图像文件。常见的图像文件格式有如下几种：

◆ Photoshop 格式(∗.PSD、∗.PDD)

PSD、PDD 格式是 Photoshop 专用的图像文件格式。这种文件不仅支持所有的模式，还能将调整图层、参考线以及 Alpha 通道等属性信息一起储存。其缺点是必须用 Photoshop 打开。

◆ TIFF 格式(∗.TIF)

TIFF 格式是用于应用软件交换的图像文件格式，它支持 LZW 压缩方式，这种压缩方式对图像的损失很少，并且可以使文件所占磁盘空间减少。

◆ BMP 格式(∗.BMP)

BMP 格式是一种 Windows 下的标准的图像文件格式。以 BMP 格式存储图像时，系统使用 RLE 压缩格式，这种压缩方式不但可以节省空间，而且不会破坏图像的细节，惟一的缺点是存储以及打开时的速度比较慢。

◆ Photoshop EPS 格式(∗.EPS)

Photoshop EPS 格式是最广泛地被向量绘图软件和排版软件所接受的格式。如果用户要将图像置入 CorelDRAW、Illustrator、PageMaker 等软件中，就可以将图像存储为 Photoshop EPS 格式。其最大的特点是能以低分辨率预览，以高分辨率输出。

◆ GIF 格式(∗.GIF)

GIF 格式最多可以存储 256 色的 RGB 颜色级数，因此文件容量比其他格式的要小，适合应用在网络图片的传输。由于它最多只能存储 256 色，所以在存储之前，必须将图片的模式转换为"位图"、"灰度"或"索引"等颜色模式，否则无法存储。

◆ JPEG 格式(∗.JPG)

JPEG 格式是一种压缩率很高的存储格式，它和格式的区别在于其采用具有破坏性的 JPEG 压缩方式，在保存过程中会丢掉一些数据，使得保存后的图像没有原图像质量好。

2.1.4.4 图像的色彩模式

图像的色彩模式指的是当图像在显示及打印时定义颜色的不同方式，它决定了用来显示和打印图像文档的色彩模型。在 Photoshop 中经常使用的颜色模式有"RGB 颜色"模式以及输出印刷使用的"CMYK 颜色"模式。

◆ RGB 颜色模式

RGB 颜色模式是屏幕显示的最佳模式，也是 Photoshop 中最常用的一种颜色模式。它是由 3 个基本颜色即红色(R)、绿色(G)、蓝色(B)组成的，所有其他色彩都是由这 3 种颜色按不同的比例混合而成。当它们以最大的强度混合时，就会形成白色。由于各种色光混合后的结果，会比原来单独的色光要亮，所以又称为"加色模式"。

RGB 颜色模式为彩色图像中每个像素的 RGB 分量指定一个介于 0(黑色)到 255(白色)之间的强度值，当所有这 3 个分量的值相等时，结果是中性灰色；当所有分量的值都为 255 时就是纯白色，当该值为 0 时，结果是纯黑色。

提示：

RGB 图像通过三种颜色的混合，可以在屏幕上重新生成多达 1670 万种颜色。但是，这种模式的色彩范围超出了打印色彩的范围，因此打印结果往往会损失一些亮度和鲜明的色彩。

◆ CMYK 颜色模式

CMYK 颜色模式考虑的是印刷的油墨颜色。CMYK 各代表 Cyan(青色)、Magenta(洋红)、Yellow(黄色)、Black(黑色)。其中 CMY 是颜料的三原色，将这三种颜色混合在一起会产生有杂斑的黑色，为了使印刷品中的黑色为纯黑色，所以将黑色并入到印刷色中。这种混色模式由于反复混色后会造成颜色越来越暗，所以又称为"减色模式"。

CMYK 颜色模式将各色的油墨含量定为 0%～100%，当四种分量的值均为 0% 时，就会产生纯白色。

由于一般的打印机及印刷设备的油墨都是 CMYK 模式，因此这种模式主要用于打印输出。在一般的图像处理过程中，应首先以 RGB 模式下完全处理后，最后转换为 CMYK 模式进行打印输出。

◆ 位图模式

位图模式使用两种颜色值(黑色和白色)来表示图像的色彩，因而又称为 1 位图像或黑白图像。该模式图像要求的存储空间很小，但无法表示出色彩、色调丰富的图像，因此仅适用于一些黑白对比强烈的图像。当图像要转换为位图模式时，必须先将其转换为"灰度"模式，然后再进一步转换。

◆ 灰度模式

灰度模式是用单一的色调来表示图像的颜色，灰度模式中的每个像素都可以表现出 256 阶的灰色调。在此模式中可以将彩色图像转换为高质量的黑白图像。也就是说，舍弃了颜色，保留了亮度。

◆ 索引颜色模式

索引颜色模式图像最多只能使用 256 种颜色，它可以在维持视觉效果的同时，缩减图像文件的大小，所以通常将输出到多媒体或网络上的图像文件转换为该模式。

当图像转换位索引颜色模式时，Photoshop 会缩减其颜色为 256 色(或更少)，并建立一个颜色的索引表，以存储和检索该图像中的颜色。

2.1.5 图像文件操作

主要包括图像文件的新建、打开、保存和关闭。

2.1.5.1 新建图像文件

执行菜单栏中的"文件▶新建"命令(快捷键：Ctrl+N)，系统弹出如图 2-1-12 所示的"新建"对话框，在该对话框中可以对新建图像文件进行各项设置。

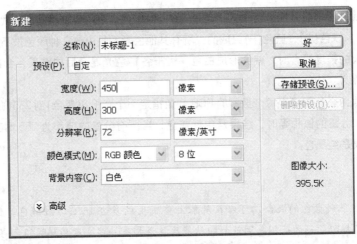

图 2-1-12　新建文件对话框

◎ 名称：用于设定新建图像文件的名称，系统默认名称顺次为"未标题-1"、"未标题-2"……可以根据情况修改为自己需要的名称。

◎ 预设：在后面的下拉列表中存储有若干种预设大小的图像文件格式（如 A3、A4 等）供选择。

◎ 宽度、高度：用于设置自定义图像文件的大小，可以在其后面的文本框中用键盘输入数值，单击单位标框 后的下拉按钮，在弹出的下拉列表中可以选择需要的图像单位。

◎ 分辨率：用于设定新建图像文件的分辨率。

◎ 颜色模式：用于设定新建图像文件的色彩模式。

◎ 背景内容：用于设定新建图像文件的背景图层颜色，单击其后的下拉按钮，在弹出的下拉列表中可以有"白色、背景色和透明"3 个选项。

提示：

背景色的颜色设置可以通过工具栏下方的"背景色块"来进行，（图 2-1-13），系统默认的前景色为黑色、背景色为白色。

在背景色块上单击鼠标，弹出如图 2-1-14 所示的"拾色器"对话框，拖动颜色滑杆，直接用鼠标在颜色区域中单击，或在某种色彩模式中输入数值，即可选择背景色的颜色。

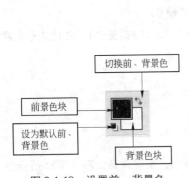

图 2-1-13　设置前、背景色

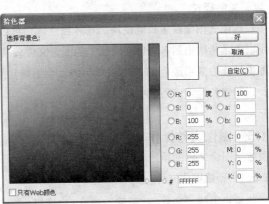

图 2-1-14　拾色器对话框

2.1.5.2 打开图像文件

执行菜单栏中的"文件➤打开"命令(快捷键：Ctrl+O)，系统弹出"打开"对话框，在该对话框选择要打开的文件后，点击 打开(O) 按钮，即可打开相应的图像文件。

2.1.5.3 保存图像文件

执行菜单栏中的"文件➤存储"命令(快捷键：Ctrl+S)，系统弹出"存储为"对话框，在其上的"文件名"文本框中输入保存图像的名称，在"格式"下拉框中选择图像文件的保存类型，点击 保存(S) 按钮即可。

对于保存过的图像文件执行菜单栏中的"文件➤存储为"命令(快捷键：Ctrl+shift+S)，可以将该文件以另外的文件名或文件格式保存。

2.1.5.4 关闭图像文件

对于保存过的图像文件，可以使用下列方法将其关闭：

(1) 执行菜单栏中的"文件➤关闭"命令(快捷键：Ctrl+W 、Ctrl+F4)，就可以关闭图像文件。

(2) 单击图像窗口标题栏右侧的 ✕ (关闭)按钮，即可关闭图像文件。

(3) 如果打开了多个图像窗口，并想同时关闭所有窗口，则可以执行菜单栏中的"文件➤关闭全部"命令(快捷键：Alt+Ctrl+W)即可。

2.2 图像选取与图像变换

本节学习要点：理解选区的含义；掌握 Photoshop 中建立选区的主要方法；掌握对选区及其内容进行处理的主要方法；掌握图像变换的主要操作；在园林效果图制作中能够熟练使用以上方法和技术。

选择区域是 Photoshop 的操作基础，图像处理一切操作都是建立在选择的基础上的。例如，在制作园林效果图时，需要添加各式各样的配景，如人物、花草树木等，而这些配景素材往往是包含在各类图片中的。这时就需要我们利用合适的工具将这些素材从原始图片中"挖"出来，去掉不需要的部分，而留下有用的配景素材部分，其操作过程如图 2-2-1 所示。

从图片中"挖"配景的过程，实际上就是建立选区的过程。利用 Photoshop 中的各种选择工具可以建立各式各样的选区。根据各种选择工具的选择方式的不同大致可将其分为以下几类：选框选择工具、套索选择工具、颜色选择工具、蒙版选择、路径选择等。

2.2.1 选框工具(快捷键：M)

选框工具适用于建立矩形、椭圆等形状比较规则的选择区域。这也是 Photoshop 中创建选择区域的最基本的方法。选框工具主要有四种，位于工具箱中，如图 2-2-2 所示。

2.2.1.1 矩形选框工具

在工具箱中点选 ▭ 矩形选框工具后，在选项栏中会出现矩形选框工具的相应参数，如图 2-2-3 所示。

图 2-2-1 配景合成流程
(a)配景图片；(b)去除背景；(c)背景图片；(d)插入配景

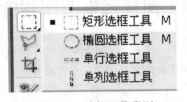

图 2-2-2 选框工具类型

图 2-2-3 矩形选框工具选项栏

在默认状态下(即不在选项栏进行任何设置)，移动光标至图像窗口相应位置后拖拽鼠标，即可建立一个由不断闪烁的虚线围合成的选择区域，如图 2-2-4 所示。

建立选区后，在选区内部单击鼠标左键并移动鼠标，则可以将选区移动到图像的任何位置。

◆ 选区编辑

(1) ▫ (新选区)按钮，是选项栏的默认选项，点此按钮在图像窗口中可以建立一个新选区。且每建立一个新选区，则前面建立的旧选区自动消失。

(2) 点选 ▫ (添加到选区)按钮，可以在图像窗口中同

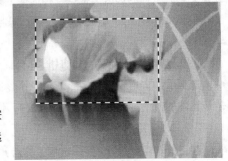

图 2-2-4 建立矩形选区

时建立两个以上不相交的选区，如果新建选区与已有选区相交，则选区范围连为一体，如图2-2-5(a)所示。

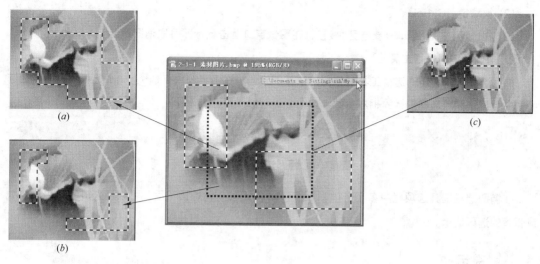

图 2-2-5　选区编辑
(a)添加到选区；(b)从选区减去；(c)与选区交叉

(3) 点选 ![] (从选区减去)按钮，在已有选区上建立新的选区，则可以从已有选区中减去不需要的部分，如图 2-2-5(b)所示。

(4) 点选 ![] (与选区交叉)按钮，在已有选区上建立新的选区，则不相交的选区被删除，图像上只留下相交的选区，如图 2-2-5(c)所示。

提示：

如果图像窗口中已经建立了一个选区，则按住 Shift 键可以执行"添加到选区"命令；按住 Alt 键可以执行"从选区减去"命令；按住 Shift+Alt 键可以执行"与选区交叉"命令。

◆ 选区样式

点击选区样式下拉列表，可以选择要建立的矩形选区的样式，如图 2-2-6 所示。

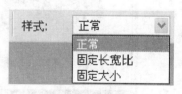

图 2-2-6　选框样式下拉列表

(1) 选择 样式：固定长宽比 宽度：2 高度：1 (固定长宽比选项)，在宽度和高度文本框中输入需要的比值，则可以在图像窗口上建立约束了长宽比的选框。

(2) 选择 样式：固定大小 宽度：100像素 高度：100像素 (固定大小选项)，在宽度和高度文本框中输入需要的尺寸，则在图像窗口上单击鼠标即可建立固定大小的选框。

提示：

按住 Shift 键可以建立正方形选区；按住 Alt 键可以鼠标单击点为中心建立矩形选区；按住 Shift+Alt 键可以鼠标单击点为中心建立正方形选区。

◆ 取消选区

(1) 菜单栏：执行"选择▶取消选择"命令。

(2) 快捷键：Ctrl+D。

(3) 在选项栏中点选▣(新选区)按钮，在图像窗口单击鼠标即可取消旧选区。

2.2.1.2 椭圆选框工具

椭圆选框工具与矩形选框工具的使用方法基本相同。在工具箱中点选○椭圆选框工具后，在选项栏中会显示椭圆选框工具的相应参数，如图2-2-7所示。

图2-2-7 椭圆选框工具选项栏

在椭圆选框工具选项栏中多了一项 复选项。勾选该项后，可以最大限度地平滑斜线或弧线的选区边缘。

> 提示：
>
> 按住 Shift 键可以建立圆形选区；按住 Shift+Alt 键可以鼠标单击点为中心建立圆形选区，(图2-2-8)。

2.2.1.3 单行、单列选框工具

在工具箱中分别单击═(单行选框工具)、▌(单列选框工具)，即可以在图像窗口中建立1个像素宽的横线选区和竖线选区。

【课堂实训】 建立如图2-2-9所示的选区效果。

图2-2-8 建立圆形选区

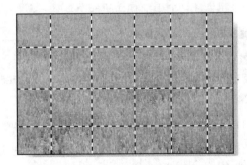

图2-2-9 建立多个单行、单列选区

(1) 选择单行选框工具，并在选项栏中点选▣添加到选区按钮，然后在图像窗口中依次单击鼠标即可建立所有的横线选区。

(2) 转换为单列选区，在图像窗口中依次单击鼠标即可建立所有竖线选区。

2.2.2 套索选择工具(快捷键：L)

套索工具适用于建立不规则形状的选择区域。套索工具主要有三种：套索工具、多边形套索工

具、磁性套索工具。套索工具位于工具箱中，如图 2-2-10 所示。

2.2.2.1 套索工具

利用套索工具可以建立任意形状的选区。

在工具箱中点选 套索工具后，在选项栏中会出现套索工具的相应参数，如图 2-2-11 所示。

图 2-2-10 套索工具种类

图 2-2-11 套索工具选项栏

◆ 使用方法

移动光标至图像窗口相应按下鼠标左键并向所需要的方向拖移，直至回到起点处松开鼠标即可得到一个闭合的选区，如图 2-2-12 所示。

💡 提示：

套索工具建立的选区不易控制，随意性非常大，因而只能在对选区边缘没有严格要求的情况下使用。

2.2.2.2 多边形套索工具

利用多边形套索工具可以建立不规则的多边形选区。

在工具箱中点选 多边形套索工具后，在选项栏中会出现多

图 2-2-12 套索工具建立选区

边形套索工具的相应参数（和套索工具的选项栏一样）。

◆ 使用方法

（1）在图像窗口中单击鼠标设置起点，然后将光标移动到另一个位置上再单击鼠标，依次类推。

（2）将光标移动到起始点位置上单击，即可创建多边形选区。如果没有将光标移动到起始点上，双击鼠标或者在按住 Ctrl 键的同时单击鼠标，同样可以建立闭合选择区域（图 2-2-13）。

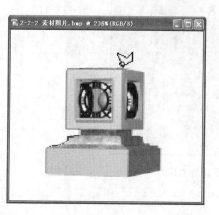
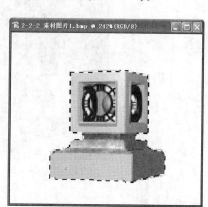

图 2-2-13 多边形套索工具建立选区

> **提示：**
> 使用多边形套索工具建立选区时，若按住 Alt 键，则可以在多边形套索和套索工具之间进行切换；若按下 Delete 键，则可以删除最近定义的端点；按下 Shift 键，则可按水平、垂直或45°角方向绘制直线。

用多边形套索工具建立选区比较容易控制，但是创建的选区轮廓多是直线，因而常用来选择边界不太复杂的多边形对象或区域。

2.2.2.3 磁性套索工具

磁性套索工具可以自动根据颜色的反差来确定选区的边缘，并通过鼠标的单击和移动来指定选取的方向，因而具有使用方便、选取精确、快捷的特点。非常适合于图像颜色与背景颜色反差较大的不规则选区的建立。

在工具箱中点选 磁性套索工具后，在选项栏中会出现磁性套索工具的相应参数，如图2-2-14所示。

图2-2-14　磁性套索工具选项栏

◆ 使用方法

（1）在选项栏内设置所需的参数，然后在要选择的图像边缘单击鼠标，设置第一个紧固点。沿着要跟踪的图像边缘移动光标，这时将自动产生紧固点，紧固点与紧固点之间产生线段。

（2）如果选区的线段没有贴紧图像边缘，可以单击鼠标，手工添加一个紧固点。移动光标到起始点后单击鼠标，即可完成图像的选取，如图2-2-15所示。

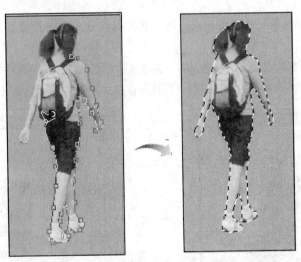

图2-2-15　磁性套索工具建立选区

◆ 相应参数

宽度 用于设置在选取时磁性套索工具所能够探测的色彩差异的宽度，其取值范围为1~40像素。值越大则检测范围越大。

边对比度 用于设置选取时的边缘反差,其取值范围为1%～100%。值越大反差越大,选取的范围越精确。

频率 用于设置选取时定位节点的数量,取值范围为0～100。值越大,节点越多。

提示:

在边缘比较明显的图像上,可以设置较大的套索宽度、较高的边对比度和较低的频率来选择图像。在边缘比较柔和的图像上,应尝试设置较小的套索宽度、较低的边对比度和较高的频率来选择图像。

2.2.3 颜色选择工具

颜色选择工具主要是根据颜色的反差来选择对象。当选择对象或选择对象的背景颜色比较单一时,使用颜色选择工具会比较方便。

Photoshop中的颜色选择工具主要有三个:一个是工具箱中的魔棒工具( );另两个是菜单栏中的"选择▶色彩范围"和"选择▶选取相似"命令。

2.2.3.1 魔棒工具(快捷键:W)

使用魔棒工具,可以根据鼠标单击点附近的某种颜色,一次性选取图像窗口中所有与其相同或相近的颜色区域。颜色的近似程度由选项栏中设置的容差值来确定,容差值越大则选取的颜色范围越广泛。

在工具箱中点选 魔棒工具(快捷键:W)后,在选项栏中会出现魔棒工具的相应参数,如图2-2-16所示。

图2-2-16 魔棒工具选项栏

魔棒工具各项参数的含义如下:

容差 :用来控制颜色选择范围的大小,其取值范围为0～255。数值越小,选取范围颜色越接近,选取的区域也就越小,反之则相反。图2-2-17为设置不同的容差值时选取区域的结果。

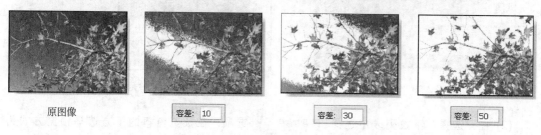

图2-2-17 调整容差值控制选区的大小

连续的 :选中该选项,则选取的区域是连续的,只有与鼠标单击点相邻且颜色相同或相近的区域才会被选中。若未选中该选项,则选择图像中所有颜色相同或相近的区域都被选中,而不管这些区域是否与单击点相连，如图 2-2-18 所示。

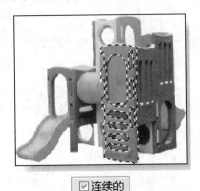 

图 2-2-18 "连续的"选项的含义

用于所有图层：用于设置选取的区域是否对所有图层有效，未选中该项时，则选择区域只对当前图层有效。

2.2.3.2 色彩范围

色彩范围命令的工作原理与魔棒工具类似，也是通过在图像窗口中指定颜色来设定选择区域。因其可以动态调整选择区域的范围，因而应用更为广泛。

【课堂实训】 如图 2-2-19 所示，要将图像中的白色云彩部分选中，则使用"色彩范围"命令创建选择区域的操作步骤如下：

(1) 执行菜单栏中的"选择▶色彩范围"命令，弹出如图 2-2-20 所示"色彩范围"对话框。

 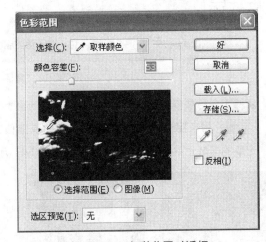

图 2-2-19 原图像　　　　图 2-2-20 色彩范围对话框

(2) 在"选择"下拉列表中选择 取样颜色 选项；在预览窗口的下方选择预览方式为 ⊙选择范围(E)，此时预览窗口中将显示黑白图像。

(3) 将吸管工具移动到图像窗口中（或色彩范围预览窗口中）的云彩位置单击鼠标，以拾取云彩颜色为选择颜色，色彩范围预览窗口中会立即以黑白图像显示当前的选择范围，其中白色区域表示选择区域，黑色区域表示非选择区域。

（4）拖动颜色容差滑块，调节选择区域（数值越大，选择范围也就越大），直至预览窗口中的云彩图像全部显示为白色（图2-2-21）。

（5）单击 好 按钮，关闭颜色范围对话框，图像窗口中会以"蚂蚁线"的形式标记出选择的云彩区域，如图2-2-22 所示。

图 2-2-21 调节颜色容差数值以扩大选区　　图 2-2-22 利用"色彩范围"建立选区

2.2.3.3 选取相似

选取相似命令是将整个图像中魔棒选项板中指定容差范围内的颜色区域包括到选区范围内，而不只是相邻的区域。

【课堂实训】 如图 2-2-23 所示，要将图像中的蓝紫色花选中，则使用"选取相似"命令创建选择区域的操作步骤如下：

(a)　　　　　　　　　　(b)　　　　　　　　　　(c)

图 2-2-23 利用"选取相似"命令建立选区

(a)用魔棒工具建立局部选区；(b)用"选取相似"命令扩大选区；(c)对选区进行色彩变换处理

（1）用魔术棒工具在蓝紫色花上建立一个选区（设置容差值为40，并勾选"连续的"选项）。

（2）执行菜单栏中的"选择▶选取相似"命令，则图像中所有蓝紫色花都被选中，结果如图2-2-23(b)所示。

（3）执行菜单栏中"图像▶调整▶色相/饱和度"命令，可以将蓝紫色花转为其他颜色，结果如图 2-2-23(c)所示。

2.2.4 选区处理

选区处理包括对选区本身的处理，如：选区的变换、修改、取消等；另一方面是对选区内容的处理，主要包括对选区内容的清除、剪切、填充、移动、复制、反选等。

2.2.4.1 取消选区(重新选择)

执行菜单栏中的"选择▶取消选择"命令(快捷键：$\boxed{\text{Ctrl+D}}$)，可以将所有的选区取消。

取消选区后只要没有进行下一次选择区域的操作，则可以执行"选择▶重新选择"命令(快捷键：$\boxed{\text{Shift+Ctrl+D}}$)将原选区恢复。

2.2.4.2 变换选区

利用"变换选区"命令可以对选区进行变形操作。

执行菜单栏中的"选择▶变换选区"命令，在选区的边框上将出现8个小方块，把光标移入到小方块中，可以拖拽方块改变选区的尺寸；如果光标在选区以外将变成旋转式指针，拖动鼠标即可带动选定区域在任意方向上旋转，效果如图2-2-24所示。

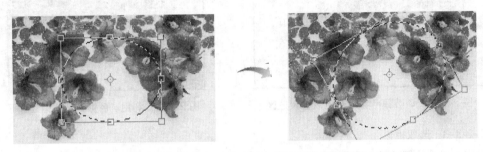

图 2-2-24　利用"变换选区"命令改变选区形状

提示：

变换选区命令改变的只是选框的大小和形状，并不改变选区内的图像内容。

2.2.4.3 清除选区内的图像

执行菜单栏中的"编辑▶清除"命令(或直接按$\boxed{\text{Delete}}$键)，可以将选区内的图像清除，原选区以背景色填充，效果如图2-2-25所示。

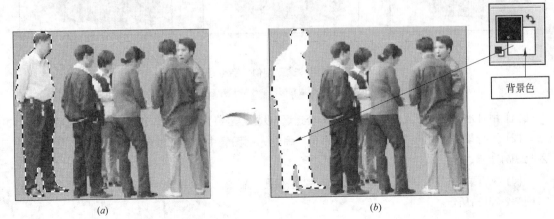

图 2-2-25　清除选区内的图像

(a)建立选区；(b)清除选区，以背景色填充

2.2.4.4 剪切选区内的图像

执行菜单栏中的"编辑➤剪切"命令(快捷键：Ctrl+X)，可以将选区内的图像剪切掉，并存入到剪贴板中，原选区以背景色填充。

> **提示：**
> 执行"清除"与"剪切"命令后的效果是相同的，都可以使选区内的图像消失。但"剪切"命令是将图像剪切到了剪切板中，并不是真正意义上的清除。

2.2.4.5 移动选区内的图像

点击工具箱中的移动工具按钮(快捷键：V)，将光标移动到选区中，此时光标的右下角出现一个小剪刀标记，单击并拖动鼠标，选区中的图像就被移动到另外的位置上，如图2-2-26所示。

图 2-2-26　移动选区内的图像
(a)建立选区；(b)移动选区，原选区以背景色填充

> **提示：**
> 只要当前工具不是"钢笔工具"和"抓手工具"，则按住 Ctrl 键，将光标移动到图像窗口的选区中，单击并拖动鼠标，也可以移动图像。

2.2.4.6 复制选区内的图像

复制选区内图像的方式有两种：一是在同一图像窗口中进行复制；二是在不同图像窗口中进行复制。

◆ **在同一图像窗口中复制图像**

方法一：

选择工具箱中的移动工具(快捷键：V)，按住 Alt 键，此时光标变成两个重叠在一起的三角箭头，将光标移动到选区内单击并移动鼠标，到合适的位置松开 Alt 键并释放鼠标，完成图像的复制，结果如图2-2-27所示。

方法二：

(1) 执行菜单栏中的"编辑➤拷贝"命令(快捷键：Ctrl+C)，先将选区内的图像拷贝到系统剪切板中。

(2) 执行"编辑➤粘贴"命令(快捷键：Ctrl+V)，将剪贴板内保存的图像内容粘贴到当前图形文件的一个新层中(图2-2-28)，并在当前图像窗口中显示出来。

图 2-2-27　在同一图像窗口中复制选区内的图像

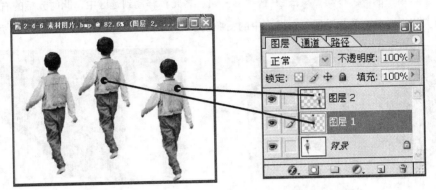

图 2-2-28　利用"拷贝、粘贴"命令复制选区内的图像

◆ 在不同图像窗口中复制图像

【课堂实训】　如图 2-2-29 所示，要将人物素材图片中的人物复制到风景素材图片中，则：

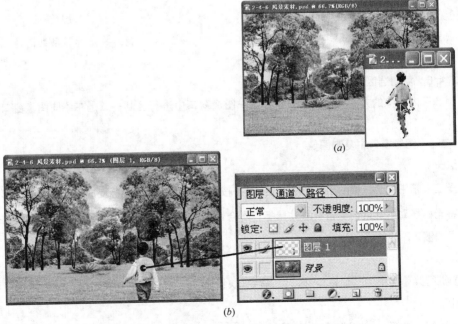

图 2-2-29　在不同图像窗口中复制选区内的图像

(a)素材图片；(b)复制后的图像保存在新建图层中

(1) 在工作区中同时打开要处理的两幅图像，如图 2-2-29(a)所示。

(2) 利用磁性套索工具将人物素材中的人物选中，选择工具箱中的 移动工具(快捷键：V)，将光标移动到选区内单击并移动鼠标，将鼠标拖动到风景素材图像窗口中并释放鼠标，则在风景素材图像中复制了一个人物图像。

(3) 在风景素材图像的图层工作面板上新添加了一个存有人物图像的新图层(图层 1)，如图 2-2-29(b)所示。

提示：

有关图层的知识将在以后章节中介绍。

2.2.4.7 选区反选

执行菜单栏中的"选择▶反选"命令(快捷键：Shift+Ctrl+I)，可以将当前图层中建立的选区和非选区进行互换，即将原来的非选择区域变成选区，如图 2-2-30 所示。

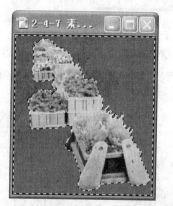

图 2-2-30 利用"反选"命令变换选区

2.2.4.8 选区羽化

在前面介绍的选框和套索选择工具的选项栏中都有一个"羽化"选项框，在该框中输入一个 0～250 之间的数值，可以柔化选区边缘，产生渐变的过渡效果。羽化值设置得越大，则柔化选区边缘的效果越明显。

【课堂实训】 要创建如图 2-2-31(b)所示的羽化效果，则主要操作步骤如下：

(a)   (b)

图 2-2-31 羽化选区的效果

(a)原图像；(b)羽化选区后的效果

(1) 在工具箱中选择椭圆选框工具，并在其选项栏中输入"羽化"数值为 80，然后在素材图像中建立如图 2-2-31(a)所示的椭圆选区。

(2) 执行菜单栏中的"选择▶反选"、"编辑▶清除"命令，结果如图 2-2-31(b)所示。

提示：

在选项栏中设置选区的羽化值，必须在选区建立之前进行，否则将对建立的选区不产生任何影响。如果需要对已经建立的选区进行羽化，可执行菜单栏中的"选择▶羽化"命令（快捷键 ），在弹出的"羽化选区"对话框（图 2-2-32）中输入羽化值，单击 确定 按钮即可。

图 2-2-32　羽化选区对话框

在用 Photoshop 合成效果图时，需要选择各种配景素材。在这种情况下，适当地使用羽化，则可以得到各配景与主景较好的融合效果，图 2-2-33 所示为未应用羽化与应用羽化情况下，配景素材与主景图像的融合效果。

图 2-2-33　使用羽化效果合成图像效果

(a)未使用羽化效果时图像合成效果；(b)使用羽化效果时图像合成效果

2.2.4.9　选区填充

使用填充命令可对所选择的区域填充指定的颜色或图案。在 Photoshop 中有两种方法可以完成对选区的填充。

◆ 填充命令

执行菜单栏中的"编辑▶填充"命令（快捷键： Shift+F5 ）弹出如图 2-2-34 所示的"填充"对话框。

该对话框中主要包括内容选项栏和混合选项栏：

(1) 内容选项栏

使用(U)：设置填充使用的颜色，点击右侧的下拉菜单，可以使用的填充颜色有：前景色、背

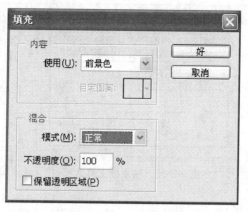

图 2-2-34 填充对话框

景色、图案、历史记录、黑色、50%灰色和白色等 7 类。

(2) 混合选项栏

模式(M)：设置填充图层上的颜色与其底层颜色的混合方式。

不透明度(O)：设置填充图层的透明度，取值范围为 1%～100%。数值 100% 时该图层完全不透明。

保留透明区域(P)：选中该选项，在填充时仅填充有图像的区域，而保留透明的区域，该选项只对透明图层有效。

在制作园林效果图时，填充命令非常有用，经常用于水面、地面、墙壁等部位的颜色或图案的填充(图 2-2-35)。

 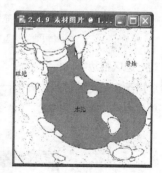

图 2-2-35 为水面填充颜色

◆ 油漆桶工具

油漆桶工具的作用与"填充"命令类似，两者都用于填充图像。

选择工具箱中的 填充工具(快捷键：G)，在选项栏中会出现填充工具的相应参数，如图 2-2-36 所示。

在填充列表框中可选择填充的内容：前景色或图案。

当选择"图案"填充选区时。"图案"列表框被激活，单击其右侧的下拉列表按钮，可打开图案下拉面板，从中可以选择要填充的图案。

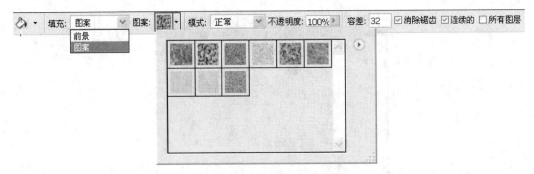

图 2-2-36 油漆桶工具选项栏

 提示:

填充命令与油漆桶工具的主要区别是:执行填充命令可以填充选区的所有区域;执行油漆桶工具则根据鼠标单击点位置的颜色进行取样,只填充选区内与单击点位置颜色相同或相似的图案区域,二者的区别如图 2-2-37 所示。

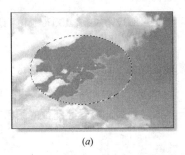 

(a) (b)

图 2-2-37 填充命令与油漆桶工具填充选区的区别

(a)使用油漆桶工具填充选区; (b)使用填充命令填充选区

2.2.4.10 选区描边

描边命令用于在选定区域的边界上,用前景色描出边界。

执行菜单栏中的"编辑▷描边"命令,弹出如图 2-2-38 所示的"描边"对话框。其主要参数如下:

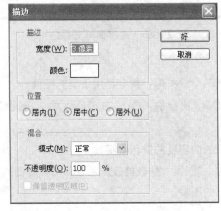

图 2-2-38 描边对话框

◆ 描边选项栏

宽度(W)：设置描边宽度，以像素为单位。

颜色：设置描边的颜色，在右侧的色块上单击鼠标，在弹出的"拾色器"面板中选择需要的颜色。

◆ 位置选项栏

设置描边的位置在边界线内、居中或居外。

2.2.5 选区图像变换

图像变换是 Photoshop 图像处理中经常用到的技术之一，包括对整个图层中的图像或图像中的选择区域进行缩放、旋转、斜切、扭曲、透视等操作。

图像变换主要有两种方式，一种方式是执行菜单栏中的"编辑▶变换"子菜单中的各个命令（图 2-2-39），另一种方式是直接执行"编辑▶自由变换"命令。

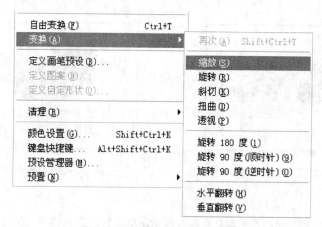

图 2-2-39　变换命令子菜单选项

2.2.5.1 使用"变换"命令变换图像

执行菜单栏中的"编辑▶变换"命令，可以对图层图像或图像中的选择区域进行缩放、旋转、斜切、扭曲、透视、翻转操作。

◆ 缩放

选择此命令后，在图像或图像的选择区域上出现一个变换方框，移动光标至变换框角点位置，光标将显示为双箭头形状，拖动鼠标即可调整图像的尺寸大小。若按住 Shift 键拖拽，则可以等比例缩放图像（图 2-2-40）。

 提示：

图像的复制缩放：按住 Ctrl+Alt+T 键，图像上出现变形选框，拖拽变形框缩放出新的图像，这时可以看到原来的图像仍然存在，结果如图 2-2-41 所示。

◆ 旋转

选择此命令后，移动光标至变换框外，光标将显示为↵形状，拖动鼠标即可旋转图像。若按住 Shift 键拖拽，则每次旋转15°（图 2-2-42）。

> **提示：**
> 图像的复制旋转：按住 Ctrl+Alt+T 键，图像上出现变形选框，旋转变形框旋转出新的图像，这时可以看到原来的图像仍然存在，结果如图 2-2-43 所示。

图 2-2-40 图像缩放

图 2-2-41 复制缩放对象

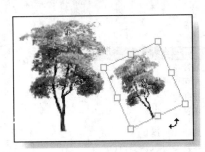

图 2-2-42 图像旋转

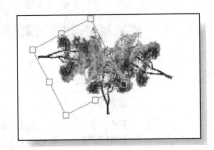

图 2-2-43 复制旋转对象

◆ 斜切

选择此命令，变换控制框的控制点只能在变换控制框边线所定义的方向上移动，从而使图像得到斜切效果，如图 2-2-44 所示。

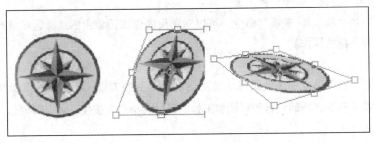

图 2-2-44 斜切图像

◆ 扭曲

选择此命令，可以任意拖拽变换框的四个角点进行图像变换。特别适合于制作配景图像的倒影或阴影。扭曲命令的使用效果如图 2-2-45 所示。

◆ 透视

选择此命令，拖拽变换框某一角点时，则拖拽方向上的另一角点会发生相反的移动，最后得到对称的梯形，从而得到物体透视变形的效果（图 2-2-46）。

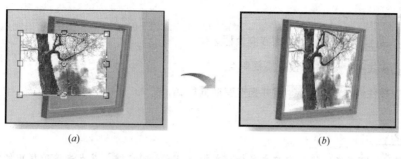

图 2-2-45　扭曲图像

(a)扭曲前的图像；(b)扭曲后的图像效果

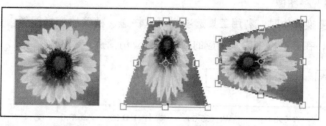

图 2-2-46　透视图像

◆ 旋转与翻转

执行该命令，可以对图层中的图像或选择区域中的图像进行 180°旋转、90°顺时针旋转、90°逆时针旋转、水平翻转和垂直翻转的操作(图 2-2-47)。

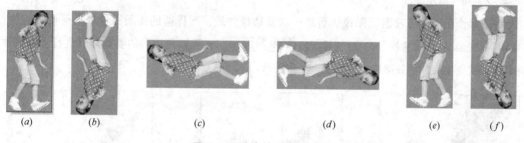

图 2-2-47　旋转、翻转图像

(a)原图；(b)旋转 180°；(c)旋转 90°(逆时针)；(d)旋转 90°(顺时针)；(e)水平翻转；(f)垂直翻转

2.2.5.2　使用"自由变换"命令变换图像

"自由变换"命令集"缩放"、"旋转"、"斜切"、"扭曲"、"透视"命令于一体，避免了使用"变换"子菜单中的命令对图像进行变形处理时的繁琐操作。因此在园林效果图制作中更多的是使用"自由变换"命令来实现对图像的变形处理。

执行菜单栏中的"编辑▶自由变换"命令(快捷键：Ctrl+T)，此时在选区图像上同样出现一个变换方框。而要应用不同的变换，则在拖移变换框的同时，使用不同的快捷键即可。

◎ 缩放：移动光标到变换框上直接拖拽鼠标。按住 Shift 键在变换框角点上拖拽则执行等比缩放。

◎ 旋转：移动光标到变换框外部(光标将显示为↵形状)，然后拖拽鼠标。按住 Shift 键可以限制旋转增量为 15°。

◎ 斜切：按住 Ctrl+Shift 键并拖拽变换框边框。

◎ 扭曲：按住 Ctrl 键并拖拽变换框角点。

◎ 透视：按住 Ctrl+Alt+Shift 键并拖拽变换框角点。

提示：

要应用变换，可以在变换框内双击鼠标、或按下 Enter 回车键、或点击选项栏中的 ✓ 按钮。要取消变换，可以按下 Esc 键，或点击选项栏中的 ⊘ 按钮。

2.2.5.3 精确变换图像

在对图像进行变换操作时，利用工具选项栏可以快速、精确的变换图像。变换命令的工具选项栏如图2-2-48所示，在参数框中输入相应的数值即可应用变换。

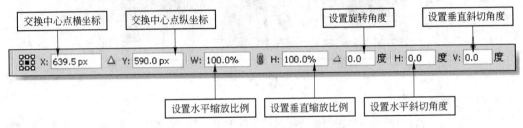

图 2-2-48　选区变换选项栏

2.2.5.4 再次变换

在对某个图层图像或选区图像执行过一次变换操作后，选择新的图层图像或选区图像，执行"编辑▶变换▶再次变换"命令(快捷键：Ctrl+Shift+T)，可以用相同的参数对其进行变换操作，并确保两次变换操作的效果相同，如图2-2-49所示。

(a)　　　　　　　　　　　(b)　　　　　　　　　　　(c)

图 2-2-49　执行"再次变换"命令变换图像

(a)原图；(b)左侧树木缩小 50%；(c)执行"再次变换"，将右侧树木缩小 50%

2.2.6 利用"变换"命令制作阴影和倒影

利用 Photoshop 制作园林透视效果图时，需要用到大量的人物、树木等配景素材。为了增加这些配景素材的立体感与真实感，就需要为其制作阴影和倒影。

制作阴影和倒影一般需要用到缩放、扭曲、旋转等"变换"操作，配合"渐变填充"工具可以得到阴影和倒影的渐隐效果，从而增加其真实感。

2.2.6.1 树木阴影的制作

【课堂实训】 打开一幅如图 2-2-50 所示的树木素材图片，该图像由"背景"和"树木"两个图层组成。制作树木阴影的主要操作步骤如下：

图 2-2-50　树木素材图像

（1）拖动"树木"图层至图层控制面板上的 ▣（创建新图层）按钮上，可复制得到"树木副本"图层，在该图层上双击鼠标，然后将图层名称修改为"树木阴影"。

（2）选择"树木阴影"图层为当前图层（该图层以蓝色显示），设置前景色为黑色，按下图层控制面板上的 ▣（锁定透明像素）按钮，执行菜单栏中的"编辑▶填充"命令，并用前景色填充图层，结果得到树木的剪影效果（图 2-2-51）。

图 2-2-51　填充树木阴影图层

（3）执行菜单栏中的"编辑▶变换▶扭曲"命令，拖动变换框上的控制点，将树木阴影调整到合适的位置，双击鼠标应用变换，结果如图 2-2-52 所示。

（4）在"树木阴影"图层上按住鼠标左键，向下拖动图层将"树木阴影"图层调整到"树木"图层的下方，点击 ▣ 按钮解除对图层透明区域的锁定。

（5）执行菜单栏中的"滤镜▶模糊▶高斯模糊"命令，设定模糊半径为 3 像素，然后对树木阴影进行模糊处理，结果如图 2-2-53 所示。

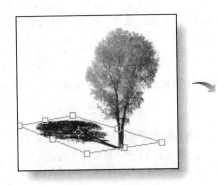

图 2-2-52 变换树木阴影　　　　　　图 2-2-53 模糊树木阴影

(6) 设置"树木阴影"图层的不透明度为 50%～60%，使阴影效果更自然，与地面融为一体。最终结果如图 2-2-54 所示。

图 2-2-54 调整树木阴影图层的不透明度

2.2.6.2 人物倒影的制作

【课堂实训】 打开一幅如图 2-2-55 所示的素材图片，该图片由"背景"和"人物"两个图层组成。制作人物倒影的主要操作步骤如下：

图 2-2-55 素材图片

(1) 拖动"人物"图层至图层控制面板上的 ▭ (创建新图层) 按钮上，可复制得到"人物副本"图层，在该图层上双击鼠标，然后将图层名称修改为"人物倒影"。

(2) 选择"人物倒影"图层为当前图层(该图层以蓝色显示)，执行菜单栏中的"编辑▶变换▶

垂直翻转"命令，将"人物倒影"图层垂直翻转；执行"编辑➤自由变换"命令（ Ctrl+T ），在垂直方向上压缩图像后，将图像移动到合适的位置，结果如图 2-2-56 所示。

图 2-2-56　垂直翻转人物倒影图层

（3）执行菜单栏中的"滤镜➤模糊➤高斯模糊"命令，设定模糊半径为 2 像素，然后对人物倒影进行模糊处理。

（4）单击图层控制面板上的 ◻ (添加图层蒙版)按钮，为"人物倒影"图层添加图层蒙板。

（5）将前景色设置为白色，背景色设置为黑色，在工具箱中点击 ◻ (渐变工具)，设置渐变方式为：线性渐变；渐变内容：前景色向背景色渐变；然后按住 Shift 键从上到下拉出一条直线填充渐变，使得倒影逐渐消失。

（6）最后设置"人物倒影"图层的不透明度为 60％。最终结果如图 2-2-57 所示。

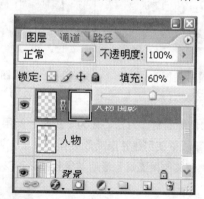

图 2-2-57　人物倒影制作最终效果

2.2.6.3　带有透视效果的倒影制作

上一节中利用垂直翻转的半透明图层制作了人物的倒影。但是要对于一些三维物体图像制作倒影时，则不仅仅是图层的简单翻转就能完成了，此时还需要考虑到倒影的形状改变，这主要是因为倒影的观察角度与物体的观察角度不同所致。

【课堂实训】　如图 2-2-58 所示，要为图像上的垃圾箱制作倒影，则主要操作步骤如下：

（1）复制"垃圾箱"图层并将复制后的图层更名为"垃圾箱倒影"图层。选择"垃圾箱倒影"图层为当前图层(该图层以蓝色显示)，执行菜单栏中的"编辑➤变换➤垂直翻转"命令，将"垃圾箱倒影"图层垂直翻转并移动到合适的位置。

图 2-2-58　素材图片

(2) 使用"矩形选框"工具将垃圾箱左侧的区域选中,如图 2-2-59 所示。

(3) 执行菜单栏中的"编辑▶变换▶扭曲"命令,拖动变换框的角点使选择区域内的图像变形到合理的位置,变形结果如图 2-2-60 所示。

(4) 使用"矩形选框"工具将垃圾箱右侧的区域选中,执行菜单栏中的"编辑▶变换▶扭曲"命令,拖动变换框的角点使选择区域内的图像变形到合理的位置,变形结果如图 2-2-61 所示。

图 2-2-59　选择翻转图　　　图 2-2-60　变换图像的　　　图 2-2-61　变换图像的
　　　像的左侧区域　　　　　　　　　　左侧区域　　　　　　　　　　右侧区域

(5) 参照人物倒影的制作方法,先为"倒影"图层添加模糊滤镜,使倒影变得模糊一些;再为"倒影"图层添加蒙板并使用线性渐变效果处理蒙板,得到倒影逐渐减弱的效果;最后调节"倒影"图层的不透明度,使其效果逼真,最后结果如图 2-2-62 所示。

图 2-2-62　完成后的带有透视效果的倒影

2.2.7 其他选择工具

2.2.7.1 利用"路径"工具建立选区

利用"路径"工具来建立选区也是 Photoshop 中比较常用的方法。由于路径可以非常光滑，而且可以反复调节各节点的位置和曲线的曲率，因此非常适合建立轮廓复杂和边界要求较为光滑的选区，如：人物、汽车、室内物品等。

◆ 路径制作工具

包括路径创建、编辑工具和路径选择工具两大类，这两类工具都位于工具箱中，如图 2-2-63 所示。

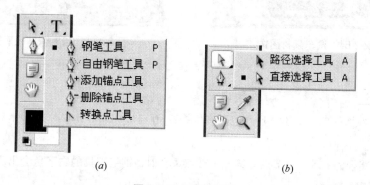

(a)　　　　　　　　　　　　　(b)

图 2-2-63　路径工具

(a)路径创建、编辑工具；(b)路径选择工具

(1) 路径创建工具(快捷键：P)

(钢笔工具)、(自由钢笔工具)：二者都是用来创建路径。

(添加锚点工具)、(删除锚点工具)：用于添加和删除路径上的锚点。

(转换点工具)：用于切换路径锚点的类型在角点和平滑点之间进行转换。

(2) 路径选择工具(快捷键：A)

(路径选择工具)：选择并移动整个路径的位置。

(直接选择工具)：选择并移动路径上节点的位置。

提示：

使用钢笔工具( )绘制路径时，按住 Ctrl 键，可快速切换为直接选择工具( )；按住 Alt 键可切换为转换点工具( )；因此在绘制路径的过程中，可以边绘制边调整选区的轮廓。

◆ 路径工具的使用

【课堂实训】　利用路径工具勾勒图像轮廓，然后将路径转换为选区：

(1) 打开一幅如图 2-2-64 所示的汽车图像素材，单击工具箱中的钢笔工具( )，在工具选项栏中按下 (路径)按钮，这样在描绘汽车轮廓时得到的才是路径而不是填充图层。

(2) 选择工具箱中的 (缩放工具)(快捷键：Z 或 Ctrl++ 键)，将图像放大，然后沿着汽车边缘，不断单击鼠标添加节点来绘制汽车轮廓路径，如图 2-2-65 所示。

图 2-2-64　汽车素材图像　　　　　　　图 2-2-65　绘制汽车轮廓路径

> **提示：**
>
> 在绘制路径的过程中，随时按下 Space (空格键)，可以切换至抓手工具( )来移动窗口中显示的图像区域。

(3) 当绘制路径的最后一个节点与第一个节点重合时，钢笔工具的右下角会出现一个圆圈，此时单击鼠标便可闭合路径。

(4) 路径建立完成后，便开始调整路径形状，使其与汽车轮廓更加吻合。调节方法是：选择"直接选择"( )工具(或直接按住 Ctrl 键)，调节路径各节点的位置；选择"转换点"( )工具(或直接按住 Alt 键)，可以转换节点的类型，以便调节各曲线的曲率。

(5) 将路径转换为选区。调出路径面板，在面板中单击选中刚才绘制的汽车轮廓路径(该路径以蓝色显示)，然后按下面板底端的 (将路径作为选区载入)按钮，路径被转换为选区，结果如图2-2-66 所示。

图 2-2-66　将路径转换为选区

2.2.7.2　利用"快速蒙板"工具建立选区

蒙板是用来保护被遮蔽的区域，从而让被保护的区域不受任何编辑操作影响的模式。蒙板又分为两种：通道蒙板和快速蒙板。

"快速蒙板"是 Photoshop 中的一个特殊模式，它是专门用来定义选择区域的。当在图像中已经建立了一个选区的情况下，选择"快速蒙板"模式，则图像中没有被选择的区域自动被蒙板保护起来,默认情况下,"快速蒙板"模式使用50%透明度的红色给被保护区域着色。在"快速蒙板"模式下可以使用画笔、橡皮擦等工具在图像区域中涂擦来修改蒙板区域的大小,当退出"快速蒙板"模式时,蒙板区域以外的不被保护区域自动变为一个选区。

【课堂实训】 利用"快速蒙板"工具建立选区:

(1)打开一幅如图2-2-67所示的人物图像素材,要选择人物图像,通常的做法是先选择颜色单一的背景图像,然后再反选选区即可。

(2)在工具箱中点选 魔棒工具(快捷键:W),然后在背景位置单击鼠标以选择背景。但由于人物身上穿的白色衣服颜色与背景颜色非常接近,使得选择区域超出我们希望的范围,选择结果如图2-2-68所示。

图 2-2-67 人物素材图像

图 2-2-68 使用魔棒工具选择背景

(3)下面使用"快速蒙板"编辑选区。单击工具箱下部的 快速蒙板编辑按钮,进入快速蒙板编辑模式。此时图像中人物区域被蒙上一层不透明度为50%的红色,以示被保护的区域(非选择区域),效果如图2-2-69所示。

提示:

可以根据需要自由设定色彩指示,双击工具箱中的快速蒙板按钮( ),打开如图2-2-70所示的"快速蒙板选项"对话框,从中可以设置色彩的指示区域和颜色。

图 2-2-69 进入快速蒙板模式编辑

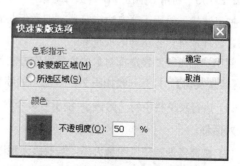
图 2-2-70 快速蒙板选项对话框

(4) 按下 D 键恢复前/背景色为系统默认的黑/白色，然后选择工具箱中的画笔工具，移动光标至图像窗口中，按键盘上的"["(减小)键和"]"(增大)键调整画笔的大小，在人物区域拖拽鼠标，将人物区域涂抹上红色，结果如图 2-2-71 所示。

提示：

在编辑快速蒙板时，要注意前景色和背景色的颜色。当前景色为黑色时，使用画笔工具在图像窗口中涂抹，就会增大蒙板区域；当前景色为白色时，使用画笔工具在图像窗口中涂抹，就会减小蒙板区域。

(5) 蒙板编辑完成后，单击工具箱下部的 ◯ 标准模式编辑(快捷键：Q)按钮，返回到标准编辑模式，然后执行菜单栏中的"选择▶反选"(快捷键：Ctrl+Shift+I)反选选区，最终得到人物选区，结果如图 2-2-72 所示。

图 2-2-71　编辑蒙板区域

图 2-2-72　将蒙板转换为选区

提示：

单击 Q 键，可以在标准模式编辑和快速蒙板模式编辑之间进行循环切换。

2.2.7.3　利用"抽出"滤镜选择对象

抽出滤镜一般用于分离边缘杂乱、细微但与背景有一定反差的对象，如：人物的发丝、动物的绒毛、边缘散落较多水滴的喷泉等。

利用"抽出"滤镜选择对象的主要操作方法如下：

【课堂实训】打开一幅如图 2-2-73 所示的喷泉素材图片，现在要将喷泉的图像抽取出来，则：

(1) 执行菜单栏中的"滤镜▶抽出"命令(快捷键：Alt+Ctrl+X)，弹出如图 2-2-74 所示的"抽出"对话框。

(2) 按需要调整预览图像大小：若要放大视图，则选择"抽出"对话框左侧工具箱中的 🔍 缩放工具，然后在预览图像中单击。若要缩小，则在单击鼠标时按住 Alt 键。

图 2-2-73 喷泉素材图片

图 2-2-74 "抽出"对话框

若要察看不同的区域,可选择工具箱中的 抓手工具(快捷方式:按住键盘上的"空格"键)并在预览图像中拖移即可。

(3) 定义喷泉图案的边缘:在"抽出"对话框的左侧工具栏中选择 边缘高光器工具,在对话框右侧的"工具选项"中设置画笔的大小(快捷方式:按住键盘上的"["和"]"键调整)和高光颜色(默认颜色为绿色),然后沿着喷泉图像的边缘轮廓拖移光标,使高光稍微重叠前景对象及其背景,结果如图 2-2-75 所示。

图 2-2-75　用边缘高光器工具描绘图像边缘图

提示：

若描绘的边缘高光不准确需要修改，可以在对话框左侧的工具栏中选择 橡皮擦工具，然后在高光上拖移即可。若要抹除掉全部高光，可按 Alt＋Backspace 键。

(4) 填充选择的图案区域：用边缘高光器工具勾画好一个封闭边界后，选择工具栏中的 油漆桶工具填充封闭区域，它显示了提取对象的内部区域。可以在右侧的"工具选项"栏中设置填充的颜色(默认为蓝色)。结果如图 2-2-76 所示。

(5) 单击"预览"按钮取出喷泉图像，且背景图像被清除得到透明的区域，如图 2-2-77 所示。

提示：

如果对预览结果不满意，可以返回步骤(3)，点击"边缘高光器"工具重新定义图案的边缘。如果要抹除取出区域中的背景痕迹，可以使用工具栏中的 清除工具。若按住 Alt 键则得到相反的结果。

(6) 单击"确定"按钮应用抽出，结果如图 2-2-78 所示。将抽出的图像保存或移动到其他图像中进行合成处理，结果如图 2-2-79 所示。

图 2-2-76 用油漆桶工具填充要选择的图像区域

图 2-2-77 抽出图像预览

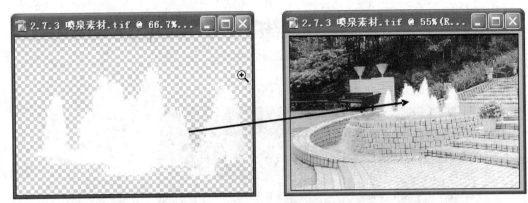

图 2-2-78　抽出喷泉图像　　　　　图 2-2-79　喷泉图像合成

 提示：

如果提取对象的边缘分界明显，可选中"智能高光显示"选项，它能参照边界与背景颜色的差异勾画出更鲜明的边缘。

2.3　图像处理工具

本节学习要点：掌握 Photoshop 中与图像处理相关的基本工具的种类；重点掌握绘图工具（如画笔、铅笔工具）、渐变工具、橡皮擦工具、图像修复工具（如图章工具、减淡、加深工具）、文字工具的设置与使用方法；并能够正确、恰当的将以上工具运用到园林效果图制作中去。

在 Photoshop 工具箱中还有若干与图像处理相关的工具，本节主要介绍与园林效果图制作相关的图像处理工具的使用。

2.3.1　绘图工具

Photoshop 工具箱中的绘图工具主要包括两大类：绘画工具（主要包括画笔工具和铅笔工具）、图工具（主要包括钢笔工具和形状工具）。

在计算机上创建图形时，绘画和绘图是不同的，绘画是用绘画工具更改像素的颜色；而绘图是创建定义为几何对象的形状（也称为矢量对象）。

2.3.1.1　绘画工具

绘画工具包括画笔工具和铅笔工具，都位于工具箱中（图 2-3-1），使用它们可以在图像上用前景色绘画（快捷键：B）。反复按住 Shift+B 键可以在画笔工具和铅笔工具之间进行切换。

图 2-3-1　绘画工具类型

◆ 画笔工具

画笔工具可以模拟传统的毛笔效果，创建柔和的彩色线条，并且可以自由地选择笔头大小和形状。

在工具箱中点选 画笔工具，在选项栏中会显示画笔工具的相应参数，如图 2-3-2 所示。

（1）画笔：用于选择系统预设的笔头。点击其右侧的 下拉按钮，弹出如图 2-3-3 所示的"画笔调板"，在"画笔调板"中可以选择所需的画笔笔触，修改所选笔触的笔尖大小和硬度。

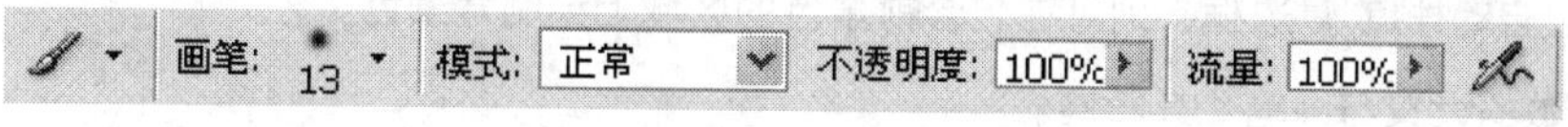

图 2-3-2 画笔工具选项栏参数

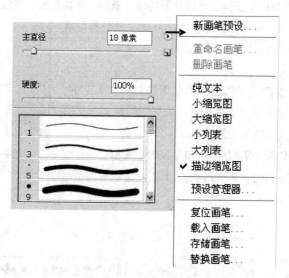

图 2-3-3 画笔调板

要选择其他样式的画笔笔触，则单击调板右侧的 ▶ 小三角按钮，弹出画笔样式下拉菜单，在其中选择所需的样式即可。

(2) 模式：用于设定画笔与图像之间颜色的合成模式。

(3) 不透明度：用于设定所绘线条的不透明度，也可以理解为笔墨的浓淡。

(4) 流量：用于指定画笔工具应用笔墨的速度，较低的设置形成较轻的线条效果。

(5) 点击 按钮，可以启用喷枪功能。

提示：

使用画笔工具绘制线条或图像时，按住键盘上的"["和"]"键，可以即时修改画笔笔触的大小。

在按住 Shift 键的同时在图像上拖动鼠标，可以绘制出水平或垂直的直线，按住 Shift 键的同时连续单击鼠标，可以绘制连续折线。

◆ 铅笔工具

铅笔工具可以模拟传统绘画中的铅笔效果，绘制硬边的彩色线条。

在工具箱中点选 铅笔工具，在选项栏中会显示铅笔工具的相应参数，如图 2-3-4 所示。

图 2-3-4 铅笔工具选项栏

勾选 ☑自动抹掉 复选框，则可在包含前景色的区域上绘制背景色。

其他参数的设置与画笔工具箱同。

2.3.1.2 绘图工具

利用 Photoshop 提供的形状工具，可以绘制矩形、椭圆、圆角矩形、多边形、直线以及自定义形状等图形(如图 2-3-5 所示，绘图工具的快捷键为 U)。此外利用钢笔、自由钢笔工具也可以绘制任意形状的图形。

◆ 创建形状图层

可以使用形状工具或钢笔工具创建形状图层。从技术上讲，形状图层是带有图层剪贴路径的填充图层：填充图层定义形状的颜色；图层剪贴路径定义形状的几何轮廓。

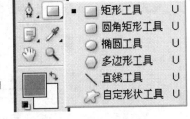

图 2-3-5　形状工具类型

【课堂实训】建立如图 2-3-7 所示的自定义形状图层。

(1) 在工具箱中点选 ，其工具选项栏如图2-3-6所示。

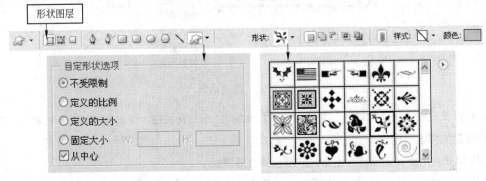

图 2-3-6　创建形状图层工具选项栏

(2) 设定前景色为绿色，在选项栏中点选 选项。

(3) 点击 形状 右侧的 下拉按钮，在弹出的形状列表中选择一种要绘制的图形式例。

(4) 点击 右侧的 下拉按钮，在弹出的"自定义形状选项"面板中可以设定"自定义形状"的绘制方式。

(5) 在图像窗口中单击并拖动鼠标，即创建出一个由前景色填充的自定义形状图形，结果如图 2-3-7 所示。

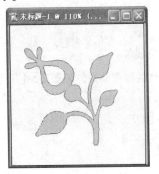 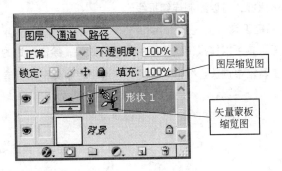

图 2-3-7　创建自定义形状图层

(6) 点击选项栏中的 颜色：□ 按钮(或双击"图层缩览图")，可以修改自定义形状图形的填充颜色(图2-3-8)。

(7) 点击工具箱中的 ▶ 直接选择工具，在自定义形状图形上单击鼠标，在形状路径上显示出路径的所有节点选择并移动路径上的节点，可以调节自定义图形的形状(图2-3-8)。

(8) 点击选项栏中的 样式：□▼ 下拉按钮，可以打开如图2-3-9所示的"图层样式"下拉菜单，并为自定义图形选择所需的图层样式。

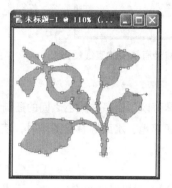
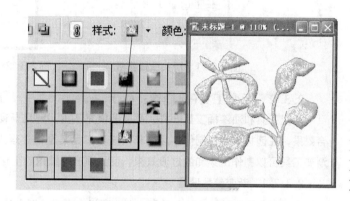

图2-3-8 修改自定义图形的颜色、形状   图2-3-9 为自定义图形应用图层样式

提示：

单击"矢量蒙板缩览图"可以"隐藏/显示"形状路径。

◆ 创建填充像素

创建填充像素(也称创建填充区域)即为栅格化形状，创建栅格化形状的结果与创建选区并用前景色填充该选区的结果相同。

除钢笔工具外，利用各种形状工具可以创建栅格化形状即绘制一些简单的或复杂的图形。

【课堂实训】 绘制如图2-3-12所示的带有箭头的直线图形，则：

(1) 在工具箱中点选 \ (直线工具)按钮，其工具选项栏如图2-3-10所示。

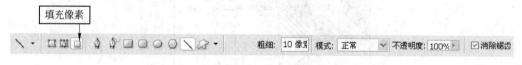

图2-3-10 直线工具选

(2) 设定前景色为蓝色，在选项栏中点选 □ (填充像素)选项。

(3) 点击 ▶▼ 右侧的 ▼ 下拉按钮，弹出如图2-3-11所示的"箭头"设置面板，从中可以设置箭头的绘制参数。

(4) 在选项栏中的 粗细：5像素 文本框中输入相应的数值，用以设置所绘制直线的宽度。

(5) 在图像窗口中单击并拖动鼠标，即创建出一个由前景色填充带箭头的直线图形，结果如图2-3-12所示。

图 2-3-11　箭头设置面板

图 2-3-12　创建带有箭头的直线图形

2.3.2　渐变工具(快捷键：G)

渐变工具和油漆桶工具一样，都属于填充工具。利用渐变工具可以创建多种颜色之间的逐渐混合效果，在园林效果图制作中应用非常广泛，尤其是在处理天空、草地、水面等背景图像时，使用渐变工具可以制作出柔和的过渡效果，使画面产生细微的变化。

2.3.2.1　渐变参数设置

在工具箱中点选 渐变工具，在选项栏中会显示渐变工具的相应参数，如图 2-3-13 所示。

图 2-3-13　渐变工具选项栏

◆ 单击 右侧的三角形按钮，可以打开如图 2-3-14 所示的渐变样式选项板，在这里可以选择系统预设的渐变样式。

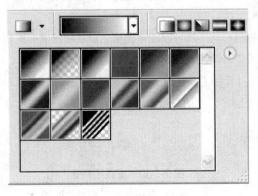

图 2-3-14　渐变样式选项板

◆ 单击 渐变类型按钮，可以设置不同的渐变类型。

线性渐变：从起点到终点以直线方式逐步过渡。

径向渐变：从起点到终点以圆形方式逐步过渡。

角度渐变：围绕起点以逆时针方式逐步过渡。

对称渐变：在起点两侧用对称线性渐变方式逐步过渡。

◆ 菱形渐变：从起点到终点以菱形图案方式逐步过渡，终点定义菱形的一角位置。

◆ 模式：用于设置在某一图像图层上填充的渐变色与图像之间的合成模式。

◆ 不透明度：用于设置填充渐变的不透明程度。

◆ 反向：反转渐变填充起点与终点的颜色顺序。

◆ 仿色：勾选此项，在渐变工具填充的各颜色之间进行平滑过渡，以防止出现颜色过渡过程中的间断现象。

◆ 透明区域：勾选此项，可以保留渐变填充所使用颜色中的透明属性。

提示：

填充渐变色时，在按住 Shift 键的同时拖动鼠标，可以水平、垂直或 45°角填充。

2.3.2.2 编辑渐变样式

若需编辑渐变样式，可以单击工具选项栏中的 渐变条，打开如图 2-3-15 所示的"渐变编辑器"对话框。

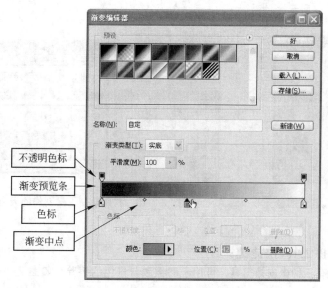

图 2-3-15 渐变编辑器对话框

◆ 添加/删除色标

将光标移到渐变预览条的下方，当光标变为 形状时单击，可以添加色标。

按住色标向上或向下拖动鼠标，可以删除色标。

◆ 编辑色标颜色

选择要编辑的色标，双击色标或单击"色标"选项组中的颜色块，在弹出的"拾色器"对话框中可以设置颜色。

◆ 确定色标位置

将光标指向色标，按住鼠标左键水平拖动可以调整色标的位置；也可以单击色标，在"位置"文本框中输入一个数值来确定色标的位置。

◆ 确定渐变中点位置

将光标指向渐变中点，按住鼠标左键水平拖动可以调整渐变中点的位置；也可以单击渐变中点，在"位置"文本框中输入一个数值来确定中点的位置。

◆ 设置渐变的不透明度

单击某个不透明度色标，则"色标"选项组中的 不透明度(O)：100 ▶ % 位置(C)：0 % 选项变为可用，其设置方法与色标设置方法相同。

2.3.2.3 使用渐变工具制作天空背景

【课堂实训】 使用渐变工具制作天空背景的主要操作步骤如下：

(1) 打开一幅如图2-3-16所示的图像文件，这是一幅没有天空背景的建筑效果图。

(2) 在图层面板中单击 创建新图层按钮，创建一个新的图层，然后将该图层拖动到建筑图层的下方。

(3) 设置前景色为蓝色(RGB：90、112、223)，背景色接近为白色(RGB：255、251、255)。

(4) 选择工具箱中的 线性渐变工具，在工具选项栏中选择渐变样式为"前景到背景"，选择新建图层为当前图层，按下 Shift 键，从图像窗口的顶端至底端拉一条直线，完成天空渐变效果的制作，其效果如图2-3-17所示。

图2-3-16 建筑图像　　　　图2-3-17 利用渐变工具制作的天空背景

2.3.3 橡皮擦工具(快捷键：E)

Photoshop中共有三种橡皮擦工具，可用于图像和背景色的擦除(如图2-3-18所示，反复按住 Shift+E 键可以在三种橡皮擦工具之间进行切换)。其中橡皮擦工具和魔术橡皮擦工具可以将图像区域抹成透明或背景色；背景橡皮擦工具可以将图层抹成透明。

图2-3-18 橡皮擦工具类型

2.3.3.1 橡皮擦工具

橡皮擦工具主要用来擦除图像，使用方法非常简单。在工具箱中点击 橡皮擦工具，然后移动光标到图像窗口中拖拽鼠标即可，效果如图2-3-19所示。

提示：

如果当前图层为背景图层，橡皮擦工具会在擦除的位置填入背景色(图2-3-19)；如果当前图层为非背景图层，则擦除的位置就会变为透明，其效果如图2-3-20所示。

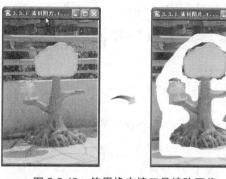

图 2-3-19　使用橡皮擦工具擦除图像　　　　图 2-3-20　在非背景图层中使用橡皮擦工具

【课堂实训】　利用橡皮擦工具创建草地与花卉的融合效果。

（1）打开如图 2-3-21 所示的两幅草地与花卉的素材图片。

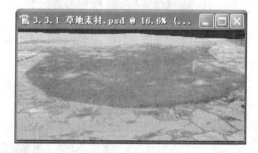

图 2-3-21　素材图片

（2）将花卉素材图像中的花卉选中后，利用移动工具将其拖至草地素材图像中，结果如图 2-3-22 所示。

（3）将拖入的花卉图像移至合适的位置，执行"编辑▶自由变换"命令，调整至适当大小。此时花卉与草地的衔接生硬。

（4）点击"橡皮擦"工具，选择一种模糊型画笔，并调整其不透明度为 40%～50%，在花卉与草地边衔接边缘点击并拖移光标，使花卉与草地产生融合效果，其效果如图 2-3-23 所示。

图 2-3-22　利用移动工具复制图像　　　　图 2-3-23　使用橡皮擦工具融合图像

2.3.3.2　魔术橡皮擦工具

魔术橡皮擦工具可以看作是魔棒工具与橡皮擦工具的结合，它可以将一定容差范围内的图像内容全部清除而得到透明区域。

在工具箱中点击 魔术橡皮擦工具，其工具选项栏如图 2-3-24 所示。

图 2-3-24　魔术橡皮擦工具选项栏

◆ 容差：确定删除图像的范围大小，取值范围为 0～255。
◆ 临近：勾选此复选框，仅清除与鼠标单击位置相邻的颜色相似区域；取消此复选框，将清除图像中所有颜色相似区域。

魔术橡皮擦的应用效果如图 2-3-25 所示。

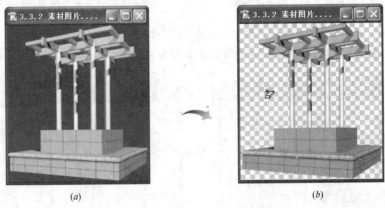

图 2-3-25　魔术橡皮擦工具的应用效果

(a)原始图像；(b)使用魔术橡皮擦工具清除背景

提示：

如果魔术橡皮擦工具擦除的是背景图层的图像，则背景图层自动转换为普通图层。

2.3.3.3　背景橡皮擦工具

背景橡皮擦是所有橡皮擦工具中功能最为强大的一个，它通过连续取样来清除背景，同时具有保护某种颜色不被清除的功能，因而非常适合清除一些背景较为复杂的图像。

在工具箱中点击 背景橡皮擦工具，其工具选项栏如图 2-3-26 所示。

图 2-3-26　背景橡皮擦工具选项栏

◆ 画笔：单击画笔框将弹出画笔调板，可以设置画笔的大小、硬度、角度和间距。
◆ 限制：用来选择擦除背景的方式，主要有三种方式，效果如图 2-3-27 所示。

(1) 不连续：以笔刷大小为界，擦除容差范围内的所有与取样颜色相似的区域。

(2) 临近：以笔刷大小为界，擦除与取样点相接或临近的颜色相似的区域。

(3) 查找边缘：以笔刷大小为界，擦除与取样点相连的颜色相似区域，同时又得到很好的过渡效果。

图 2-3-27　限制选项的清除效果

(a)不连续；(b)临近；(c)查找边缘

◆ 容差：用于控制擦除颜色区域的大小，取值范围为 1%～100%。

◆ 保护前景色：勾选该复选框，可以防止擦除与前景色颜色相同的区域，从而起到保护某部分图像区域的作用。按下 Alt 键，可以切换橡皮擦工具为吸管工具，从而拾取图像颜色为前景色。其效果如图2-3-28所示。

图 2-3-28　保护前景色的擦除效果

(a)原始图像；(b)去除"保护前景色"选项，叶片颜色也被擦除；(c)勾选"保护前景色"选项，叶片颜色被保护

◆ 取样：设定所要擦除颜色的取样方式，主要有三种方式。

(1) 连续的：在鼠标移动的过程中，随着取样点的移动而不断地取样，适合清除色彩不同的相邻区域。

(2) 一次：以第一次鼠标单击取样时的颜色为取样颜色，取样颜色不随鼠标的移动而改变，适合清除色彩变化单一的图像背景。

(3) 背景色板：以工具箱中当前背景色的颜色为取样颜色，而不以鼠标进行取样。

背景橡皮擦工具的使用方法也比较简单，选择该工具后，沿着图像的周围拖动鼠标，则笔刷大小范围内与笔刷中心取样点颜色相似的区域(根据容差大小确定)即被清除，如图2-3-29所示。

提示：

背景橡皮擦工具以当前画笔大小为清除图像的范围，因此图像窗口中光标的显示方式要选择为"画笔大小"模式。

执行菜单栏中的"编辑▶预置▶显示与光标"命令，打开如图2-3-30所示的"预置"对话框，Photoshop 提供了三种显示光标的方法，从中选择"画笔大小"模式即可。

图 2-3-29　使用背景橡皮擦工具擦除背景

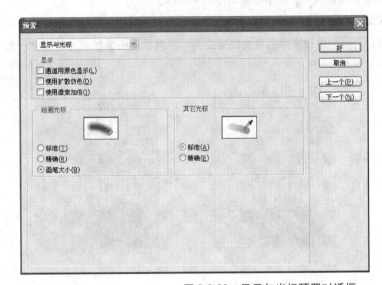

图 2-3-30　显示与光标预置对话框

2.3.4　图像修复工具

对于园林效果图制作中的微小缺陷或瑕疵，可以利用 Photoshop 提供的修饰工具来加以解决。Photoshop 中的图像修复工具主要包括三大类共 7 个工具。

2.3.4.1　图章工具（快捷键：S）

图章工具主要用于图像或图案的复制工作，包括仿制图章工具和图案图章工具，如图 2-3-31 所示。

图 2-3-31　图章工具类型

◆ 仿制图章工具

利用仿制图章工具 可以对某部分图像进行取样复制，然后将取样复制到其他图像或同一图像的不同部分上，该工具在图像的修复与修饰工作中经常被应用。

仿制图章工具的选项栏如图 2-3-32 所示，其中"对齐的"和"用于所有图层"是两个比较重要的参数选项。

图 2-3-32　仿制图章工具选项栏

◎ 对齐的：勾选此复选框，在复制图像时，不论执行多少次操作，每次复制时都会以上次取样点的最终移动位置为起点进行复制，以保持图像的连续性；不勾选此复选框，则在每次复制图像时，都会以第一次按下 Alt 键取样时的位置为起点进行复制，因而会造成图像的多重叠加效果。

◎ 用于所有图层：勾选此复选框，则对所有图层进行取样并复制，取消此复选框，则只对当前图层有效。

【课堂实训】 利用仿制图章工具修复图像。

如图 2-3-33 所示，现在要抹去图像中的小品建筑部分，则主要操作步骤如下：

图 2-3-33 原始图像

(1) 在工具箱中点选 仿制图章工具。

(2) 将光标移动到图像中的草地区域，按住 Alt 键，则光标变成 ⊕ 标记，单击鼠标进行取样。

(3) 松开 Alt 键，移动光标至小品建筑上拖拽鼠标，则草地图像被复制，而在草地上的小品建筑部分被擦除，效果如图 2-3-34 所示。

(4) 重复步骤(3)的操作，在树木图像部分进行取样，然后移动光标复制树木图像用于擦除建筑图像部分，擦除后的效果如图 2-3-35 所示。

图 2-3-34 复制/擦除图像　　　　　　图 2-3-35 处理后的效果

提示：

在光标拖动的过程中，取样点的位置也会相应地移动，并显示出"+"标记，但取样位置和复制位置的相对距离不变。

◆ 图案图章工具

图案图章工具 主要用来复制图案，复制的图案可以是 Photoshop 提供的预设图案，也可以是用户自己定义的图案。

图案图章工具的选项栏如图 2-3-36 所示。

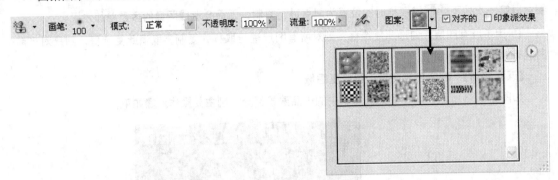

图 2-3-36　图案图章工具选项栏

◎ 图案：点击 ■ 右侧的 ▼ 下拉按钮，在弹出的图案下拉调板中，可以选择所需的填充图案。

◎ 对齐的：勾选此复选框，则每次在画面上填充的图案都与第一次填充的图案对齐。

◎ 印象派：勾选此复选框，则对画面进行印象派效果处理。

【课堂实训】　自定义图案工具的应用：

(1) 打开一幅如图 2-3-37 所示的树木素材图片，使用矩形选框工具建立一个矩形选区。

(2) 执行菜单栏中的"编辑▶定义图案"命令，在打开的"图案名称"对话框(图 2-3-38)中输入定义图案的名称。

图 2-3-37　定义图案

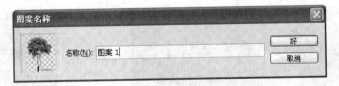

图 2-3-38　图案名称对话框图

(3) 新建一个图像文件(宽度：20 厘米、高度：7 厘米、分辨率：72 像素/英寸)，然后在新建图像窗口中拖动鼠标，则定义的树木图案被复制到图像窗口中，结果如图 2-3-39 所示。

图 2-3-39　图案复制结果

2.3.4.2 修复工具(快捷键：J)

修复工具主要用于修复图像上的划痕、污点、皱褶等瑕疵，在消除瑕疵的同时保留原有色调与纹理。修复工具包括修复画笔工具和修补工具，如图 2-3-40 所示。

图 2-3-40　修复工具类型

◆ 修复画笔工具

修复画笔工具与图章工具的使用方法非常相似，也是通过从图像中取样或用图案来填充图像。二者的主要区别是，修复画笔工具在填充时，会使目标位置图像的色彩、色调、纹理等保持不变，从而能使填充的图像与周围图像完美地融合在一起。

在工具箱中点击 修复画笔工具，工具选项栏如图 2-3-41 所示。

图 2-3-41　修复画笔工具选项栏

其中"源"是一个重要的参数选项，它主要用来设置取样的方式。

◎ 取样：选择此方式，修复画笔工具与仿制图章工具相似，都是通过从图像中取样来修复有缺陷的图像。

◎ 图案：选择此方式，修复画笔工具与图案图章工具相似，使用图案来填充图像，但使用修复画笔工具来填充图案时，可以根据填充区域的环境自动调整填充图案的色彩和色调。

【课堂实训】　利用修复画笔工具修复图像。

如图 2-3-42 所示，现在要抹去图像中西红柿上的坏斑部分，则主要操作步骤如下：

(1) 按下 Alt 键，当光标显示为 ⊕ 标记时，在西红柿上没有坏斑的位置单击鼠标进行取样。

(2) 松开 Alt 键，在有坏斑的图像位置拖拽鼠标，即可去掉西红柿上的坏斑，结果如图 2-3-43 所示。

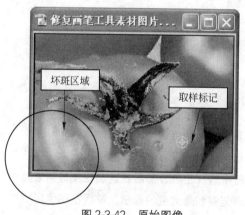

图 2-3-42　原始图像

图 2-3-43　擦除坏斑结果

◆ 修补工具

修补工具与修复画笔工具类似，也是使用图像采样来修复图像，同时也保留原图像的色彩、色调、纹理。不同的是，在使用修补工具前需要建立修补图像的选区。

在工具箱中点击 修复画笔工具，工具选项栏如图 2-3-44 所示。

图 2-3-44 修补工具选项栏

(1) 修补：用于设置修补的方式。
◎ 源：选择此方式，表示当前选中的区域是需要修补的区域，下步是移动该选区到采样区域。
◎ 目标：选择此方式，表示当前选中的区域是采样区域，下步要移动该选区至需要修补的区域。
◎ 在点选"源"修补方式的同时勾选"透明"复选框，则可以将多次复制的内容添加到选区，并根据拖动的次数增加亮度。
◎ 在点选"目标"修补方式的同时勾选"透明"复选框，则可以将拖动的内容添加到需要修补的区域，同样是根据拖动的次数一次比一次亮。

(2) 使用图案
在使用任何一个选择工具创建选区后，修补工具选项栏中的 使用图案 按钮就会显示为可用状态，在按钮右侧的图案列表中选择合适的图案，然后单击 使用图案 按钮，则图像中的选区就会填充所选的图案。

2.3.4.3 减淡和加深工具（快捷键：O）
减淡和加深工具主要用来变亮或变暗图像区域，其功能与"图像▶调整▶亮度/对比度"命令相似。在效果图制作中，主要利用这两种工具来处理局部图像的光影变化，增加造型的质感。
减淡工具 可使图像所需的区域变亮，加深工具 工具可使图像所需区域变暗（稍微变黑）。这两种工具的选项栏参数完全相同，图 2-3-45 为减淡工具的选项栏。

图 2-3-45 减淡工具选项栏

◎ 范围：用于设置减淡或加深的不同范围。
  暗调：修改图像的暗色部分，如：阴影区域等。
  高光：修改图像的高光区域。
  中间调：修改图像的中间调区域，即介于暗调和高光之间的色调区域。
◎ 曝光度：用于设置减淡或加深操作的曝光程度，值越大，效果越明显。
减淡和加深工具的使用方法完全相同：首先在工具箱中选择工具，然后在选项栏画笔列表框中选择一个合适大小和硬度的画笔，并设定修改图像的色调范围和曝光度的数值，最后在图像区域中拖动鼠标即可。

【课堂实训】 减淡、加深工具在园林植物平面图例制作中的应用。
(1) 新建一个空白的图像文件，并按图 2-3-46 所示的参数进行设置。
(2) 打开一幅植物素材图片，按住 Shift 键，选择椭圆选框工具建立一个圆形选区，再执行"选择▶羽化"命令，在弹出的羽化对话框中输入一定的羽化半径，如图 2-3-47 所示。

图 2-3-46 设置空白图像参数

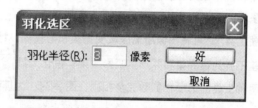

图 2-3-47 建立羽化椭圆选区

（3）在工具箱中选择 (移动)工具，将选区内的植物图像拖入到新建空白图像中。

（4）选择植物所在的图层为当前图层(该图层以蓝色高亮显示)，执行菜单栏中的"图层▶图层样式▶投影"命令，为植物图像添加投影效果，使之具有立体感。投影参数设置及投影效果如图2-3-48所示。

（5）参照植物投影的方向，用减淡工具将植物受光部分影像擦亮，用加深工具将植物背光部分影像涂深，进一步增强植物图像的立体效果，最终结果如图 2-3-49 所示。

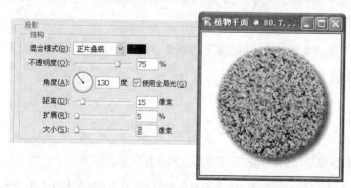

图 2-3-48 为植物图像添加投影效果

图 2-3-49 利用减淡、加深工具增强植物图像的立体效果

2.3.4.4 海绵工具(快捷键：O)

海绵工具可以降低或提高图像区域的色彩饱和度，所谓饱和度是指图像颜色的强度和纯度，用0%～100%的数值来衡量，当饱和度为0%时的图像为灰色图像。

在工具箱中点击 海绵工具，工具选项栏如图2-3-50所示。

图2-3-50 海绵工具选项栏

其中"模式"是一个重要参数，用来设置色彩饱和度的增减。

◎ 去色：选择此方式，使用海绵工具可降低图像区域的饱和度，使图像中的灰度色调增加。当已是灰度图像时，会增加中间灰度色调。

◎ 加色：选择此方式，使用海绵工具可增加图像区域的饱和度，使图像中的灰度色调减少。当已是灰度图像时，会减少中间灰度色调。

2.3.4.5 模糊和锐化工具(快捷键：R)

模糊和锐化工具可以模拟调焦后所产生的模糊或清晰的效果，在效果图制作中，主要利用这两种工具来增加图像物体的透视感和融合感。

模糊工具 可将图像所需区域变得柔和与模糊，特别是对两幅图像进行拼贴时，利用模糊工具能使参差不齐的边界柔和并产生阴影效果；锐化工具 工具可使图像所需区域变得更清晰，色彩更亮。这两种工具的选项栏参数完全相同，图2-3-51为模糊工具的选项栏。

图2-3-51 模糊工具选项栏

2.3.4.6 涂抹工具(快捷键：R)

涂抹工具 可模拟用手指搅拌颜色之后的效果。该工具拾取涂抹开始位置的颜色并沿拖移的方向展开，就像用手指头在还未干的画纸上涂抹一样。涂抹工具的选项栏如图2-3-52所示。

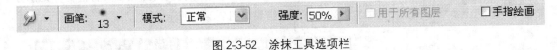

图2-3-52 涂抹工具选项栏

◎ 手指绘画：勾选此复选框，则每次拖拽时，使用前景色与图像中的颜色相融合；不选此复选框，则与每次鼠标单击处的颜色融合。

2.3.5 辅助图像处理工具

2.3.5.1 缩放工具(快捷键：Z)

缩放工具 可以放大或缩小图像显示比例。点击该工具后，将光标移至图像窗口中显示为 (放大)，单击鼠标即可使图像放大一级；按住 Alt 键，则光标显示为 (缩小)此时在图像上单击则会把图像缩小一级。

提示：

放大工具的快捷键为 Ctrl++，缩小工具的快捷键为 Ctrl+-。

2.3.5.2 抓手工具(快捷键：H)

当图像窗口不能全部显示整幅图像时，可以利用抓手工具 上下、左右移动图像。

提示：

如果在应用其他工具而又临时需要抓手工具时，可以按住"空格键"将工具临时转换为抓手工具，同时按住鼠标左键拖动图像。

2.3.5.3 度量工具(快捷键：I)

度量工具 是用来度量图像中任意两点之间的距离、位置和角度的。测量的具体数值显示在的度量工具选项栏中，如图2-3-53所示。其中A显示的为角宽，D为距离。

图2-3-53　度量工具选项栏

在图像上要测量两点之间的距离时，在起点处单击并拖动鼠标到终点处松开鼠标即可。

要测量某个图形的角度时，先在需测量角的一条边的顶点上单击并按下鼠标左键将光标拖动到角顶点上松开鼠标，然后按下 Alt 键，将光标靠近角顶点，当光标显示为 时，再按下鼠标左键从角顶点拖动光标到另一边的端点处松开鼠标，在工具选项栏中就会显示它的测量结果。

2.3.5.4 吸管工具(快捷键：I)

使用吸管工具 可以在图像中或"颜色"、"色板"工具面板中拾取所需要的颜色，并将其定义为前景色或背景色。

点取该工具后，将光标移至图像区域上单击所需选择的颜色，此时前景色就变为吸管所吸取的颜色；如果按住 Alt 键在图像区域上单击所需选择的颜色，则吸管所吸取的颜色设置为背景色。

2.3.6 文字工具(快捷键：T)

在园林效果图制作过程中，经常需要在图像中加入文字。利用Photoshop中的文字工具，可以很方便地为图像加入各种字体、颜色的文字。文字工具位于工具箱中，如图2-3-54所示。

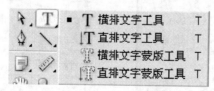

图2-3-54　文字工具类型

2.3.6.1 横排文字工具

使用横排文字工具可以在图像中添加以前景色为颜色的横向字符文字或段落文字。

在工具箱中点选 T 横排文字工具，其工具选项栏如图2-3-55所示。

图 2-3-55 文字工具选项栏

◎ 改变文字方向按钮：设置文字排列方式在横排和竖排之间切换。
◎ 消除锯齿下拉列表：设置消除锯齿的方式。
◎ 文本对齐方式：可分别点选以设置不同的文本对齐。
◎ 创建变形文本：单击它，弹出如图 2-3-56 所示的"变形文字"对话框，可在该对话框中选择所需的变形样式对文字进行变形处理，变形效果如图 2-3-57 所示。
◎ 切换字符和段落调板：单击该按钮可以弹出如图 2-3-58 所示的字符和段落工具面板。

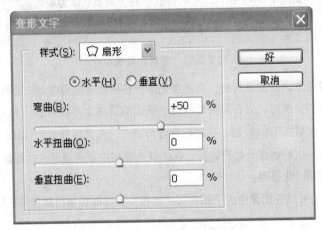

图 2-3-56 变形文字对话框

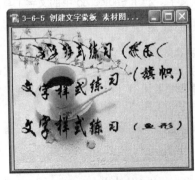

图 2-3-57 变形文字样式应用

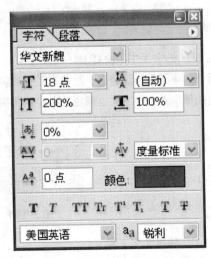

图 2-3-58 字符、段落工具面板

提示：

选择文字工具在图像区域中单击鼠标，此时在图层工具面板中自动建立一个文字图层(文字图层是一种特殊的图层，它有一些操作与普通图层不同，如：改变文字的排列方向，保留基于矢量的文字轮廓等)。

2.3.6.2 直排文字工具

使用直排文字工具可以在图像中添加以前景色为颜色的竖向字符文字或段落文字。其参数设置和使用方法与横排文本基本相同。

2.3.6.3 蒙板文字工具

使用 横排文字蒙板工具、 直排文字蒙板工具可以按文字的形状建立选区。使用移动工具可以移动选区；选择除文字图层以外的图层，则可以对选区进行填充、描边等操作。

【课堂实训】 利用蒙板文字工具建立选区并对选区进行处理。

(1) 打开一幅素材图片，建立一个新的图层并设置为当前图层。

(2) 在工具箱中点选 横排文字蒙板工具，在图像中单击鼠标，此时整个图像被蒙上一层红色，输入文字，如图 2-3-59 所示。

(3) 点击工具选项栏中的 确定按钮，图像上出现文字轮廓的蚂蚁线，文字轮廓范围内的区域被选中，如图 2-3-60 所示。

图 2-3-59　建立文字蒙板　　　　　图 2-3-60　创建文字选区

(4) 利用移动工具( )将文字选区移动到合适的位置，分别执行"编辑▶描边"、"编辑▶填充"、"编辑▶变换▶透视"命令，对文字选区进行各种编辑处理，结果如图 2-3-61 所示。

(a)　　　　　　　　　　(b)　　　　　　　　　　(c)

图 2-3-61　对文字选区进行编辑处理

(a)选区描边；(b)选区填充；(c)选区变换

2.3.6.4 沿路径创建文字

在 Photoshop CS 中，可以沿路径形状输入文字，具体操作方法如下：

(1) 在工具箱中选择钢笔工具( )，在图像背景上绘制一条弯曲的路径，然后按住 Ctrl 键在空白处单击鼠标取消路径选择。

（2）点选横排文本工具（T），移动指针到路径上，指针成形状时单击，即可出现一闪一闪的光标，如图 2-3-62 所示。

（3）在文字选项栏中设置合适的文字字体和大小，然后输入文字，效果如图 2-3-63 所示。

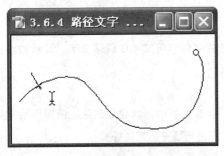

图 2-3-62　在路径上确定文字光标位置　　　　图 2-3-63　在路径上输入文字

（4）在文字选项栏中单击确定按钮，确认文字输入。

（5）打开路径工作面板，可看到已经自动添加一个文字路径，如图 2-3-64 所示。

（6）如果对路径不满意，可以在路径面板中选则文字路径（以蓝色显示），再选择直接选择工具（）在图像中单击路径以选择它，然后移动锚点修改路径，此时文字也会随着路径的变化而变化，结果如图 2-3-65 所示。

2.3.6.5　创建段落文本

利用文字工具可以创建段落文本，点选任意一种文字工具，在画面中按下鼠标左键拖动出一个矩形选框后松开鼠标，即可得到一个段落文本框（定界框），然后在文本框中输入所需的文字即可，如图 2-3-66 所示。

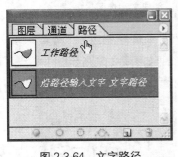  

图 2-3-64　文字路径　　　　图 2-3-65　修改文字路径　　　　图 2-3-66　创建段落文字

2.4　图层的应用

本节学习要点：了解图层的特性；认识图层工具面板、掌握图层的基本操作（新建、删除、复制、合并）；掌握图层蒙板的使用方法；掌握图层样式的使用与编辑处理方法；能够熟练运用图层的相关技巧完成园林效果图制作。

图层在图像处理软件中是一个非常重要的概念，无论是使用 AutoCAD 还是 Photoshop 都会涉及到图层。特别是在 Photoshop 中，图层的应用更灵活、更广泛，是图像处理所不可或缺的重要手段。Photoshop 中的图层具有如下特性：

独立性：图像中的每一个图层都是独立的，对某个图层进行移动、调整或删除操作时，其他的图层不受任何影响。

透明性：图像上的每个图层都是透明的，在图层上未绘制图像的区域可以看到下方图层的内容，如果将许多图层以一定的次序叠加在一起，便可得到复杂的图像。

叠加性：图层由上至下叠加在一起，但并不是简单地堆积，通过控制各图层的混合模式和透明度，可以得到千变万化的图像合成效果。

2.4.1 图层的基本操作

图层的基本操作包括图层的建立、复制、删除、对齐、合并等内容。图层工作面板是查看和编辑图层的主要工作区域，几乎所有的操作都可以在图层工作面板中来完成。

2.4.1.1 图层工作面板

执行菜单栏中的"窗口▶图层"命令（快捷键：F7），在图像窗口中显示如图 2-4-1 所示的图层工作面板。

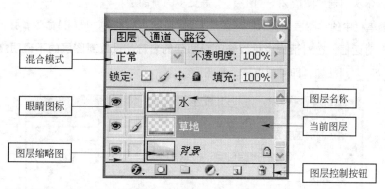

图 2-4-1 图层工作面板

各个图层在图层面板中依次排列，其中 背景图层位于所有图层的最底端，它与一般图层的区别是：既不能更改其在图层堆叠顺序中的位置（背景图层永远在堆叠顺序的最底端），也不能将混合模式或不透明度应用于背景图层。

> **提示：**
>
> 选择背景图层，执行菜单栏中的"图层▶新建▶图层"（快捷键：Shift+Ctrl+N）命令，或者在背景图层上双击鼠标，在弹出的"新建图层"对话框中进行设置后，可以将背景图层转化为普通图层。
>
> 选择普通图层，执行菜单栏中的"图层▶新建▶图层背景"命令，可以将普通图层转化为背景图层。

图层面板主要由以下几部分组成：

◆ 图层名称

为了便于图层的识别与选择，每个图层都可以定义一个名称。默认情况下，Photoshop 会自动按照图层建立的先后顺序依次命名图层名称为"图层 1"、"图层 2"……，如果要改变图层的名称，可以在图层名称上双击鼠标修改即可。

◆ 眼睛图标

每个图层前面都有一个 👁 眼睛图标，表示该图层目前处于显示状态；如果该图标显示为 ▢ 形状，则表示该图层目前处于隐藏状态，处于隐藏状态的图层不能被编辑。单击眼睛图标可以对图层进行显示和隐藏两种状态的切换。

◆ 图层缩略图

指图层中图像的缩小显示，主要用于识别和观察相应图层中的图像内容。

◆ 当前图层

在图层面板中单击某个图层，该图层以蓝色显示，且图层左侧显示 🖌 图标，表明该图层为当前图层，一般编辑操作只对当前图层有效。

2.4.1.2 新建图层

建立新图层的方法主要有以下几种：

(1) 单击图层工作面板中的 ▫ 创建新的图层按钮，建立一个名称为"图层 1"的新图层，继续单击该按钮，可以依次创建"图层 2"、"图层 3"等更多的新图层。

(2) 执行菜单栏中的"图层 ▶ 新建 ▶ 图层"（快捷键：Shift+Ctrl+N）命令，弹出如图 2-4-2 所示的"新图层"对话框，在对话框中可以修改新图层的名称、设置新图层的不透明度、混合模式，然后单击 好 按钮，即可建立一个新图层。

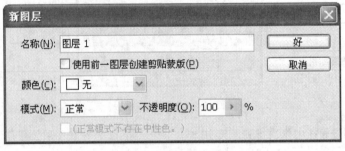

图 2-4-2　新图层对话框

(3) 单击图层工作面板右上角的 ▸ 按钮，从打开的面板菜单中选择"新图层"命令，弹出"新图层"对话框，参照前面的方法建立新图层。

 提示：

通过以上方法建立的图层是一个没有任何图像内容的空白透明图层。

(4) 执行菜单栏中的"图层 ▶ 新建 ▶ 通过拷贝的图层"（快捷键：Ctrl+J）命令，可得到一个与当前图层内容相同的新图层。图像窗口中没发生什么变化，但在图层面板中已新增了一个新图层，如图 2-4-3 所示。

(5) 使用工具栏中的文字工具 T 制作文字，就会在图层面板中自动产生一个文字编辑图层。

2.4.1.3 删除图层

删除图层的方法主要有以下几种：

(1) 在图层面板中选择要删除的图层，按住鼠标左键直接将该图层拖动到面板下方的 ■ (删除图层)按钮上，即可将所选图层删除。

(2) 单击图层工作面板右上角的 ▶ 按钮，从打开的面板菜单中选择"删除图层"命令，弹出如图 2-4-4 所示提示框，单击 是(Y) 按钮，则选择的图层将被删除。

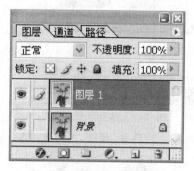

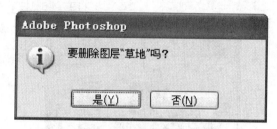

图 2-4-3 通过拷贝的图层　　　图 2-4-4 删除图层提示框

(3) 执行菜单栏中的"图层▶删除▶图层"命令，弹出删除图层提示框，参照前述方法删除图层。

2.4.1.4 复制图层

在通常情况下，复制图层的方法主要有以下几种：

(1) 在图层面板中选择要复制的图层，按住鼠标左键直接将该图层拖动到面板下方的 ■ 按钮上，即可复制所选图层。

(2) 单击图层工作面板右上角的 ▶ 按钮，从打开的面板菜单中选择"复制图层"命令，弹出如图 2-4-5 所示"复制图层"对话框，单击 好 按钮，所选图层被复制。

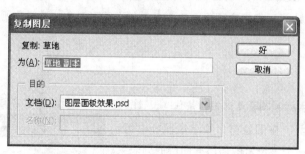

图 2-4-5 复制图层对话框

(3) 执行菜单栏中的"图层▶复制图层"命令，弹出"复制图层"对话框，参照前述方法复制图层。

(4) 选择要复制的图层，在工具箱中点选移动工具(），将光标移动到图像窗口中要复制图像的上方，按下 Alt 键，此时光标会显示为 ▶，表示当前已经进入复制状态，如图 2-4-6 所示。

(5) 此时拖拽鼠标至目标位置松开鼠标，则所选图层被复制且图层上的图像被移动位置，结果如图 2-4-7 所示。

图 2-4-6 按下 Alt 键

 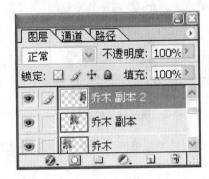

图 2-4-7 拖拽复制图层

2.4.1.5 选择图层

若想编辑某个图层，首先应该选择该图层为当前图层。选择某个图层为当前图层的方法主要有两种，一种是直接在图层面板中单击选择，另一种是在图像窗口中选择。下面主要介绍在图像窗口中选择图层的方法：

(1) 在工具箱中点选移动( )工具，勾选选项栏中的 ☑ 自动选择图层 复选框，使移动工具具备自动选择图层的功能，然后在图像窗口中单击某个图形对象，该对象所在的图层即成为当前图层。

提示：

如果未勾选 ☑ 自动选择图层 复选框，按住 Ctrl 键，移动工具也同样具备自动选择图层功能。

(2) 选择移动工具，在图像窗口中单击鼠标右键，图像窗口中就会弹出一个该位置图像所有图层的列表菜单，如图 2-4-8 所示，从中选择相应图层即可。

提示：

如果当前选择的工具不是移动工具，则按住 Ctrl 键在图像窗口中右击鼠标，也可以弹出图层列表菜单。

2.4.1.6 调整图层排列次序

各个图层在图层面板中依次排列，与在图像中的叠

图 2-4-8 在图像窗口中选择图像

放次序完全相同。可以通过调节图层面板中的图层排列次序来更改图像的显示顺序。调整图层排列次序的方法主要有以下几种。

◆ 在图层面板中调整图层排列次序

(1) 如图 2-4-9 所示，要将"树木副本 2"图层调整到"树木"图层的下面。

(2) 在图层面板中选择"树木副本 2"图层为当前图层，单击鼠标左键并拖动该图层，此时光标的形态变为 。

(3) 拖移该图层至"树木"图层的下面，松开鼠标左键，结果如图 2-4-10 所示。

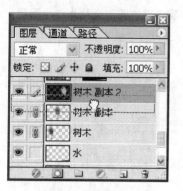
图 2-4-9 拖移图层

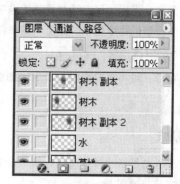
图 2-4-10 拖移结果

◆ 利用排列命令调整图层排列次序

选择要移动的图层为当前图层，然后执行菜单栏中的"图层▶排列"命令，可以调节图层的排列次序为"置为顶层"、"前移一层"、"后移一层"、"置为底层"等四种方式，如图 2-4-11 所示。

图 2-4-11 图层排列命令列表

提示：

如果图像中含有背景图层，则对于普通图层即便执行了"置为低层"命令，该图层图像仍然只能在背景图层之上，这是因为背景图层始终位于最底图层的缘故。

2.4.1.7 锁定图层内容

利用 Photoshop 提供的图层锁定功能，可以锁定某一个图层或图层组，使它在编辑图像时不受影响，从而为编辑图像带来方便。

在图层面板中的锁定选项组中共有 4 个选项用来锁定图层内容，如图 2-4-12 所示，它们的具体功能如下：

(1) 锁定透明像素(　)：会将图层中的透明区域保护起来，因此在使用绘图、填充、描边等工具处理图像时，只对不透明的区域(即有颜色的像素区域)起作用。

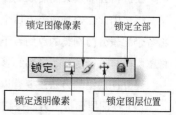
图 2-4-12 锁定选项组

(2) 锁定图像像素( )：可以将当前图层保护起来，使之不受任何填充、描边及其他绘图操作的影响，此时在这一图层上无法操作绘图工具。

(3) 锁定图层位置( )：不能够对锁定的图层进行移动、旋转和自由变换等编辑操作，但可以对当前图层进行填充、描边和其他绘图操作。

(4) 锁定全部( )：将该图层完全锁定，此时任何绘图、编辑操作均不能在该图层上使用。

2.4.1.8 合并图层

一幅图像的图层越多，打开和处理该图像时所占用的内存也就越多，保存时所占用的磁盘空间也就越大。解决此问题的好方法就是将图像中一些不需要修改的图层合并为一个图层，以释放计算机资源。合并图层的命令位于"图层"菜单栏中，其含义如下：

◆ 向下合并(快捷键： Ctrl+E)

选择此命令，可将当前图层与其下一图层进行合并。合并时，下面图层必须为可见，否则此命令无效。

提示：

如果要合并的图层为链接图层，则"向下合并"命令将变为"合并链接图层"命令，执行该命令将合并所有链接的图层。

◆ 合并可见图层(快捷键： Shift+Ctrl+E)

执行此命令，可将图像中所有可见图层全部合并为一个图层，隐藏图层则不受影响。

◆ 拼合图层

执行此命令，可以合并图像中的所有图层，如果图像中有隐藏的图层，则合并时会弹出一个如图 2-4-13 所示的信息提示框，单击 按钮，则图像中隐藏的图层被删除，所有可见图层合并为一层；单击 取消 按钮，则取消合并操作。

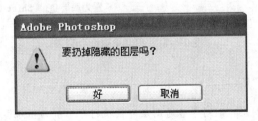

图 2-4-13 信息提示栏

2.4.1.9 图层组

在进行园林效果图后期制作处理时，需要添加大量的人物、花草、树木、汽车等各类配景，图层面板也因此会拥有成十上百个图层，这时会给图层的操作带来很大的不便。利用图层组，则可以将各个配景分门别类的放到若干个图层组中，这样图层面板就会变得简洁了。同时，图层组也可以像图层一样进行选择、复制和移动操作。

建立图层组的方法主要有以下两种。

(1) 在图层面板下方的按钮组中单击 创建新组命令，或执行菜单栏中的"图层 ▶ 新建 ▶ 图层组"命令，即可在当前图层的上方创建一个图层组，如图 2-4-14 所示。

使用以上方法创建的图层组不包含任何图层，可以将各个图层依次分类，然后分别拖动到不同的图层组中。

（2）也可以将要添加到同一个图层组中的所有图层设置为链接图层，然后执行菜单栏中的"图层▶新建▶由链接的图层组成的图层组"命令，当前所有的链接图层便会自动转移到新建的图层组中。

点击图层组前的▶按钮，可以展开图层组，再次单击则可以关闭图层组，如图2-4-15所示，控制方式非常灵活。

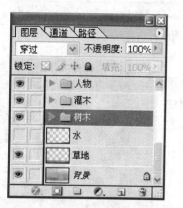
图 2-4-14　创建了图层组的图层面板

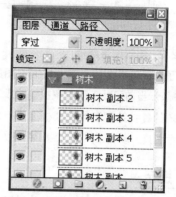
图 2-4-15　展开图层组

2.4.2　图层蒙板

图层蒙板是一种极其重要的图像合成手段。使用图层蒙板，可以在不损坏原图像的情况下实现图像的淡入淡出、过渡、显示或隐藏等效果，在园林效果图制作中应用非常广泛。

2.4.2.1　添加图层蒙板

首先在图层面板中选择要添加图层蒙板的图层为当前图层，然后执行菜单栏中的"图层▶添加图层蒙板▶显示全部"命令（或直接单击图层面板下方的 添加图层蒙板按钮），即可在当前图层上添加一个纯白色的图层蒙板，且当前图层中的图像仍全部显示在图像窗口中，如图2-4-16所示。

图 2-4-16　添加白色图层蒙板

执行菜单栏中的"图层▶添加图层蒙板▶隐藏全部"命令（或按住 Alt 键，再单击图层面板下方的 添加图层蒙板按钮），即可在当前图层上添加一个纯黑色的图层蒙板，且当前图层中的图像被全部隐藏，如图2-4-17所示。

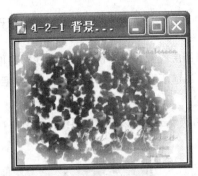 

图 2-4-17 添加黑色图层蒙板

2.4.2.2 编辑图层蒙板

创建了图层蒙板之后，在图层缩览图的左侧就会显示 ◻ 标记，表示当前正处于图层蒙板编辑状态。这时可以使用工具箱内的各种绘图工具在蒙板上进行编辑，例如画笔工具、图章工具、渐变工具等，编辑结果如图 2-4-18 所示。

提示：

利用绘图工具对图层蒙板进行编辑时，必须记住以下原则：

在蒙板上添加黑色时，会隐藏对应的图像区域。
在蒙板上添加白色时，会显示对应的图像区域。

图 2-4-18 利用画笔工具编辑蒙板

在蒙板上添加灰色时，会使对应的图像区域变成半透明效果。

2.4.2.3 图层蒙板应用的相关命令

◆ 停用图层蒙板

如果要将图层蒙板暂时关闭，可以按住 Shift 键单击图层蒙板缩览图，或右击图层蒙板缩览图，然后从弹出的快捷菜单中选择"停用图层蒙板"命令，即可暂时关闭图层蒙板，同时在缩览图上出现一个红色的"×"符号，如图 2-4-19 所示。

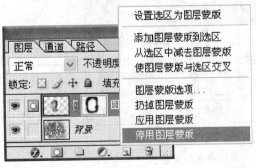 

图 2-4-19 停用图层蒙板

◆ 重新启用图层蒙板

按住 Shift 键再次单击图层蒙板缩览图，红色"×"符号消失，图层蒙板又恢复到有效状态。

◆ 扔掉图层蒙板

当图层中的蒙板不再需要时，可从图 2-4-19 所示的快捷菜单中选择"扔掉图层蒙板"命令即可，此时蒙板的屏蔽效果也会消失。

◆ 应用图层蒙板

从图 2-4-19 所示的快捷菜单中选择"应用图层蒙板"命令，图层蒙板应用于当前图层且图层蒙板缩略图消失，图层中隐藏的图像将被删除。

提示：

当图层处于蒙板编辑状态时，单击图层面板下部的 删除图层按钮，将弹出如图 2-4-20 所示的提示框，询问是否应用图层蒙板。

点击 应用 按钮，则如同执行"应用图层蒙板"命令；点击 不应用 按钮，则如同执行"扔掉图层蒙板"命令。

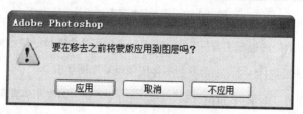

图 2-4-20　应用图层蒙板对话框

◆ 图层与图层蒙板的链接

默认情况下，图层与图层蒙板之间处于链接状态，两者的缩览图之间会出现 标记，此时对其中一方进行移动、缩放或变形操作时，另一方也会发生相应的改变。

单击 标记使之消失，则两者间的链接状态被取消，此时对其中的某一方进行移动或其他操作时，另一方不发生任何改变。使用该方法，可以调整图层蒙板所隐藏的图层区域。

◆ 选区与蒙板之间的转换

选择要添加蒙板的图层为当前图层，在该图层上建立选区，然后执行菜单栏中的"图层▶添加图层蒙板▶显示选区"命令，即可得到选区内为白色，选区外为黑色的图层蒙板，如图 2-4-21 所示。执行菜单栏中的"图层▶添加图层蒙板▶隐藏选区"命令，则会得到相反的结果。

图 2-4-21　利用选区建立蒙板

(a)建立选区；(b)将选区转换为蒙板

按住 Alt 键单击图层蒙板，可载入图层蒙板作为选区，蒙板的白色区域为选择的区域，蒙板中的黑色区域为非选择区域。

2.4.2.4 使用图层蒙板合成园林效果图

【课堂实训】 要在如图 2-4-22 所示的草地素材图片上创建一片水体，则主要操作步骤如下：

图 2-4-22 草地/水面素材图片

(1) 选择工具箱中的矩形选框工具( )，在水面素材图片中选择一块水体图像(图 2-4-22)，然后单击工具箱中的移动工具( )，拖动复制水体图像至草地图像窗口。

(2) 执行菜单栏中的"编辑➤自由变换"(Ctrl+T)命令，调整水体图层的大小，使其铺满整个草地，结果如图 2-4-23 所示。

(3) 按住 Alt 键单击图层面板底部的 按钮，为水面图层添加黑色图层蒙板，水体图像在草地图像窗口中消失。

(4) 按下 D 键，恢复前/背景色为系统默认的黑/白颜色，在工具箱中选择画笔工具( )，从选项栏中选择一个硬度为 50% 左右的圆形笔刷，按下 "[" 和 "]" 键调整合适的笔刷大小，在草地区域中仔细涂抹出水面轮廓。如果需要，可以按下 X 键，交换前/背景色，使用白色画笔修改水面轮廓。

(5) 单击图层和图层蒙板缩略图之间的 标记使其消失，然后单击水体图层缩略图，退出蒙板编辑并返回至图像编辑状态。再在工具箱中选择移动工具调整水体素材图像部分而蒙板不会移动，调整显示水体素材至最佳位置，如图 2-4-24 所示。

图 2-4-23 调整水体图层的大小　　　　图 2-4-24 利用图层蒙板描绘水体轮廓

(6) 选择一幅水岸毛石图像素材，利用移动工具将其拖移到草地图像窗口，将其放置到水体边沿，最终结果如图 2-4-25 所示。

 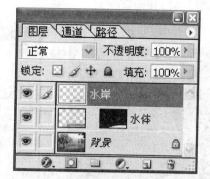

图 2-4-25 制作完成后的草地水体

2.4.3 图层样式

所谓图层样式，是指由投影、内阴影、外发光、内发光、斜面和浮雕、光泽、颜色、图案和渐变叠加、描边等图像处理效果组成的集合。图层样式可以作用于除背景图层外的所有图层，利用图层样式可以方便地将平面图形转化为具有材质和光线效果的立体物体。在园林效果图制作过程中，图层样式的应用非常广泛。

2.4.3.1 添加图层样式

选择要添加图层样式的图层为当前图层，单击图层面板底端的 图层样式按钮，或执行菜单栏中的"图层▶图层样式"命令，在弹出的图层样式菜单中选择一种图层样式，则弹出如图 2-4-26 所示的图层样式面板。

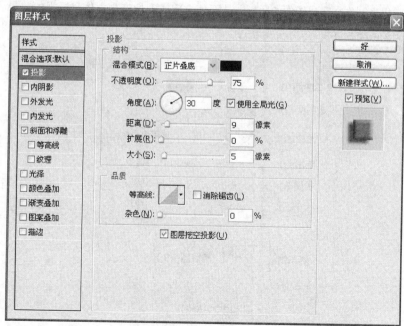

图 2-4-26 图层样式面板

在图层样式面板中可以进行图层效果的选择和相应参数的设置。单击面板左侧的图层样式复选框□，使之显示为"√"标记，即可选中该图层样式，同时在图像窗口中即可观察到添加该效果的结果，如图 2-4-27 所示。

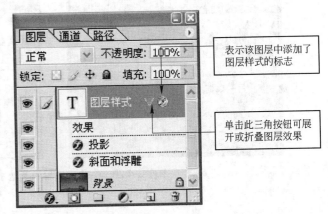

图 2-4-27　添加图层样式结果

图层样式具有反复修改的特性，如果对当前的图层样式不满意，双击图层面板中的 按钮，可再次打开图层样式面板，重新设置相应的参数即可。

提示：

当图层样式面板中的参数设置有误时，可以按下 Alt 键，则 取消 按钮将变成 复位 按钮，图层样式面板将恢复到打开时的状态。

2.4.3.2　投影效果

投影效果常用来制作文字或图像的阴影，从而使文字或图像产生立体和透视的效果。投影效果的参数面板如图 2-4-28 所示。

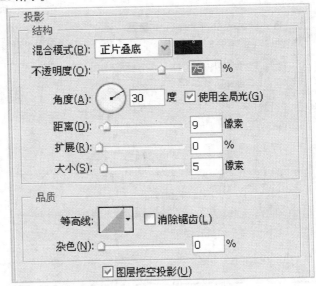

图 2-4-28　投影效果参数面板

◎ 混合模式：设置阴影与下方图层的色彩混合模式，系统默认为"正片叠底"模式（该模式将阴影与下方图层的色彩叠加而变深）。其右侧的颜色块用于设置阴影的颜色。

◎ 不透明度：设置阴影的不透明度，数值越大，阴影颜色越深。

◎ 角度：设置光源的照射角度，角度不一样，阴影的位置不一样。勾选"使用全局光"复选框，可以使所有图层效果保持相同的光线照明效果。

◎ 距离：设置阴影与图层之间的距离，取值范围为 0~30000 像素。

◎ 扩展：用于加粗阴影宽度。

◎ 大小：设置阴影边缘柔化的程度。

◎ 等高线：用于产生光环形状的阴影效果。勾选"消除锯齿"复选框，可以使等高线轮廓更为光滑，避免产生锯齿现象。

◎ 杂色：在生成的投影中加入杂点，从而产生特殊的效果。

◎ 图层挖空投影：当图层的填充不透明度小于 100% 时，是否显示阴影与图层的重叠区域，效果如图 2-4-29 所示。

(a) (b)

图 2-4-29　图层挖空投影参数的含义（图层的填充不透明度为 20%）

(a)勾选"图层挖空投影"选项；(b)未勾选"图层挖空投影"选项

2.4.3.3　内阴影效果

使用内阴影效果可以在图层内部边缘位置产生柔化的阴影效果，如图 2-4-30 所示。

内阴影参数面板如图 2-4-31 所示，其参数设置与投影效果基本相同。其中：

 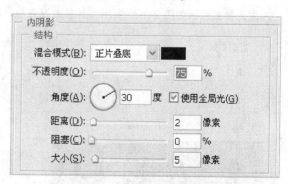

图 2-4-30　内阴影效果　　　　图 2-4-31　内阴影效果参数面板

◎ 阻塞：用于设定阴影与图像之间内缩的大小。

2.4.3.4　外发光效果

使用外发光效果可以在图像边缘产生光晕效果，从而将对象从背景中分离出来。在制作发光效果时，可以使用某种颜色，也可以使用渐变作为光晕。外发光效果如图 2-4-32 所示。

外发光参数面板如图 2-4-33 所示，其参数含义如下：

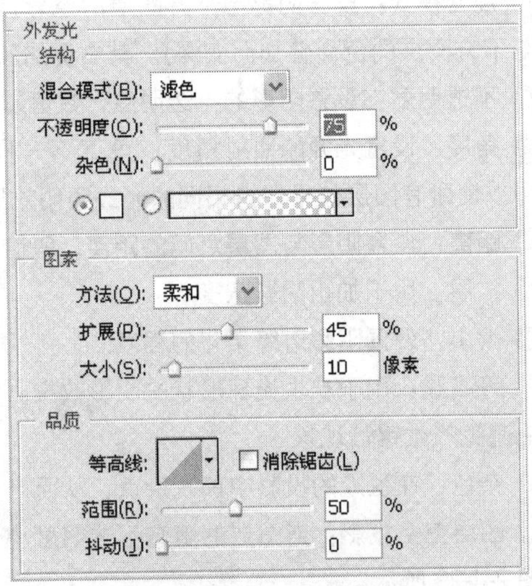

图 2-4-32 外发光效果

图 2-4-33 外发光效果参数面板

◎ 混合模式：系统默认的混合模式为"滤色"模式，该模式将上层图像的色彩、亮度与下层图像相加，形成较鲜亮的效果。

◎ 杂色：在生成的光晕中加入杂点，从而产生特殊的效果。

◎ 方法：设置发光的方法为"较柔软"或"精确"。

◎ 扩展：设置光晕的大小。

◎ 大小：设置光晕边缘柔化的程度。

◎ 范围：设置等高线的运用范围，值越大，轮廓效果越明显。

2.4.3.5 内发光效果

使用内发光效果可以在图像的内部产生光晕的效果，其效果如图 2-4-34 所示。

内发光参数面板如图 2-4-35 所示，其参数设置与外发光效果基本相同。其中：

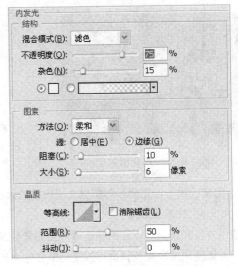

图 2-4-34 内发光效果

图 2-4-35 内发光效果参数面板

◎ 源：用于设定发光位置。勾选 ⊙居中(E) 复选框，则从图像的中心位置向外发光；勾选 ⊙边缘(G) 复选框，则从图像的边缘向里发光。

◎ 阻塞：用于设定光晕与图像之间内缩的大小。

2.4.3.6 斜面和浮雕效果

使用斜面和浮雕效果制作各种凹陷或凸出的浮雕图像或文字。

斜面和浮雕效果的参数面板比较复杂，如图 2-4-36 所示，主要参数含义如下：

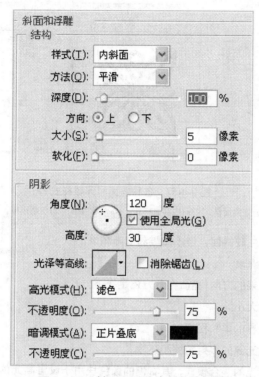

图 2-4-36　斜面和浮雕效果参数面板

◎ 样式：点击样式列表右侧的下拉箭头，在打开的样式下拉列表中，可以选择需要的斜面和浮雕样式。

① 外斜面：在图层的外边缘上创建斜面。

② 内斜面：在图层的内边缘上创建斜面。

③ 浮雕效果：创建出使图层相对于下层图层呈浮雕状的效果。

④ 枕状浮雕：创建出将图层的边缘压入下层图层中的雕刻效果。

⑤ 描边浮雕：对图层的描边边界进行浮雕效果处理。如果图层没有应用描边，则该效果不可见。

各种样式效果如图 2-4-37 所示。

◎ 方法：点击方法列表右侧的下拉箭头，在打开的方法下拉列表中，可以选择一种表现浮雕斜面的方法。

① 平滑：得到过渡较为柔和的平滑斜面。

② 雕刻清晰：得到较为清晰、精确的生硬斜面。

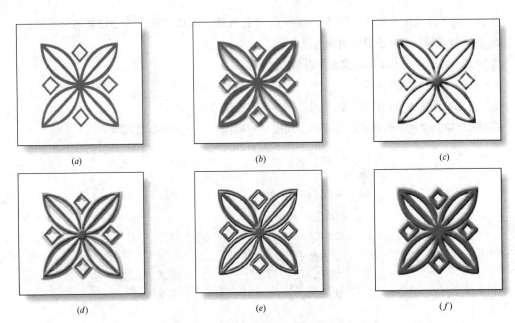

图 2-4-37　各种斜面和浮雕样式

(a)原图像；(b)外斜面样式；(c)内斜面样式；(d)浮雕效果；(e)枕状浮雕；(f)描边浮雕

③ 雕刻柔和：也得到生硬斜面，但不如雕刻清晰精确。

◎ 深度：设置浮雕的深度。

◎ 方向：设置浮雕效果的方向(亮面在上方还是在下方)。

◎ 大小：设置斜面的大小。

◎ 软化：设置斜面边界的柔和程度。

◎ 角度、高度：设置光源的照射角度和高度。

◎ 高光模式：设置高光的混合模式，其右侧的颜色块用于设置高光的颜色。系统默认的高光的颜色为白色，混合模式为滤色。

◎ 暗调模式：设置暗面的混合模式，其右侧的颜色块用于设置暗面的颜色。系统默认的暗面颜色为黑色，混合模式为正片叠底。

2.4.3.7　颜色、图案和渐变色叠加效果

利用颜色、图案和渐变色叠加效果，可以在图层上叠加单种颜色、图案和渐变，其效果如图 2-4-38 所示。

(a)　　　　　　　(b)　　　　　　　(c)　　　　　　　(d)

图 2-4-38　叠加效果

(a)原始图像；(b)颜色叠加；(c)渐变叠加；(d)图案叠加

三种叠加效果的参数面板如图 2-4-39、图 2-4-40、图 2-4-41 所示。

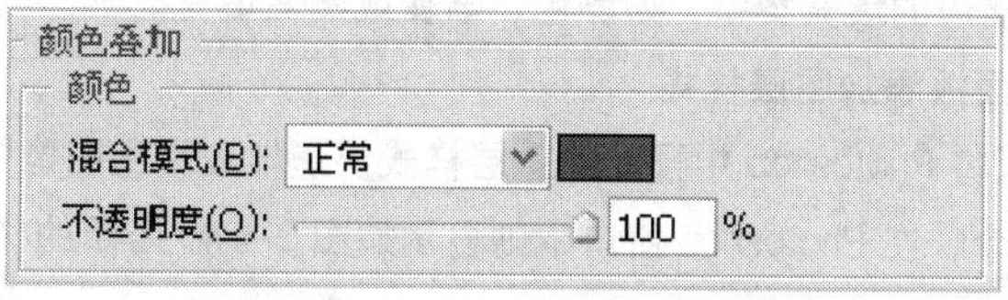

图 2-4-39　颜色叠加参数面板

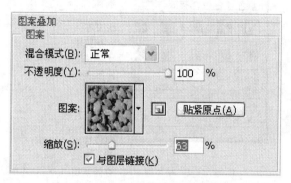

图 2-4-40　图案叠加参数面板

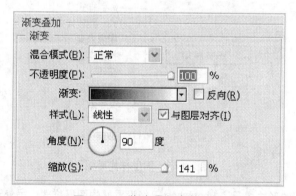

图 2-4-41　渐变叠加参数面板

2.4.3.8　描边效果

利用描边效果可以在图像边缘设置描边效果，其参数面板如图 2-4-42 所示，主要参数含义如下：

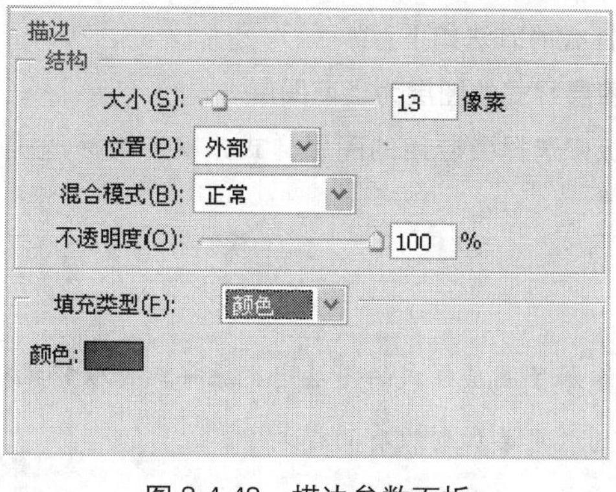

图 2-4-42　描边参数面板

◎ 位置：设置描边位置在图像轮廓线的外侧、内部、或者居中。
◎ 填充类型：设置描边的填充类型，如颜色、渐变或图案填充。

2.4.3.9 利用样式面板添加图层样式

利用样式面板，可以将 Photoshop 中预设的图层样式快速地应用到图像中的图层上。执行菜单栏中的"窗口▶样式"命令，在 Photoshop 窗口中则显示如图 2-4-43 所示的样式面板。

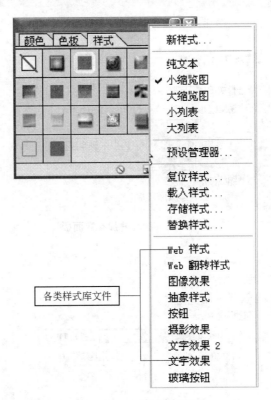

图 2-4-43　图层样式面板

样式面板以缩览图的形式显示了 Photoshop 已经设置好的图层样式，另外还有许多样式以文件的形式保存在样式文件库中。

单击样式面板右上角的 ▶ 按钮，从弹出的面板菜单中单击下方的样式文件列表的某个文件，则该文件的样式将从文件库载入到样式面板中。

应用样式面板中的图层样式的方法如下：

(1) 选择图像中要应用图层样式的图层为当前图层。

(2) 移动光标至样式面板中选择要应用的图层样式并单击鼠标，则选中的图层样式就被应用到当前的图层中。

提示：

应用新样式至一个已经添加了图层样式的图层中，原样式将被替代；但如果按住 Shift 键执行以上的操作，则可将新样式中的效果添加到原有的样式中。

2.4.4 图层样式的处理

2.4.4.1 复制图层样式

可以将某一图层上添加的图层样式复制到其他图层上，从而避免反复设置图层样式的麻烦。

【课堂实训】 如图 2-4-44 所示，要将图层 1 上的图层样式复制到图层 2 上，则使用鼠标拖动法复制图层样式的操作步骤如下：

（1）移动光标至图层 1 上的"效果"上方并按下鼠标左键，此时"效果"以黑色显示。

（2）拖拽鼠标，此时光标显示为 抓手形状，将鼠标拖拽到图层 2 下方，然后松开鼠标，此时图层 1 中的图层样式就被复制到图层 2 中，结果如图 2-4-45 所示。

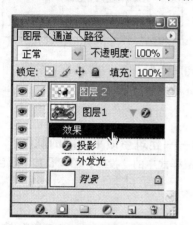 

图 2-4-44　选择要复制的图层样式　　　　图 2-4-45　复制图层样式结果

提示：

在复制图层样式时，如果图层 2 中已经设置了图层样式，则原来的图层样式将被新的图层样式所代替。当仅需复制图层样式中的一种或几种图层效果时，可拖动效果列表中的该图层效果至图层 2 下方即可。

2.4.4.2 清除图层样式

清除图层样式的方法主要有以下两种：

（1）如果要清除整个图层样式，则点击"效果"并拖移鼠标至图层样式面板底部的 删除按钮上，即可删除该图层样式。如果仅仅是要清除图层样式中的某个图层效果，则直接拖动该图层效果至 按钮即可。

（2）在要清除图层样式的图层上单击鼠标右键，再弹出的快捷菜单中选择"清除图层样式"命令也可快速清除该图层的图层样式。

提示：

如果不想清除图层样式，但又不想让它显示在图像窗口中，则可以单击该图层效果左面的眼睛图标，或执行菜单栏中的"图层▶图层样式▶隐藏所有效果"命令。

2.4.4.3 分离图层样式

执行菜单栏中的"图层▶图层样式▶创建图层"命令，可以将组成图层样式的各个图层效果分离成单独的图层，以便对其进行更进一步的处理，其结果如图 2-4-46 所示。

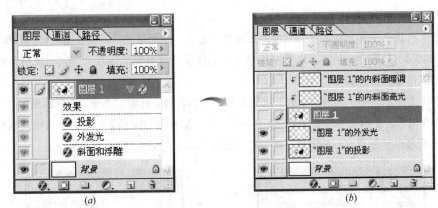

图 2-4-46　分离图层样式

(a)分离样式前；(b)分离样式后

2.4.5　综合实训：图层样式应用综合练习——建筑屋顶平面图的制作

本节以建筑屋顶平面图的制作为例，详细介绍图层样式中的"投影、图案叠加、颜色叠加"等效果在园林平面效果图绘制中的应用。

2.4.5.1　AutoCAD 中的前期处理

首先在 AutoCAD 中绘制建筑屋顶的俯视平面图，结果如图 2-4-47 所示。然后使用位图输出法将建筑屋顶平面图输出保存。

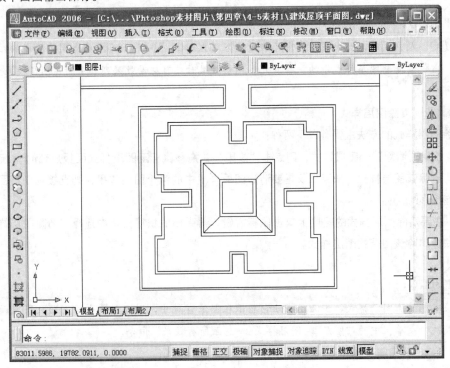

图 2-4-47　在 AutoCAD 中绘制的建筑屋顶平面图

2.4.5.2 图形导入 Photoshop

运行 Photoshop，执行菜单栏中的"文件➤打开"命令(快捷键：Ctrl+O)，打开输出保存的图形文件，弹出如图2-4-48所示的"栅格化通用 EPS 格式"对话框。按照图 2-4-48 所示设置相应参数值，点击 好 按钮，将建筑屋顶平面图在 Photoshop 中打开，此时的图形文件只有一个透明图层，如图 2-4-49 所示。

将该图层复制若干个，然后执行菜单栏中的"图层➤拼合图层"命令，拼合后的图层自动转换为"背景"图层，结果如图 2-4-50 所示。

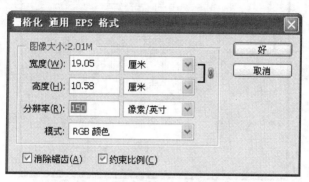

图 2-4-48　"栅格化通用 EPS 格式"对话框

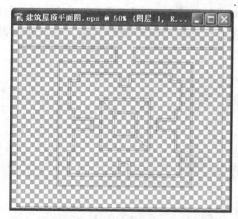

图 2-4-49　打开图形文件

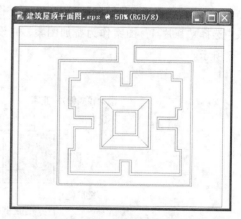

图 2-4-50　复制/拼合图层

2.4.5.3 建筑屋顶平面图的制作步骤

从建筑屋顶平面图中可以看出，该建筑是由一个坡屋顶和一个平屋顶组成的对称式建筑。首先利用填充制作坡屋顶。

◆ 坡屋顶填充

(1) 打开一幅如图 2-4-51 所示的瓦图片，执行菜单栏中的"编辑➤定义图案"命令，将其定义为"瓦片 1"图案。

(2) 执行"图像➤旋转画布➤90 度(顺时针)"命令，将图像旋转 90°后，执行"编辑➤定义图案"命令，将其定义为"瓦片 2"图案。

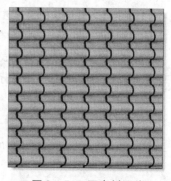

图 2-4-51　瓦素材图片

(3) 设置"背景"图层为当前图层,选择魔棒工具( ),在如图 2-4-52 所示的右侧坡屋顶位置单击鼠标,建立坡屋顶选区,然后执行菜单栏中的"图层▶新建▶通过拷贝的图层"命令(快捷键: Ctrl+J),复制选区的内容至新建图层,将新建图层更名为"坡屋顶右侧填充"。

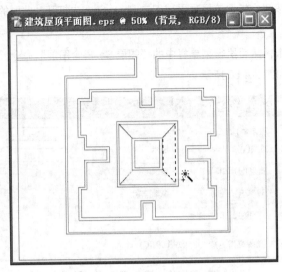

图 2-4-52 选中坡屋顶一侧建立选区

(4) 双击"坡屋顶右侧填充"图层,打开"图层样式"面板选中"图案叠加"选项,从"图案"列表中选择"瓦片 1"图案作为叠加图案,并设置图案的缩放比例为 23% 左右,参数设置如图 2-4-53 所示。

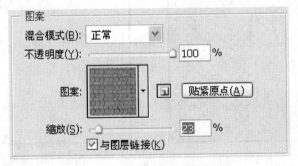

图 2-4-53 图案叠加参数设置

(5) 为了表现图像的整体透视效果,假设光线是从左上角照射过来的,则此部分屋顶为背光面,亮度应该降低一些。在"图层样式"面板中继续选择"颜色叠加"选项,并作如下设置:

叠加颜色:黑色;混合模式:正片叠底;不透明度:45%(图 2-4-54)。这样设置可以降低瓦片图案的亮度,从而制作出屋顶背光一面的阴暗效果。

图 2-4-54 颜色叠加参数设置

(6)单击"图层样式"面板中的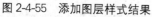按钮,关闭图层样式面板,结果如图2-4-55所示。

(7)使用同样的方法制作其他各侧的屋顶,特别注意:左右两侧的坡屋顶选择"瓦片1"作为叠加图案,上下两侧的坡屋顶选择"瓦片2"作为叠加图案;背光面的屋顶选择"颜色叠加"选项,用以模拟背光效果,受光面的屋顶则仅需设置图案叠加即可,结果如图2-4-56所示。

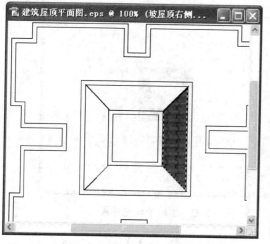 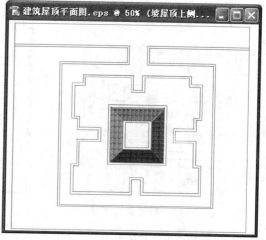

图 2-4-55　添加图层样式结果　　　　　图 2-4-56　坡屋顶填充结果

◆ 平屋顶填充

(8)设置"背景"图层为当前图层,选择魔棒工具(　),在如图2-4-57所示的平屋顶位置单击鼠标,建立平屋顶选区,然后按下 Ctrl+J 键,复制选区的内容至新建图层,将新建图层改名为"平屋顶填充"。

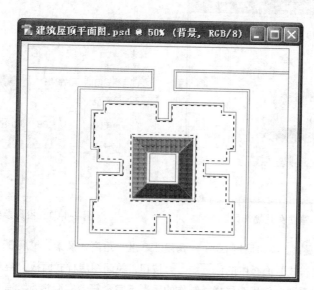

图 2-4-57　建立平屋顶选区

(9)打开一幅如图2-4-58所示的铺地图片,执行菜单栏中的"编辑▶定义图案"命令,将其定义为"铺地"图案。

(10) 双击"平屋顶填充"图层,打开图层样式面板,选中"图案叠加"选项,从"图案"列表中选择"铺地"图案作为叠加图案,并设置图案的缩放比例为60%左右,结果如图2-4-59所示。

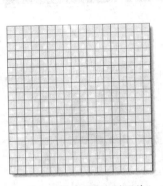
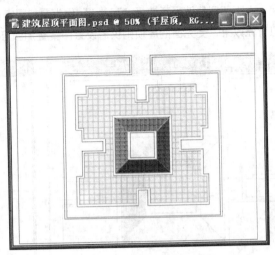

图2-4-58 铺地素材图片　　　　　图2-4-59 平屋顶填充结果

◆ 女儿墙阴影的制作

(11) 设置"背景"图层为当前图层,选择魔棒工具(），在平屋顶女儿墙位置单击鼠标,建立如图2-4-60所示选区,然后按下 Ctrl+J 键,复制选区的内容至新建图层,将新建图层改名为"女儿墙"。

(12) 将"女儿墙"图层移动到"平屋顶填充"图层的上方。双击"女儿墙"图层,打开图层样式面板,选中"投影"选项,按图2-4-61所示设置投影参数如下:

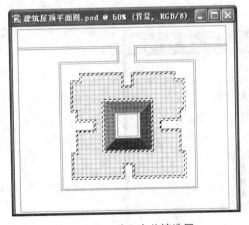
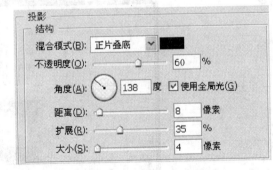

图2-4-60 建立女儿墙选区　　　　图2-4-61 投影参数设置

混合模式:正片叠底、不透明度60%、角度138度、距离8像素、扩展35%、大小4像素。

(13) 单击"图层样式"面板中的 好 按钮,关闭图层样式面板,结果如图2-4-62所示。

(14) 从图中可以看到,使用图层样式制作的阴影不完全符合实际情况,有些没有接受阴影物体的位置也产生了阴影,下面要对阴影的形状进行相应的调整。

(15) 执行菜单栏中的"图层➤图层样式➤创建图层"命令,将投影效果从"女儿墙"图层中分离出来,得到一个名为"女儿墙的投影"的单独图层,如图2-4-63所示。

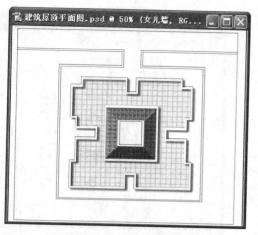

图 2-4-62　添加女儿墙的阴影

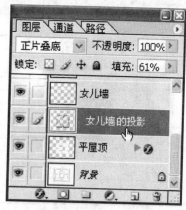

图 2-4-63　创建投影图层

（16）设定"女儿墙的投影"图层为当前图层，在工具箱中选择矩形选框工具，选择删除不该有的阴影区域，结果如图 2-4-64 所示。

（17）选择一张如图 2-4-65 所示的"铺地 2"图片，并将其定义为图案，参照前面所述的操作步骤，用图案填充坡屋顶中央的平屋顶，制作并修改坡屋顶女儿墙的阴影，结果如图 2-4-66 所示。

◆ 制作坡屋顶阴影

（18）建立一个新图层，命名为"坡屋顶阴影"，执行"图层▶排列▶置为顶层"命令（快捷键：Shift+Ctrl+]），将该图层置为顶层。

（19）选择多边形套索工具（ ），在坡屋顶阴影一侧建立一个如图 2-4-67 所示的多边形选区，设置前景色为黑色，然后执行"编辑▶填充▶前景色填充"命令（快捷键：Alt+Del），完成坡屋顶的阴影制作。

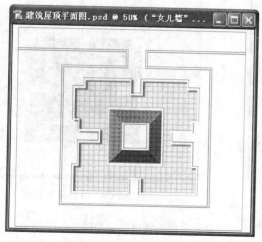

图 2-4-64　修改投影区域

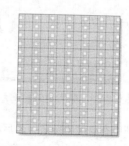

图 2-4-65　铺地 2 素材图片

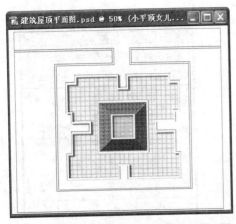
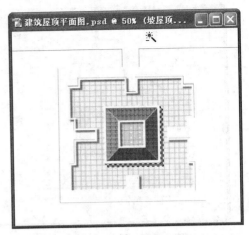

图2-4-66 制作完成整个屋顶的填充及阴影　　图2-4-67 制作坡屋顶阴影

(20) 将"坡屋顶阴影"图层的不透明度调整为60%左右。

◆ 制作整栋建筑的阴影

(21) 关闭除背景图层外的其他图层,并设置背景图层为当前图层。利用矩形选框工具将整个楼房轮廓选中(图2-4-68),然后按下 Ctrl+J 键,复制选区的内容至新建图层,将新建图层改名为"建筑阴影"。

(22) 设置"建筑阴影"图层为当前图层,利用魔棒工具点击建筑轮廓外的白色区域,然后执行"编辑▷清除"命令(快捷键: Delete),将建筑轮廓外的白色背景清除。设置前景色为黑色,按下图层面板中 □ 锁定透明像素按钮,然后执行"编辑▷填充▷前景色填充"命令(快捷键: Alt+Del)填充建筑区域,得到整个建筑的阴影,结果如图2-4-69所示。

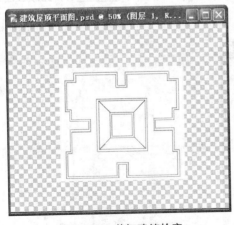
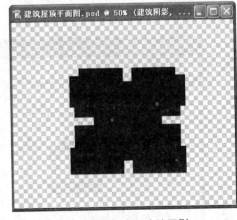

图2-4-68 剪切建筑轮廓　　图2-4-69 填充建筑阴影

(23) 打开所有隐藏的图层,然后移动阴影图层到合适的位置,结果如图2-4-70所示。

(24) 仍然设置"建筑阴影"图层为当前图层(关闭 □ 锁定透明像素功能),选择多边形套索工具,分别在建筑的拐角处建立选区,然后用前景色填充选区,以完善建筑阴影的形状,结果如图2-4-71所示。

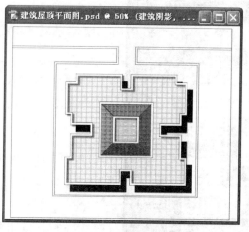
图 2-4-70 移动建筑阴影

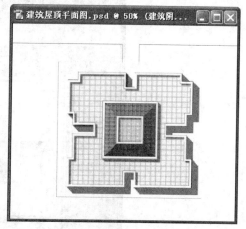
图 2-4-71 完善建筑阴影

(25) 设置"建筑阴影"图层的混合模式为正片叠底,并降低图层的不透明度为50%左右。

◆ 制作草地和人行铺地

(26) 设置前景色为一种绿色(R: 106、G: 163、B: 7),然后设置背景图层为当前图层,利用魔棒工具选择草地区域,然后用前景色填充草地。

(27) 执行菜单栏中的"滤镜▶杂色▶添加杂色"命令,弹出如图 2-4-72 所示的"添加杂色"对话框,将数量设置为 7%,并选择"高斯模糊"项,设置完毕后点击 [好] 按钮确定。

(28) 执行"添加杂色"滤镜效果后的草地效果如图 2-4-73 所示。

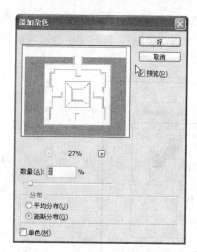
图 2-4-72 "添加杂色"对话框

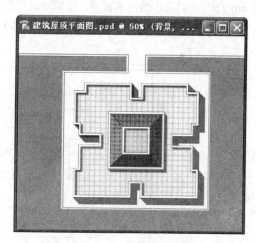
图 2-4-73 草地填充效果

(29) 在背景图层中选择道路区域,然后按下 Ctrl+J 键,复制选区的内容至新建图层。参照前面的方法,利用"道路填充"素材图片填充道路,完成建筑屋顶平面图的制作,结果如图 2-4-74 所示。

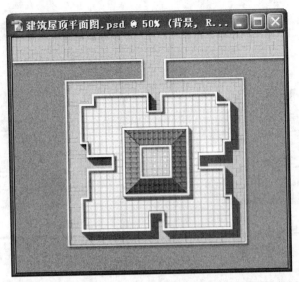

图 2-4-74　建筑屋顶平面图

2.5　园林小游园绿化平面效果图制作实例

本节学习要点：利用 Photoshop CS 进行园林平面图渲染，通过练习掌握园林平面效果图的绘制技巧。

2.5.1　绘图准备

在 AutoCAD 中打开小游园平面图，绘制比例尺后作如图 2-5-1 调整，然后虚拟打印小游园平面图。用 Photoshop 将其打开后另存为 psd 格式，命名为"小游园渲染图"，打开"小游园渲染图"准备渲染。

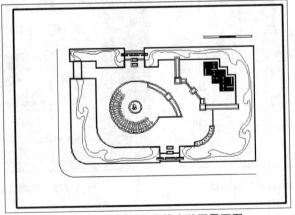

图 2-5-1　虚拟打印出的小游园平面图

2.5.2　小游园平面图渲染

2.5.2.1　广场铺装的渲染

◆ 打开"小游园渲染素材"中"广场铺装 1"的素材，将其定义为图案后关闭。在"小游园渲染"图形中,选中背景图层,用"魔棒"选中如图2-5-2所示区域。

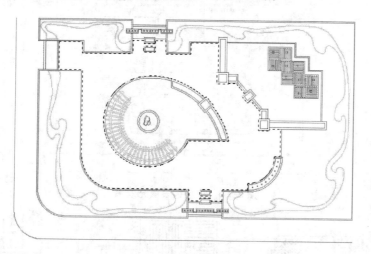

图2-5-2 用"魔棒"选取广场铺装区域

执行"图层/新建图层/通过拷贝的图层"命令,此时自动生成一个新图层,将其命名为"广场铺装1",如图2-5-3所示。

选中"广场铺装1"图层,执行"图层/图层样式/图案叠加",出现"图层样式"对话框,设置参数如图2-5-4所示,单击"好"后,渲染效果如图2-5-5所示。

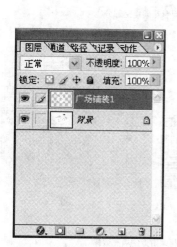

图2-5-3 创建广场铺装1图层

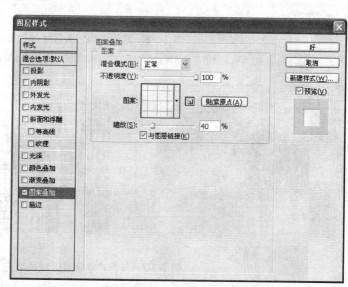

图2-5-4 在图层样式对话框输入参数

◆ 打开"小游园渲染素材"中"广场铺装2"的素材,将其定义为图案后关闭。在"小游园渲染"图形中,选中背景图层,用"魔棒"选中如图2-5-6所示区域。

执行"图层/新建图层/通过拷贝的图层"命令,自动生成的新图层命名为"广场铺装2",选中"广场铺装2"图层,执行"图层/图层样式/图案叠加"命令,出现"图层样式"对话框,选中所定义的图案,将"缩放"参数设置为"25%",单击"好"后,渲染效果如图2-5-7所示。

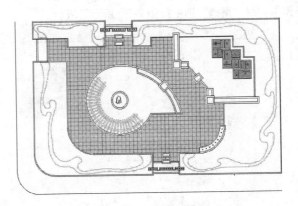

图 2-5-5　广场铺装填充效果

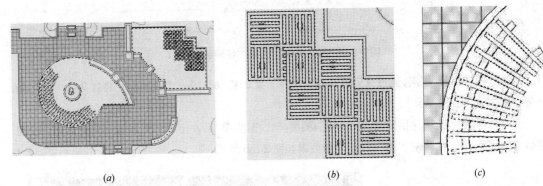

图 2-5-6　其他广场铺装区域的选取

(a)选取其他的广场区域；(b)选取方形花架镂空部分；(c)选取圆形花架镂空部分

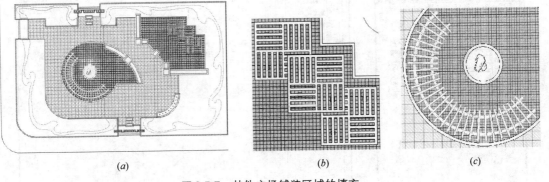

图 2-5-7　其他广场铺装区域的填充

(a)整个图面的填充效果；(b)方形花架附近的填充效果；(c)圆形花架附近的填充效果

2.5.2.2　花架的渲染

打开"小游园渲染素材"中"花架"的素材，将其定义为图案后关闭。在背景图层中用"魔棒"选中圆形花架，执行"图层/新建图层/通过拷贝的图层"命令，自动生成的新图层命名为"圆形花架"。执行"图层/图层样式/图案叠加"命令，出现"图层样式"对话框，选中所定义的图案，将"缩放"参数设置为"25%"，单击"好"。方形花架的渲染方法同上，但需要注意方形花架的柱子应另建新的图层，如图 2-5-8 所示，以便将来制作投影。渲染效果如图 2-5-9 所示。

图 2-5-8 创建方形花架柱子图层

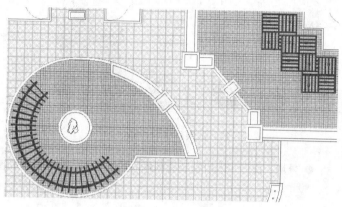

图 2-5-9 花架填充渲染效果

2.5.2.3 植物的渲染

◆ 绿篱和色带的渲染方法同上。

◆ 在背景层中选中草坪选区,执行"图层/新建/通过拷贝的图层"命令,将新生成的图层命名为"草坪";锁定透明像素,将前景色改为 R:158,G:192,B:118,然后对草坪层填充,如图2-5-10 所示。

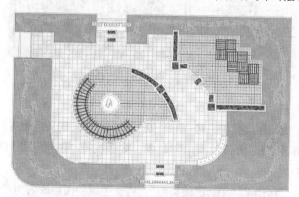

图 2-5-10 草坪填充渲染效果

◆ 将栾树的图例拖入图像中,调节好大小以后,按照设计图复制到适当位置;用同样的方法绘制圆柏、紫叶李、榆叶梅,如图 2-5-11 所示;绘制完成后,可将同种植物的图层合并,并按植物高低调节好图层的先后顺序,如图 2-5-12 所示。

2.5.2.4 喷泉、景墙、拱门、入口铺装的制作

◆ 用"魔棒"在背景层选择喷泉区域,执行"图层/新建/通过拷贝的图层"命令,将新生成的图层命名为"喷泉",并锁定"图层透明像素"。设置前景色为 R:180,G:199,B:225,背景色为(137、168、204),执行渐变命令,填充喷泉。打开"水面"的图案,将其拖入"小游园渲染图"中,并叠加于"喷泉"图层的上方,将透明度调节为60%后,执行"图层/创建剪贴蒙版"命令,完成喷泉的渲染。

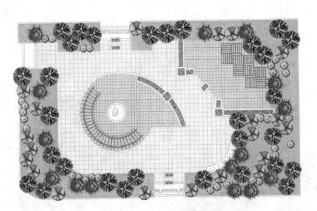

图2-5-11 树木种植后效果

图2-5-12 根据树木高矮调整图层顺序

◆ 景墙、拱门、入口铺装的制作同广场铺装。绘制效果如图2-5-13所示。

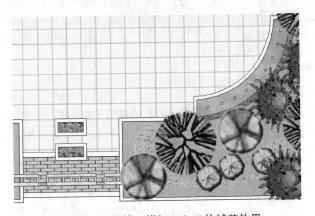

图2-5-13 景墙、拱门、入口的铺装效果

2.5.2.5 山石、花卉、道牙的绘制

◆ 打开花卉图片，用矩形选框工具选中一个矩形选区，将其定义为图案。在背景图层中选中花卉选区，执行"图层/新建/通过拷贝的图层"命令，接着执行"图层/图层样式/图案叠加"命令，调整缩放比例后，单击"好"。

◆ 将山石图片打开，移动至"小游园渲染图"，将新生成的图层改名为"山石"，然后调整大小和形状。

◆ 道牙的绘制方法同广场铺装。

2.5.2.6 花池壁、台阶的绘制

花池壁、台阶的绘制方法同广场铺装。绘制效果如图2-5-14所示。

2.5.2.7 投影的制作

◆ 选中"金叶女贞"图层，执行"图层/图层样式/投影"命令，出现"图层样式"对话框，参数的设置如图2-5-15所示。其他图层的投影做法同上，但在制作过程中，注意调节图层的上下顺序。投影的制作效果如图2-5-16所示。

2.5.2.8 外环境的制作

利用"选区"、"渐变"等工具绘制小游园外环境。

图 2-5-14　花池壁、台阶绘制后的整体效果

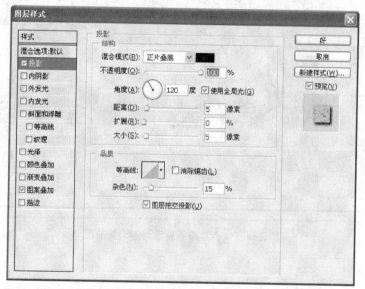

图 2-5-15　在图层样式面板中输入"金叶女贞"阴影数据

图 2-5-16　投影制作完成后的效果

2.5.2.9 标题和指北针的制作

利用"文字"等工具绘制标题文字、比例尺和指北针,并加深图框线。绘制效果如图 2-5-17 所示。

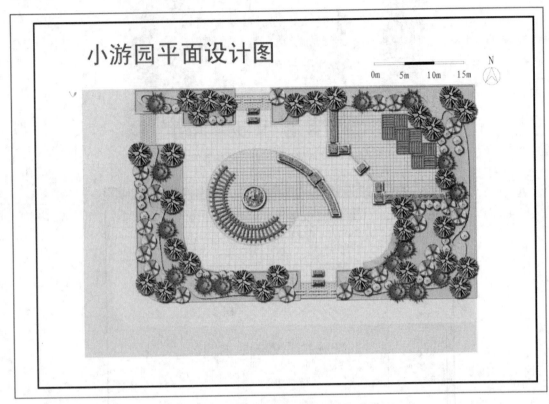

图 2-5-17 小游园平面设计渲染图成图

第3章　3ds Max 7.0(中文版)应用基础及园林三维效果图制作

3ds Max 是美国 Autodesk 公司推出的专业的三维模型、动画制作软件,具有建模、渲染、动画合成等功能。

在园林设计中,3ds Max 主要用来建立园林建筑的立体模型,然后赋予模型材质和灯光,最后通过渲染生成初步的或最终效果的园林设计透视效果图。

本章以 3ds Max 7.0(中文版)为例,结合园林行业的实际需求,详细介绍利用 3ds Max 建立园林建筑模型的主要方法。

3.1 3ds Max 7.0(中文版)操作基础知识

本节学习要点:了解 3ds Max 7.0 中文版的工作界面;掌握 3ds Max 中场景文件的创建、保存、打开等操作方法。

3.1.1 3ds Max 7.0 的启动

鼠标双击桌面上的"3ds Max 7.0"图标 启动 3ds Max 7.0;或者鼠标单击 开始 按钮 ▶ 所有程序(P) ▶ discreet ▶ 3ds Max7.0 ,启动 3ds Max 7.0,启动后进入图 3-1-1 所示的工作界面。

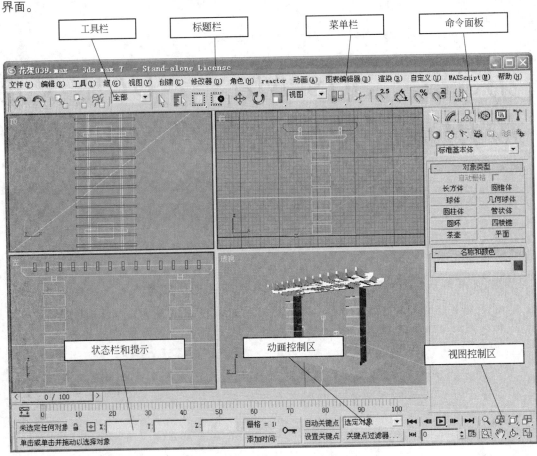

图 3-1-1 3ds Max 7.0 工作界面

3.1.2 3ds Max 7.0 的工作界面

3.1.2.1 标题栏

该栏列出了软件的名称、版本号、当前所操作的文件的名称等信息,点击最右侧 [图] 3 个按钮,则可以对软件进行"最小化、最大化(向下还原)、关闭"等项操作。

3.1.2.2 菜单栏

3ds Max 中绝大部分的操作命令都包含在菜单栏中,在菜单栏中共列有 15 项菜单项,如图 3-1-2 所示。通过鼠标单击某一个菜单项可以显示下拉菜单,下拉菜单中还可以有次级的菜单,每个菜单项目对应一个 3ds Max 命令,鼠标单击可以执行相应的命令。

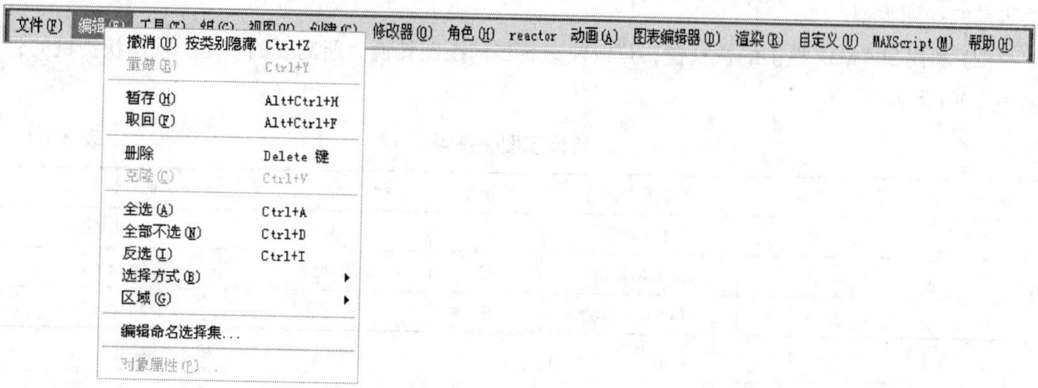

图 3-1-2 菜单栏

> **提示:**
>
> 某些常用的菜单命令的右侧显示有该命令的快捷键,如图 3-1-2 所示在键盘上按下 Ctrl+I 键,就可以执行"反选"命令。

3.1.2.3 工具栏

工具栏是分组排列着的许多图标按钮,每个图标对应一个 3ds Max 命令,将鼠标指针放置于一个图标按钮上几秒钟,则该按钮命令的名称就显示在鼠标指针的右下角,用鼠标单击图标按钮,可以快速启动该命令。

> **提示:**
>
> 主工具栏位于菜单栏下方(图 3-1-3),排列组织了 3ds Max 中使用频率最高的工具图标,由于主工具栏设计的很长,当 Windows 屏幕分辨率设置为 1024×768 像素时,主工具栏不能全部显示出来,因此在工作过程中要左右拖动工具栏,具体操作方法如下:将鼠标移动到工具栏的上下边缘或分隔线上,按下鼠标左键并左右拖动即可移动工具栏的位置,使没有显示的部分在屏幕上显示出来。

图 3-1-3 主工具栏

3.1.2.4 视图区

视图区是创建、观察、修改物体的工作区域,默认的视图区域由4个视图窗口组成,即顶视图(顶)、前视图(前)、左视图(左)和透视图(透视)。每个视图窗口的左上角显示视图的名称,左下角显示的是世界坐标系指示符号。

有黄色边框的视图是当前被激活的视图,在任何一个视图窗口中用鼠标单击可将其转换为当前视图。

在实际工作中,经常需要转换当前视图到其他工作视图中,转换方法主要有以下两种:

(1) 鼠标右击当前视图左上角的视图名称(如"顶"或"前"等),然后从弹出的快捷菜单中选择"视图"选项,在该选项的子菜单中列有3ds Max所有的视图类型,可以从中选择任何一种来更换当前的视图类型。

(2) 利用3ds Max提供的快捷键,可以快速将当前视图转换为所需要的视图,视图快捷键的列表如表3-1-1所示。

转换视图快捷键　　　　　　　　　　　　　　　表3-1-1

快捷键	视图类型(中)	视图类型(英)	快捷键	视图类型(中)	视图类型(英)
T	顶视图	Top View	L	左视图	Left View
B	底视图	Bottom View	C	相机视图	Camera View
F	前视图	Front View	P	透视图	Perspective

提示:

执行菜单栏中的"自定义▶视口配置"命令,弹出如图3-1-4所示的视口配置对话框,选择"布局"选项卡,可以创建不同形式的视图布局。

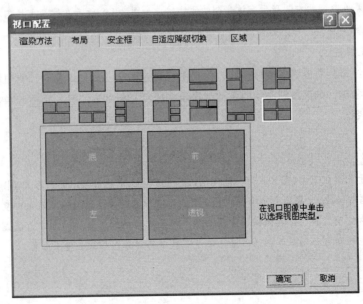

图3-1-4 视口配置对话框

3.1.2.5 视图控制区

位于屏幕的右下角,主要用来调整视图窗口中的造型在视图窗口中的显示状态,如:放大、缩小、旋转等。

如果当前视图是正交视图(前、后、顶视图)、透视图、摄像机视图时,则该区域会显示不同的命令按钮,如图3-1-5所示。

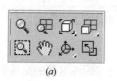 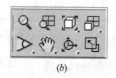 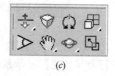

(a) (b) (c)

图 3-1-5　视图控制区按钮

(a)正交视图控制按钮；(b)透视图控制按钮；(c)摄像机视图控制按钮

各个控制按钮的作用如下：

🔍 缩放按钮：在当前激活的视图中按住鼠标左键,上下拖动来调节当前视图的显示大小。

🔍 同步缩放按钮：点击此按钮,在任意一个视图窗口中进行放大或缩小操作时,除相机视图外,其他视图将一起被放大或缩小。

🔲 最大化显示按钮：点击此按钮,则将当前视图中的所有造型以最大化方式显示。

🔲 最大化显示选定对象按钮：点击此按钮,则当前视图中被选中的造型以最大化方式显示。

🔲 所有视图最大化显示按钮：点击此按钮,除相机视图外,所有视图窗口中的造型以最大化方式显示。

🔲 所有视图选定对象最大化显示按钮：点击此按钮,除相机视图外,所有视图窗口中被选定的造型以最大化方式显示。

🔍 缩放区域按钮：点击此按钮,在视图窗口中框选想要放大的区域,松开鼠标后,此区域将被放大显示。

▷ 视野按钮：只有在激活透视图时,才显示该按钮。点击此按钮,则在透视图中固定观察者的位置和观察的目标点,改变视野的大小,看到的场景范围大小变化,与推拉变焦镜头相似。

✋ 平移按钮：点击此按钮,在当前视图中按住鼠标左键不放,四处拖动鼠标则完成对当前视图平移的操作。

⟲ 弧形旋转按钮：点击此按钮,使用当前视图的中心作为旋转中心。

⟲ 弧形旋转选定对象按钮：点击此按钮,以当前选择对象的中心作为旋转中心。

⊞ 最大化视口切换按钮：点击此按钮,可将当前视图切换为全屏显示,或将全屏显示切换为正常显示状态。

3.1.2.6 命令面板

命令面板位于屏幕的右侧,如图3-1-6所示,命令面板包括了场景中建模和编辑物体的常用工具及命令,特别是命令执行过程中的参数修改等交互操作都是在此完成的。

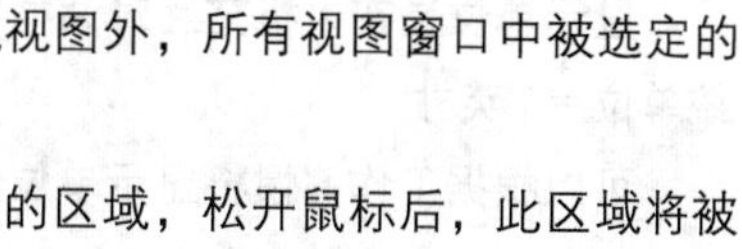

命令面板包括：创建面板(↘)、修改面板(✎)、层次面板(♁)、运动面板(⊙)显示面板(▢)、工具面板(⊤)。一次只

图 3-1-6　命令面板

能有一个命令面板可见，通过分别单击命令面板最上部的这 6 个按钮，可以实现各个命令面板之间的相互切换。

3.1.2.7 状态栏和提示行
位于屏幕的左下角，如图 3-1-7 所示。

图 3-1-7 状态栏和提示行

上面一行为状态栏，显示系统或造型所处的状态，以及当前鼠标在视图区里的坐标值。
下面一行为提示行，提示用户当前所选择命令的使用方法。

3.1.2.8 动画控制区
位于屏幕下方，如图 3-1-8 所示，主要用来控制动画的设置和播放。

图 3-1-8 动画控制区

3.1.3 显示单位的设定
在 3ds Max 中可以设定系统单位、显示单位和灯光单位。
系统单位是软件运行的内部尺度，默认设置是 1 系统单位＝1 英寸，一般不需要修改系统单位。
显示单位是在人机交互对话框中数值的显示单位，默认设置是通用单位，即：1 通用单位＝1 系统单位＝1 英寸。
可以根据工作习惯将显示单位修改为公制单位，如：米、毫米等，具体步骤如下：
执行菜单栏中的"自定义▶单位设置"命令，弹出如图 3-1-9 所示的单位设置对话框，顺序执

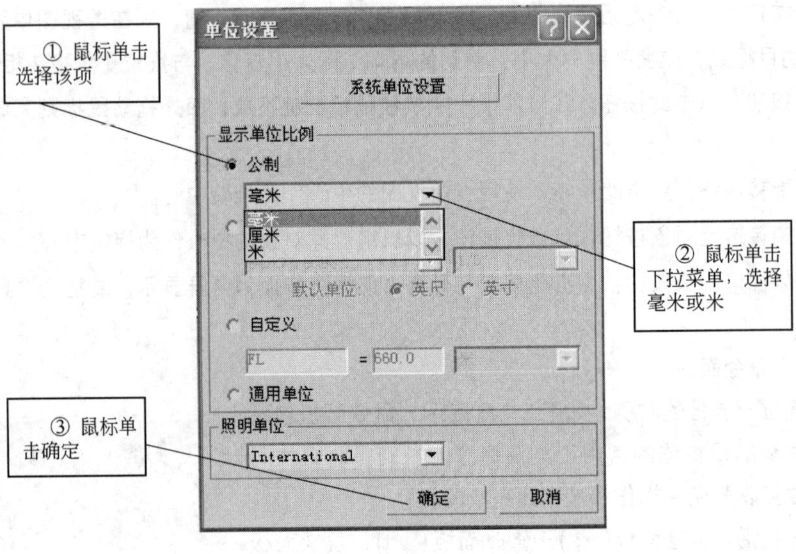

图 3-1-9 单位设置对话框

行图中所示的操作步骤,即可完成设置。

3.1.4 场景与文件操作

在 3ds Max 中的一个设计场地就称为场景,在场景中我们用来创建三维物体、二维图形、摄像机、灯光等内容,场景是以文件的形式存储的,每个场景存储为一个独立的文件。

3.1.4.1 新建场景文件

执行菜单栏中的"文件 ▶ 新建"命令(快捷键:Ctrl+N),系统弹出如图 3-1-10 所示的"新建场景"对话框,选择一种新建方式后,点击 确定 按钮即可。

3.1.4.2 打开场景文件

如果要打开另一个未完成的场景文件继续工作,可以执行菜单栏中的"文件 ▶ 打开"命令(快捷键:Ctrl+O),系统弹出如图 3-1-11 所示的"打开文件"对话框,选择要打开的文件后,点击 打开(O) 按钮,即可打开相应的场景文件。

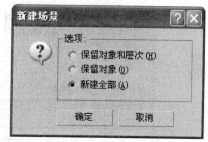

图 3-1-10 "新建场景"对话框

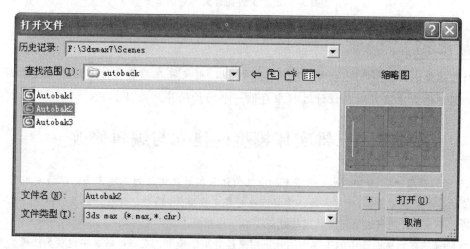

图 3-1-11 "打开文件"对话框

3.1.4.3 保存场景文件

◆ 作图过程中第一次存盘

执行菜单栏中的"文件 ▶ 保存"命令(快捷键:Ctrl+S),系统弹出如图 3-1-12 所示的"文件另存为"对话框,顺序执行图中所示的操作步骤,即可完成设置,并完成场景文件的保存。

◆ 作图过程中存盘

执行菜单栏中的"文件 ▶ 保存"命令(快捷键:Ctrl+S),则当前场景以原来的文件名存储于原来的文件夹中。

◆ 赋名存盘

如果想对当前绘制的场景文件另取名称保存,则应执行赋名存盘。

执行菜单栏中的"文件 ▶ 另存为"命令,弹出如图 3-1-12 所示的"文件另存为"对话框,将文

件改名后点击 保存(S) 按钮即可。

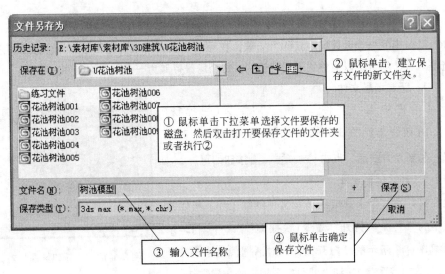

图 3-1-12 "文件另存为"对话框

 提示：

如果鼠标点击 保存(S) 按钮旁的 + 按钮，则文件在原有文件名后自动追加序号 01 命名，这种存盘方法可以在设计过程中存储一个场景的序列文件。

3.2 三维实体模型的建立与编辑修改

本节学习要点：掌握 3ds Max 中常见标准几何体和扩展几何体的创建方法；掌握常用的三维修改器（锥化、扭曲、弯曲等）使用方法；掌握三维对象变换操作（移动、旋转、缩放、镜像、阵列、对齐等）的主要方法；能够建立简单的园林建筑小品三维模型。

3ds Max 的在园林设计中的主要作用就是用来建立实体模型，在 3ds Max 中建立实体模型的方法主要包括三维建模和二维建模两种方式。

所谓三维建模就是指使用 3ds Max 的一些创建命令一次性创建出三维几何体造型，三维建模是一种快捷的建模方式。

3.2.1 标准基本体的创建

利用标准几何体命令可以创建出常见的几何造型，包括长方体、球体、圆柱体等共 10 种造型。各种标准基本体的造型如图 3-2-1 所示。

3.2.1.1 激活标准基本体创建命令面板

鼠标单击命令面板中的 ❀ 创建面板 ▶ 点击 ◯ 几何体按钮 ▶ 从下拉列表中选择"标准基本体"选项，则弹出标准基本体创建命令面板（图 3-2-2）。

3.2.1.2 创建球体（Sphere）

◆ 创建方法

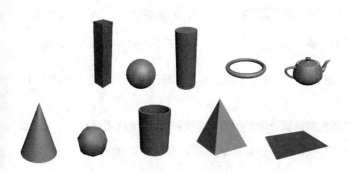

图 3-2-1　10 种标准基本体的造型

图 3-2-2　标准基本体创建命令面板

（1）在"标准基本体"创建面板中单击 球体 按钮，此时该按钮将显示为黄色，并弹出如图 3-2-3 所示的球体创建参数面板。

（2）在 创建方法 面板中选择一种创建方式。

（3）在任意视图中按下鼠标左键▶向外拖动鼠标至合适大小▶松开鼠标左键，完成球体的创建。

提示：

创建完球体后，在没有结束球体创建命令之前，可以在球体创建参数面板中对球体参数进行即时的修改。

◆ 卷展栏参数

（1） 名称和颜色 卷展栏

在文本框中可以任意的为球体命名，单击文本框后面的颜色块可以重新为球体设置一种颜色。

（2） 创建方法 卷展栏

边：指创建球体时鼠标移动的距离是球体的直径。

中心：指创建球体时鼠标移动的距离是球体的半径。

（3） 参数 卷展栏

半径：用于准确设定创建球体的半径数值。

分段：通过增加或减少对象结构的段数来使对象点面数增加或减少。点面数越多，对象轮廓和表面就越细腻，处理的曲面也就越平滑。其参数值为 4～200（图 3-2-4）。

图 3-2-3　球体创建参数面板

[平滑]：选中此复选框，球体将以平滑的方式显示，如图 3-2-5 所示。

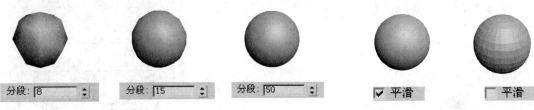

图 3-2-4　分段与球体平滑度的关系　　　　　图 3-2-5　平滑复选框的设置

[半球]：其参数值在 0～1 之间变化，为 0 时显示整个球体，为 1 时球体不可见，为 0.5 时是半球（图 3-2-6）。

[切除]：选中此选项，则当球体变得不完整时其分段数也随之减少（球体平滑度不变）。

[挤压]：选中此选项，则当球体变得不完整时其分段数将保持不变（球体平滑度增加）。

[切片启用]：勾选此复选框，可以创建有缺块的球体，输入相应参数可以改变缺块的大小和位置（图 3-2-7）。

图 3-2-6　半球参数含义　　　　　图 3-2-7　"切片启用"参数含义

> 提示：
> 利用"键盘输入"可以创建指定参数的球体，具体方法如下：
> ① 在球体创建参数面板中单击 按钮，打开如图 3-2-8 所示的"键盘输入"参数卷展栏。
> ② 在 X、Y、Z 对话框中输入欲创建球体中心的坐标值 ▶ 在半径对话框中输入欲创建球体半径 ▶ 点击 [创建] 按钮，在视图中出现所做的球体。

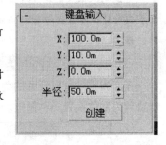

图 3-2-8　键盘输入卷展栏

3.2.1.3　创建几何球体（Geosphere）

◆ 创建方法

在"标准基本体"创建面板中单击 [几何球体] 按钮 ▶ 在任意视图中按下鼠标左键 ▶ 向外拖动鼠标至合适大小 ▶ 松开鼠标左键，以默认参数完成几何球体的创建。

◆ 卷展栏参数

创建几何球体时，默认的参数设置面板如图 3-2-9 所示，通过改变参数的设置，则可以创建出不同形态的几何球体。

[基本面类型]：用来创建不同平滑程度的几何球体（图 3-2-10）。

[半球]：勾选此复选框，创建半球型几何球体，取消此选项，则创建完整几何球体（图 3-2-11）。

图 3-2-9 几何球体创建参数面板

图 3-2-10 基本面类型　　　　　图 3-2-11 创建半球

提示：

如果从创建完整的球体模型来看，球体与几何球体的外观没有什么区别。两者的区别是：球体的网格结构像地球的经纬线，而几何球体的网格结构是三角面结构。由于网格结构的不同，因此两者可以演变的形态也就不同。

3.2.1.4 创建茶壶(Teapot)

◆ 创建方法

在"标准基本体"创建面板中单击 茶壶 按钮➤在任意视图中按下鼠标左键➤向外拖动鼠标至合适大小➤松开鼠标左键，以默认参数完成茶壶的创建。

◆ 卷展栏参数

创建茶壶时，默认的卷展栏参数设置面板，如图 3-2-12 所示。

茶壶部件：包括壶体、壶把、壶嘴、壶盖四部分，通过选择茶壶部分的复选框，可以隐藏或显示茶壶的各个部分(图 3-2-13)。

茶壶　　　　壶体　　　　壶把　　　　壶嘴　　　　壶盖

图 3-2-13 茶壶部件

3.2.1.5 创建长方体(Box)

◆ 创建方法

(1) 在"标准基本体"创建面板中单击 长方体 按钮。

(2) 在 创建方法 卷展栏中选择 长方体 单选按钮。

(3) 在任意视图中按下鼠标左键，拖动鼠标指定长方体的底面。

(4) 松开鼠标左键再上下移动鼠标至合适位置指定其高度，单击鼠标左键结束创建过程。

◆ 卷展栏参数

创建长方体时，卷展栏参数设置面板如图 3-2-14 所示。

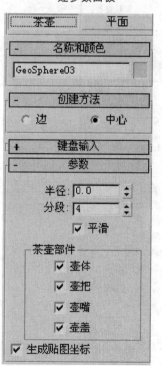

图 3-2-12 茶壶创建参数面板

⬜立方体⬜：选中该单选按钮可以直接创建立方体。

⬜长度⬜、⬜宽度⬜、⬜高度⬜：在输入框中输入数值或调节右侧的微调按钮，都可以对当前所创建的长方体的大小进行修改。

⬜长度分段⬜、⬜宽度分段⬜、⬜高度分段⬜：该项参数用来设置长方体在长、宽、高各面上的细分程度，分段数越多，模型面数越多。

提示：

在场景中创建物体后，在不对该物体做其他诸如移动、旋转等操作，或在创建命令面板没有消失的情况下，可以通过修改以上参数来修改物体的大小，创建命令参数面板消失后就需要通过点击 ✎（修改命令面板）来对物体进行修改了。

3.2.1.6 创建圆柱体(Cylinder)

◆ 创建方法

在"标准基本体"创建面板中单击 ⬜圆柱体⬜ 按钮 ▶ 在任意视图中按下鼠标左键 ▶ 拖动鼠标指定圆柱体的底面 ▶ 松开鼠标左键再上下移动鼠标至合适位置指定其高度 ▶ 单击鼠标左键结束创建过程。

◆ 卷展栏参数

创建圆柱体时，卷展栏参数设置面板如图3-2-15所示。

图 3-2-14 长方体创建参数面板

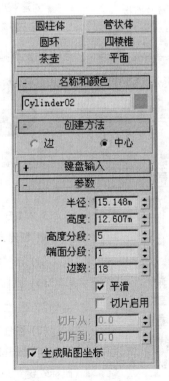

图 3-2-15 圆柱体创建参数面板

[高度]：在此输入框中输入正值或负值，可以控制圆柱体的高。

[高度分段]：设置高度方向的分段数。

[端面分段]：设置上下两端面上的分段数。

[边数]：设置圆柱的圆周段数，值越大圆柱越光滑。

[切片启用]：激活此项则会产生有切块的圆柱体，如图 3-2-16 所示。

提示：

如果关闭圆柱的 选项，则圆柱会变成棱柱，而 [边数] 的数值则恰恰决定了圆柱是几棱柱。效果如图 3-2-17 所示。

图 3-2-16　切片启用

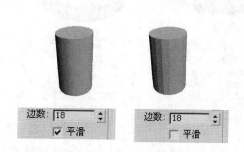

图 3-2-17　平滑选项含义

3.2.1.7　创建圆环体（Torus）

◆ 创建方法

在"标准基本体"创建面板中单击 [圆环] 按钮 ➤ 在任意视图中按下鼠标左键 ➤ 向外拖动鼠标指定圆环体的半径 ➤ 松开鼠标左键再向外或向里移动鼠标指定圆环截面的直径 ➤ 单击鼠标左键结束创建过程。

◆ 卷展栏参数

创建圆环体时，卷展栏参数设置面板如图 3-2-18 所示。

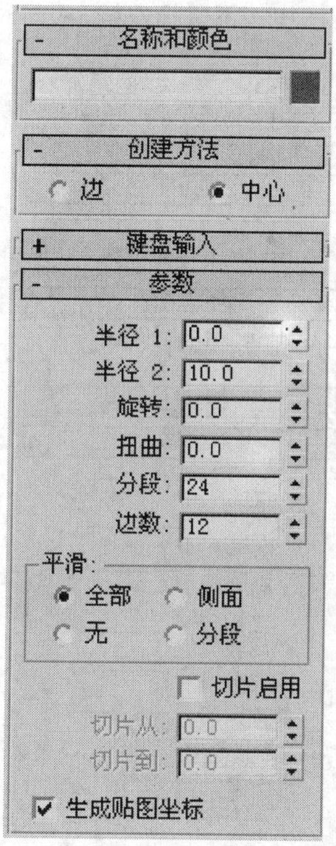

[半径1]：设定圆环体的半径

[半径2]：设定圆环截面的半径。

[旋转]：在此输入框中输入正值或负值，可以使圆环向内或向外旋转。

[扭曲]：可以使圆环产生扭曲的效果，如图 3-2-19 所示。

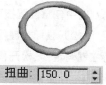

图 3-2-19　圆环扭曲

[分段]：设置整个圆环体的圆滑程度，值越大圆环越光滑，如图 3-2-20 所示。

[边数]：设置圆环截面的圆滑程度，值越大圆环截面就越光滑。如图 3-2-21 所示。

图 3-2-18　圆环创建参数面板

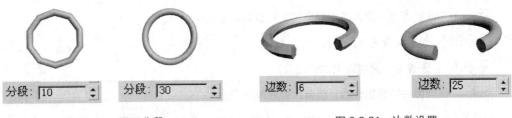

图 3-2-20 圆环分段　　　　　　　　图 3-2-21 边数设置

平滑：设置整个圆环是用平滑表示还是用棱柱形式表示，具体如图 3-2-22 所示。

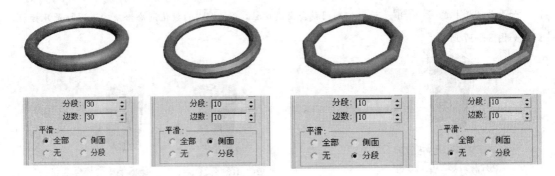

图 3-2-22 平滑参数设置

3.2.1.8 创建四棱锥(Pyramid)

◆ 创建方法

在"标准基本体"创建面板中单击 四棱锥 按钮 ▶ 在任意视图中按下鼠标左键 ▶ 向对角点拖动鼠标指定四棱锥的底面 ▶ 松开鼠标左键再上下移动鼠标指定四棱锥的高度 ▶ 单击鼠标左键结束创建过程。

◆ 卷展栏参数

创建四棱锥时，卷展栏参数设置面板如图 3-2-23 所示。

该参数面板参数比较简单且与其他模型创建命令基本相同，故不再细述。

3.2.1.9 创建圆锥体(Cone)

◆ 创建方法

在"标准基本体"创建面板中单击 圆锥体 按钮 ▶ 在任意视图中任意位置按下鼠标左键 ▶ 向外拖动鼠标指定圆锥底面半径 ▶ 松开鼠标左键再向上或向下移动鼠标指定锥体高度 ▶ 单击鼠标左键确定 ▶ 松开鼠标左键再向上或向下移动鼠标指定锥体顶面半径 ▶ 单击鼠标左键结束创建过程。

◆ 卷展栏参数

创建圆锥体时，卷展栏参数设置面板如图 3-2-24 所示。

半径1：设定圆锥下底面的半径。

半径2：设定圆锥上底面的半径。

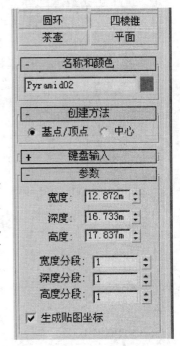

图 3-2-23 四棱锥创建参数面板

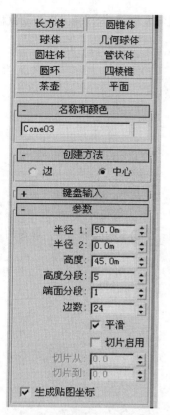

图 3-2-24　圆锥体创建参数面板

> 📌 **提示：**
>
> 如果半径1等于半径2，创建的是圆柱；如果半径1或半径2都不为0且不相等，创建的是圆台；如果其中一个参数为0，则创建的为圆锥，其效果如图 3-2-25 所示。

图 3-2-25　锥体半径参数设置

边数：设置圆锥的圆周段数，值越大，椎体越光滑。

3.2.1.10　创建管状体(Tube)

◆ 创建方法

在"标准基本体"创建面板中鼠标单击 管状体 按钮 ▶ 在任意视图中按下鼠标左键 ▶ 向外拖动鼠标指定圆管底面半径 ▶ 松开鼠标左键里外移动鼠标指定圆管厚度 ▶ 单击鼠标左键确定 ▶ 松开鼠标左键再上下移动鼠标指定圆管高度 ▶ 单击鼠标左键结束创建过程。

◆ 卷展栏参数

创建管状体时，卷展栏参数设置面板如图 3-2-26 所示。

半径1：设定圆管外壁的半径。

半径2：设定圆管内壁的半径。

设定不同的参数可以将管状体演变成不同的形态，如图 3-2-27 所示。

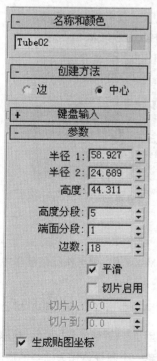

图 3-2-26　管状体创建参数面板

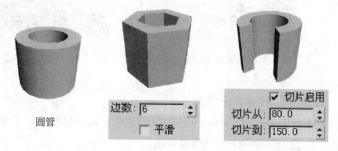

图 3-2-27　不同参数设置下的圆管形态

3.2.1.11　创建平面(Plane)

◆ 创建方法

在"标准基本体"创建面板中鼠标单击 平面 按钮

➤ 在创建方法卷展栏中选择一种创建方法 ➤ 在任意视图中按下鼠标左键 ➤ 向对角方向拖动鼠标指定到适当位置 ➤ 松开鼠标即可完成平面的创建。

◆ 卷展栏参数

创建平面时，卷展栏参数设置面板如图 3-2-28 所示。

矩形：选中此单选按钮将以矩形方式创建平面。

正方形：选中此单选按钮将以正方形方式创建平面。

缩放：用来控制渲染时的平面大小。

密度：用来控制渲染后的平面段数。

3.2.1.12 课堂实训——创建凉亭

本实例主要讲解如何利用 3ds Max 中的标准基本体建模来创建一个简单的园林凉亭，最终的效果如图 3-2-29 所示。

图 3-2-28　平面创建参数面板　　　图 3-2-29　凉亭模型

本实例的具体制作步骤如下：

（1）首先启动 3ds Max 7.0（中文版）软件，如果已经启动了 3ds Max 7.0，则可执行菜单栏中的"文件 ➤ 重置"命令，重新设置系统。

（2）打开创建命令面板（ ），单击几何体（ ）按钮，在下拉菜单中选择"标准基本体"，然后点击 圆柱体 按钮。设定顶视图为当前视图，单击工具栏上的 （捕捉开关）按钮，在顶视图中捕捉坐标原点后，按住鼠标左键并拖动，以坐标原点为中心创建一个圆柱体作为凉亭的底座，底座的创建参数及创建后的效果如图 3-2-30 所示。

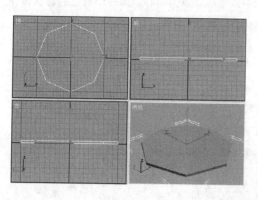

图 3-2-30　创建凉亭底座

（3）在顶视图中以原点为中心再创建一个圆柱体，作为凉亭的二层台阶，台阶的创建参数及创建后的效果如图 3-2-31 所示。

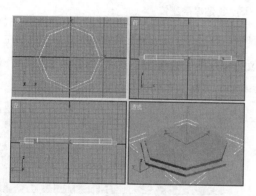

图 3-2-31　创建凉亭二层台阶

（4）点击　**管状体**　按钮，在顶视图中以坐标原定为中心创建一个七边的管状体作为凉亭的围栏，围栏的创建参数及创建后的效果如图 3-2-32 所示。

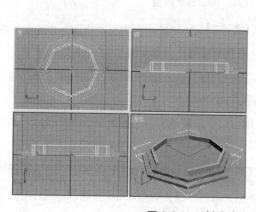

图 3-2-32　创建凉亭围栏

(5) 点击 管状体 按钮，在顶视图中以坐标原点为中心创建一个七边的管状体作为凉亭围栏上的座位，座位的创建参数及创建后的效果如图 3-2-33 所示。

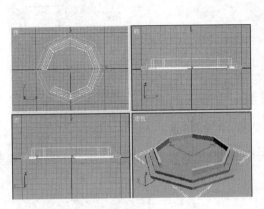

图 3-2-33　创建凉亭座位

(6) 选择"透视图"为当前视图，在工具栏中点击 ✥ (移动)工具按钮，然后在屏幕左下角的状态栏中 ⊙ (绝对模式变换输入)窗口 Z 坐标文本框中输入数值 25，点击 Enter (回车)键，将创建的凉亭座位沿 Z 轴向上移动 25 个单位，移动参数设置及移动后的效果如图 3-2-34 所示。

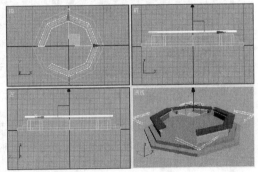

图 3-2-34　移动凉亭座位

(7) 将捕捉按钮关闭，点击 圆柱体 按钮，选择顶视图为当前视图，在图 3-2-35 所示位置创建一个圆柱体作为凉亭的立柱。立柱的创建参数及创建位置如图 3-2-35 所示。

(8) 在工具栏中点击 ✥ (移动)工具按钮，按住 Shift 键的同时在顶视图中移动立柱，复制出另外 5 个立柱，并将其分别移动到如图 3-2-36 所示的位置。

(9) 点击 圆锥体 按钮，在顶视图中以坐标原点为中心创建一个圆锥体为凉亭的顶面，创建参数及创建后的效果如图 3-2-37 所示。

(10) 选择"透视图"为当前视图，在工具栏中点击 ✥ (移动)工具按钮，然后在屏幕左下角的状态栏中 ⊙ (绝对模式变换输入)窗口 Z 坐标文本框中输入数值 170，点击 Enter (回车)键，将创建的凉亭顶面沿 Z 轴向上移动 170 个单位,移动参数设置及移动后的效果如图 3-2-38 所示。至此完成凉亭模型的建立工作。

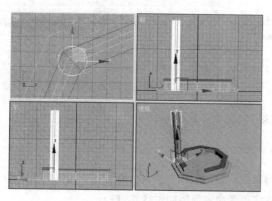

图 3-2-35　创建凉亭立柱

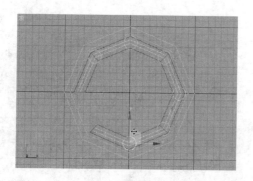

图 3-2-36　复制凉亭立柱

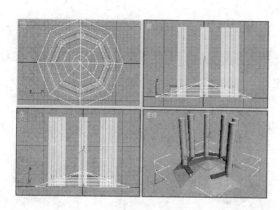

图 3-2-37　创建凉亭顶面

图 3-2-38 移动凉亭顶面位置

3.2.2 扩展基本体的创建

扩展基本体是一些相对比较复杂的几何造型，包括切角长方体、球棱柱、L 型墙（L-Ext）等共 13 种造型。各种扩展基本体的造型及扩展基本体创建命令面板如图 3-2-39 所示。

图 3-2-39 13 种扩展基本体的造型及扩展基本体创建命令面板

3.2.2.1 创建异面体（Hedra）

◆ 创建方法

在"扩展基本体"创建面板中单击 异面体 按钮▶在顶视图中任意位置按下鼠标左键▶向外拖动鼠标至合适大小▶松开鼠标左键▶单击鼠标右键结束命令。

◆ 创建参数

设置不同参数可以演变出不同形态的异面体，如图 3-2-40 所示。

图 3-2-40 异面体的创建类型

3.2.2.2 创建切角长方体(ChamferBox)

◆ 创建方法

在"扩展基本体"创建面板中单击 切角长方体 按钮 ▶ 在 创建方法 卷展栏中任选一种创建方法 ▶ 在任意视图中按下鼠标左键 ▶ 向外拖动鼠标至适当位置,放开鼠标左键确定切角方体的底面 ▶ 继续上下拖动鼠标,到适当的位置单击鼠标确定倒角方体的高 ▶ 继续向上移动鼠标到合适位置,单击鼠标左键确定倒角的大小 ▶ 单击鼠标右键结束命令。

◆ 创建参数

创建切角长方体时,参数设置面板如图 3-2-41 所示。

圆角:设定切角的大小。

圆角分段:设定切角上的片断数目。

平滑:设定切角是否圆滑。

图 3-2-41 切角长方体创建参数面板

图 3-2-42 为设置不同参数创建出的切角长方体。

图 3-2-42 不同参数创建切角长方体

3.2.2.3 创建油罐体(OilTank)

◆ 创建方法

在"扩展基本体"创建面板中单击 油罐 按钮 ▶ 在任意视图中按下鼠标左键 ▶ 向外拖拽鼠标至适当位置,放开鼠标左键确定油罐的截面 ▶ 继续上下拖动鼠标,到适当的位置单击鼠标确定油罐的高 ▶ 继续向上移动鼠标到合适位置,单击鼠标左键确定油罐盖的高度 ▶ 单击鼠标右键结束命令。

◆ 创建参数

创建油罐体时,参数设置面板如图 3-2-43 所示。

封口高度:设定油罐的盖的高度。

总体:勾选此单选按钮,高度指整个油罐的高度。

中心:勾选此单选按钮,高度指油罐中心部分的高。

混合:控制油罐盖和油罐中间部分的平滑度。

图 3-2-44 为设置不同参数创建出的油罐体。

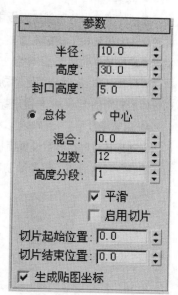

图 3-2-43 油罐创建参数面板

图 3-2-44　不同参数创建油罐体

3.2.2.4　创建纺锤体(Spindle)

◆ 创建方法

在"扩展基本体"创建面板中单击 纺锤 按钮 ▷ 在任意视图中按下鼠标左键 ▷ 向外拖拽鼠标至适当位置,放开鼠标左键确定纺锤体的截面 ▷ 继续上下拖动鼠标,到适当的位置,单击鼠标确定纺锤体的高 ▷ 继续向上移动鼠标到合适位置,单击鼠标左键确定纺锤体盖的高度 ▷ 单击鼠标右键结束命令。

◆ 创建参数

纺锤体参数设置与油罐参数设置完全相同。图 3-2-45 为设置不同参数创建出的纺锤体。

图 3-2-45　不同参数创建纺锤体

3.2.2.5　创建球棱柱(Gengon)

◆ 创建方法

在"扩展基本体"创建面板中单击 球棱柱 按钮 ▷ 在任意视图中任意位置按下鼠标左键 ▷ 向外拖拽鼠标至适当位置,放开鼠标左键确定球棱柱的截面 ▷ 继续上下拖动鼠标到适当的位置,单击鼠标确定球棱体的高 ▷ 继续向上移动鼠标到合适位置,单击鼠标左键确定球棱体的圆角的大小 ▷ 单击鼠标右键结束命令。

◆ 创建参数

创建球棱柱时,参数设置面板如图 3-2-46 所示。

图 3-2-47 为设置不同参数创建出的球棱柱。

图 3-2-46　球棱柱创建参数面板

图 3-2-47　不同参数创建球棱柱

3.2.2.6 创建切角圆柱体(Chamfer Cyl)

◆ 创建方法

在"扩展基本体"创建面板中单击 切角圆柱体 按钮 ➤ 在任意视图中按下鼠标左键 ➤ 向外拖拽鼠标至适当位置,放开鼠标左键确定切角圆柱体的截面 ➤ 继续上下拖动鼠标到适当的位置,单击鼠标确定切角圆柱体的高 ➤ 继续向上移动鼠标到合适位置,单击鼠标左键确定切角圆柱体的切角的大小 ➤ 单击鼠标右键结束命令。

◆ 主要创建参数

创建切角圆柱体时,参数设置面板如图 3-2-48 所示。

图 3-2-49 为设置不同参数创建出的切角圆柱体。

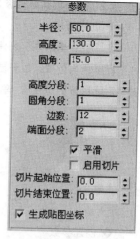

图 3-2-48 切角圆柱体创建参数面板

默认设置　　　平滑　　　圆角分段:10　　　启用切片

图 3-2-49 不同参数创建切角圆柱体

3.2.2.7 创建胶囊(Capsule)

◆ 创建方法

在"扩展基本体"创建面板中单击 胶囊 按钮 ➤ 在任意视图中按下鼠标左键 ➤ 向外拖拽鼠标至适当位置,放开鼠标左键确定胶囊的截面 ➤ 继续上下拖动鼠标到适当的位置,单击鼠标确定胶囊的高 ➤ 单击鼠标右键结束命令。

◆ 创建参数

图 3-2-50 为设置不同参数创建出的胶囊体。

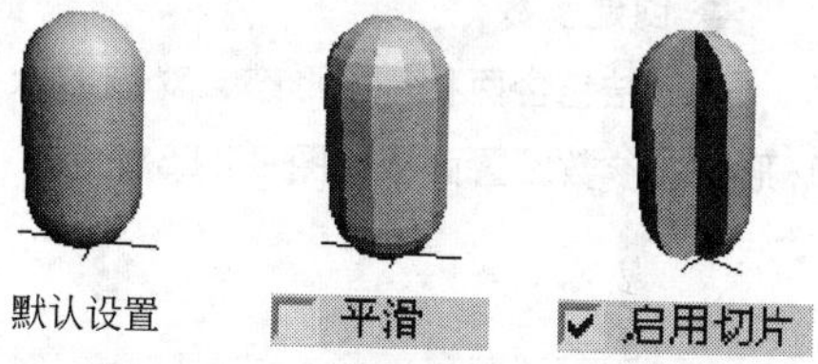

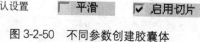

默认设置　　平滑　　启用切片

图 3-2-50 不同参数创建胶囊体

3.2.2.8 创建棱柱(Prism)

◆ 创建方法

在"扩展基本体"创建面板中单击 棱柱 按钮 ➤ 在任意视图中按下鼠标左键 ➤ 向外拖拽鼠标至适当位置,放开鼠标左键确定棱柱的截面大小 ➤ 继续上下移动鼠标到合适位置,单击鼠标左键确定棱柱的高度 ➤ 单击鼠标右键结束命令。

◆ 创建参数

创建棱柱体时,参数设置面板如图 3-2-51 所示。

二等分：选中此单选按钮,在创建棱柱的过程中将有两条边始终保持相等。

基点/顶点：选中此单选按钮,则在创建棱柱的过程中可以控制各条边的长短。

图 3-2-52 为设置不同参数创建出的棱柱体。

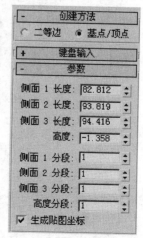

图 3-2-51 棱柱创建参数面板

3.2.2.9 创建环形波(Ring Wave)

◆ 创建方法

在"扩展基本体"创建面板中单击 环形波 按钮 ▶ 在任意视图中按下鼠标左键 ▶ 向外拖拽鼠标至适当位置,放开鼠标左键确定环形波的大小 ▶ 继续向上拖拽鼠标到合适位置,单击鼠标左键确定环形波的宽度 ▶ 单击鼠标右键结束命令,结果如图3-2-53所示。

等边棱柱

不等边棱柱

图 3-2-52 创建棱柱体

图 3-2-53 创建环形波

◆ 创建参数

创建环形波时,参数设置面板如图3-2-54所示。

半径:设定环形波的大小。

环形宽度:设定环形波中间的环形宽度。

3.2.2.10 创建环形结(Torus Knot)

◆ 创建方法

在"扩展基本体"创建面板中单击 环形结 按钮 ▶ 在任意视图中按下鼠标左键 ▶ 向外拖拽鼠标至适当位置,放开鼠标左键确定环形结的大小 ▶ 继续上下拖动鼠标,到适当的位置单击鼠标确定环形结的粗细 ▶ 单击鼠标右键结束命令。

◆ 创建参数

环形结包含两种基本形态,对应着众多的参数项,在制作效果图时,我们只用到一部分参数项,环形结的参数设置面板如图3-2-55所示。

图3-2-54 环形波创建参数面板

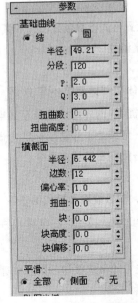

图3-2-55 环形结创建参数面板

圆：选中此单选按钮可以创建圆环。

结：选中此单选按钮可以创建打结的圆环。

P、Q：这两项用于调节环形结上的打结数目。只有在选中"结"单选按钮时才可用。

扭曲数、扭曲高度：用于控制环形结上的弯曲数量和弯曲高度。只有在选中"圆"单选按钮时才可用。

块：用于控制环形结上的膨胀数量。

图 3-2-56 为设置不同参数创建出的环形结。

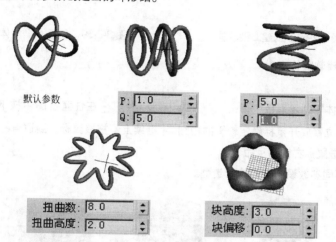

图 3-2-56　创建环形结

3.2.2.11　创建 L 型墙(L-Ext)

◆ 创建方法

在"扩展基本体"创建面板中单击 L-Ext 按钮 ▶ 在任意视图中按下鼠标左键 ▶ 向外拖拽鼠标，拖出所需的 L 形，放开鼠标左键 ▶ 继续上下拖拽鼠标，到适当的位置单击鼠标确定 L-Ext 的高度 ▶ 继续向上拖拽鼠标，到适当的位置单击鼠标确定 L-Ext 的厚度 ▶ 单击鼠标右键结束命令。

◆ 创建参数

创建 L 型墙时，参数设置面板如图 3-2-57 所示。

侧面长度：设定 L 型墙体侧面一条边的长度。

前面长度：设定 L 型墙体前面一条边的长度。

L 型墙体的创建模型如图 3-2-58 所示。

图 3-2-57　L 型墙创建参数面板

3.2.2.12　创建 C 型墙(C-Ext)

◆ 创建方法

在"扩展基本体"创建面板中单击 C-Ext 按钮 ▶ 在任意视图中按下鼠标左键 ▶ 向外拖拽鼠标，拖出所需的 C 形，放开鼠标左键 ▶ 继续上下拖拽鼠标，到适当的位置单击鼠标确定 C-Ext 的高度 ▶ 继续向上拖拽鼠标，到适当的位置单击鼠标确定 C-Ext 的厚度 ▶ 单击鼠标右键结束命令。

C 型墙体的创建模型如图 3-2-59 所示。

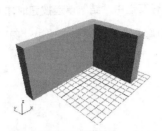
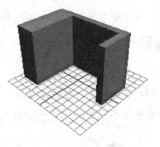

图 3-2-58 创建 L 型墙体　　　　图 3-2-59 创建 C 型墙体

3.2.2.13 创建软管(Hose)

◆ 创建方法

在"扩展基本体"创建面板中单击 软管 按钮 ▷ 在任意视图中按下鼠标左键 ▷ 向外拖拽鼠标,到适当位置放开鼠标确定软管的粗细 ▷ 继续上下拖拽鼠标,到适当的位置单击鼠标确定软管的高度 ▷ 单击鼠标右键结束命令。

图 3-2-60 为不同参数设置下的软管造型。

图 3-2-60 创建软管造型

3.2.3 模型对象的选择、变换与复制操作

3.2.3.1 对象的选择

在 3ds Max 中要对任何一个对象进行操作时,必须首先指定这个对象使其处于可操作的状态,这个指定的过程就是选择。选择对象的一组工具命令按钮在主工具栏上,如图 3-2-61 所示,使用这

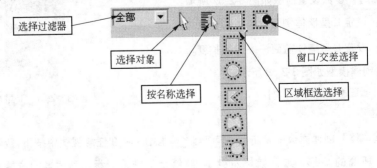

图 3-2-61 选择工具面板

些选择工具可以用多种选择方法实现对象的选择，如直接点取选择、区域选择、物体名称选择、复合选择等。

◆ 直接点取选择

单击主工具栏中的 （选择对象）按钮，使其呈黄色显示，表示进入使用状态。在任意视图中任一对象上单击鼠标左键可以实现对该对象的选择。

提示：

当选择时按住键盘上的 Ctrl 键后逐个鼠标单击对象，就可以同时选择多个对象；当选择时按住键盘上的 Alt 键，单击已选择的对象，则可将其从选择集中剔除出来（反选择）；在视图空白处单击鼠标，则可以释放所有选择的对象。

◆ 区域框选选择

主工具栏中默认的选择区域为 （矩形选择区域），此时激活 （选择对象）按钮后，在视图中拖动鼠标可以划出一个白色矩形虚线框，通过这种方式可以将虚线框包围和穿越的对象选择，这种选择方法称为框选。

视图中虚线框具体形状由工具栏中的区域框选选择按钮的形状决定，按下 按钮时，可下拉出一组选择框形状按钮，包括 （圆形选择区域）、 （围栏选择区域）、 （套索选择区域）、 （绘制选择区域），鼠标单击选择某一个选择区域按钮，就可以在视图中建立相应形状的选择区域。

◆ 窗口/交叉选择

用框选的方法选择对象时，有时对象被虚线框穿过就能够被选择，有时需要完全被虚线框包围才能够被选择，这两种情况分别是框选的两种方式，即交叉选择方式和窗口选择方式。主工具栏中默认的选择方式是 （交叉选择），鼠标单击该按钮变为 （窗口选择）方式，此时选择物体，只有完全位于框内的物体才会被选择。

◆ 按名称选择

一个场景中往往有多个对象，如果要选择那些在位置上有重叠和遮挡现象的对象，则通过点选和框选的方法都有一定的难度，这时就可以使用按名称选择对象的方法。

在主工具栏中单击 （按名称选择）按钮，弹出如图 3-2-62 所示的"选择对象"对话框。

在对话框左侧的对象列表中陈列着场景中的所有对象（包括灯光、相机）的名称，用鼠标直接点取（配合使用键盘上的 Shift 和 Ctrl 键可以选择多个对象）可以确定要选择的对象。

如果只想在对象列表中列出某一类或某些类型的对象，则可以在对话框右侧的"列出类型"中将不需要的类型对象全部勾消，只勾选需要列出的类型即可。

◆ 选择过滤器

"选择过滤器"的功能与 （按名称选择）的功能相类似，也是将场景中不需要选择的物体类型过滤掉。例如，场景中有几何体、图形、灯光与摄像机，而我们只想选择几何体，此时便可以点击主工具栏中的 全部 右侧的三角按钮，展开选择过滤器下拉菜单（图 3-2-63），在菜单中选择"几何体"选项，这样所有选择工具则只对几何体起作用，其他不需要的物体类型统统被过滤掉，不能被选择。

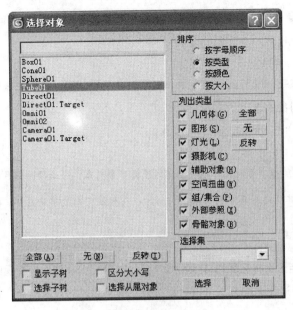

图 3-2-62　选择对象对话框　　　　图 3-2-63　选择过滤器下拉菜单

3.2.3.2　对象的锁定

在选择对象后，单击屏幕左下角状态栏上的 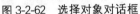（选择锁定切换）按钮，按钮下陷成 ，此时选择的对象被锁定，不能再选择其他对象。如果被操作的对象在要操作的视图中难以选择，可以在其他视图中选择后锁定，然后返回到操作视图中做进一步操作，以免在切换视图时意外释放已选择的对象。

3.2.3.3　对象的删除

在选择对象后，执行菜单栏中的"编辑▶删除"（快捷键：Delete）命令，则选择的对象被删除。

3.2.3.4　对象的变换

对象的变换包括移动、旋转、缩放、镜像、阵列、对齐等操作。在变换对象的同时，配合键盘上的 Shift 键可以复制变换的对象。

◆ 移动对象

（1）自由移动：单击主工具栏中的 （选择并移动）按钮，则在被选择的对象上出现移动的控制轴如图 3-2-64 所示。

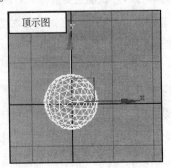 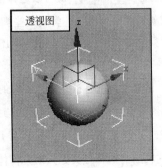

图 3-2-64　移动控制轴

移动控制轴用三种颜色显示,其中:红色代表 X 轴、绿色代表 Y 轴、蓝色代表 Z 轴。

当需要将对象在 X、Y、Z 轴上作直线移动时,可以移动光标到对应的轴向上,此时该轴向会以高亮的黄色显示,然后按住鼠标左键拖动光标,则对象将只会沿选定的轴向进行移动。

当需要将对象在某个坐标平面上(XY 平面、XZ 平面、YZ 平面)进行移动时,可以移动鼠标到两坐标轴间的平面上,此时该平面会以高亮的黄色显示,按下鼠标左键并移动光标,则对象在选定的坐标平面上进行移动。

提示:

单击键盘上的 X 键,可以打开或关闭移动模框的显示。

(2) 精确移动(坐标移动):选择对象并单击 ⊕ 工具按钮后,可以在屏幕左下角状态栏中的坐标输入窗口中输入要移动的坐标值,可以将对象进行精确的移动。

当屏幕显示 ⊙ (绝对坐标输入方式),假设在 X 轴坐标输入窗口中输入坐标数值为 100 后回车,则已选择对象的中心将准确移动到世界坐标系 X = 100 的坐标点上,如图 3-2-65 所示。

点击 ⊙ 按钮,按钮下陷成 ⇲ (相对坐标输入方式),假设在 X 轴坐标输入窗口中输入坐标数值为 100 后回车,则已选择对象将从当前位置沿 X 轴正方向移动 100 个单位,如图 3-2-66 所示。

图 3-2-65　绝对坐标输入　　　　　　图 3-2-66　相对坐标输入

(3) 移动复制:选择要移动的对象,单击 ⊕ 按钮,按住键盘上的 Shift 键后,按住鼠标左键移动对象到合适位置后,松开鼠标左键,弹出如图 3-2-67 所示的"克隆选项"对话框。

在对象选项中,单击选择复制、实例、参考等方式;在副本数窗口中输入要复制的对象数量,例如:4,点击 确定 按钮,则对象将按移动的方向等距离复制出 4 个对象。

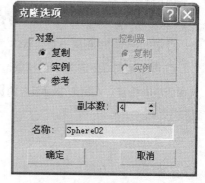

图 3-2-67　克隆选项对话框

提示:

不同的复制方式产生的对象与原对象的关系如下:

复制:复制形成的对象与原对象参数相同,但没有联系。

实例:修改对象参数或施用编辑修改器,原对象与复制对象会同步变化,相互影响。

参考:对原对象施用编辑修改器,参考对象会同步变化,反过来则没有影响;修改原对象参数,参考对象会同步变化,而对参考对象则不能修改参数。

◆ 旋转对象

(1) 自由旋转:单击主工具栏中的 ↻ (选择并旋转)按钮,则在选择的对象上出现一个圆形的旋转控制框,如图 3-2-68 所示。

 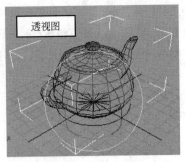

图 3-2-68 旋转控制框

旋转控制框用三个不同颜色的圆环来表示三个轴向,即红色代表 X 轴、绿色代表 Y 轴、蓝色代表 Z 轴。

例如,将光标移动到红色圆环上,该圆环以高亮的黄色显示以表示被选中,此时按住鼠标左键并拖动鼠标,则可以控制对象以 X 轴为旋转轴进行旋转。

将光标移动到旋转控制框中间的圆形区域,该区域以灰色显示,此时按下鼠标左键并拖动鼠标,则可以在任意方向上旋转对象。

在外面的灰色圆环上按下鼠标左键并沿着该圆拖动鼠标,则可以控制对象在垂直于视线的平面上旋转对象。

(2) 精确旋转(指定角度旋转):选择对象并单击 ⟲ 工具按钮后,可以在屏幕左下角状态栏中的坐标输入窗口中输入要旋转的角度值,可以将对象按指定的角度进行旋转。

(3) 旋转复制。

【课堂实训】 要创建如图 3-2-69 所示模型造型,则:

◎ 在 前视图 中创建一个管状体。

◎ 要创建图 3-2-69 所示的模型造型,必须要将管状体的轴心由默认的底截面圆心位置移动到管状体的中心位置。点击命令面板中的 ⛊ (层次)按钮,打开如图 3-2-70 所示的层次命令面板,点击

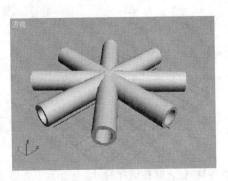 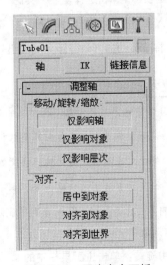

图 3-2-69 利用旋转复制创建模型造型 　　　图 3-2-70 层次命令面板

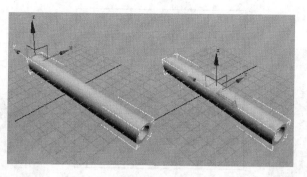，则轴心移动到管状体的中心位置，如图 3-2-71 所示。

图 3-2-71 移动管状体的轴心位置

◎ 设置角度捕捉：鼠标单击主工具栏上的 ⚠ (角度捕捉)按钮，按钮下陷表示已经打开角度捕捉，在该按钮上单击鼠标右键，弹出如图 3-2-72 所示的"栅格和捕捉设置"对话框，在角度文本框中输入角值为 45°，用于指定对象旋转时以 45°为增量，即只能旋转 45°、90°、135°……单击窗口右上角的 ☒ 按钮，关闭该窗口。

◎ 在透视图中将鼠标移动到蓝色圆环上，在按住 Shift 键的同时按下鼠标左键并左右拖动光标，观察旋转控制框上方 Z 轴向旋转角值为 45°时(图 3-2-73)，松开鼠标左键。

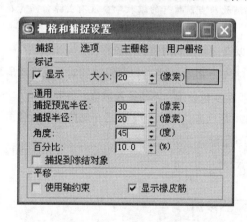

图 3-2-72 删格和捕捉设置对话框

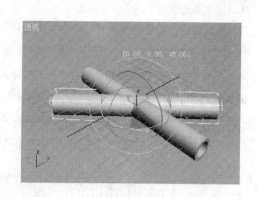

图 3-2-73 按指定角度旋转复制对象

◎ 在弹出的"克隆选项"对话框中输入副本数为 3，单击 确定 按钮，则管状体间隔 45°被复制 3 个，最终结果如图 3-2-69 所示。

◆ 缩放对象

在 3ds Max 中共包括 3 种缩放类型，分别为选择并均匀缩放(▫)、选择并非均匀缩放(▫)、选择并挤压缩放(▫)。所有缩放命令按钮都位于主工具栏上，默认的缩放按钮为均匀缩放(▫)按钮，在该按钮上按住鼠标左键，按钮组向下展开，如图 3-2-74 所示。

图 3-2-74 缩放按钮组

(1) 使用缩放模框缩放：单击主工具栏上的 ■ 按钮，在视图中选择要缩放的对象，则对象上显示如图 3-2-75 所示的缩放模框。

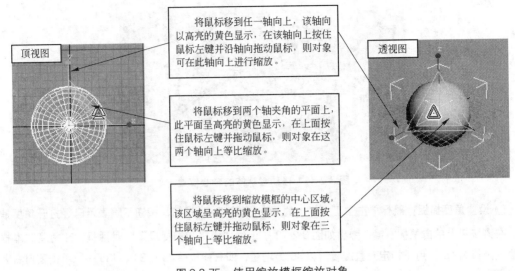

图 3-2-75　使用缩放模框缩放对象

提示：

使用缩放模框缩放对象时，是等比缩放还是不等比缩放与当前执行的缩放命令没有关系，而是在缩放模框上操作实现的。

(2) 精确缩放：通过在缩放对话框中输入数值可以精确地控制对象的缩放程度。

◎ 等比缩放：在主工具栏中点选 ■（均匀缩放）按钮，在视图中选择要缩放的对象，观察屏幕左下角状态栏上的坐标输入窗口，其中 Y、Z 的输入框呈灰色显示，不能输入数值。

在 X 输入框中输入要缩放的比例数值，如输入 120 后回车，则 X、Y、Z 三个轴向上的数值同步变化，对象等比缩放为当前尺寸的 120%，如图 3-2-76 所示。

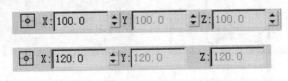

图 3-2-76　等比缩放比例输入窗口

提示：

点击 ■（绝对模式变换输入）按钮，按钮下陷成 ■（偏移模式变换输入），在 X 输入框中输入要缩放的比例数值，如输入 50 后回车，对象缩小一半后输入框中的数值又复位成 100，再次输入数值 50 后回车，则对象再次缩小一半，即缩放到原尺寸的 25%，输入框中的数值依然复位为 100。

如此可重复操作多次累加缩放对象。

◎ 非等比缩放：在主工具栏中点选 ■（非均匀缩放）按钮，在视图中选择要缩放的对象，观察屏幕左下角状态栏上的坐标输入窗口如图 3-2-77 所示，其操作方法与等比缩放的操作方法相同，只是可以在 X、Y、Z 轴上分别设置对象的缩放比例。

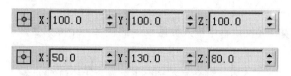

图 3-2-77　非等比缩放比例输入窗口

(3) 缩放复制对象

按住 Shift 键的同时执行缩放命令，则可以复制出新的对象，如图 3-2-78 所示。

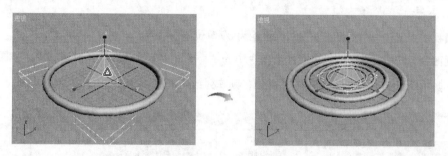

图 3-2-78　缩放复制对象

◆ 阵列对象

阵列也是一种常见的快速复制对象的方式。阵列命令按钮在"附加"浮动工具栏中。在主工具栏上单击鼠标右键，在弹出的工具栏列表中勾选"附加"选项，则弹出"附加"工具栏，如图 3-2-79 所示。

单击附加工具栏中的 （阵列）按钮，即可打开如图 3-2-80所示的阵列对话框，该对话框包括阵列变换、阵列维度和对象类型等选项组。通过该对话框可以对选择的对象进行矩形或环形的阵列。

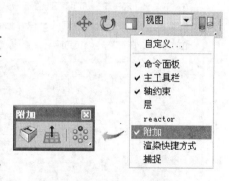

图 3-2-79　调出附加工具栏

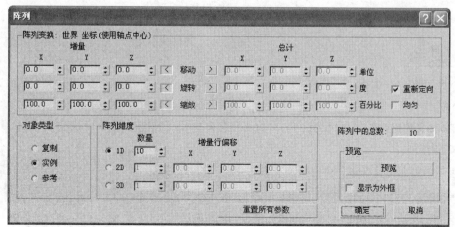

图 3-2-80　阵列对话框

[阵列变换]选项组：用于决定原始对象与每一个复制品之间的移动、旋转和缩放量。

例如：在移动选项的 X 文本框中输入数值 50，则生成的阵列对象将在 X 轴上以间隔 50 个单位的距离进行排列。

再例如：在旋转选项的 X 文本框中输入数值 50，将使每一个阵列生成的对象相对于前一个对象绕 X 轴旋转 50°。

[阵列维度]选项组：决定 3 个坐标轴的每个轴向上各有多少个阵列对象。

其中：1D 用于创建线性阵列，即阵列后的对象是在一条直线上；2D 用于创建二维平面上的阵列；3D 用于创建三维空间的阵列。

(1) 矩形阵列

◎ 一维阵列：

在顶视图中创建一个宽度、深度、高度均为 30 单位的四棱锥。

在视图中将四棱锥选中，点击附加工具栏中的 按钮，在弹出的阵列对话框中，按图 3-2-81 所示的参数进行设置，点击[确定]按钮，则阵列结果如图 3-2-82 所示。

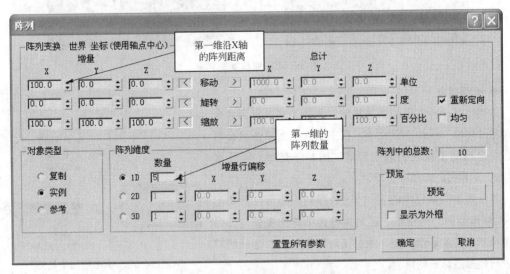

图 3-2-81 一维阵列参数设置

提示：

如果第一维要沿其他轴向进行阵列，则可将阵列距离的数值输入到 X 列右侧的 Y 或 Z 列中；点击[预览]按钮，则可以预览阵列效果。

◎ 二维阵列：

在视图中将四棱锥选中，点击附加工具栏中的 按钮，在弹出的阵列对话框中，按图 3-2-83 所示的参数进行设置，点击[确定]按钮，则阵列结果如图 3-2-84 所示。

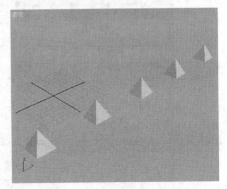

图 3-2-82 一维阵列结果

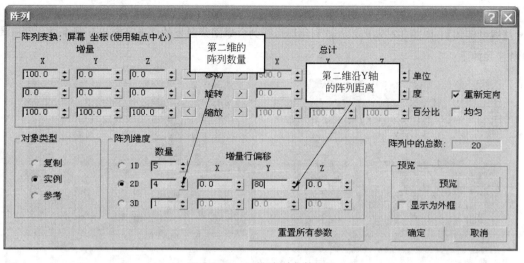

图 3-2-83 二维阵列参数设置

提示：

如果第二维要沿 Z 轴进行阵列，则可在阵列维度选项组中将阵列距离的数值输入到 Y 列右侧的 Z 列中。

◎ 三维阵列：

在视图中将四棱锥选中，点击附加工具栏中的 按钮，在弹出的阵列对话框中，按图 3-2-85 所示的参数进行设置，点击 确定 按钮，则阵列结果如图 3-2-86 所示。

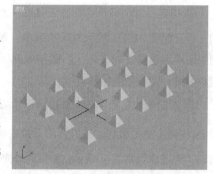

图 3-2-84 二维阵列结果

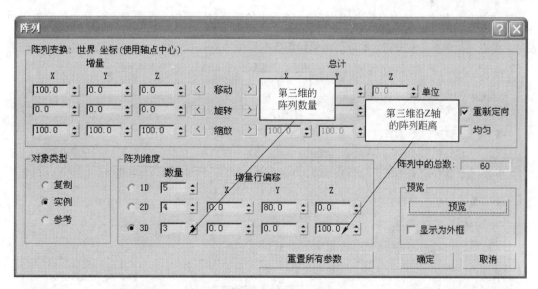

图 3-2-85 三维阵列参数设置

(2) 环形阵列

【课堂实训】 如图3-2-87所示，欲利用环形阵列命令围绕圆亭的底座复制出8根亭柱，则主要操作步骤如下：

图3-2-86 三维阵列结果

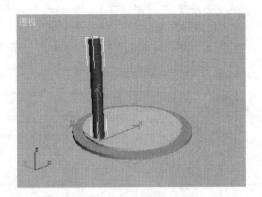

图3-2-87 创建圆亭的圆柱

◎ 指定参考坐标系：在主工具栏中点选 视图 ▼ 右侧的三角按钮，打开如图3-2-88所示的下拉菜单，鼠标单击"拾取"选项，移动光标到视图中点选圆亭的底座，则圆亭底座圆柱体的坐标成为当前整个场景的坐标系统，即参考坐标系。

◎ 指定参考坐标中心为变换坐标中心：在主工具栏上的 ▣ (使用轴点中心)按钮上单击鼠标，在打开的下拉菜单中点选 ▣ (使用变换坐标中心)按钮，则底座对象的坐标中心被指定为变换坐标中心（即底座对象的圆心将作为环形阵列的中心）。

图3-2-88 视图下拉菜单

◎ 在视图中将亭柱选中，单击 ▣ 按钮，在弹出的阵列对话框中，按图3-2-89所示的参数进行设置，点击 确定 按钮，则阵列结果如图3-2-90所示。

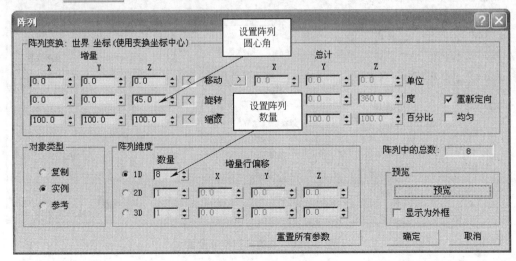

图3-2-89 环形阵列参数设置

提示：

在环形阵列之前一定要先设置好阵列所需的坐标系和旋转中心。

◆ 镜像对象

在视图中选择要进行镜像操作的对象后，鼠标单击主工具栏中的 (镜像)按钮，弹出如图 3-2-91 所示的"镜像"对话框，该对话框主要包括镜像轴、镜像偏移和克隆方法等 3 部分。

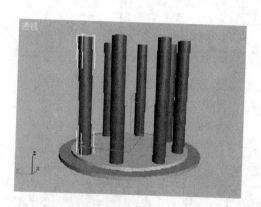

图 3-2-90　环形阵列亭柱结果

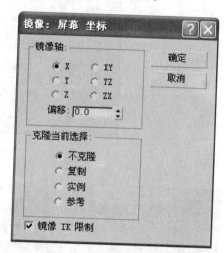

图 3-2-91　"镜像"对话框

镜像轴 选项组：包括 3 个坐标轴选项和 3 个坐标平面选项，选择其中的任何一个都将定义出镜像轴。

偏移：通过在其文本框内输入数值，可以使镜像后的对象精确偏移。

克隆方法：用于指定由源对象创建镜像复制品的不同方式。

(1) 不克隆：镜像对象被保留而源对象消失，与移动功能相似。

(2) 复制：生成一个完全独立的镜像对象，无论对它进行任何改动都不会对源对象产生影响。

(3) 实例：产生的镜像对象与源对象相互影响，即改变其中的一个另一个也会做同样的变化。

(4) 参考：修改源对象会改变镜像对象，但对镜像对象不能进行修改。

◆ 对齐对象

利用对齐命令可以将一个或一组源对象与目标对象在 X、Y、Z 三个轴向上对齐。

选择源对象，然后单击主工具栏中的 按钮，光标显示为 ，将光标移动到目标对象上单击鼠标，弹出如图 3-2-92 所示的"对齐当前选择"对话框。

对齐位置 选项组：用于设定对齐的方向。

当前对象 、 目标对象 选项组：

用于设置源对象与目标对象对齐时依据的自身坐标。

对齐参数设置的效果如图 3-2-93 所示。

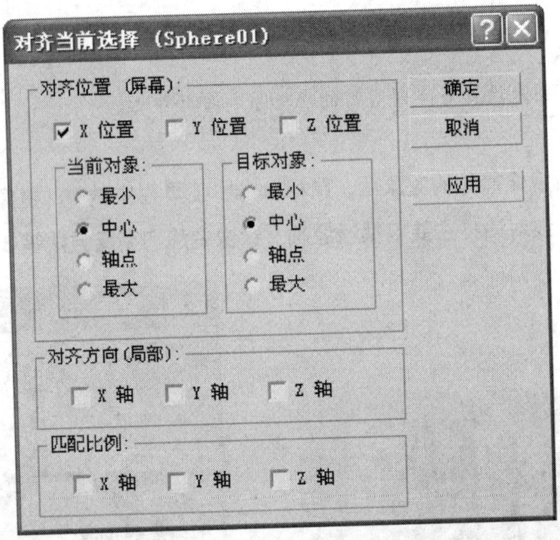

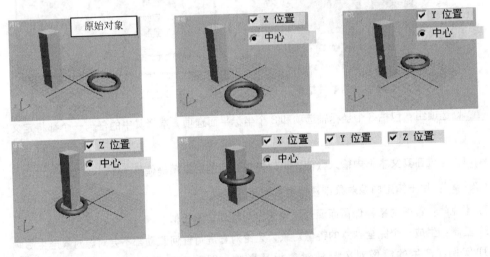

图 3-2-92 "对齐当前选择"对话框

图 3-2-93 对齐参数设置效果

3.2.4 模型对象的修改与编辑修改器堆栈

利用修改命令面板可以对使用标准几何体和扩展几何体所创建的三维模型作进一步的修改，以使其更符合建模的需要。

3.2.4.1 修改命令面板的结构

鼠标单击命令面板中的 按钮，打开如图 3-2-94 所示的修改命令面板。按功能可以将修改命令面板划分为名称和颜色、修改器列表、修改器堆栈和修改器参数 4 个基本区域。

◆ 名称和颜色

可以在名称框中输入新的名称修改当前选定的模型对象的名称。单击颜色按钮，弹出颜色选择对话框，选择一种颜色可以改变当前选定模型对象原有的颜色。

◆ 修改器列表

修改器列表中包含了所有的修改命令,在 修改器列表 ▾ 上单击鼠标,可以打开修改器下拉菜单,当需要使用某个修改器时,可以在这个菜单中单击相应的修改器即可。

◆ 修改器堆栈

修改器堆栈是一个非常重要的部分,它将对模型施加的修改器按照先后顺序排列到一起,以便于随时对修改器进行设置。关于修改器堆栈,后面再作详细介绍。

◆ 修改器参数

使用不同的修改命令时,修改器参数面板会显示不同的参数内容。

3.2.4.2 常用的三维模型修改器

修改器也就是修改命令,常用的三维模型修改器包括弯曲、扭曲、锥化等。

◆ 弯曲

使用弯曲修改器可以将三维造型沿着某一个轴向做弯曲处理,其应用效果如图3-2-95所示。

弯曲的参数面板内容如图3-2-96所示,其主要参数含义如下:

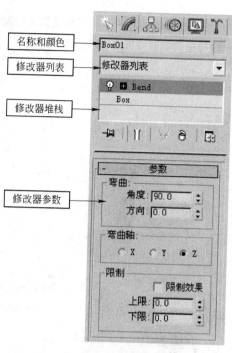

图3-2-94 修改命令面板

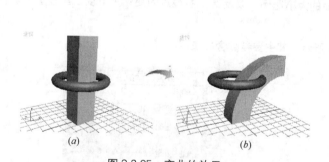

图3-2-95 弯曲的效果
(a)弯曲前的长方体; (b)沿Z轴弯曲90°的长方体

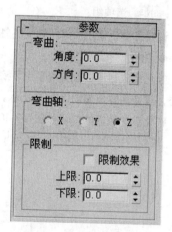

图3-2-96 弯曲参数面板

弯曲 选项组:

(1)角度:输入数值用于确定弯曲的角度,取值范围为1°~360°。

(2)方向:输入数值用于确定相对于水平面的方向扭曲的角度,取值范围为1°~360°。

弯曲轴 选项组:

设定三维模型弯曲时所依据的轴向,默认为Z轴。

◆ 扭曲

使用扭曲修改器可以将三维造型沿着某一个轴向做扭曲处理，其应用效果如图 3-2-97 所示。扭曲的参数面板内容如图 3-2-98 所示，其主要参数含义如下：

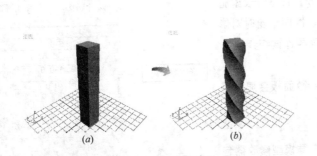
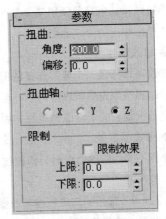

图 3-2-97　扭曲的效果
(a)扭曲前的长方体；(b)沿 Z 轴扭曲 300°的长方体

图 3-2-98　扭曲的参数面板

扭曲 选项组：

(1) 角度：输入数值用于确定扭曲的角度。
(2) 偏移：输入数值用于确定扭曲的偏移位置。

扭曲轴 选项组：

设定三维模型扭曲时所依据的轴向，默认为 Z 轴。

◆ 锥化

锥化修改器通过改变造型上下底面的大小比例，以及造型曲线边的变化来改变三维模型的具体形态，其应用效果如图 3-2-99 所示。

锥化参数面板的内容如图 3-2-100 所示，其主要参数含义如下：

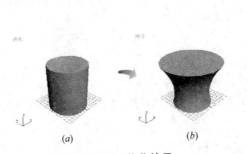
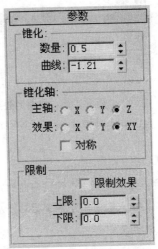

图 3-2-99　锥化效果
(a)锥化前的长方体；(b)锥化后的长方体

图 3-2-100　锥化参数面板

锥化 选项组：

（1）数量：通过缩放三维模型的顶面大小来设定锥化倾斜的程度。输入正值时顶面积增大，输入负值时顶面积减小。

（2）曲线：设定锥化曲线的弯曲程度。输入正值时锥化曲线向外弯曲，输入负值时锥化曲线向内弯曲。

锥化轴 选项组：

（1）主轴：设定三维模型锥化时所依据的轴向，默认为Z轴。

（2）效果：在主轴向设定的基础上设定影响锥化效果变化的轴向，默认为X、Y轴。

3.2.4.3 编辑修改器堆栈

修改器堆栈面板如图3-2-101所示，其上列有最初创建的基本几何体对象和作用于该对象上的所有编辑修改器。

◆ 变换编辑修改器的排列顺序

最初创建的基本几何体对象位于堆栈的最下层，而且位置不能变动。被使用的编辑修改器按操作的先后顺序自下而上的排列在堆栈中，且位置在下面的先发生作用。可以通过单击各个修改器并移动它们的位置来变换次序，这时会发现虽然堆栈器中的修改器内容未发生变化，但对应于不同的修改器次序，最终产生的编辑修改效果是完全不同的，其结果如图3-2-102所示。

图3-2-101 修改器堆栈面板

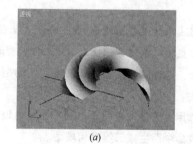 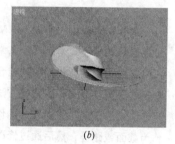

(a) (b)

图3-2-102 变换修改器顺序结果

(a)锥化—扭曲—弯曲；(b)锥化—弯曲—扭曲

◆ 删除编辑修改器

对于修改器堆栈中重复使用的以及不希望应用的编辑修改器，可以在其上单击鼠标将其选中（该修改器呈灰色显示），然后点击编辑修改器堆栈面板下方的 （从堆栈中移除修改器）命令，即可将该修改器删除，此时模型对象回复到未使用该编辑修改器时的状态。

提示：

点击编辑修改器前面的 按钮，使其显示为 ，可以临时隐藏该编辑修改器在模型对象上的显示效果。

◆ 堆栈塌陷

对于修改定型后的三维模型对象，可以将编辑修改器塌陷。塌陷将减少对系统资源的占用，但会失掉基本几何体的创建参数和编辑修改过程，模型对象将转换为可编辑的网格。

堆栈塌陷的操作方法如下：

(1) 在编辑修改器的任何位置上单击鼠标右键,弹出如图 3-2-103 所示的快捷菜单。

(2) 在快捷菜单中单击选择"塌陷全部"选项,系统弹出如图 3-2-104 所示的警告窗口,单击 是(Y) 按钮,完成堆栈塌陷。

图 3-2-103　修改器堆栈快捷菜单

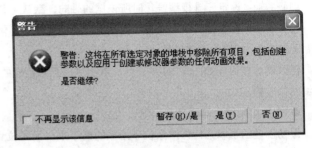

图 3-2-104　警告对话框

3.3　二维线形的创建与二维线形建模

本节学习要点:掌握 3ds Max 中常见二维线形(线、矩形、圆弧、文字等)的绘制方法;掌握二维线形的编辑修改方法;重点掌握将二维线形转换为三维几何模型的创建方法。

二维线形是指线或线的组合,通过二维线形创建三维几何模型的建模方法叫做二维建模,它是与三维建模并列的一种建模方法。

二维线形在二维建模中的作用主要表现在两个方面:一是通过指定可渲染性而直接使用;二是作为截面或路径,然后通过修改命令而生成三维几何模型。

3.3.1　二维线形的创建

利用样条线命令可以绘制包括线、矩形、圆在内的共 11 种二维线形,二维线形创建形式如图 3-3-1 所示。

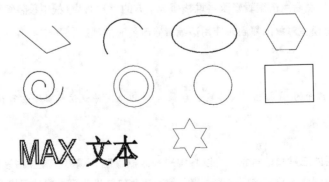

图 3-3-1　二维线形的形式

3.3.1.1 激活二维线形创建命令面板

鼠标单击命令面板中的 创建面板 ▶ 点击 图形按钮 ▶ 从下拉列表中选择"样条线"选项,则弹出二维线形创建命令面板(图3-3-2)。

3.3.1.2 创建线(Line)

◆ 创建方法

(1) 创建折线

◎ 在"样条线"创建面板中单击 线 按钮,此时该按钮将显示为黄色,并弹出如图3-3-3所示的线创建参数面板。

图3-3-2 二维线形创建命令面板

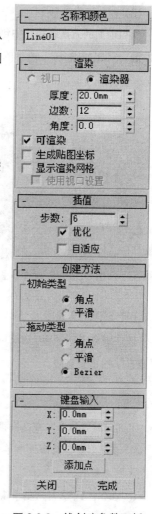

图3-3-3 线创建参数面板

◎ 在 创建方法 卷展栏中选择起点类型为 角点 。

◎ 在任意视图中按下鼠标左键,确定折线的起点 ▶ 向任意方向拖拽鼠标到合适位置,单击鼠标左键即可创建出一条直线段。

◎ 重复以上的操作步骤即可在视图中创建出一条连续的折线 ▶ 单击鼠标右键结束折线绘制 ▶ 再单击鼠标右键结束创建线命令,结果如图3-3-4所示。

(2) 创建样条曲线

在"样条线"创建面板中单击 线 按钮 ▶ 在 创建方法 卷展栏中选择起点类型 平滑 ▶ 在顶视图中任意位置按下鼠标左键,确定样条曲线的起点 ▶ 沿要创建曲线方向拖拽鼠标,并顺次在曲线转折点上单击鼠标左键,即可创建出一条圆滑的样条曲线,结果如图3-3-5所示。

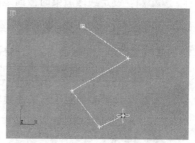

图3-3-4 创建折线

(3) 创建闭合线段

参照前面的方法在视图中创建一条连续的折线或样条曲线后 ➤ 移动光标到起始点位置，单击鼠标左键 ➤ 弹出如图 3-3-6 所示的提示框 ➤ 单击 是(Y) 按钮，曲线闭合，绘制图形如图 3-3-6 所示。

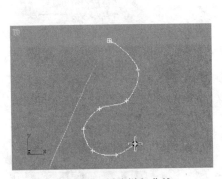

图 3-3-5　创建样条曲线

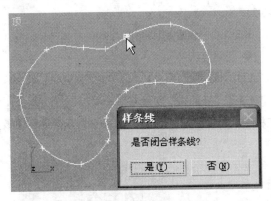

图 3-3-6　创建闭合样条曲线

(4) 创建正交线段

按住键盘上的 Shift 键的同时单击 线 命令，在视图中拖拽鼠标，则只能绘制出"横平竖直"的正交直线。

提示：

利用"键盘输入"可以按指定坐标值点绘制线段，具体方法如下：

① 在线创建参数面板中单击 - 键盘输入 按钮，打开如图 3-3-3 所示的"键盘输入"参数卷展栏。

② 在 X、Y、Z 对话框中输入欲创建线段的起点坐标值 ➤ 点击 添加点 按钮，视图中显示出线段起点的位置 ➤ 继续在 X、Y、Z 对话框中输入下一点的坐标值，点击 添加点 按钮，视图中显示出所创建的线段 ➤ 重复以上的操作步骤，即可在视图中创建出一条连续的折线。

◆ 卷展栏参数

(1) - 渲染 卷展栏

厚度：设定线段渲染时的粗细。

边数：设定线段渲染时截面边数。

可渲染性：未勾选此复选框，线形在渲染时不被渲染；勾选此复选框，线形即可被渲染，被渲染的二维线形是一个截面为圆型的柱状物。

(2) - 插值 卷展栏

步数：该项参数对于样条曲线非常重要，主要表现为步数的数量决定了样条曲线的光滑程度。

提示：

"渲染"和"插值"卷展栏是创建所有二维线形时都具备的共同参数，其参数的含义也完全相同。

(3) 创建方法 卷展栏

初始类型：在视图中绘制线段时，在释放的状态下将光标移动到合适的位置后单击鼠标左键时所创建的点的类型，包括角点和平滑点两种类型。

拖拽类型：在视图中绘制线段时，在释放的状态下将光标移动到合适的位置后单击鼠标左键不放并拖拽鼠标时时所创建的点的类型，包括角点、平滑和贝塞尔三种类型。

3.3.1.3 创建圆(Circle)

◆ 创建方法

在"样条线"创建面板中单击 圆 按钮 ▶ 在任意视图中按下鼠标左键 ▶ 向外拖动鼠标至合适大小 ▶ 松开鼠标左键完成圆形的创建。

◆ 卷展栏参数

创建圆时，默认的卷展栏参数设置面板如图3-3-7所示。

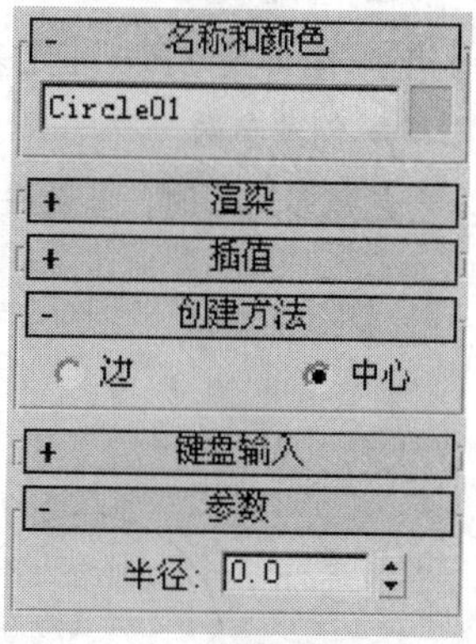

边：勾选此复选框，则创建圆时鼠标移动的距离是圆形的直径。

中心：勾选此复选框，则创建圆时鼠标移动的距离是圆形的半径。

半径：设定圆形的半径大小。

3.3.1.4 创建椭圆(Ellipse)

◆ 创建方法

在"样条线"创建面板中单击 椭圆 按钮 ▶ 在任意视图中任意位置按下鼠标左键 ▶ 向外拖动鼠标至合适大小 ▶ 松开鼠标左键完成椭圆图形的创建。

图3-3-7 圆形创建参数面板

◆ 创建参数

长度：设定椭圆的长轴距离。

宽度：设定椭圆的短轴距离。

3.3.1.5 创建圆弧(Arc)

◆ 创建方法

在"样条线"创建面板中单击 弧 按钮 ▶ 在任意视图中按住鼠标左键，将其拖拽到适当的位置拉出一条弧长直线 ▶ 移动鼠标到合适位置后单击，完成圆弧图形的创建。

◆ 卷展栏参数

创建圆弧时，卷展栏参数设置面板如图3-3-8所示。

端点-端点-中央：勾选此项，在视图中创建圆弧时是先单击鼠标左键不放拉出一条直线，确定圆弧的两个端点，再移动鼠标确定弧度。

中间-端点-端点：勾选此项，在视图中创建圆弧时是先单击鼠标左键不放拉出一条直线作为圆弧的半径，再移动鼠标确定弧长，这种方式对于绘制扇形很方便。

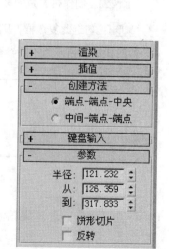

图3-3-8 弧形创建参数面板

半径：设定圆弧的半径值。

从：设定圆弧起点的角度。

到：设定圆弧终点的角度。

饼形切片：勾选此项，则创建出一个封闭的扇形，效果如图3-3-9所示。

反转：勾选此项，则弧线的方向反转。

3.3.1.6 创建多边形(NGon)

◆ 创建方法

在"样条线"创建面板中单击 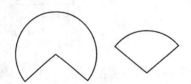 按钮 ▶ 在任意视图中单击鼠标左键确定多边形中心点 ▶ 向外拖动鼠标指定多边形内接圆半径 ▶ 松开鼠标左键，以默认参数创建一个多边形。

◆ 创建参数

创建多边形时，参数设置面板如图3-3-10所示。

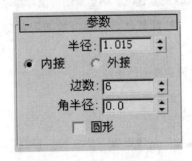

图3-3-9　创建封闭扇形　　图3-3-10　多边形创建参数面板

半径：设定多边形的半径大小。

内接、外接：选择用内接圆半径还是外切圆半径作为多边形的半径。

边数：设置多边形的边数，其最小值为3。

角半径：制作带圆角的多边形时，设置圆角的半径大小。

圆形：勾选此复选框，则可以设置多边形为圆形。

如图3-3-11所示为不同参数设置下所绘制的多边形。

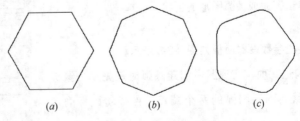

图3-3-11　创建的各种多边形

(a)默认参数，边数=6；(b)边数=8；(c)边数=5，角半径>0

3.3.1.7 创建矩形(Rectangle)

◆ 创建方法

在"样条线"创建面板中单击 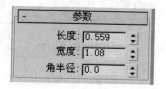 按钮 ▶ 在任意视图中单击鼠标左键 ▶ 向对角方向拖拽鼠标到适当位置 ▶ 松开鼠标左键,以默认参数创建一个矩形。

◆ 创建参数

创建矩形时,参数设置面板如图 3-3-12 所示。

长度、宽度:设定矩形的长、宽值。

角半径:设置矩形的角是直角还是有弧度的圆角,当其值为 0 时,创建的是直角矩形,如图 3-3-13所示。

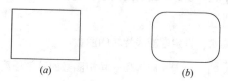

图 3-3-12 矩形创建参数面板

图 3-3-13 创建矩形
(a)默认参数 角半径=0;(b)角半径>0

3.3.1.8 创建星形(Star)

◆ 创建方法

在"样条线"创建面板中单击 星形 按钮 ▶ 在任意视图中单击鼠标左键,确定星形中心点的位置 ▶ 向外拖拽鼠标至适当的位置松开鼠标 ▶ 继续向里或向外拖拽鼠标至适当的位置单击鼠标左键,以默认参数创建一个六角星形。

◆ 创建参数

创建星形时,其参数设置面板如图 3-3-14 所示。

半径1/半径2:设定星形的内径和外径。

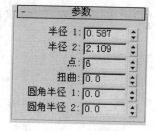

图 3-3-14 星形创建参数面板

点:设定星形的尖角数目。

扭曲:设定尖角的扭曲程度。

圆角半径1/圆角半径2:设定尖角内倒圆半径和外倒圆半径。

图 3-3-15 为不同参数设置下所绘制的星形。

图 3-3-15 创建的各种星形
(a)默认参数点=6;(b)点=8,扭曲>0;(c)点=5,圆角半径>0

3.3.1.9 创建螺旋线(Helix)

◆ 创建方法

在"样条线"创建面板中单击 螺旋线 按钮 ▶ 在任意视图中单击鼠标左键,确定螺旋线中心的位置 ▶ 向外拖动鼠标至适当位置松开鼠标左键,确定出半径1的大小 ▶ 上下拖拽鼠标至合适的位置单击鼠标左键,确定螺旋线的高度 ▶ 继续向外或向内拖拽鼠标至合适的位置单击鼠标,确定出半径2的大小,以默认参数完成螺旋线的创建。

◆ 创建参数

创建螺旋线时,其参数设置面板如图3-3-16所示。

半径1/半径2:设定螺旋线的内径和外径。

高度:设定螺旋线的高度,此值为0时,创建的是一个平面螺旋线。

圈数:设定螺旋线旋转的圈数。

偏移:设定螺旋线顶部螺旋圈数的疏密程度。

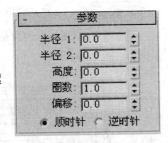

图3-3-16 螺旋线创建参数面板

如图3-3-17所示为不同参数设置下所绘制的螺旋线。

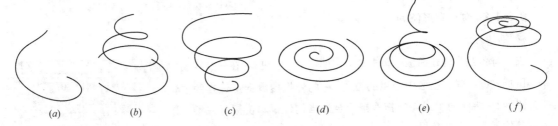

图3-3-17 创建各种螺旋线

(a)默认参数,圈数=1; (b)圈数=3,半径1>半径2; (c)圈数=3,半径1<半径2;
(d)高度=0; (e)偏移<0; (f)偏移>0

3.3.1.10 创建文本(Text)

◆ 创建方法

在"样条线"创建面板中鼠标单击 文本 按钮 ▶ 文本参数面板中设置文字"字体、大小、间距"等参数 ▶ 在文本输入区输入要创建的文字内容 ▶ 在任意视图中单击鼠标左键,完成文本的创建。

◆ 创建参数

创建文本时,其参数设置面板如图3-3-18所示。

字体下拉列表:从中可以选择要应用的字体。

大小:设定文字的大小。

字间距:设定文字的间隔距离。

行间距:设定文字行与行之间的距离。

文本输入框:用于输入文本文字。

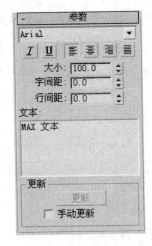

图3-3-18 文本创建参数面板

3.3.2 二维线形的修改

在 3ds Max 中直接创建的二维线形,往往很难符合使用要求,这就需要对其进行修改。要对二维线形进行修改,首先要对二维线形施加"编辑样条曲线"修改器命令,将二维线形转换为可编辑的样条曲线。

可编辑的样条曲线将二维线形分为 3 个级别的次级物体,即顶点、分段和样条线,在每一个级别的次级物体上都可以对线形进行一定的修改操作。

3.3.2.1 编辑样条曲线修改器

在二维线形的创建命令中,使用线命令创建的二维线形本身就是可编辑样条曲线。执行线命令绘制折线后,单击 ,打开修改命令面板,在修改器堆栈面板中单击 Line 前面的 按钮,展开样条曲线的次物体层次(图 3-3-19),单击选择次物体层次,即可以对线形进行相应的编辑。

使用其他工具创建的二维线形不是可编辑的样条曲线,此时在修改面板中单击"修改器列表",在打开的下拉列表中选择"编辑样条线"修改器,为二维线形对象施加"编辑样条线"命令,(图 3-3-20),从而将二维线形转换为可编辑的样条曲线,以便对二维线形进行修改。

图 3-3-19　线命令样条曲线编辑

图 3-3-20　为其他二维线形施加"编辑样条线"编辑器

3.3.2.2 顶点层次的编辑

◆ 改变顶点的类型

(1) 在顶视图中创建如图 3-3-21 所示的矩形,打开 修改命令面板,对矩形施用"编辑样条线"修改器,选择"顶点"次物体层次(也可在 选择 卷展栏中点击 按钮)。

(2) 单击选择要编辑的顶点,并在其上单击鼠标右键,弹出如图 3-3-22 所示的四个分支菜单。

(3) 在菜单中单击选中 平滑 ,此时该点两侧的线段变为圆滑的曲线,单击 移动该点时,系统自动控制曲线

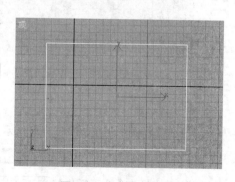

图 3-3-21　创建矩形

的曲度，如图3-3-23所示。

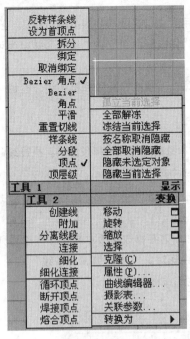

图3-3-22 单击鼠标右键菜单

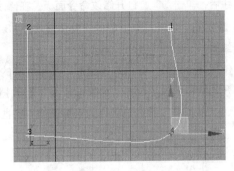

图3-3-23 点的"平滑"方式

(4) 在该点上再次单击鼠标右键，将点的类型改为 Bezier角点 ，此时在该点的两边出现两个控制杆，可以分别拖拽两个控制杆以改变线段的形状，如图3-3-24所示。

(5) 在该点上再次单击鼠标右键，将点的类型改为 Bezier （贝塞尔），此时在该点上的两个控制杆是相互关联的，当拖拽一端的控制点，另一端也相应发生变换，如图3-3-25所示。

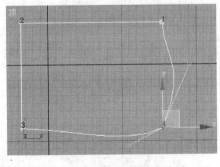

图3-3-24 "Bezier角点"方式

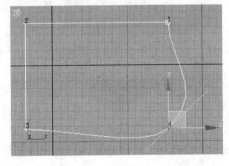

图3-3-25 "Bezier"方式

◆ 添加、减少顶点

(1) 在顶视图中创建如图3-3-26所示的圆形，打开 修改命令面板，对圆形施用"编辑样条线"修改器，然后在 - 选择 卷展栏中点击 按钮。

(2) 单击修改命令面板中的 - 几何体 卷展栏中的 优化 按钮，将光标移动到圆形上,当光标变为 形状时,在如图3-3-27所示的位置上依次单击鼠标左键添加4个点。

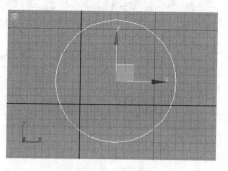

图3-3-26 创建圆形

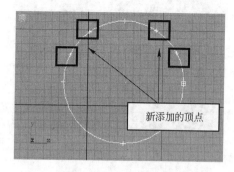

图3-3-27 添加新顶点

再次点击 优化 按钮,将其关闭。

(3) 框选上面的5个顶点,并在其上单击鼠标右键,在弹出的菜单中选择点的控制方式为"角点"。在工具栏中选择 ,然后再框选上面中间的3个角点,沿X轴向下拖拽顶点,得到如图3-3-28所示的效果。

(4) 选择中间的顶点,然后单击 - 几何体 卷展栏中的 删除 按钮(或直接点击键盘上的 Delete 键)将该顶点删除,结果如图3-3-29所示。

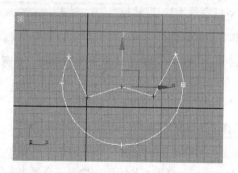

图3-3-28 改变顶点类型并移动顶点位置

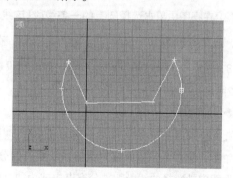

图3-3-29 删除顶点

◆ 圆角、切角

(1) 圆角

单击样条线的一个顶点 ▶ 单击 - 几何体 卷展栏中的 圆角 按钮,将光标移动到选定的顶点上,出现圆角符号 时 ▶ 按下鼠标左键并上下拖动鼠标,至合适大小时松开鼠标左键 ▶ 单击鼠标右键结束圆角命令,结果如图3-3-30所示。

提示:

如果要精确确定圆角的大小,也可以在点击 圆角 命令后,在 圆角 20 其后的参数文本框中直接输入圆角的数值,然后按 Enter 回车键即可。

(2) 切角

切角的操作方法与圆角完全相同，其结果如图 3-3-31 所示。

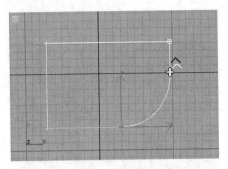
图 3-3-30 对顶点圆角

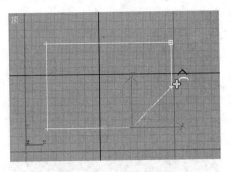
图 3-3-31 对顶点切角

◆ 断开

选择样条线上的一个点➤单击 几何体 卷展栏中的 断开 按钮，即可将该点打断➤此时使用移动工具移动该点，可以观察到打断后的点被分成了两个点。

3.3.2.3 线段层次的编辑

◆ 拆分线段

(1) 在顶视图中创建一个圆形，打开 修改命令面板，对圆施用"编辑样条线"修改器，单击选择"分段"次物体层次(也可在 选择 卷展栏中点击 按钮)。

(2) 在视图中单击选择圆上的一条线段(该线段以红色显示)，打开 几何体 卷展栏，选择 拆分 3 按钮，在其右侧的数值框中输入想要加入点的数值，例如：输入3，然后单击 拆分 按钮，则该线段被增加 3 个顶点，且被等分为 4 条线段，结果如图 3-3-32 所示。

◆ 分离线段

选择样条线的一条线段后，在 几何体 卷展栏中单击 分离 按钮，弹出如图 3-3-33 所示的分离对话框，从中设置分离出去的样条线的名称，然后单击"确定"按钮，此时视图中被选择的线段即被分离出去成为独立的对象，但分离出去的线段的位置不会发生变化。

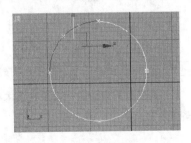
图 3-3-32 拆分线段

图 3-3-33 分离对话框

◆ 删除线段

选择样条线的一条线段后，在 几何体 卷展栏中单击 删除 按钮，该线段即可从当前图形对象中消失。

3.3.2.4 样条线层次编辑

◆ 附加与附加多个

附加是一个非常重要的概念，利用它可以将两个或两个以上的样条线对象合并为一个样条线对象，为进一步创建三维模型做准备。

(1) 如图 3-3-34 所示，在顶视图中创建一个大圆和三个小圆。

(2) 选择大圆，打开 修改命令面板，在"修改器列表"中选择"编辑样条线"修改器，然后在 -　　选择　　 卷展栏中点击 按钮，进入样条线次物体编辑层次。

(3) 单击修改命令面板中 -　　几何体　　 卷展栏中的 附加 按钮，在顶视图中将光标移动到一个小圆上，光标变为 符号时，在小圆上单击鼠标左键，将大圆和小圆合并到一起，用同样的方法，可以将另外两个小圆也合并到一起，如图 3-3-35 所示。

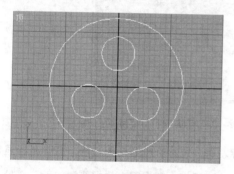
图 3-3-34　创建圆形

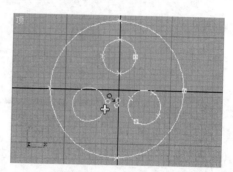
图 3-3-35　利用附加命令合并二维线形

(4) 对于合并后的图形对象施用"挤出"修改器，拉伸后的造型效果如图 3-3-36 所示。

提示：

利用 附加多个 命令，可以一次实现多个样条线的合并，具体操作步骤如下：

首先选择要保留的样条线形，单击 -　几何体　 卷展栏中的 附加多个 按钮，弹出如图 3-3-37 所示的"附加多个"对话框，从中选择要合并的物体后，点击 附加 按钮，也可得到所需效果。

◆ 轮廓

轮廓命令可以双线勾边样条线，从而使开放的样条线变为闭合的样条线，在二维建模中应用非常广泛。轮廓命令的使用方法如下：

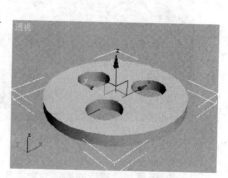
图 3-3-36　拉伸后的造型

(1) 在前视图中创建如图 3-3-38 所示的折线。

(2) 打开 修改命令面板，在 -　　选择　　 卷展栏中点击 按钮，进入样条线次物体编辑层次。

(3) 单击修改命令面板中 -　几何体　 卷展栏中的 轮廓 按钮。

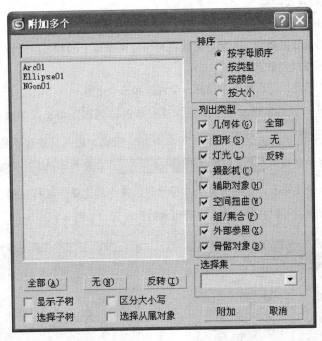

图 3-3-37　附加多个对话框

(4) 在前视图中将光标移动到折线上并单击鼠标左键，此时折线显示为红色，同时光标显示为 形状，按住鼠标左键并拖动鼠标到合适的位置后放开鼠标，则视图中的折线被加上一个轮廓勾边，效果如图 3-3-39 所示。

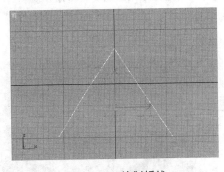

图 3-3-38　绘制折线

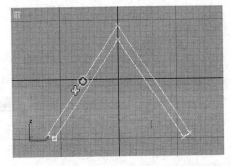

图 3-3-39　添加轮廓

(5) 对于添加轮廓后的图形对象施用"挤出"修改器，拉伸后的造型效果如图 3-3-40 所示。

提示：

在 轮廓 0.0 右侧的数值框中输入轮廓数值后，单击键盘上的 Enter 回车键，则可以为样条线加上指定数值的轮廓。

◆ 剪切与焊接

(1) 在顶视图中创建如图 3-3-41 所示的图形。

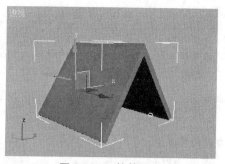

图 3-3-40 拉伸造型

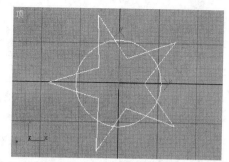

图 3-3-41 创建圆形和星形

(2) 选择星形,打开 修改命令面板,在"修改器列表"中选择"编辑样条线"修改器,然后在 选择 卷展栏中点击 按钮,进入样条线次物体编辑层次。

(3) 单击 几何体 卷展栏中的 附加 按钮,将两个图形对象合并在一起。

(4) 单击 几何体 卷展栏中的 修剪 按钮,将光标移动到图形对象上,此时光标显示为 形状,在需要修剪的线段部分单击鼠标将其剪掉,修剪后的图形对象如图3-3-42所示。

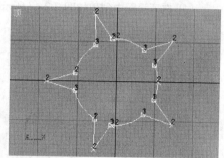

图 3-3-42 修剪后的图形对象

(5) 在 选择 卷展栏中单击勾选 显示顶点编号 复选框,观察视图中的图形对象,会发现修剪后的各个图形线段的顶点编号都是独立的,说明虽然所有图形线段表面上看都连接在一起。但实际上各个图形线段却是独立的。如果要应用该图形作为三维建模的截面图形,还要通过"焊接顶点"命令将所有线段都合并为一个图形对象方可。

(6) 打开 几何体 参数卷展栏,在"端点自动焊接"参数项中勾选 自动焊接 复选框并在域值距离数值框中输入合适的数值,如图 3-3-43 所示。

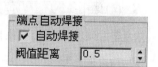

图 3-3-43 自动焊接参数面板

(7) 单击选择某段线形,利用 命令拖拽该图形对象离开原位置,如图 3-3-44 所示。然后再将其拖回到原来位置,此时所有线段的顶点都自动焊接在一起,结果如图 3-3-45 所示。

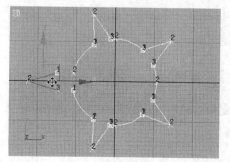

图 3-3-44 拖移一条线段使其离开原来位置

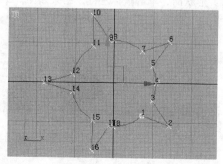

图 3-3-45 拖动回原位后所有线段自动焊接

提示：

如果移动后，线段没有被自动焊接在一起，则可增加"阈值距离"右侧的数值框内的距离值后再重新焊接。

焊接也可以在顶点层次上进行。顶点层次上的操作步骤如下：

◎ 框选要焊接的两个顶点，如图 3-3-46 所示。

◎ 在 焊接 0.5 右侧的数值框中设置合适的焊接值。

◎ 单击 焊接 按钮，则两顶点自动焊接在一起。

◆ 布尔运算

利用布尔运算，可以将现有的闭合图形通过并集、差集、交集运算后，获得新的图形。

(1) 在顶视图中创建如图 3-3-47 所示的相交闭合图形。

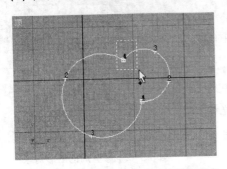 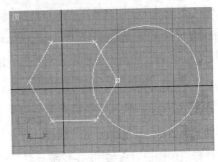

图 3-3-46　顶点层次中框选要焊接的顶点　　　　图 3-3-47　创建相交闭合图形

(2) 选择多边形，打开 修改命令面板，在"修改器列表"中选择"编辑样条线"修改器，然后在 选择 卷展栏中点击 按钮，进入样条线次物体编辑层次。

(3) 单击 几何体 卷展栏中的 附加 按钮，将两个图形对象合并在一起。

(4) 在 几何体 卷展栏中 布尔 选择一种运算模式，其从左至右依次为 （并集）、 （差集）、 （相交）。在此我们先选择并集，点击并集按钮后，该按钮显示为 。

(5) 在视图中选择要运算的对象（多边形），该对象以红线显示。

(6) 点击 布尔 按钮，再回到视图中选择要进行运算的另一个对象（圆形），当光标显示为 形状时，单击鼠标左键，结果如图 3-3-48(a)所示。

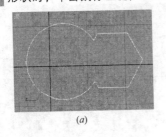 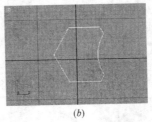 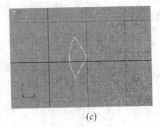

(a)　　　　　　　　　　　(b)　　　　　　　　　　　(c)

图 3-3-48　布尔运算结果

(a)并集；(b)差集；(c)相交

(7) 重复以上的(4)～(6)步操作，可以完成差集和相交运算，结果如图3-3-48(b)、(c)所示。

提示：

利用布尔运算所获得的图形再次进行布尔运算时，可能会出现拒绝执行的情况，此时可先将其转换为可编辑样条曲线后再做运算，转换方法如下：

在该图形上单击鼠标右键，在弹出的快捷菜单中顺次执行"转换为 ▶ 转换为可编辑样条曲线"命令即可。

3.3.3 利用二维线形创建三维几何模型

在 命令面板的修改器列表中，有一系列针对二维线形创建三维几何模型的修改命令，其中最常用的包括挤出、车削、倒角和倒角剖面等编辑修改器。

3.3.3.1 挤出(Extrude)

挤出，是以一个图形为横截面，依据给定的厚度创建三维几何模型的方法，是最常用的一种建模方法，对创建单一截面且只有厚度变化的三维物体非常有效。

◆ 挤出操作

【课堂实训】 要创建如图3-3-49所示的建筑墙体，则操作步骤如下：

(1) 在顶视图中创建如图3-3-50所示的建筑外墙线图。

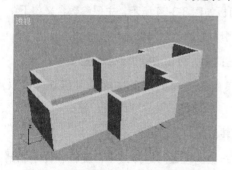

图3-3-49 利用挤出命令创建建筑墙体

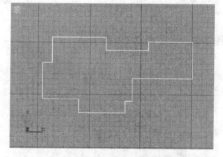

图3-3-50 绘制建筑外墙线

(2) 打开 修改命令面板，在"修改器列表"中选择"编辑样条线"修改器，然后在 选择 卷展栏中点击 按钮，进入样条线编辑层次。单击 几何体 卷展栏中的 轮廓 按钮，将墙线偏移出墙体厚度，如图3-3-51所示。

(3) 从"修改器列表"中选择"挤出"编辑修改器，其参数设置面板如图3-3-52所示，主要参数含义如下：

图3-3-51 利用轮廓命令偏移出墙体厚度

数量：设置拉伸的深度或是高度。

分段：设置拉伸高度方向上的段数就。

封口始端/封口末端：决定拉伸出的模型在开始和结束端是否覆盖一个表面，勾选这两个选项拉伸出的是一个实体模型，反之则是一个空心的面片。

(4) 在 数量: 50.0 右侧的数值框中设置合适的挤出高度，然后按回车键，完成建筑墙体的创建。

3.3.3.2 车削(Lathe)

车削，是以一个二维线形作为纵剖面，围绕一个轴向旋转一定的角度创建三维模型的方法，用于创建横截面为圆形而纵剖面为形状变化的三维物体。闭合的二维线形旋转后获得有壁的三维模型，而开放的线条作为纵剖面图形旋转后获得三维实体，如图 3-3-53 所示。

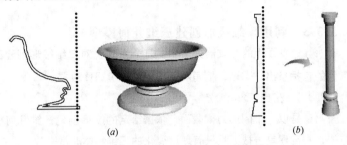

图 3-3-53 利用车削命令创建三维实体

(a)闭合二维线形旋转；(b)开放线形旋转

◆ 车削参数

车削参数设置面板如图 3-3-54 所示，主要参数含义如下：

度数：设置车削对象的车削角度。

焊接内核：勾选此项，可以消除模型中心的皱褶。

翻转法线：如果旋转而得的对象法线发生错误，可以用此项纠正。

方向：设置旋转的轴向。

对齐：设定旋转轴的位置。选择最小，旋转轴位于纵剖面图形的左端；选择最大，旋转轴位于纵剖面图形的右端。

◆ 车削操作

【课堂实训】要创建如图 3-3-53(a)所示的花钵造型，则主要操作步骤如下：

(1) 在前视图中绘制如图 3-3-55 所示的花钵纵剖面线形。

图 3-3-52 挤出命令参数面板

图 3-3-54 车削命令参数面板

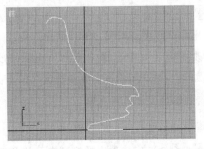

图 3-3-55 绘制花钵纵剖面线形

(2) 打开 修改命令面板，利用 轮廓 命令偏移出花钵壁的厚度，结果如图 3-3-56 所示。

(3) 从"修改器列表"中选择"车削"编辑修改器，视图中出现旋转出来的花钵模型。

3.3.3.3 倒角(Bevel)

倒角，可以将二维线形拉伸出一定的厚度，与挤出命令有些相似，但其功能更为强大，相当于将挤出分三次完成，且每次都可以调节挤出横断面的高度和大小，同时还可以对横断面的变化进行曲线平滑处理。倒角命令一般用于窗格、栅栏和文字对象的建模，如图3-3-57所示。

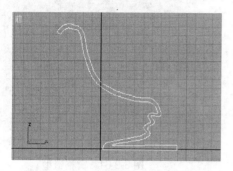

图 3-3-56　偏移出花钵壁的厚度

图 3-3-57　利用倒角命令创建三维模型

◆ 倒角参数

倒角参数设置面板如图 3-3-58 所示，主要参数含义如下：

(1) 倒角值：倒角值共分为 3 个等级，各等级中的参数项的作用都是相同的，可以只设置其中的 1 个或 2 个等级。后一个等级都是在前一个等级的基础之上进行的。

高度：设置每级倒角的横断面的高度。

轮廓：设置每级倒角的横断面的大小。输入"＋"值横断面面积增大；输入"－"值横断面面积减小。

图 3-3-59 所示为设置不同倒角值后的效果。

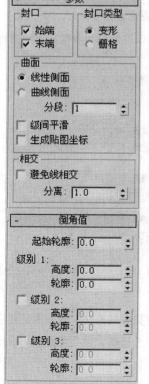

图 3-3-58　倒角命令参数面板

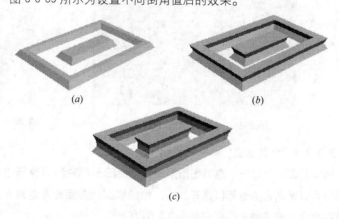

图 3-3-59　设置不同倒角参数的结果
(a)级别1 轮廓＜0；(b)级别1 轮廓＜0，级别2 轮廓＞0；
(c)级别1 轮廓＜0，级别2 轮廓＝0，级别3 轮廓＞0

(2) 曲线：控制倒角模型的侧面曲度。

线性侧面：点选此项，侧面为直线方式。

曲线侧面：点选此项，并设置合适的分段数，则侧面为弧线形式。

图 3-3-60 所示为设置不同侧面曲度的效果。

◆ 倒角操作

【课堂实训】 要创建如图 3-3-61 中窗格造型，则主要操作步骤如下：

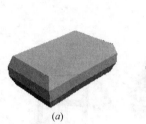
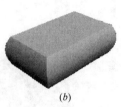

图 3-3-60　设置不同侧面曲度的效果
(a)线性侧面；(b)曲线侧面

图 3-3-61　窗格造型

(1) 在前视图中绘制如图 3-3-62 所示的窗框横断面图形(外框 130 单位×130 单位、内框 50 单位×50 单位)。

(2) 打开 修改命令面板，利用 附加 命令将组成窗框的各个图形连接在一起。

(3) 从"修改器列表"中选择"倒角"编辑修改器，如图 3-3-63 所示设置倒角参数，完成窗框模型的建立。

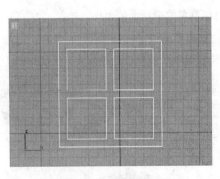
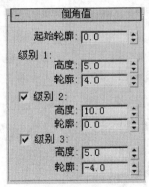

图 3-3-62　绘制窗框横断面图

图 3-3-63　窗框倒角参数

3.3.3.4　倒角剖面(Bevel Profile)

倒角剖面，是以一个截面图形沿一个底面图形(路径)贯穿行进创建模型的方法。截面图形和底面图形可以是闭合的也可以是开放的，构成模型后截面图形游离在模型的外面，但不能删除。利用倒角剖面命令创建的三维模型如图 3-3-64 所示。

◆ 倒角剖面的操作

【课堂实训】 要创建如图 3-3-64 所示画框造型，则主要操作步骤如下：

图 3-3-64　利用倒角剖面命令创建三维模型

（1）打开 图形面板，在前视图中利用 线 命令绘制如图 3-3-65 所示画框截面图形。

（2）打开 修改命令面板，进入 顶点层次编辑，修改相应顶点类型为圆滑，并调整顶点的位置如图 3-3-66 所示。

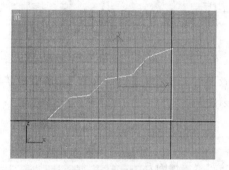 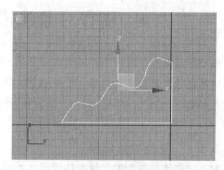

图 3-3-65　绘制画框截面图形　　　　　图 3-3-66　调整截面图形的形状

（3）返回 图形面板，利用 矩形 命令在前视图中绘制如图 3-3-67 所示的画框底面图形。

（4）进入 修改命令面板，从"修改器列表"中选择"倒角剖面"编辑修改器，打开如图 3-3-68 所示倒角剖面参数面板。

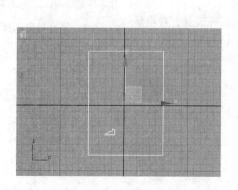 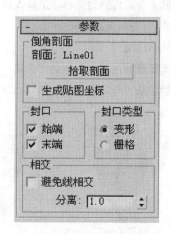

图 3-3-67　绘制画框的底面图形　　　　　图 3-3-68　倒角剖面命令参数面板

（5）保持矩形底面处于选中状态，在倒角剖面参数卷展栏中点击 拾取剖面 按钮，然后在视图中单击截面图形,完成画框模型的创建,结果如图 3-3-69 所示。

图 3-3-69　完成画框模型的创建

3.4　复合对象建模与三维对象的编辑修改

本节学习要点:掌握 3ds Max 利用复合对象建模(布尔运算、放样、地形)的主要操作方法;了解编辑网格修改器的主要作用,掌握利用编辑网格修改器对三维对象进行修改的主要操作;掌握典型建筑模型(门、窗、楼梯、栏杆、植物)的快速创建方法。

3.4.1　复合对象建模

对于一些更加复杂的三维物体模型,可以应用复合对象建模的方法来创建。所谓复合对象,就是将两个或两个以上的物体组合成一个对象的操作方法。

在命令面板中单击 创建面板 ▶ 点击 (几何体)按钮 ▶ 在其下的下拉菜单中选择"复合对象"选项,弹出如图 3-4-1 所示的复合对象创建面板。在复合对象创建面板中提供了组合物体的几种方法,其中经常用到的有布尔运算、放样、地形等。

图 3-4-1　复合对象创建面板

3.4.1.1　布尔运算(Boolean)

◆ 布尔运算的含义

布尔运算是利用两个物体进行并集、交集、差集等运算,获得新物体的建模方法,布尔运算的含义如图 3-4-2 所示。

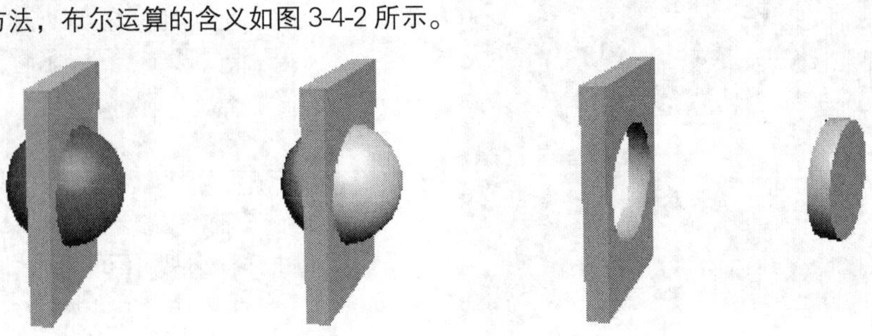

　　(a)　　　　　　　(b)　　　　　　　(c)　　　　　　　(d)

图 3-4-2　布尔运算的含义

(a)原始对象;(b)并集;(c)差集;(d)交集

◆ 布尔运算的操作

【课堂实训】 打开在3.3.3.1中利用挤出命令创建的建筑墙体模型(图3-4-3),下面要利用布尔运算在墙体上开出门窗,则主要操作步骤如下:

(1) 在前视图中创建1个大长方体和3个小长方体,并将其分别放置在如图3-4-4所示的位置。

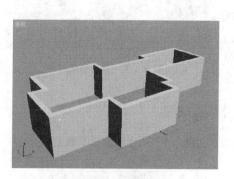

图3-4-3 创建墙体

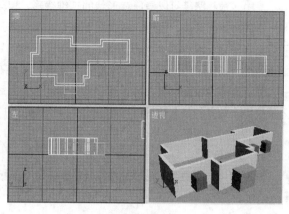

图3-4-4 创建并移动长方体位置

(2) 选择墙体,在"复合对象"创建面板中单击 布尔 按钮,在命令面板中出现如图3-4-5所示的布尔参数面板。

(3) 在 参数 卷展栏的"操作"项中点选 差集(A-B) 选项。在 拾取布尔 卷展栏中点击 拾取操作对象 B 按钮。

(4) 回到视图中在大门处的长方体上单击鼠标,门洞被挖出,结果如图3-4-6所示。

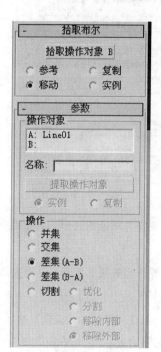

图3-4-5 布尔参数面板

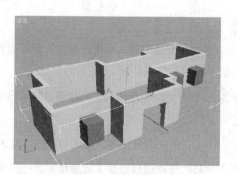

图3-4-6 挖出建筑门

(5) 重复以上(2)~(4)步的操作过程,将建筑墙体上的各个窗洞挖出,结果如图3-4-7所示。

提示:

布尔运算的对象一次只能是两个物体,如果是多个物体参与运算,可以连续做多次布尔运算(如上例所示)。也可以先将多个对象连接在一起,然后再作布尔运算。

3.4.1.2 放样(Loft)

放样是沿一条路径放置一系列截面来建立三维模型的一种方法。因此,放样的使用应该具备两个基础前提,即放样前,场景中必须有用于放样的截面与路径。

其中,放样路径可以是任意形状的二维线形,但只能是一种线形,如直线、曲线、闭合线形或是非闭合线形都可以充当路径;放样截面一般为闭合线形(也可以使用非闭合线形),在一条路径上可以放置多个截面,如果在同一位置上有多个截面时要先将其连接为一体,并且在路径不同位置上放置的截面数目必须相等。

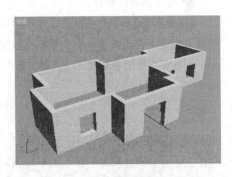

图 3-4-7 挖出窗洞

放样原理如图 3-4-8 所示。

◆ 放样参数

在视图中选择截面图形或放样路径后,在命令面板中出现如图 3-4-9 所示的放样参数面板。

图 3-4-8 放样原理　　　图 3-4-9 放样参数面板

(1) ▬ 创建方法 ▬ 卷展栏

获取路径:当选择完截面后,单击此按钮,就可以在视图中选取要作为路径的线形,从而完成放样的过程。

获取图形:当选择完路径后,单击此按钮,就可以在视图中选取要作为截面的图形,从而完成放样的过程。

移动/复制/实例:用来确定路径、截面和放样对象之间的关系。一般使用默认的"实例"选项,这样生成放样对象后,可以通过修改生成放样对象的样条曲线来修改放样对象。

(2) ▬ 路径参数 ▬ 卷展栏

路径:通过此项设定来安排路径上有多个截面时各个截面在路径上的位置。

百分比:激活此项,路径参数栏中将以百分率的形式表示截面在当前路径上的位置。

距离:激活此项,路径参数栏中将以实际距离来表示截面在当前路径上的位置。

◆ 放样操作

【课堂实训】　一个截面的放样

(1) 在视图中创建如图3-4-10所示的一个星形截面和一条弧形路径。

(2) 选择弧形路径，在"复合对象"创建面板中单击 放样 按钮，在放样参数面板中点取 获取图形 按钮，将光标移动到视图中的截面图形上，当光标显示为 形状时单击鼠标，完成放样模型的创建，结果如图3-4-11所示。

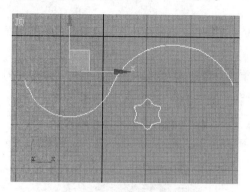

图3-4-10 创建放样截面和路径

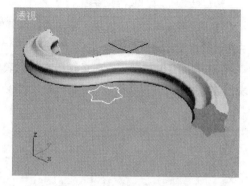

图3-4-11 创建单个截面的放样造型

【课堂实训】 多个截面的放样

欲创建如图3-4-20所示的石柱模型，则主要操作步骤如下：

(1) 在顶视图中创建如图3-4-12所示一个矩形和一个星形的截面图形。图形的创建参数如图3-4-13所示。

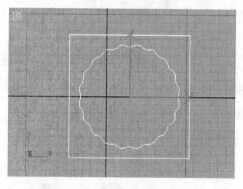

图3-4-12 创建多个截面图形

图3-4-13 截面创建参数
(a)星形参数设置；(b)矩形参数设置

(2) 在前视图中利用 线 命令创建如图3-4-14所示的直线作为石柱放样的路径。

(3) 选择直线路径，在"复合对象"创建面板中单击 放样 按钮，顺次执行以下操作：

◎ 默认 路径参数 卷展栏中的"路径"值为0时，点取 获取图形 按钮，在顶视图中选择矩形；

◎ 将"路径"值修改为20，单击 获取图形 按钮，在顶视图中选择矩形；

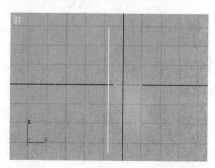

图3-4-14 在前视图中创建放样路径

◎ 将"路径"值修改为 30，单击 获取图形 按钮，在顶视图中选择星形；

◎ 将"路径"值修改为 85，单击 获取图形 按钮，在顶视图中选择星形；

◎ 将"路径"值修改为 90，单击 获取图形 按钮，在顶视图中选择矩形；

◎ 将"路径"值修改为 100，单击 获取图形 按钮，在顶视图中选择矩形。

放样结果如图 3-4-15 所示。

仔细观察放样物体会发现，中间圆柱位置的模型发生了扭曲，这是由于星形与矩形的放样截面的起始节点没有对齐造成的，执行下面的操作将其对齐。

(4) 如图 3-4-16 所示，在修改器堆栈列表中单击放样前面的 ⊞ 按钮，打开放样的次级物体列表，激活图形，进入到图形次级物体修改层级中。

图 3-4-15 创建多个截面的放样造型

图 3-4-16 截面参数面板

(5) 在图形参数面板中点击 比较 按钮，弹出截面比较窗口(图 3-4-17)。点击窗口左上角的 (拾取图形)按钮，将光标移动到放样对象上放置截面图形的位置，当光标变为 形状时单击鼠标(图 3-4-18)，将截面图形拾取到截面比较窗口中。

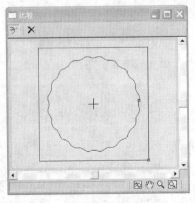

图 3-4-17 拾取截面图形到比较窗口

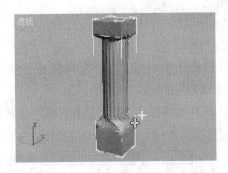

图 3-4-18 在视图中拾取截面图形

(6) 单击 按钮，在视图中选择两个星形截面，以 Z 轴为旋转轴沿圆周方向旋转星形，观察比较窗口,将星形截面的起始节点与矩形的起始节点对齐(图 3-4-19),关闭比较窗口。修改后的石柱造型效果如图 3-4-20 所示。

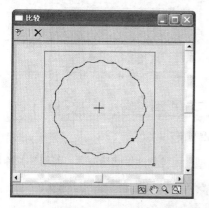

图 3-4-19 旋转截面的起始节点并使其对齐

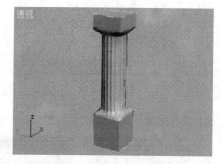

图 3-4-20 石柱造型的最终效果

◆ 放样对象的变形操作

放样命令自身带有 5 个功能强大的修改命令,利用这些修改命令可以实现对放样对象的截面进行随意修改,从而使放样对象产生各种变形效果。

选中一个放样对象,打开 修改命令面板,在放样参数面板中打开 变形 卷展栏(图 3-4-21)。该卷展栏中包含 5 个修改命令,可以对放样对象进行缩放、扭曲、倾斜、倒角、拟合处理。每个修改命令按钮旁边都有一个 (开关)按钮,用于激活或禁用各自的变形效果。

(1) 缩放变形

缩放变形是通过改变一个或几个截面图形在 X、Y 轴向上的缩放比例关系,使放样物体沿 Z 轴生成时发生变形。

图 3-4-22 所示为一个通过放样命令建立的廊柱,现在要给其施加缩放变形,则操作步骤如下:

图 3-4-21 变形卷展栏

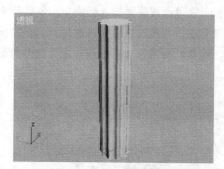

图 3-4-22 放样创建的廊柱体

◎ 点击 变形 卷展栏中的 缩放 按钮,弹出缩放变形控制窗口。其中,窗口中间的红线可以理解为放样对象纵剖面的外轮廓线。

◎ 点击窗口上部的 (插入角点)按钮,然后在红线上单击鼠标,在要变形的位置上增加一系列的控制点,如图 3-4-23 所示。

◎ 点击窗口上部的 (移动控制点)按钮,然后逐个拖动控制点将其移动到合适的位置,在控制

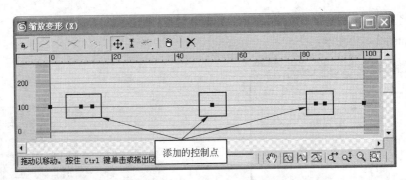

图 3-4-23　缩放变形控制窗口

点上单击鼠标右键，利用弹出的快捷菜单可以转换点的类型，对控制线做圆滑处理，如图 3-4-24 所示。

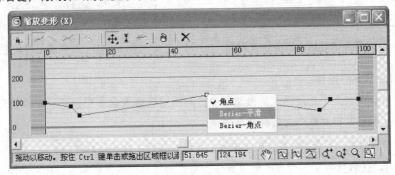

图 3-4-24　添加并移动控制点位置

◎ 在移动和平滑点的过程中要注意观察透视图中对象的形状变化情况，根据情况灵活调整。调整后的廊柱造型如图 3-4-25 所示。

(2) 倒角变形

倒角变形是通过给横截面加入倾斜角，使放样物体发生变形。倒角变形窗口与缩放变形窗口非常相似，其操作方法也基本相同。图 3-4-26 所示为对放样对象添加倒角变形后的效果。

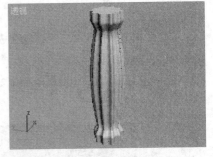

图 3-4-25　调整后的廊柱造型

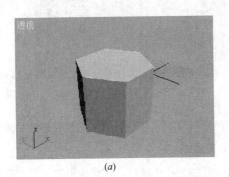
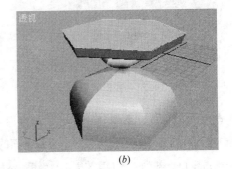

(a)　　　　　　　　　　　　(b)

图 3-4-26　倒角变形效果

(a)放样模型；(b)对放样模型施加倒角变形

3.4.1.3 地形(Terrain)

地形是利用图形中绘制的闭合等高曲线快速创建地形的一种建模方法。其具体操作方法如下：

(1) 输入在 AutoCAD 中绘制的等高线，或者直接在 3ds Max 中利用 `线` 命令绘制等高线，如图 3-4-27 所示。

(2) 在顶视图中依次选择高程相等的各组等高线，在前视图中利用移动工具向上移动等高线到相应高度，如图 3-4-28 所示。

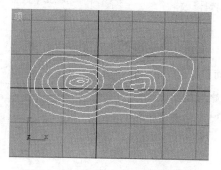
图 3-4-27　在顶视图中绘制等高线

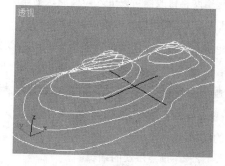
图 3-4-28　在前视图中向上移动等高线

(3) 选择最底层的等高线，在"复合对象"创建面板中单击 `地形` 按钮，弹出如图 3-4-29 所示的地形参数面板，在地形参数面板中点取 `拾取操作对象` 按钮，将光标移动到视图中的等高线曲线上并依次单击所有的等高线曲线，完成地形的创建。

(4) 如果地形感觉比较粗糙，则在修改器列表中选择"网格平滑"修改器，在其参数面板(图 3-4-30)中，将"迭代次数"参数值设定为 2，最终地形创建结果如图 3-4-31 所示。

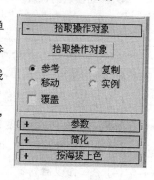
图 3-4-29　地形参数面板

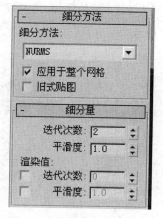
图3-4-30　网格平滑参数面板

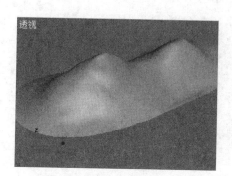
图 3-4-31　创建地形

3.4.2　三维对象的编辑修改

网格模型是三维建模(特别是建筑建模)的一种主要方式。它的创建方法主要有三种，即：

(1) 由标准几何体和扩展几何体命令直接创建的三维模型。

(2) 利用挤出、车削、倒角、倒角剖面等编辑修改器，将二维图形转换为三维模型。

(3) 利用布尔运算、放样、地形等命令创建的复合物体。

三维网格模型由5个次物体层次组成，包括顶点、边、面、多边形和元素。在每一个次物体层次上都可以对模型进行相应的编辑操作。使用编辑网格修改器可以进入模型的次物体层次进行编辑修改。

3.4.2.1 编辑网格修改器（Edit Mesh）

单击 ，打开修改命令面板，在"修改器列表"中选择"编辑网格"修改器，然后在修改器堆栈面板中单击 前面的 按钮，展开网格模型的次物体层次（图3-4-32），单击选择某项次物体层次，即可以对网格模型进行相应的编辑。

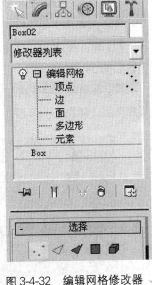

图3-4-32 编辑网格修改器

3.4.2.2 顶点层次的编辑

◆ 移动顶点的位置

(1) 在顶视图中创建一个建筑的外墙线，打开 修改命令面板，选择"编辑样条线"修改器，在 选择 卷展栏点击 （顶点），然后在 几何体 卷展栏中单击 优化 按钮，在墙线的屋脊位置增加8个顶点。

(2) 在 选择 卷展栏中点击 （样条线），在"几何体"卷展栏中点击 轮廓 按钮，偏移复制出内墙线，结果如图3-4-33所示。

(3) 在"修改器列表"中选择"挤出"命令，拉伸出墙体的高度。

(4) 在"修改器列表"中选择"编辑网格"修改器，在 选择 卷展栏中点击 （顶点），在工具栏中选择移动工具，在顶视图中框选两侧墙壁中间的顶点，在前视图中向上拖拽鼠标至合适的位置，拉出墙脊线的高度，效果如图3-4-34所示。

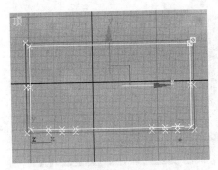

图3-4-33 在墙线上增加顶点并偏移出内墙线

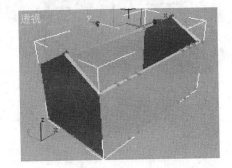

图3-4-34 移动顶点的位置

(5) 重复上步操作过程，拉伸出两个小屋脊线的高度，结果如图3-4-35所示。

◆ 软选择

使用软选择，在操作选择的顶点时，这种操作可以向周围的顶点传递，传递的强度会随距离的增加而衰减,因而非常适合于一些曲面模型的制作,如图 3-4-36 所示。

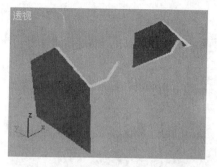

图 3-4-35 利用移动顶点创建墙脊

图 3-4-36 利用软选择创建曲面模型

【课堂实训】 下面以古典八角亭顶的建模为例,详述软选择的使用方法:

(1) 在顶视图中创建直线作为亭脊线,然后利用环形阵列命令,将其阵列为 4 根(旋转角度:沿 Z 轴 45°),点击主工具栏中的 （二维捕捉）按钮,捕捉亭脊中心点与相邻两根亭脊线的外端点创建一个闭合三角形,作为一片亭面的截面。

(2) 进入 修改命令面板,选择"编辑样条线"修改器,在 选择 卷展栏点击 （分段）,选择截面的外缘线,然后在 几何体 卷展栏中单击 拆分 按钮(设定拆分数值为 1),将外缘线等分为 2。用同样的方法将截面的两条边等分为 10 段左右。

(3) 在 选择 卷展栏点击 （顶点),选择移动 工具,将等分点向内移动,并将其转换为贝塞尔点,调整外缘线的弧度,结果如图 3-4-37 所示。

(4) 在修改器列表中选择"挤出"修改器,将亭面拉伸出一定的厚度,如图 3-4-38 所示。

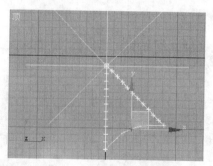

图 3-4-37 创建一片亭面的截面

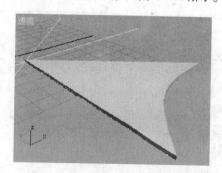

图 3-4-38 挤出亭面厚度

(5) 在修改器列表中选择"编辑网格"修改器,在 选择 卷展栏点击 （顶点),在顶视图中框选亭顶面攒尖位置的端点。

(6) 在修改面板中打开 软选择 卷展栏,勾选 使用软选择 项,如图 3-4-39 所示,调节收缩、膨胀的数值,使其下面的示例图类似于亭脊线的形状时为止。观察视图窗口的同时,调整衰减数值,注意顶点颜色的变化(直接选择的顶点为红色,软选择的顶点由近及远呈现桔红—黄色—绿色的渐变,衰减值越大软选择涉及的顶点越多)。

(7) 将软化选择的顶点范围控制在亭脊线的一大半位置，选择 ✣ 工具，在前视图中沿 Z 轴向上移动顶点到合适高度，效果如图 3-4-40 所示。

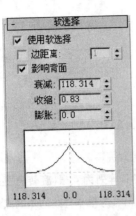

图 3-4-39　软选择参数卷展栏

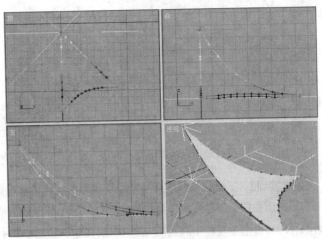

图 3-4-40　使用软选择移动顶点位置

(8) 按住 Ctrl 键，在顶视图中框选亭面上两个亭角位置的顶点，用同样的方法沿 Z 轴向上移动顶点到合适的位置，完成亭面模型的创建。

(9) 单击 进入层次命令面板，单击 轴 按钮，在 调整轴 卷展栏中单击 仅影响轴 按钮，在视图中用 ✣ 工具将亭面的轴心坐标移到亭顶面攒尖位置，如图 3-4-41 所示。

(10) 利用环形阵列命令，将亭面阵列出 8 片（旋转角度：沿 Z 轴 45°），组成完整的亭面，效果如图 3-4-42 所示。

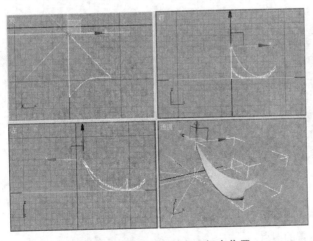

图 3-4-41　移动亭面轴心坐标点位置

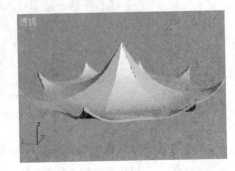

图 3-4-42　创建完成的八角攒尖亭顶

3.4.2.3　面层次的编辑

打开 修改命令面板，选择"编辑样条线"修改器，在 选择 卷展栏点击 ◢（面），进入对三维网格物体面层次的编辑，如图 3-4-43 所示。

◆ 面挤出

选择要挤出的网格面,在 编辑几何体 卷展栏中单击 挤出 按钮,在其后面的数值框中输入要挤出的数值,数值大于0时,网格外凸;数值小于0时,网格内凹,效果如图3-4-44所示。

◆ 面删除

选择要删除的网格面,在 编辑几何体 卷展栏中单击 删除 按钮,结果如图3-4-45所示。

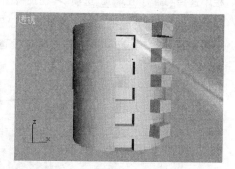

图 3-4-43 面层次参数面板　　　　图 3-4-44 面挤出效果　　　　图 3-4-45 面删除效果

提示:

删除面后的网格模型没有厚度感,添加"壳"修改器可以把网格物体的表面加厚形成一个壳物体。

在修改器列表中选择"壳"编辑器,其参数设置面板如图3-4-46所示,其中 内部量 和 外部量 两个参数主要用来设置网格模型向外部、内部加厚的壳厚度,添加壳修改器后的效果如图3-4-47所示。

图 3-4-46 壳编辑器参数面板　　　　图 3-4-47 添加壳编辑器效果

3.4.3　典型建筑模型的创建

在 3ds Max 7.0 中自带有"门"、"窗"、"楼梯"、"栏杆"等建筑模型的制作工具,利用这些工具,只需简单地设置参数就可以制作出各种各样的门窗、楼梯等建筑模型。

3.4.3.1 创建门

在命令面板中单击 创建面板 ▶ 点击 (几何体)按钮 ▶ 在其下的下拉菜单中选择"门"选项,弹出如图 3-4-48 所示的门创建面板。可以创建枢轴门、推拉门以及折叠门。

◆ 枢轴门

枢轴门参数设置面板如图 3-4-49 所示。

(1) 创建方法

单击 枢轴门 按钮,在下方的 创建方法 卷展栏中选择 宽度/深度/高度 选项 ▶ 在顶视图中按住鼠标左键拖动鼠标设置门的宽度 ▶ 松开鼠标左键,拖动鼠标设置门的深度(厚度),设置好后单击鼠标左键确定 ▶ 向上拖拽鼠标设置门的高度,结果如图 3-4-50 所示。

图 3-4-48 门创建面板

图 3-4-50 创建枢轴门

(2) 创建参数

◎ 参数 卷展栏

双门:勾选此项,门由单扇变为双扇。

打开度数:在数值框中输入数值,门扇由关闭状态变为打开。

翻转转动方向:勾选此项,改变门扇的打开方向。

以上各项参数的设置效果如图 3-4-51 所示。

◎ 页扇参数 卷展栏

厚度:设置门扇的厚度。

水平/垂直窗格数:设置门镶板的水平行数和垂直列数。

镶板:勾选"无"单选框后,门板的表面是平滑的,勾选"玻璃"单选框后,门板表面就会出现玻璃门的样式;勾选"有倒角"选项时,镶板就会根据所设定的参数产生倒角。

以上各项参数的设置效果如图 3-4-52 所示。

◆ 推拉门、折叠门

推拉门与折叠门的创建方法与枢轴门一样,参数设置也基本相同,图 3-4-53、图 3-4-54 为设置不同参数创建推拉门和折叠门的样式。

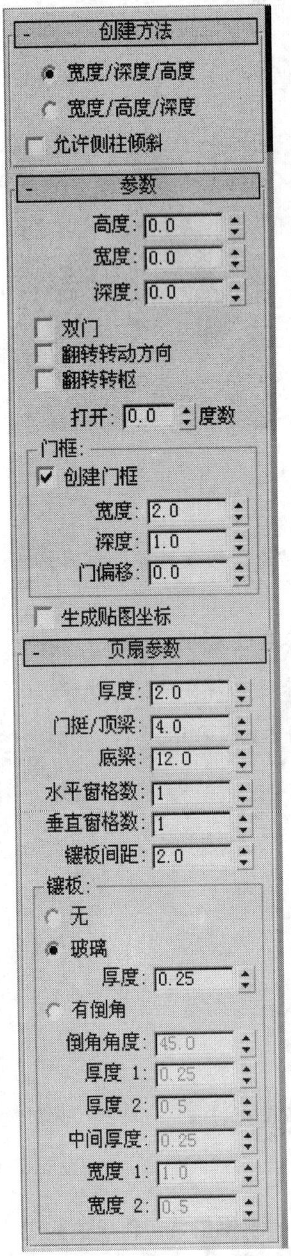

图 3-4-49 枢轴门参数面板

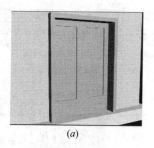 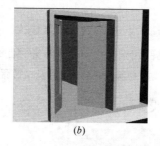 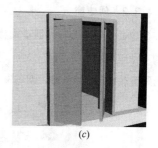

图 3-4-51　门参数设置效果

(a)双门；(b)打开 40°；(c)翻转转动方向

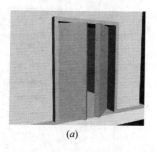 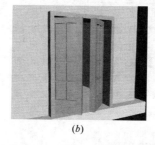 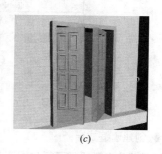

图 3-4-52　页扇参数设置效果

(a)镶板：无；(b)镶板：玻璃，水平窗格数 2，垂直窗格数 4；
(c)镶板：倒角，水平窗格数 2，垂直窗格数 4

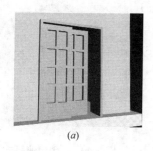 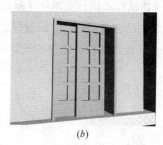 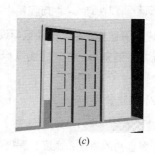

图 3-4-53　创建推拉门

(a)打开 30°；(b)前后翻转；(c)侧翻

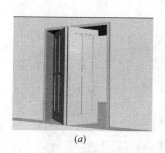 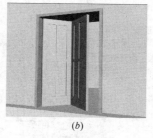 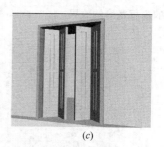

图 3-4-54　创建折叠门

(a)打开 45°；(b)翻转转动方向；(c)双门

3.4.3.2 创建窗

在命令面板中单击 创建面板 ➤ 点击 (几何体)按钮 ➤ 在其下的下拉菜单中选择"窗"选项,弹出如图3-4-55所示的窗创建面板。可以创建遮篷式窗、平开窗、固定窗、旋开窗、伸出式窗以及推拉窗。

图 3-4-55 窗创建面板

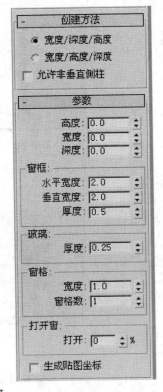

图 3-4-56 遮篷式窗参数面板

◆ 创建遮篷式窗

遮篷式窗参数设置面板如图3-4-56所示。

(1) 创建方法

单击 遮篷式窗 按钮,在 创建方法 卷展栏中选择 宽度/深度/高度 选项 ➤ 在顶视图中按住鼠标左键拖动鼠标设置门的宽度 ➤ 松开鼠标左键,拖动鼠标设置门的深度(厚度),设置好后单击鼠标左键确定 ➤ 向上拖拽鼠标设置窗的高度,结果如图3-4-57所示。

(2) 创建参数

高度/宽度/深度:

设置窗户的高度、宽度、深度(厚度)。

窗框:

图 3-4-57 创建遮篷式窗

水平宽度:设置窗框上下框的宽度。垂直宽度:设置窗框左右框的宽度。图3-4-58所示为设置不同的窗框宽度的效果。

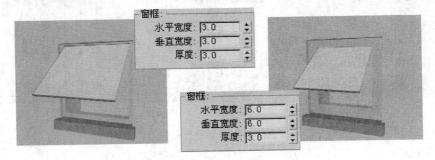

图 3-4-58 窗框参数设置效果

窗格：

宽度：设置窗格的宽度。窗格数：设置窗格数量。图3-4-59为设置不同窗格数后的不同效果。

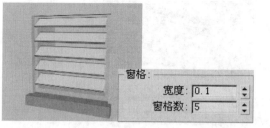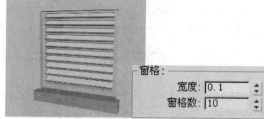

图3-4-59　窗格参数设置效果

◆ 创建平开窗

平开窗的创建方法与遮篷式窗相同，图3-4-60为设置不同参数值后的平开窗的创建效果。

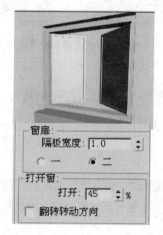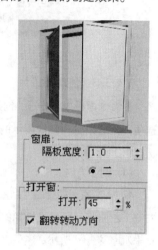

图3-4-60　平开窗参数设置效果

◆ 创建旋开窗

图3-4-61为设置不同参数值后的旋开窗的创建效果。

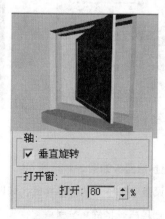

图3-4-61　旋开窗参数设置效果

◆ 创建伸出式窗

图3-4-62 为设置不同参数值后的伸出式窗的创建效果。

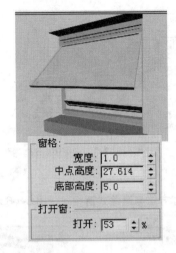

图3-4-62 伸出式窗参数设置效果

3.4.3.3 创建楼梯

在命令面板中单击 创建面板 ➤ 点击 (几何体)按钮 ➤ 在其下的下拉菜单中选择"楼梯"选项，弹出如图3-4-63所示的楼梯创建面板。

◆ 创建直线楼梯

（1）创建方法

单击 直线楼梯 按钮，在顶视图中按住鼠标左键上下拖动鼠标设置楼梯的长度 ➤ 松开鼠标左键，左右拖动鼠标设楼梯的宽度，设置好后单击鼠标左键确定 ➤ 向上拖拽鼠标设置楼梯的高度，结果如图3-4-64所示。

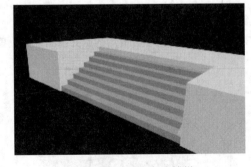

图3-4-63 楼梯创建面板　　　　　　　　图3-4-64 创建直线楼梯

（2）创建参数

直线楼梯创建参数面板如图3-4-65所示。

类型：可以设置3种不同的楼梯样式，如图3-4-66所示。

布局：设置楼梯的总长度和总宽度。

梯级：设置楼梯总高、每级台阶的高度以及台阶的总阶数，如果锁定其中的某个参数，则另两

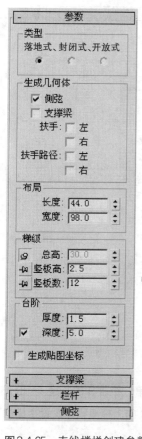

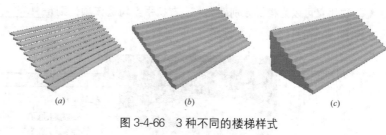

图 3-4-66　3 种不同的楼梯样式

(a)开放式；(b)封闭式；(c)落地式

个参数互为因果变化。

例如：点击"总高"前面的 🔒 符号变为 🔓，则此时楼梯的总高度被锁定，此时如果增大"竖板高"（台阶高）的数值，则"竖板数"（台阶数量）减少，反之亦然，结果如图 3-4-67 所示。

图 3-4-67　梯级参数设置

图 3-4-65　直线楼梯创建参数

台阶：当选择开放式楼梯建立样式时，该项参数才被激活。

◎ 厚度：设置每级踏板的高度。

◎ 深度：设置每级踏板的宽度。

生成几何体：设置楼梯的侧弦、支撑梁、扶手及扶手路径。

◎ 侧弦：勾选此项，则 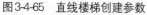 卷展栏被激活，可以设置侧弦的深度（高度）、宽度以及偏移量。其参数设置效果如图 3-4-68 所示。

◎ 支撑梁：当选择开放式楼梯建立样式时，该项参数才可用。勾选此项，则 ──────支撑梁────── 卷展栏被激活，可以设置支撑梁的深度和宽度，其参数设置效果如图 3-4-69所示。

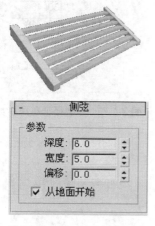

图 3-4-68　侧弦参数设置

图 3-4-69　支撑梁参数设置

◎ 扶手：可以为楼梯分别建立左、右扶手。勾选该项，则 栏杆 卷展栏被激活(图3-4-70)，其各项参数。

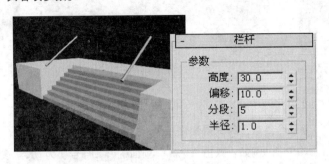

图3-4-70 扶手参数设置

含义如下：
高度：设置扶手距离楼梯的高度。
偏移：设置扶手向楼梯内侧的偏移量。
分段：设置扶手横截面的形状。
半径：设置扶手横截面的大小。

◆ 创建L型楼梯

(1) 创建方法

单击 L型楼梯 按钮，在顶视图中按住鼠标左键，拖动鼠标设置第一级楼梯的长度 ▶ 松开鼠标左键，拖动鼠标设第二级楼梯的长度，设置好后单击鼠标左键确定 ▶ 向上拖拽鼠标设置楼梯的高度，结果如图3-4-71所示。

(2) 创建参数

L型楼梯的创建参数与直线楼梯基本相同，只是布局参数略有不同，布局参数面板如图3-4-72所示。

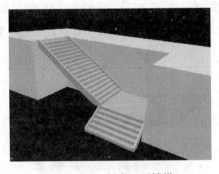

图3-4-71 创建L型楼梯

图3-4-72 L型楼梯布局参数面板

◎ 长度1：设置第一节楼梯的长度。
◎ 长度2：设置第二级楼梯的长度。
◎ 宽度：设置楼梯的宽度。
◎ 角度：设置两级楼梯间的夹角。
◎ 偏移：设置两级楼梯之间隔板的形状。

图 3-4-73 为设置不同参数值后的 L 型楼梯的创建效果。

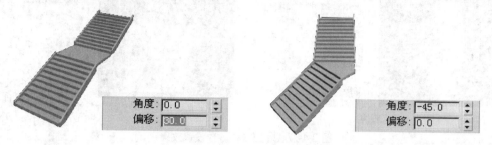

图 3-4-73　L 型楼梯参数设置效果

◆ 创建 U 型楼梯

(1) 创建方法

单击 U型楼梯 按钮，在顶视图中按住鼠标左键，拖动鼠标设置楼梯的长度➤松开鼠标左键，拖动鼠标设楼梯的宽度，设置好后单击鼠标左键确定➤向上拖拽鼠标设置楼梯的高度，结果如图 3-4-74 所示。

(2) 参数设置

图 3-4-75 为设置不同参数值后的 U 型楼梯的创建效果。

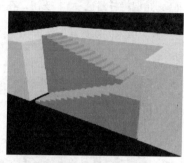

图 3-4-74　创建 U 型楼梯

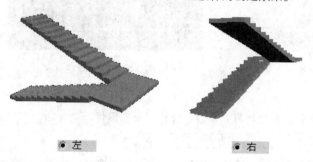

图 3-4-75　U 型楼梯参数设置效果

◆ 创建螺旋楼梯

(1) 创建方法

单击 螺旋楼梯 按钮，在顶视图中按住鼠标左键，拖动鼠标设置楼梯的宽度➤松开鼠标左键，上下拖动鼠标设楼梯的高度，设置好后单击鼠标左键确定，结果如图 3-4-76 所示。

(2) 参数设置

图 3-4-77 为设置不同参数值后的螺旋楼梯的创建效果。

3.4.3.4　创建栏杆

◆ 创建方法

(1) 首先在顶视图中绘制如图 3-4-78 所示的弧线，作为栏杆的创建路径。

(2) 在命令面板中单击 创建面板➤点击 (几何体)按钮➤在下拉菜单中选择"AEC 扩展"选项，单击 栏杆 按钮，在其下的 － 栏杆 卷展栏中点击

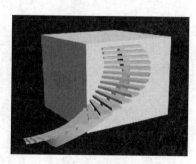

图 3-4-76　创建螺旋楼梯

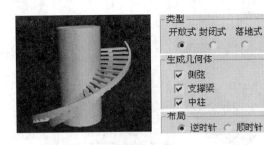  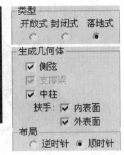

图 3-4-77 螺旋楼梯参数设置效果

按钮，在顶视图中点击圆弧，完成栏杆的创建。

（3）增大分段数量，设置 分段：10 ，增加栏杆圆滑度，创建完的栏杆模型如图 3-4-79 所示。

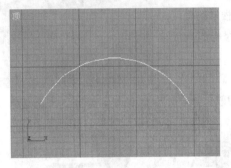 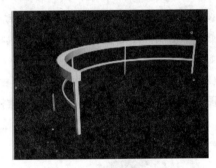

图 3-4-78 绘制栏杆创建路径　　　　　图 3-4-79 创建栏杆

◆ 创建参数

栏杆创建参数面板如图 3-4-80 所示，包括栏杆、立柱、栅栏三个卷展栏。

(1) 栏杆 卷展栏

◎ 上围栏：设置上围栏的剖面形状、深度、宽度、高度值，图 3-4-81 为设置不同参数后的上围栏效果。

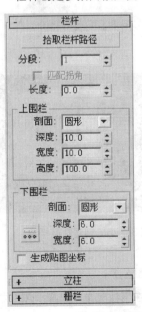
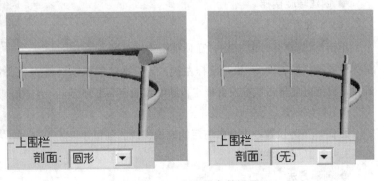

图 3-4-81 上围栏参数设置

◎ 下围栏：设置下围栏的剖面形状、围栏数目、深度、宽度、

图 3-4-80 栏杆创建参数面板　　高度值，图 3-4-82 为设置不同参数后的下围栏效果。

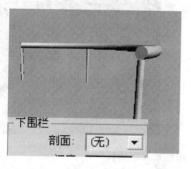
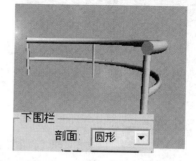

图 3-4-82　下围栏参数设置

> **提示：**
>
> 点击下围栏旁边的 ⋯ 小按钮，可以设置下围栏的数量、间距等参数，如图 3-4-83 所示。

（2）- 立柱 - 卷展栏

用于设置立柱的剖面形状、数目、深度、宽度、延长等参数值。

（3）- 栅栏 - 卷展栏

用于设置栅栏的类型、剖面形状、数目、深度、宽度、延长、底部偏移等参数值，如图 3-4-84 所示。

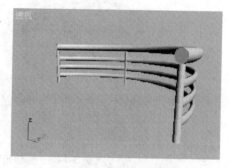

图 3-4-83　设置下围栏数量为 3

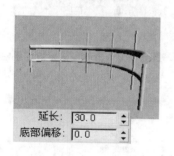
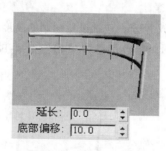
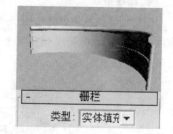

图 3-4-84　栅栏参数设置效果

> **提示：**
>
> 任何线条都可以用作"栏杆"的路径，为了获得更好的效果需要对路径的拐弯处进行修改，使其变得平滑。
>
> 利用创建楼梯时生成的扶手路径，可以快速为楼梯创建栏杆，其效果如图 3-4-85 所示。

3.4.3.5　创建植物

◆ 创建方法

在命令面板中单击 创建面板 ▶ 点击 （几何体）按钮 ▶ 在下拉菜单中选择"AEC 扩展"选项，单击 植物 按钮 ▶ 在其下的 + 收藏的植物 卷展栏中选定一种树木模

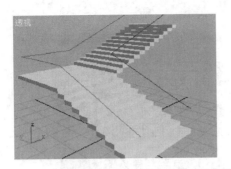 

图 3-4-85　利用扶手路径创建楼梯栏杆

型➤然后双击该模型，就可以在视图中生成一颗树木模型，如图 3-4-86 所示。

图 3-4-86　创建植物

◆ 创建参数

植物创建参数卷展栏如图 3-4-87 所示，包括设置树木的高度、密度；是否显示树叶、树干等选项，参数设置效果如图 3-4-88 所示。

图 3-4-87　植物创建参数卷展栏

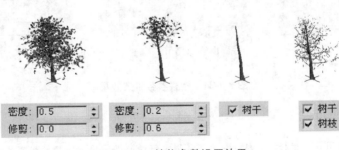

图 3-4-88　植物参数设置效果

3.5　材质与贴图

本节学习要点：理解材质与贴图的含义；了解材质编辑器的基本结构，掌握材质编辑器上主要工具的功能、掌握材质编辑器的使用方法；重点掌握在园林效果图中应用比较广泛的几种建筑材质（包括墙砖材质、门窗材质、玻璃材质、不锈钢材质）的制作方法。

3.5.1 材质与贴图的含义

◆ 材质

材质是指物体对光线的反射或折射的反应。物体的颜色、质感、透光性、自发光、纹理等都可以由材质来表现。

在 3ds Max 中有多种材质类型，其中较为常用的材质类型有：

◎ 标准材质（Standard）：用于表现多数的物体材质，如墙面、屋面等。

◎ 光线跟踪材质（Raytrace）：用于表现反光物体材质，如反光地面、玻璃幕墙等。

◎ 多维/子对象材质（Multi/Sub-Object）：是一种复合材质，可以为一个物体的不同部分指定不同的材质，常用于建筑扩展创建的门、窗、楼梯等物体的材质表现。

◆ 贴图

在制作大部分材质效果时，都要使用到贴图，贴图主要用来表现材质表面的纹理，贴图与基本参数设置互相配合，可以使材质表现出各种各样的丰富效果。

3ds Max 中贴图主要有两类：

◎ 位图：指来源于自然界物体表面的图片，如砖墙、瓦面、草地、铺装等。这些图片可以通过调用现有的图像，用 Photoshop 等平面设计软件制作或是利用扫描仪获取等方式获得。

◎ 程序贴图：如光线跟踪、噪波、棋盘格等贴图，这些图案是计算机根据一定的模式计算而成，并不是一个真正的图片。

一个材质多数情况下会由一组贴图组成。如一个标准材质通常由漫反射颜色贴图、高光颜色贴图、凸凹贴图、不透明贴图等组成。

3.5.2 材质编辑器

在 3ds Max 中，材质的编辑和生成都是在"材质编辑器"中进行的，单击主工具栏中的 按钮，即可弹出如图 3-5-1 所示的"材质编辑器"对话框。

3.5.2.1 材质编辑器的基本结构

"材质编辑器"对话框主要由菜单栏、材质示例窗、工具列、工具行和参数控制区几部分组成。

◆ 菜单栏

位于"材质编辑器"对话框的最顶端，可以从中调用各种材质编辑工具。

◆ 材质示例窗

在"材质编辑器"对话框上端的 6 个窗口被称之为材质示例窗，每个示例窗中都有一个灰色的材质示例球，用于显示编辑材质的近似效果。在材质编辑器中共有 24 个示例窗，将鼠标移动到示例窗旁边的滚动条上拖动，可以调出其他隐藏的示例窗。

如果某个示例窗周围有一个白框，表明它正处于当前被选择的状态，此时可以对该示例窗进行材质设置。如果某个示例窗周围有一个空心的三角形边框，表明该示例窗的材质已经被指定给场景中的对象。如果在场景中选择了一个对象，则和该对象相对应的材质示例窗就会被一个实心的三角形边框包围，如图 3-5-2 所示。

◆ 工具列

位于示例窗的右侧的一系列按钮，主要用于调整示例窗中材质的显示状态。

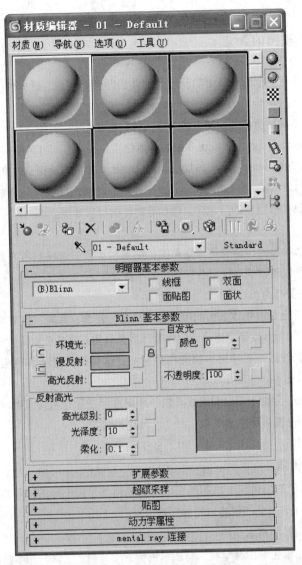

图 3-5-1 "材质编辑器"对话框

图 3-5-2 不同状态的示例球

◆ 工具行

位于示例窗下方的一系列按钮，主要用于材质的打开、保存和将材质赋予某些物体等。

◆ 参数控制区

参数控制区是材质编辑器中最重要的一部分，主要用来控制当前材质的效果，其中的内容会根据材质类型的不同而发生变化。

3.5.2.2 标准材质(Standard)下的参数控制区

标准材质是材质编辑器的默认材质，利用标准材质几乎可以表现出所有的质感。在标准材质下的参数控制区内共有7大类参数，下面介绍一下主要参数的含义。

◆ 明暗器基本参数卷展栏

在这一卷展栏中，主要设置材质的明暗类型以及材质的显示形态，其参数面板如图3-5-3所示。

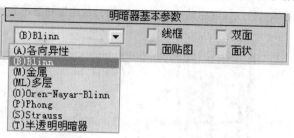

图3-5-3　明暗器基本参数卷展栏

(1) 明暗选择窗口

左侧的窗口为明暗选择窗口，可以在此选择不同材质渲染的明暗方式，也就是确定材质的基本特性。3ds Max中共有8种明暗方式供选择。

◎ 塑性(Phong)：以光滑的方式进行表面渲染，可以精确地反映出凹凸、不透明、反光、高光和反射贴图效果，可以用于除金属之外的坚硬物体，效果如图3-5-4所示。

◎ 胶性(Blinn)：与塑性的效果非常相似，在标准材质中被设定为默认的渲染方式。易适用于表现一些暖色柔和的材质，如地毯、床罩等。

◎ 金属(Metal)：用于金属材质的制作，可提供金属所需的强烈的反光，效果如图3-5-5所示。

◎ 各向异性(Anisotropic)：可以使物体表面产生狭长的高光，比较适合于头发、玻璃和抛光金属的材质，效果如图3-5-6所示。

图3-5-4　塑性效果　　　　图3-5-5　金属效果　　　　图3-5-6　各向异性效果

◎ 多层(Multi-layer)：可以产生两层高光，比各相异性产生的高光更复杂。适合于制作极度光滑的高光反光表面，如抛光的汽车金属外壳、保龄球等，效果如图3-5-7所示。

◎ 明暗处理(Oren-Nayar-Blinn)：比较适合于织物、陶瓷等一些不光滑的物体表面。

◎ 金属加强(Strauss)：和金属模式类似，可以创建金属和非金属表面，比金属简单。

图3-5-7　多层效果

◎ 半透明明暗器(Translucent Shader)：与胶性模式相似，但是可以创建出半透明的物体，如毛玻璃、半透明的塑料等，效果如图 3-5-8 所示。

(2) 渲染方式

◎ 线框：勾选此项，则场景中被赋予此材质的物体将以网格线框的方式被渲染。对于线框的粗细，可以在"扩展参数"面板中"线框大小"中进行设置，效果如图 3-5-9 所示。

◎ 双面：勾选此项，则对物体的内壁也进行材质渲染；撤选此项，则对于一些有敞开面的物体（如部分表面被删除的物体、开放线形生成的放样物体等），其内壁将看不到效果，如图 3-5-10 所示。

图 3-5-8　半透明效果　　图 3-5-9　线框渲染　　图 3-5-10　双面渲染

◎ 面贴图：勾选此项，会将材质指定给物体的所有面，如果是贴图材质，物体表面的贴图坐标将失效，贴图会均匀分布在物体的每一个面上，图 3-5-11 是一个几何球体造型赋予贴图材质后，勾选面贴图选项的效果。

◎ 面状：勾选此项，物体将表现为小平面拼贴的效果，如图 3-5-12 所示。

图 3-5-11　面贴图渲染　　　　　　　图 3-5-12　面状渲染

◆ 基本参数卷展栏

明暗器基本参数下面，是根据所选择的明暗类型而显示的基本参数卷展栏。在标准材质下，默认的明暗类型为胶性(Blinn)，其基本参数卷展栏如图 3-5-13 所示。下面就以胶性为例介绍一下各个参数的含义。

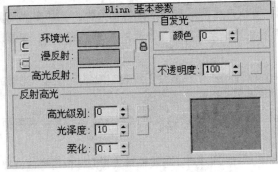

图 3-5-13　胶性(Blinn)基本参数卷展栏

(1) 环境光/漫反射/高光反射

主要设置材质的颜色特性,即材质的颜色组成以及颜色在光照下的显示状态。

◎ 漫反射:也称表面色,是指物体自身的颜色。

◎ 高光反射:也称高光色,是指物体光滑表面高光部分的颜色,反射较强的物体高光色一般是白色的,而反射较弱的物体的高光色往往是比表面色淡的颜色。

◎ 环境光:也称阴影色,是指物体阴影部分的颜色。

图 3-5-14 显示了物体这三种颜色的构成情况。在以上三种颜色右侧色块上单击鼠标,可以在弹出的颜色选择对话框中进行颜色选择。

(2) 反射高光

主要设置材质光感特性,即材质对光线的处理。

◎ 高光级别:指物体的反光强度,数值越大,物体越光亮。

◎ 光泽度:指物体反光的范围,数值越大,反光范围越小。

◎ 柔化:对高光区的反光做柔化处理,使其变得模糊、柔和。

(3) 自发光

常用来制作灯泡等光源物体,默认情况下是使用漫反射色作为自发光的颜色,通过调节数值文本框中的数值来调节自发光的强度,数值越大自发光效果越强烈。如果勾选"颜色"选项,则可以选择一种颜色作为自发光色。

(4) 不透明度

用百分比控制物体的不透明度,用于透明材质的制作,数值越小,物体越趋于透明。

◆ 贴图卷展栏

贴图的使用是材质制作中重要的一部分,贴图的作用是在贴图通道中实现的,不同的明暗方式下,可设置的贴图通道数目也不相同。标准材质在贴图卷展栏中提供了 12 种不同的贴图通道,如图 3-5-15 所示。

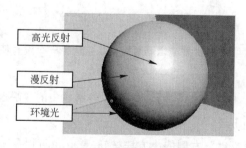

图 3-5-14 物体三种颜色的构成

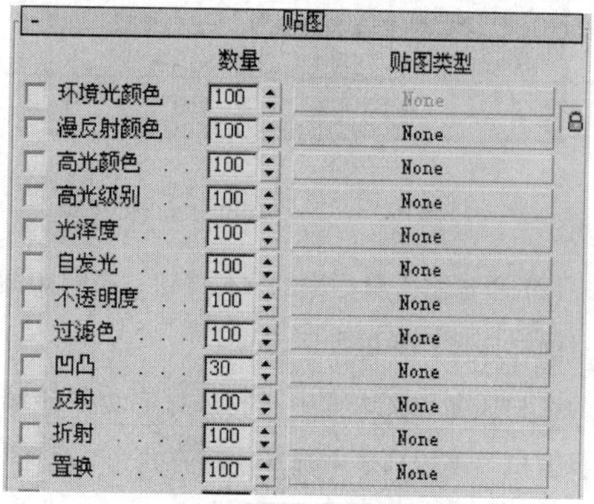

图 3-5-15 贴图卷展栏

贴图的调用是通过贴图按钮实现的,单击任意贴图通道右侧的 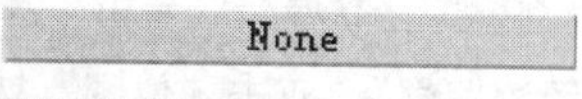 None 按钮,弹出如图 3-5-16 所示的"材质/贴图浏览器",在其中可以选择所需要的贴图。

通过在"数量"文本框中设置的数值可以控制贴图的程度。例如对于漫反射颜色贴图,当设置数量值为 100 时,表示贴图完全覆盖物体表面;当该值设置为 50 时,表示以 50% 的透明度进行覆盖。一般贴图数量的最大值都为100，只有凹凸贴图例外，它的最大值可以设置为999。

3.5.3 效果图常用材质的制作

在园林效果图制作中，经常要制作一些简单的材质，如墙砖材质、玻璃材质、大理石材质、水面材质以及金属材质等，本节主要介绍这些常用材质的制作方法。

3.5.3.1 制作砖墙材质

砖墙材质的制作方法可以有两种：一种是使用"位图"贴图制作；另一种是使用"平铺"贴图制作。下面就分别介绍这两种制作砖墙材质的方法。

◆ 使用"位图"贴图制作砖墙材质

(1) 打开一幅如图3-5-17所示的小屋建筑模型的场景文件。

图3-5-16 材质/贴图浏览器　　　　图3-5-17 建筑模型场景文件

(2) 单击主工具栏中的 按钮，打开如图3-5-18所示的材质编辑器面板，从中选择一个没有使用过的样本球，并做如下设置：

在材质名称文本框中将材质命名为"砖墙材质"；在 明暗器基本参数 卷展栏中的"明暗选择窗口"下拉列表中选择明暗方式为"塑性"(Phong)。

(3) 在 Phong基本参数 卷展栏中，单击"漫反射"右侧的小方块按钮 （也可以展开 贴图 卷展栏，单击"漫反射颜色"右侧的 None 按钮），打开如图3-5-19所示的"材质/贴图浏览器"，双击"位图"选项，在弹出的"选择位图图像"对话框中搜索选择一张如图3-5-20所示的墙砖图片。

(4) 选择场景中房屋的外墙部分，单击"材质编辑器"工具行中的 （将材质指定给选定对

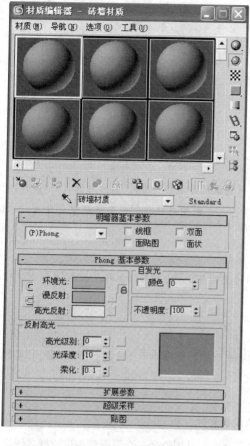

图 3-5-18 材质编辑器

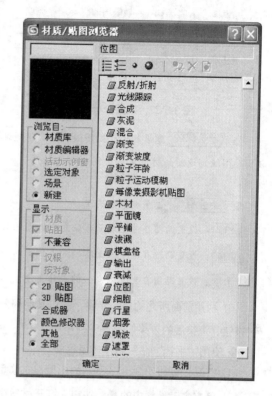

图 3-5-19 材质/贴图浏览器

象)按钮,将材质赋给指定的对象。点击工具行中的 ⬚ (在视口中显示贴图)按钮,在透视图中观察贴图效果,如图 3-5-21 所示。

图 3-5-20 墙砖图片

图 3-5-21 为外墙赋材质

(5)此时墙砖与房屋大小的比例失调,需要对贴图比例进行调整。在材质编辑器中展开 卷展栏,按图 3-5-22 所示修改坐标参数,修改后的效果如图 3-5-23 所示。

提示:

当材质调用了贴图后,材质便有了材质和贴图两个级别。

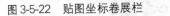

图 3-5-22　贴图坐标卷展栏　　　　　　图 3-5-23　修改贴图坐标后的效果

◎ 坐标 卷展栏位于贴图级别中，通过单击材质编辑器工具行中的 （转到父级）按钮，可以由贴图级别返回到材质级别；同样，在材质级别中单击已有贴图的按钮，则由材质级别转入到贴图级别。

◎ 坐标 卷展栏参数含义：

平铺：设置贴图在造型表面各轴向上贴图的数目（这里的 UVW 坐标实际上就是 XYZ 三维坐标）。

偏移：设置贴图在造型表面各轴向上位置的移动。

角度：设置贴图在坐标方向上的旋转角度。

(6) 利用前面所述的操作步骤，制作其他部分的墙面材质，然后单击主工具栏中的 （快速渲染）按钮，渲染后的效果如图 3-5-24 所示。

◆ 使用"平铺"贴图制作砖墙材质

(1) 打开一幅如图 3-5-17 所示的小屋建筑模型的场景文件。

(2) 单击主工具栏中的 按钮，打开材质编辑器面板，从中选择一个没有使用过的样本球。

(3) 在 Phong 基本参数 卷展栏中，单击"漫反射"右侧的小方块按钮 ，打开"材质/贴图浏览器"，双击"平铺"(Tiles)选项，进入如图 3-5-25 所示"平铺"贴图属性面板，在 标准控制

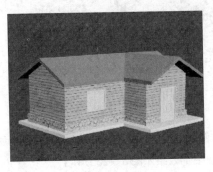

图 3-5-24　渲染小屋建筑模型

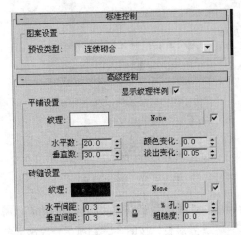

图 3-5-25　平铺贴图属性面板

卷展栏中的"预设类型"后的下拉菜单中选择"连续砌合"选项。

(4) 选择房屋的外墙部分,单击材质编辑器工具行中的 ![图标] (将材质指定给选定对象)按钮,将材质赋给指定的对象,此时的效果如图 3-5-26 所示。

(5) 在 卷展栏中,按照图 3-5-25 所示修改参数,修改后的效果如图 3-5-27 所示。

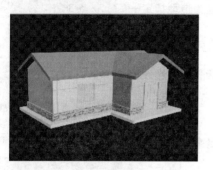

图 3-5-26 平铺贴图制作砖墙

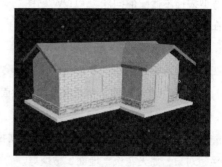

图 3-5-27 修改后的效果

提示:

高级控制 卷展栏参数含义:

◎ 平铺设置栏

纹理:设置砖块的颜色或纹理贴图。

水平数/垂直数:分别用于设置水平和垂直方向上的砖块数。

颜色变化/淡出变化:用于设置砖块之间的颜色差异,值越大,差异越明显。

◎ 砖缝设置栏

纹理:设置砖缝的颜色或纹理贴图。

水平间距/垂直间距:用于设置砖缝的水平和垂直宽度。

孔:用于设置墙壁上的缺口数目。

粗糙度:用于设置砖缝的粗糙程度。

利用"平铺"贴图来制作砖墙材质的方法,比"位图"贴图法具有更大的灵活性,能够随心所欲的制作各种类型的砖墙。不仅如此,"平铺"贴图在制作地面、墙面瓷砖等材质时也非常方便。图 3-5-28 是利用"平铺"贴图制作的几种常用砖墙效果。

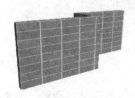  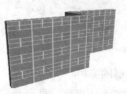 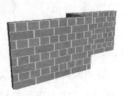

图 3-5-28 利用平铺贴图制作不同的砖墙类型

◆ "UVW 贴图"修改器

当材质调用了贴图后,材质在赋给造型的时候就会出现贴图与造型表面适配的问题。而贴图坐标就是指定贴图按照何种方式、尺寸在造型表面显示的坐标系统。

当一个造型被创建出来后，它就有一个自己的贴图坐标，称为内建贴图坐标。但是当造型被作了某些修改后，它的贴图坐标就会被破坏，此时就需要为该造型重新指定一个外在的贴图坐标，以便解决贴图与造型表面不适配的问题。"UVW 贴图"修改器就是为造型指定一个外在贴图坐标的修改器。

(1)"UVW 贴图"修改器参数面板

在场景中选中造型后，单击 进入修改命令面板，在"修改器列表"中选择"UVW 贴图"修改器，其参数面板如图 3-5-29 所示。

◎ 贴图

平面：勾选此项，二维图片以平面方式投射到三维物体上。多适用于平面对象，如天花板、地面、玻璃等。

柱形：勾选此项，二维图片以柱状方式投射到三维物体上，适用于柱状对象模型。

球形：勾选此项，二维图片包裹到三维物体上，适用于球状对象模型。

收缩包裹：这是一种对球状贴图方式的补充。

长方体：勾选此项，可以给三维物体的6个面同时赋予贴图。

面：勾选此项，贴图根据场景物体表面面片的分布来布局贴图。

图 3-5-30 所示为上述贴图方式的效果。

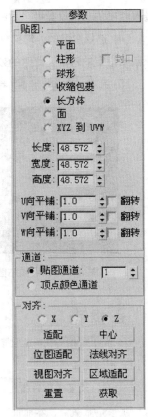

图 3-5-29 "UVW 贴图"修改器参数面板

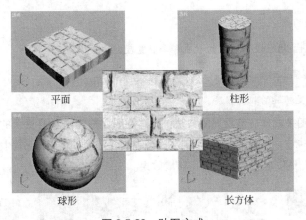

图 3-5-30 贴图方式

(2)"UVW 贴图"修改器的应用

图 3-5-31(a) 所示的建筑墙体模型，是利用二维线形通过"挤出"修改器拉伸出高度，并通过"布尔"运算挖出门洞。

由于该模型的贴图坐标已被破坏，因此为墙体赋予材质后，在渲染出的图形中并没有正确的显示出材质效果，如图 3-5-31(b)所示。

为该模型施加"UVW 贴图"修改器，勾选"长方体"方式，结果如图 3-5-31(c)所示。

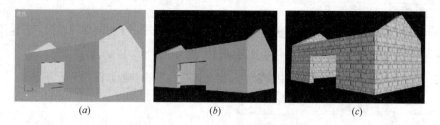

图 3-5-31 "UVW 贴图"修改器的应用

(a)场景模型；(b)不正确的贴图坐标；(c)添加"UVW 贴图"修改器

提示：

砖墙材质的"高光级别"和"光泽度"的数值都很低，一般情况下都可设置为 0。

3.5.3.2 制作屋顶材质

屋顶一般由檐面和顶面两部分组成，因此它是一个复合材质，屋顶材质的制作方法如下：

(1) 打开如图 3-5-27 所示已经赋予墙材质的小屋模型。单击主工具栏中的 按钮，打开材质编辑器面板，从中选择一个没有使用过的样本球，在材质名称文本框中将其命名为"屋顶材质"。

(2) 单击 Standard （标准材质）按钮，打开如图 5-3-32 所示的"材质/贴图浏览器"，双击"多维/子对象"选项，弹出如图 5-3-33 所示的"替换材质"对话框中，选择"丢弃旧材质"选项，并单击 确定 。

图 3-5-32 材质/贴图浏览器

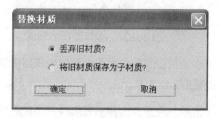

图 3-5-33 "替换材质"对话框

(3) 在出现的"多维/子对象基本参数"卷展栏中，将材质数量设置为2，并设定两个材质的名称如图3-5-34所示。

(4) 单击屋顶后的按钮 ial #34 （Standard） 按钮，进入屋顶子材质编辑面板，并作如下设置：

◎ 在 明暗器基本参数 卷展栏中选择明暗方式为"塑性"（Phong）。

◎ 在 Phong 基本参数 卷展栏中设置"反射高光"选项的参数如图3-5-35所示。

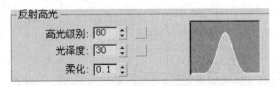

图3-5-34 "多维/子对象基本参数"卷展栏   图3-5-35 反射高光参数设置

◎ 单击"漫反射"右侧的小方块按钮 ▇，打开"材质/贴图浏览器"，双击"位图"选项，在弹出的"选择位图图像"对话框中搜索选择一张如图3-5-36所示的瓦材质图片。

(5) 返回到"多维/子对象基本参数"卷展栏中，单击屋檐后的色块，在弹出的"颜色选择器"中将RGB的参数设置为143、152、161，为屋檐设置颜色。

设置好了2个子材质后，下面要将材质指定给屋顶的不同位置。

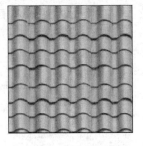

图3-5-36 瓦材质图片

(6) 在顶视图中单击选择东西方向的屋顶，单击 ▇，打开修改命令面板，在"修改器列表"中选择"编辑网格"修改器，然后在"选择"卷展栏中单击 ▇（多边形）。

(7) 在主工具栏中单击 ▇（选择对象）按钮，在顶视图中选择屋顶的顶面（图3-5-37），然后在命令面板的 曲面属性 卷展栏中将"设置ID"号设置为1，如图3-5-38所示。

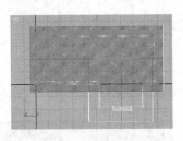

图3-5-37 选择屋顶的顶面   图3-5-38 屋顶顶面ID设置

(8) 在前视图和左视图中依次选择所有的屋檐面（图3-5-39），依照前一步骤，将其ID号设置为2，如图3-5-40所示。

(9) 保持东西向的屋顶处于选择状态，单击"材质编辑器"工具行中的 ▇（将材质指定给选定对象）按钮，将上面定义的材质指定给屋顶。点击工具行中 ▇（在视口中显示贴图）按钮，在透视图中观察贴图效果，如图3-5-41所示。

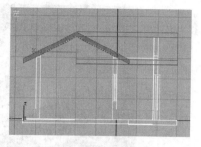
图 3-5-39 选择屋檐面

图 3-5-40 屋檐面 ID 设置

(10) 为屋顶施加"UVW 贴图"修改器,并调整参数如图 3-5-42 所示,修改后的效果如图 3-5-43 所示。

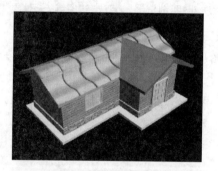
图 3-5-41 为屋顶赋予材质

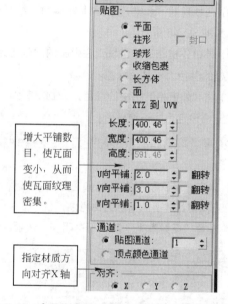

图 3-5-43 修改后的效果

图 3-5-42 东西向屋顶"UVW 贴图"修改器参数设置

(11) 选择南北向的屋顶,参照上面的(6)~(8)步的操作步骤,为南北屋顶设定材质 ID 号。

(12) 将上面定义的屋顶材质指定给南北向屋顶,为南北向屋顶施加"UVW 贴图"修改器,并调整参数如图 3-5-44 所示,最终效果如图 3-5-45 所示。

3.5.3.3 制作门、窗材质

在 3ds Max 中,利用其自带的"门"、"窗"命令所制作的门、窗等建筑基本元素,其材质都是特定的,都是由一个多维/子材质所组成。

以窗户为例,它的材质数量为 5 个,分别为外窗格(ID 号 1)、内窗格(ID 号 2)、玻璃(ID 号 3)、外窗框(ID 号 4)、内窗框(ID 号 5)。

窗材质的主要制作步骤如下:

(1) 单击主工具栏中的 按钮,打开材质编辑器面板,从中选择一个没有使用过的样本球,

图 3-5-44　南北向屋顶"UVW 贴图"修改器参数设置　　　图 3-5-45　屋顶材质的渲染效果

在材质名称文本框中将其命名为"窗材质"。

（2）单击 Standard （标准材质）按钮，打开"材质/贴图浏览器"，双击"多维/子对象"选项，在弹出的"替换材质"对话框中，选择"丢弃旧材质"选项，并单击 确定 。

（3）在出现的"多维/子对象基本参数"卷展栏中，将材质数量设置为 5，并分别设定 5 个材质的名称如图 3-5-46 所示。

（4）单击外窗格后的色块，在弹出的"颜色选择器"中将 RGB 的参数设置为 182、198、91，设置外窗框的颜色为一种豆绿色。

（5）将"外窗格"色块的颜色，分别复制到"内窗格"、"外窗框"、"内窗框"的色块上，这样将窗框和窗格设定为同一种材质。

（6）单击窗玻璃后的 ial #38　(Standard) 按钮，进入窗玻璃子材质编辑面板，并作如下设置：

◎ 单击"漫反射"右侧的颜色按钮，在弹出的"颜色选择器"中将 RGB 的参数设置为 255、255、255，设置玻璃的颜色为白色。

◎ 设置"反射高光"及"不透明度"选项的参数如图 3-5-47 所示。

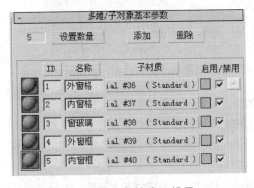
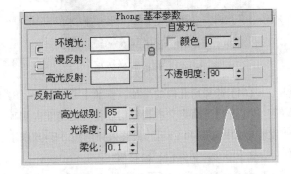

图 3-5-46　窗材质 ID 设置　　　　　　　　图 3-5-47　窗材质基本参数设置

（7）展开 贴图 卷展栏，单击"反射"后的 None 按钮，打开"材质/贴图浏览器"，双击"位图"选项，在弹出的"选择位图图像"对话框中搜索选择一张如图 3-5-48 所示的景观图片。

（8）单击 （转到父级）按钮，返回到 贴图 卷展栏，将反射的数量值修改为 30，如图 3-5-49所示。

图 3-5-48　景观素材图片

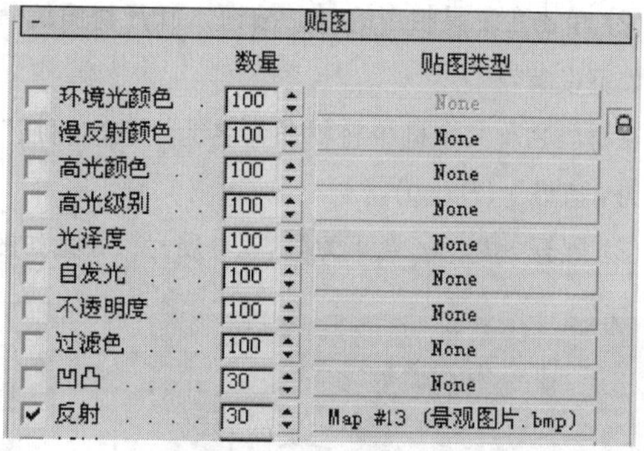

图 3-5-49　反射数量设置

（9）在视图区中单击选择窗造型，单击材质编辑器工具行中的 ![icon]（将材质指定给选定对象）按钮，将材质指定给窗。单击工具栏中的 ![icon]（快速渲染）按钮，渲染后的效果如图 3-5-50 所示。

提示：

门材质与窗材质相同，也是一个多维材质。其自身所带的材质 ID 序列与窗户相同，因此可以将前面创建的窗材质直接指定给门，效果如图 3-5-51 所示。

图 3-5-50　窗材质的渲染效果

图 3-5-51　为门指定材质

至此，整个小屋模型材质创建完成，最终渲染结果如图 3-5-52 所示。

3.5.3.4　制作玻璃材质

玻璃材质一般采用塑性（Phong）或胶性（Blinn），其不透明度一般为 40～70，有较高的"高光级别"和"光泽度"，其数值最好在 50 以上。

玻璃材质的制作方法主要有两类，即"折射"贴图方式下的"光线追踪"贴图方式和"反射"方式下的"位图"贴图方式。

图 3-5-52　小屋模型最终渲染图

使用"折射"贴图方式下的"光线跟踪"贴图制作玻璃材质的方法如下：

（1）打开一幅如图 3-5-53 所示的亭子场景文件。

(2) 单击主工具栏中的 ❀ 按钮，打开材质编辑器面板，从中选择一个没有使用过的样本球，并做如下设置：

在材质名称文本框中将材质命名为"玻璃材质"；在 明暗器基本参数 卷展栏中选择明暗方式为"塑性"（Phong）。

(3) 展开 Phong 基本参数 卷展栏，并按如图 3-5-54 所示修改参数。

图 3-5-53　场景文件

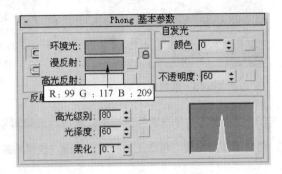

图 3-5-54　Phong 基本参数设置

(4) 展开 贴图 卷展栏，单击"折射"后面的 None 按钮，在打开的材质编辑器中，选择"光线追踪"选项，双击选择该项。

(5) 单击 ⬆ （转到父级）按钮，返回到 贴图 卷展栏，将折射的数量值修改为 70，如图 3-5-55 所示。

(6) 在视图中选择作为玻璃的两个长方体，然后将上面制作的玻璃材质指定给玻璃体。单击工具栏中的 ◎（快速渲染）按钮，渲染后的效果如图 3-5-56 所示。

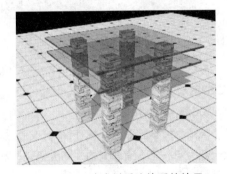

图 3-5-55　折射贴图数量设置

图 3-5-56　玻璃材质渲染后的效果

提示：

使用"折射"贴图方式下的"光线跟踪"贴图所制作的玻璃材质，折射效果生动，能够制作出更真实的玻璃材质，非常适合于近景的表现，但缺点是渲染时间较慢。

对于中、远景的玻璃材质，一般表现其反射特性（也就是使用一张已有的图片供玻璃反射），这时可以采用"反射"贴图方式下的"位图"贴图来制作玻璃材质。前面介绍的窗玻璃材质的制作就采用的这种方法，这里就不再单独介绍了。

3.5.3.5 制作大理石材质

大理石材质制作比较简单，其"高光级别"和"光泽度"都比玻璃材质要低，"高光级别"一般为25～35，光泽度为40～60。对于大理石地面，还需要指定反射贴图，反射数量一般为10～20。

大理石材质的制作方法如下：

(1) 打开如图3-5-57所示的场景文件，下面要为场景中的墙体和地面制作大理石材质。

(2) 单击主工具栏中的 按钮，打开材质编辑器面板，从中选择一个没有使用过的样本球，并做如下设置：高光级别35、光泽度55。

(3) 单击"漫反射"右侧的小方块按钮 ，打开"材质/贴图浏览器"，双击"平铺"(Tiles)选项，进入"平铺"贴图属性面板，并作如下设置：

◎ 在 标准控制 卷展栏中的"预设类型"后的下拉菜单中选择"堆栈砌合"选项。
◎ 在 高级控制 卷展栏中，按如图3-5-58所示设置平铺贴图参数。

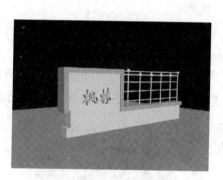

图3-5-57 场景文件

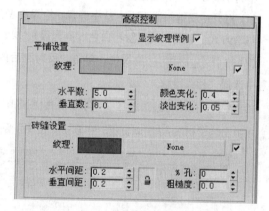

图3-5-58 设置平铺贴图参数

(4) 单击"平铺设置"栏中"纹理"后的 None 按钮，在打开的"材质/贴图浏览器"中选择"位图"项，选择一幅如图3-5-59所示的大理石图片，然后展开"坐标"卷展栏，按如图3-5-60所示设置位图的坐标参数。

图3-5-59 大理石图片

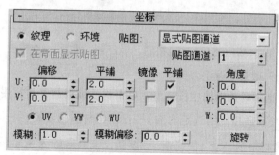

图3-5-60 设置位图坐标参数

(5) 单击 按钮，返回到材质编辑器的主页面，展开 贴图 卷展栏，单击"反射"后的 None 按钮，在弹出的"材质/贴图浏览器"中选择"光线跟踪"项。

(6) 单击 按钮，返回到"贴图"卷展栏，将"反射"数量值设定为20。

(7) 选择场景中的墙体造型，将材质赋给墙体。

(8) 参照前面的材质制作方法，制作墙体外围以及地面的大理石材质，并将材质赋给造型。单击工具栏中的 按钮，渲染后的效果如图 3-5-61 所示。

图 3-5-61　大理石墙面渲染效果

3.5.3.6　制作不锈钢材质

不锈钢材质的明暗方式一般采用金属(Metal)，其"高光级别"和"光泽度"的值都比较高，"高光级别"的值一般在 90 以上，光泽度值在 85 以上。

不锈钢材质的制作方法如下：

(1) 打开材质编辑器面板，从中选择一个没有使用过的样本球，并作如下设置：

明暗方式：金属、漫反射：白色、高光级别 120、光泽度 90。

(2) 打开 贴图 卷展栏，单击"反射"后的 None 按钮，在弹出的"材质/贴图浏览器"中选择"光线跟踪"项。

(3) 在打开的"光线跟踪器参数"卷展栏(图 3-5-62)，单击"背景"选项下的 无 长条按钮，在弹出的"材质/贴图浏览器"中双击"位图"贴图类型，选择一张金属贴图，如图 3-5-63 所示。

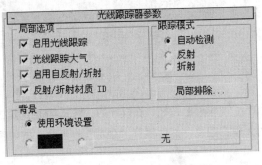

图 3-5-62　光线跟踪参数卷展栏

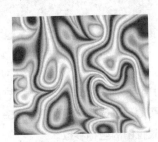

图 3-5-63　金属材质图片

(4) 单击 按钮，返回到"贴图"卷展栏，将"反射"数量值设定为60。

(5) 选择场景中的栏杆造型，单击材质编辑器工具行中的 按钮，将材质指定给栏杆。单击工具栏中的 按钮，渲染后的效果如图 3-5-64 所示。

图 3-5-64　不锈钢材质渲染效果

3.5.3.7　制作水面材质

水面材质的"高光级别"和"光泽度"的值可以设置得

高一些，其"高光级别"的值一般在 50 以上，光泽度值在 40 以上。在反射贴图通道中加入"光线追踪"材质可以创建静态的水面，如果再配合凸凹贴图通道中的"噪波"贴图，则可以创建出动态的水面。

◆ 创建静态水面材质

(1) 打开如图 3-5-65 所示的场景文件，下面要为场景中的水面创建材质。

(2) 打开材质编辑器面板，从中选择一个没有使用过的样本球，将其命名为"水面材质"，并按如图 3-5-66 所示参数进行设置。

图 3-5-65　水面场景文件

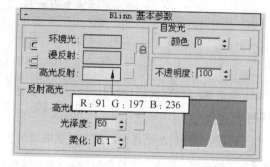

图 3-5-66　水面材质参数

(3) 打开 贴图 卷展栏，单击"反射"后的 None 按钮，在弹出的"材质/贴图浏览器"中选择"光线跟踪"项。

(4) 单击 (转到父级)按钮，返回到"贴图"卷展栏，将"反射"数量值设定为 30，如图3-5-67所示。

(5) 选择场景中的水面造型，单击材质编辑器工具行中的 (将材质指定给选定对象)按钮，将材质指定给栏杆。单击工具栏中的 (快速渲染)按钮，渲染后的效果如图 3-5-68 所示。

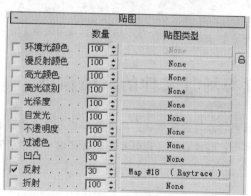

图 3-5-67　折射贴图数量设置

图 3-5-68　静态水面渲染效果

◆ 创建动态水面材质

动态水面材质的参数设置与静态水面基本相同，其不同点是在"凹凸"贴图通道中增加一个"噪波"贴图，具体方法如下：

(1) 打开 贴图 卷展栏，单击"凹凸"后的 None 按钮，在弹出的"材质/贴图浏览器"中选择"噪波"贴图。

(2) 在打开的"噪波参数"卷展栏中设置噪波的大小为 12，如图 3-5-69 所示。

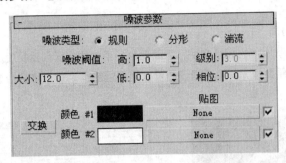

图 3-5-69 噪波参数设置

(3) 单击 按钮，返回到"贴图"卷展栏，将"凹凸"数量值设定为 50，如图 3-5-70 所示。

(4) 选择场景中的水面造型，单击材质编辑器工具行中的 按钮，将材质指定给水面。单击工具栏中的 按钮，渲染后的效果如图 3-5-71 所示。

图 3-5-70 凹凸贴图数量设置　　　　图 3-5-71 动态水面渲染效果

3.6 灯光、摄像机设置与场景文件的渲染输出

本节学习要点：掌握 3ds Max 中几种主要光源的特点与设置方法、理解并掌握光源主要控制参数的涵义与设置方式；掌握 3ds Max 中摄像机的类型、创建方法，能够在园林效果图中正确设置灯光与摄像机。

3.6.1 灯光

灯光在 3ds Max 的场景创建中扮演着重要的角色。在 3ds Max 中提供了多种类型的光源，如：平行光、聚光灯、泛光灯、太阳光、天空光等，不同的灯光通过不同的方式投射光线，来模拟自然界的光照。

3.6.1.1 光线的类型

自然界中的光线大体可以分为自然光、人工光和漫反射光 3 种类型。

◆ 自然光

自然光是指自然界光源发出的光线，自然界光源主要指太阳和月亮。自然光主要出现在室外日光场景的制作中，在 3ds Max 中主要使用太阳光或平行光来模拟。

◆ 人工光

人工光是指人工光源发出的光线，主要指各类电光源，它们的共同特点是照明范围有限。人工光源主要应用在室外夜景场景或室内场景的制作中，在 3ds Max 中一般使用目标聚光灯或泛光灯来模拟（对于一些作用范围很小的人工光源，如各种发光标牌、霓虹灯等，甚至可以不设置灯光，只用自发光材质就可以很好的将这种效果模拟出来）。

◆ 漫反射光

漫反射光指空气对光的散射形成的背景光，这种光使整个光线的分布趋于平缓均匀，充满各个角落，甚至会照亮物体背光的一面。在 3ds Max 中室外的漫反射一般用天光来模拟，室内的漫反射一般用泛光灯来模拟。

3.6.1.2 几种主要光源的特点与设置

在 3ds Max 中除了太阳光外，其他光源都位于灯光命令面板中。单击 ![] (创建)命令面板上的 ![] (灯光)按钮，创建面板中将显示 8 种灯光类型，如图 3-6-1 所示。其中在园林效果图中应用比较广泛的主要有目标聚光灯、目标平行光、泛光灯和天光。

◆ 目标聚光灯

目标聚光灯是一种点光源，光线从一点出发，产生椎形照射区域，照射区域外物体不受灯光影响。它有投射点（场景中的圆锥体图形）和目标点（场景中的小方体图形）两个可调节的对象，通过调整这两个对象的位置可以很好地控制目标聚光灯的照射方向，如图 3-6-2 所示。

图 3-6-1　灯光创建面板

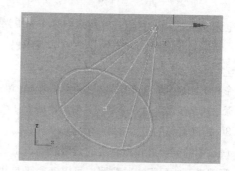

图 3-6-2　目标聚光灯

聚光灯有矩形和圆形两种投影区域，矩形特别适合制作窗户投影；圆形适合路灯、车灯、台灯等灯光的照射。

◆ 目标平行光

目标平行光是一种面光源，光线从一个面出发，在传播的过程中所有的光线始终保持平行，产生一个圆柱状的照射区域，如图 3-6-3 所示。

目标平行光主要用于模拟太阳光、探照灯、激光光束等效果，在制作室外园林效果图时，可以采用目标平行光来模拟阳光照射所产生的光影效果。

◆ 泛光灯

泛光灯是一种可以向四面八方均匀照射的"点光源",用来照亮整个场景,照射范围可以任意调整。它易于建立和调节。

泛光灯主要用于建筑外部的辅助照明,或是室内照明。

◆ 天光

天光主要用来模拟天空中的漫反射光,为了表现漫反射光没有方向性,它模拟了一个照在场景上空的圆形天空,光线从天空的各个方向射出,因此,天光也是一种面光源。

◆ 太阳光

单击 (创建)命令面板上的 (系统)按钮,在创建面板中点击 太阳光 按钮,即可在视图中创建太阳光。

太阳光可以精确模拟一个地区在某个时间点上太阳的照射角度和照射强度。它由定位指北针和投射点组成,其中定位指北针用于设定场景中的空间方向,投射点表明太阳所在的位置和高度,如图3-6-4所示。

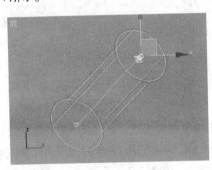

图3-6-3 目标平行光

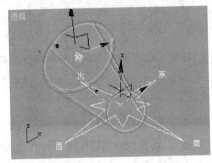

图3-6-4 太阳光

在室外园林效果图中,可以直接用太阳光作为主光源照亮场景并计算阴影。

提示:

在缺省条件下,如果没有进行人工光源设置,3ds Max 系统会在场景中自动设置一盏灯光照亮场景;当我们在场景中设置了光源后,系统设置的光源就会自动关闭。

3.6.1.3 控制光源的主要参数

用 3ds Max 中的光源来模拟真实的光照效果,主要靠调整光源及目标点的位置以及设定各项参数来实现。调整光源或目标点的位置,可以使用工具栏中的移动工具,而调整其各项参数就需要在修改命令面板中进行。

虽然各种灯光工具有着不同的光线投射方式,但是它们的设置参数却有着一定的相似性,下面以聚光灯为例介绍灯光各种主要参数、选项的功能及设置方法。

◆ 常规参数 卷展栏

常规参数是除天光之外其他灯光共有的参数,主要设置灯光的开关、阴影以及阴影的渲染方式,其参数面板如图3-6-5所示。

(1) 灯光类型

启用:打开或关闭灯光。

图3-6-5 常规参数面板

`目标`：勾选此项，目标聚光灯的投射点与目标点之间的距离会显示在右侧，此时在视图中可以通过调节投射点或目标点的位置来改变照射范围；取消此项勾选，则视图中聚光灯的目标点消失，此时通过调整右侧数值框的数值可以改变照射的范围。

(2) 阴影

`启用`：用于决定当前的灯光是否产生阴影。

`使用全局设置`：勾选此项，对于场景中所有已设置阴影功能且勾选此项的灯光而言，其阴影参数将保持一致，修改其中任何一个灯光的阴影参数都会关联地改变其他灯光。

(3) 排除

排除对话框用来设置不需要受灯光影响的物体，或者使灯光只影响某些物体。下面通过一个实例来说明排除在场景灯光设置中的作用。

◎ 打开如图 3-6-6 所示的场景文件，地面上有两个玻璃体，现在要提高玻璃体的亮度。

◎ 单击 `(创建)`命令面板上的 `(灯光)`按钮，在灯光创建面板中单击 `目标聚光灯` 按钮，在前视图中创建一个目标聚光灯，并作如下设置：

在 `-强度/颜色/衰减` 卷展栏中设置"倍增值"为 1.2。

在 `-聚光灯参数` 卷展栏中设置 `聚光区/光束` 值为 70，`衰减值/区域` 值为 72。

◎ 单击工具栏中的 按钮，渲染透视视图，渲染效果如图 3-6-7 所示。

图 3-6-6　场景文件

图 3-6-7　添加灯光效果

从渲染图中可以看出，灯光对整个场景照射过亮，这时就可以用光源的排除影响特性使聚光灯排除对地面和墙壁的影响。

◎ 在 `-常规参数` 卷展栏中点击 `排除...` 按钮，在弹出的"排除/包括"对话框中，从左侧列表中选择地面和墙体对象，然后单击 `>>` 按钮，将其移动到右侧的列表中，如图 3-6-8 所示。

◎ 单击工具栏中的 按钮，渲染透视视图，渲染效果如图 3-6-9 所示，此时天花板被排除在光照影响之外，不被照亮。

(4) 阴影贴图

用来选择阴影的渲染方式，在 3ds Max 中包含有 5 种产生阴影的方式，分别为阴影贴图、光线跟踪阴影、高级光线跟踪阴影、Mental Ray 阴影贴图和区域阴影。

◆ `-强度/颜色/衰减` 卷展栏

主要设置灯光的强度、颜色以及灯光的影响范围，其参数面板如图3-6-10所示。

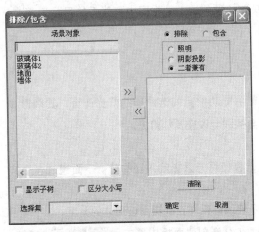
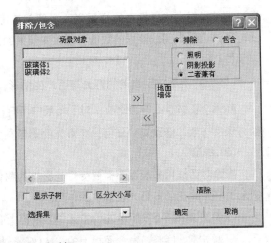

图3-6-8 "排除/包含"对话框

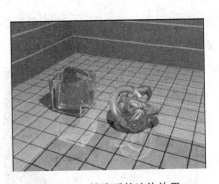

图3-6-9 排除后的渲染效果

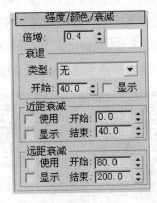

图3-6-10 强度/颜色/衰减参数面板

(1) 倍增

用于增加或减小光源的亮度。标准值为1，其值越高，物体就越亮。

 提示：

倍增值只会对物体的受光部分产生影响，即使提高倍增的参数值，物体不受光的部分和阴影部分的明暗度也不会随之改变。对于这些不受光的部分，可以采用单独设置光源等方法来调节其明暗度。

⎡色块⎦：色块的颜色控制灯光的颜色，要调整灯光的颜色，可单击色块，调出颜色选择对话框进行设置。

(2) 衰退

物体离光源越远就越暗，离光源越近就越亮，这被称为光线的衰退。

⎡类型⎦：设置灯光衰退的类型，包括无、倒数、反平方等3种方式。在园林效果图制作中，多数情况下选择"无"即可满足要求。

(3) 近距衰减：使用此项，则灯光亮度在光源到指定开始点之间保持为0，在开始点到结束点之间不断增强，在结束点之外保持为倍增值指定的亮度值。

　　开始：设定开始出现光线时的位置。

　　结束：光线强度增加到最大值时的位置。

　　使用：使灯光的近距衰减有效。

　　显示：在视图中显示近距衰减的区域。

（4）远距衰减：使用此项，则灯光亮度在光源到指定开始点之间保持为倍增值所设定的亮度值，在开始点到结束点之间不断减弱至 0。

　　开始：设定光线从最强开始变弱时的位置。

　　结束：光线衰减到 0 时的位置。

◆ 聚光灯参数 卷展栏

聚光灯参数面板如图 3-6-11 所示，其参数主要用来调整锥形框的形状。

　　显示圆锥体：控制聚光灯锥形框的显示。勾选此项，则不管灯光是否被选择，视图中始终显示灯光锥形框。

　　泛光化：勾选此项，使聚光灯兼有泛光灯的功能，可以向四面八方投射光线，照亮整个场景。但仍会保留聚光灯的特性，例如投射阴影与图像的功能仍限制在"衰减区/区域"之内，如果既想照亮整个场景，又想产生阴影效果，则打开此选项即可。

　　聚光区/光束：设置聚光灯锥形框聚光区的角度，在此角度区域内的灯光强度不会发生衰减。聚光区的值以角度计算，默认值为 43。

　　衰减区/区域：调整衰减区的角度以设置光线的照射范围，"衰减区/区域"外的灯光强度值为 0。"聚光区/光束"与"衰减区/区域"范围之间，灯光亮度呈线性衰减，二者之间的距离越大，灯光衰退越柔和，反之会越生硬。

　　圆/矩形：设置聚光灯投影面的形状。

　　纵横比：当投影面选择矩形时，可用它来调整矩形的长宽比。

◆ 高级效果 卷展栏

高级效果参数面板如图 3-6-12 所示，主要用来设置灯光对物体表面的照亮效果。

图 3-6-11　聚光灯参数面板

图 3-6-12　高级效果参数面板

（1）影响曲面

　　对比度：调整阴影区与表面区的对比度，在场景中光线越强，对比度越大。

柔化漫反射边：调整阴影区与表面区的明暗柔和程度。

漫反射/高光反射/仅环境光：确定光线照亮物体表面的区域。

(2) 投影贴图

可以选择一张图像作为投影图，它可以使灯光投影出图片效果，与电影放映机一样，其效果如图 3-6-13 所示。

◆ 阴影参数 卷展栏

阴影参数面板如图 3-6-14 所示，主要用来设置阴影的颜色、密度等参数。

图 3-6-13 投影贴图　　　　　　　图 3-6-14 阴影参数面板

(1) 对象阴影

颜色：设置阴影的颜色，一般为黑色。

密度：用于调整阴影的深浅，默认数值为 1，数值越小则阴影也越浅。

(2) 大气阴影

该组的选项用于控制大气(环境)效果及其对投射阴影的影响。

3.6.1.4 设置灯光的一般步骤

在 3ds Max 中，一个场景的照明往往需要多个灯光共同作用，而这些灯光的作用并不是等同的，其中有些灯光起的作用大一些，有的灯光起的作用小一些。根据这些灯光在渲染场景中所起的作用不同，可以将其概括分为以下几类：主光源、辅助光源、背景光源，这也被称为 3 点照明系统。一般情况下，我们设置灯光也总是按照主光源—辅助光源—背景光源的顺序进行的。

◆ 主光源

主光源是指在场景照明中起主要作用的光源，主光源提供场景照明的主要光线；确定光线的方向；确定场景中造型的阴影，决定整个场景的明暗程度。因此，在灯光设置的过程中，主光源的设置是第一步。

◆ 辅助光源

辅助光源是指在照明中起次要辅助作用的光源，辅助光源改善局部照明情况，但对场景中照明情况不起主要的决定作用。辅助光源附属于主要光源，因此在设置的时候在主要光源之后。

在设置辅助光源时，要使辅助光源的光线略显昏暗，一般要取消其阴影的设置。

◆ 背景光源

背景光是指照亮场景背景、突出主体的光源，光线强度要设置的弱一些。

3.6.1.5 室外日光效果图灯光设置实例

室外日光效果图的灯光设置相对比较简单，通常可以利用太阳光作为主光源来照亮场景并计算阴影，以天空光作为辅助光源来照亮环境即可快速模拟出自然光照的效果。其具体操作步骤如下：

（1）打开如图 3-6-15 所示的场景文件。

图 3-6-15　设置灯光场景文件

图 3-6-16　太阳光控制参数面板

（2）单击创建命令面板上的 ✹（系统）按钮，在打开的系统创建面板中点击 太阳光 按钮，在其下面弹出如图 3-6-16 所示的太阳光控制参数面板。

（3）在 控制参数 卷展栏的"位置"选项组中单击 获取位置... 按钮，弹出如图 3-6-17 所示的"地理位置"选项板。

图 3-6-17　地理位置选项板

（4）在"地理位置选项板"右侧的"地图"下拉列表中单击选择 Asia（亚洲），在左侧"城市"下拉列表中选择一个中国的城市，如北京。以便设定场景所在的地理位置。

（5）点击 确定 按钮，关闭"地理位置"选项板，返回到 控制参数 卷展栏，在其上的"时间"选项组中设置光照的日期和时间（图 3-6-16）。

(6) 定位指北针创建太阳光：如图 3-6-18 所示，在顶视图的场景的中间位置单击鼠标 ➤ 按住鼠标左键，向外拖动光标，观察指北针符号大小适中时，松开鼠标左键 ➤ 上下移动光标，观察前视图中太阳定位到合适高度时，单击鼠标右键，结束太阳光的创建。

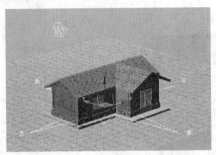

图 3-6-18　为场景添加太阳光

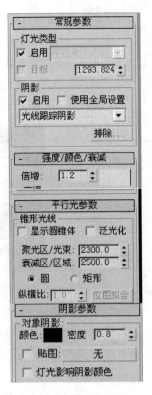

(7) 设置太阳光的参数如图 3-6-19 所示，单击工具栏中的 按钮，渲染透视视图，渲染效果如图 3-6-20 所示。

从渲染图中可以看到，场景中未被光照的墙面仍然很暗，下面添加一个天光来提高环境的整体亮度，给未被太阳照射的墙面补光。

(8) 在灯光创建面板中单击 天光 按钮，在顶视图中场景上方设置一盏天光，并调整天光参数如图 3-6-21 所示。

图 3-6-19　太阳光参数设置

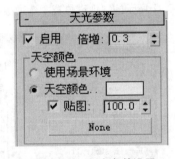

图3-6-20　添加太阳光后的场景渲染　　　　图 3-6-21　天光参数设置

(9) 单击工具栏中的 按钮，渲染透视视图，最终效果如图 3-6-22 所示。

3.6.2　摄像机

在 3ds Max 中创建的场景文件最终是在摄像机视图中进行渲染的。一个场景中可以设置多个摄像机，每个摄像机对应一个场景视图，在渲染场景之前，可以在不同的摄像机视图之间进行转换，从中可以选择一幅最有表现力的视图进行最终渲染。

图 3-6-22　添加天光后的场景渲染

3.6.2.1 摄像机的创建

单击创建命令面板上的 ![] (摄像机)按钮，打开如图 3-6-23 所示的摄像机创建命令面板。系统提供了两种摄像机：目标摄像机和自由摄像机。

目标摄像机主要用来获取静态图片，自由摄像机主要用来获取动态影像文件。在效果图制作中主要运用的是目标摄像机，点击 **目标** 按钮，在任意视图中单击鼠标左键(创建摄像机的视点)➤拖拽光标至合适位置后松开鼠标(创建摄像机的目标点)，完成摄像机的创建。

目标摄像机创建完成后，可以利用移动工具分别调节视点和目标点的位置，通常是先将目标点设置在场景中的造型物体上，然后再通过移动摄像机视点来捕捉所需要的场景。

摄像机创建完成后，在透视图中左上角的"透视"文字上单击鼠标右键，在弹出的快捷菜单中选择"视图➤Camera01"，此时透视图自动转换为摄像机视图。

3.6.2.2 摄像机参数设置

创建目标摄像机后，选择摄像机并点击 ![] 修改按钮，就会打开与摄像机相关的修改卷展栏，在这里主要设置镜头尺寸与视域范围，其参数面板如图 3-6-24 所示。

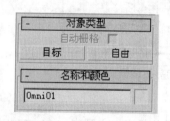

图 3-6-23　摄像机创建面板

图 3-6-24　摄像机参数面板

◆ 镜头

镜头尺寸指的是从镜头到胶片的焦距。在日常生活中，我们最常用的摄像机的镜头焦距为 50mm，这被称为标准镜头。比标准镜头小的镜头叫做广角镜头，比标准镜头大的镜头称为长焦镜头。在 3ds Max 中默认的摄像机镜头为 43.456mm。

通过在镜头后面的参数框中输入相应数值，可以模拟 0.1～10000mm 的各种规格的镜头，同时在"备用镜头"选项组中还有 9 种常用规格镜头可供直接调用。

◆ 视野

视野定义了摄像机在场景中所看到的区域，其单位是度。视野与镜头是两个互相依存的参数，两者保持一定的换算关系，调节任何一个参数得到的效果是一致的。

提示：

在通常情况下，可以不必注意摄像机的视野参数，只要直接调整好镜头参数值就可以了。

3.6.3　场景文件的渲染输出

渲染输出是将在 3ds Max 中创建的三维场景转换为真正意义上的效果图的过程。经过渲染输出的效果图可以直接应用，也可以转入到其他软件(如 Photoshop)中作进一步的后期处理。

3.6.3.1 使用"打印尺寸向导"快速渲染

(1) 选定要渲染输出的一个摄像机视图。

(2) 单击执行菜单栏中的"渲染 ▶ 打印大小向导"，弹出如图 3-6-25 所示的对话框。该对话框包括"纸张大小"和"渲染"两个参数设置区。

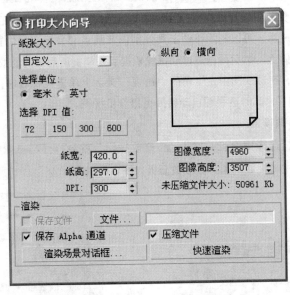

图 3-6-25 打印大小向导对话框

◎ 纸张大小

点击 自定义... ▼ ，弹出如图 3-6-26 所示的纸张大小列表，从中可以选择要渲染输出的场景文件的大小。

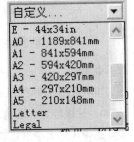

图 3-6-26 纸张大小列表

选择 DPI 值：设定图像的打印分辨率(像素/英寸)。一般效果图的打印分辨率都应设置在 150~300dpi 之间。

◎ 渲染

点击 文件... 按钮，设置渲染文件的保存位置。

保存 Alpha 通道：场景文件中没有物体的区域在渲染的图像中是黑色的，这些区域的信息在 TIFF 格式的图像文件中是以 Alpha 通道同步保留的，勾选此项，则在 Photoshop 中打开渲染图像时可以直接镂空黑色区域使其成为透明的背景。

(3) 进行完以上参数设置后，单击 快速渲染 按钮，开始对场景文件的渲染，渲染过程可能会持续几十分钟至十几个小时，这与场景的复杂程度和计算机的配置有关。

3.6.3.2 使用"渲染场景"

(1) 选定要渲染输出的一个摄像机视图。

(2) 单击执行菜单栏中的"渲染 ▶ 渲染"，弹出如图 3-6-27 所示的对话框。

◎ 在"输出大小"选项区内设置渲染图像的大小(宽度和高度)。

渲染图像的大小的确定可由下式算出：

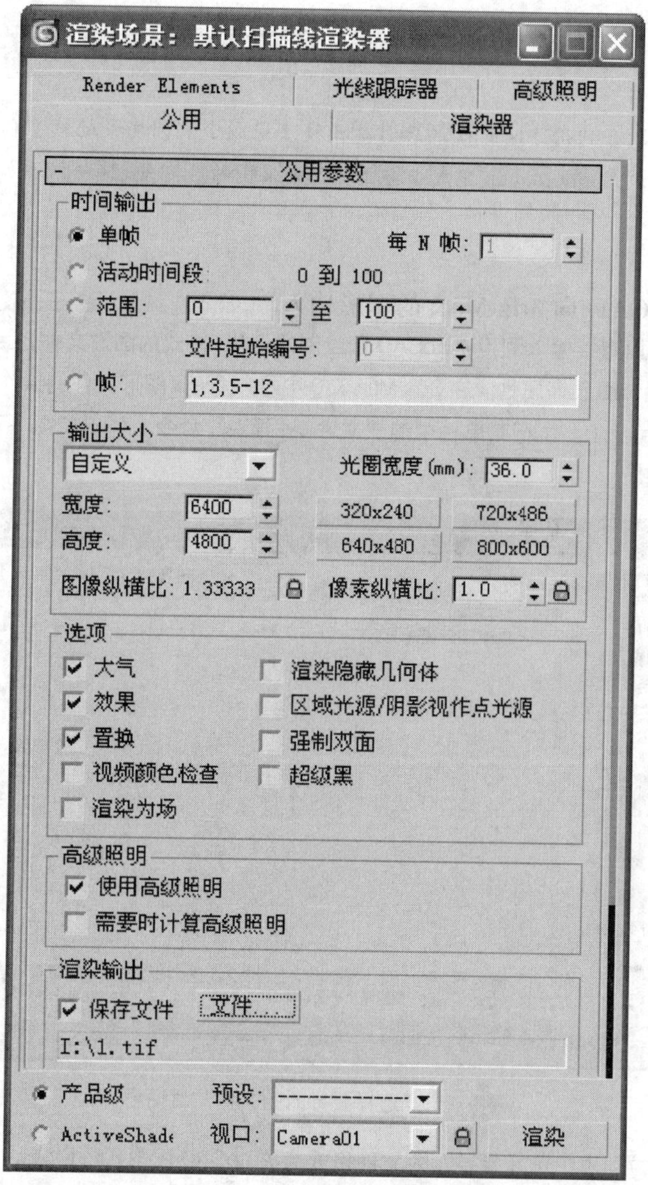

图 3-6-27　渲染场景对话框

　　　　　渲染的图像尺寸＝打印的图纸尺寸×渲染图像的分辨率
图像的尺寸单位是像素，图纸的尺寸单位是毫米，分辨率的单位是 dpi(像素/英寸)。
　　　　　　　　　　　　1 英寸 ≈ 25.4 毫米
例如：要将渲染文件打印成一张分辨率为 300 像素的标准的 A3 图纸(420mm×297mm)，则：
　　　　图像宽度＝图纸宽度 420mm/25.4mm×分辨率 300 像素＝4961 像素
　　　　图像高度＝图纸高度 297mm/25.4mm×分辨率 300 像素＝3508 像素
◎ 在"渲染输出"选项区内设置渲染文件的保存位置。
(3) 单击　渲染　按钮，开始对场景文件进行渲染。

3.7 园林小游园绿化鸟瞰效果图制作实例

本节学习要点：综合利用 3ds Max 的各种建模技法完成小游园场景的模型创建、材质制作、灯光设置和渲染处理；利用 photoshop 完成小游园绿化效果图的后期处理(包括添加植物、人物、天空等环境配景)。

3.7.1 AutoCAD 向 3ds Max 的图形输入

在 3ds Max 中可以直接输入利用 AutoCAD 所绘制的 DWG 格式的图形文件，且输入后的文件对象保持了原来的独立性、图层等属性。在 3ds Max 7.0 中导入 DWG 图形文件的操作方法如下：

(1) 启动 3ds Max 7.0，执行菜单栏中的"文件 ▶ 导入"命令，弹出如图 3-7-1 所示的"选择要导入的文件"对话框。

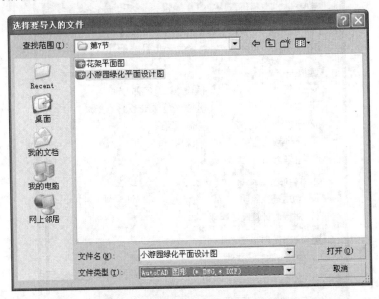

图 3-7-1 "选择要导入的文件"对话框

在 文件类型 下拉列表中选择要导入的文件格式为 AutoCAD 图形(* . DWG, * . DXF)，然后在显示的文件列表中选择第一章中利用 AutoCAD 所绘制的小游园绿化平面设计图。

(2) 单击 打开(O) 按钮，弹出如图 3-7-2 所示的"AutoCAD DWG/DXF 导入选项"对话框，并在该对话框中作如下设置：

◎"几何体"选项板，如图 3-7-2(a)所示。

在 缩放 选项栏中勾选 ☑ 重缩放 选项，并在"传入的文件单位"下拉列表中选择"毫米"单位。

在 几何体选项 栏中取消 ☐ 按层合并对象 前面的√选项，否则文件输入后，所有在一个图层上绘制的图形对象会连接在一起，不利于图形处理。

◎"层"选项板，如图 3-7-2(b)所示。

点选 ● 从列表中选择 选项，然后在层列表中将所有植物种植图层(色带图层除外)前面的√选

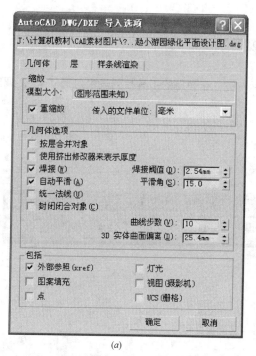
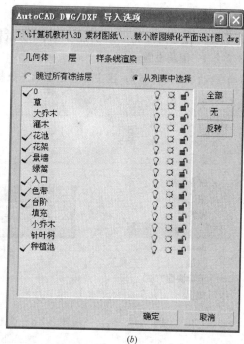

(a)　　　　　　　　　　　　　　(b)

图 3-7-2 "AutoCAD DWG/DXF 导入选项"对话框

(a) 几何体选项板；(b) 层选项板

项去掉（植物种植不在 3ds Max 中制作，因此植物种植图层不必输入）。

(3) 点击 确定 按钮，关闭"AutoCAD DWG/DXF 导入选项"对话框，小游园平面图被输入到 3ds Max 7.0 中，如图 3-7-3 所示。

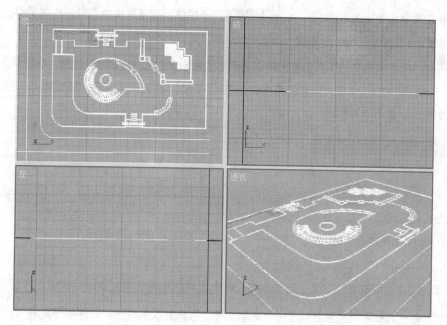

图 3-7-3 在 3ds Max 7.0 中导入 DWG 图形文件

3.7.2 在 3ds Max 中创建小游园场景模型
3.7.2.1 图层设置

(1) 启动 3ds Max 7.0,在主工具栏上单击鼠标右键,在弹出的工具栏列表中勾选"层",调出"层"工具栏,如图 3-7-4 所示。

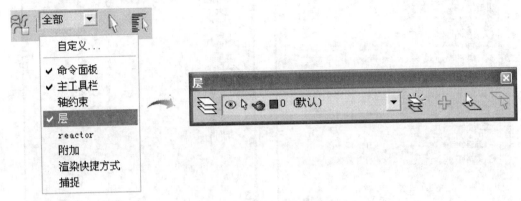

图 3-7-4 调出"层"工具栏

(2) 在"层"工具栏中点击 (新建层)按钮,弹出如图 3-7-5 所示的"新建层"对话框,将新建图层命名为"建模",点击 OK 按钮,完成图层创建。此时"建模"图层自动设置为当前图层,下面我们将在该图层上创建小游园的场景模型。

3.7.2.2 创建中心弧形花架

◆ 创建花架立柱

(1) 在创建命令面板中单击 ○ ▶ 长方体 按钮,在顶视图中创建一个长方体,设置其长度为 300mm、宽度为 300mm、高度为 3000mm,命名为"内侧花架立柱"。

(2) 保持"内侧花架立柱"处于选中状态,在主工具栏中单击 (旋转)按钮,在屏幕左下角状态栏中的 Z 坐标输入窗口中输入旋转的角度值 45(图 3-7-6),将花架立柱沿 Z 轴旋转 45°,并在视图中调整它的位置,如图 3-7-7 所示。

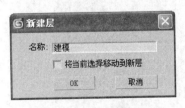

图 3-7-5 新图层对话框

图 3-7-6 设置花架立柱的旋转角度

(3) 保持"内侧花架立柱"处于选中状态,在主工具栏中单击 (移动)按钮,按住键盘上的 Shift 键后,按住鼠标左键托移复制出一个花架立柱,将其更改名称为"外侧花架立柱",并在视图中调整它的位置,如图 3-7-8 所示。

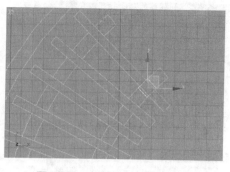
图 3-7-7 内侧花架立柱的位置

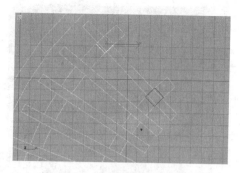
图 3-7-8 外侧花架立柱的位置

(4) 在主工具栏中点选 视图 右侧的三角按钮，打开视图下拉菜单，鼠标单击"拾取"选项，移动光标在视图中点选中心花架前面的圆形花台，然后在 (使用轴点中心)按钮上单击鼠标，在打开的下拉菜单中点选 (使用变换坐标中心)按钮，将圆形花台的圆心设置为环形阵列的中心，如图 3-7-9 所示。

(5) 确认"内侧花架立柱"造型处于选中状态，执行"工具 ▶ 阵列"命令，在弹出的"阵列"对话框中设置环形阵列参数，如图 3-7-10 所示。

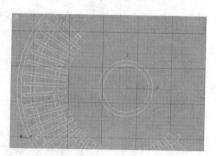
图 3-7-9 指定花架立柱环形阵列中心

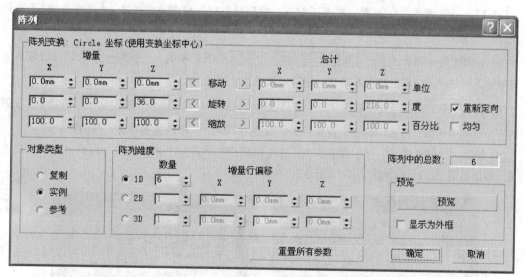
图 3-7-10 设定花架立柱的环形阵列参数

(6) 点击 确定 按钮，完成内侧花架立柱的阵列。

(7) 选中"外侧花架立柱"造型，使用相同的阵列参数对其进行环形阵列。阵列后的效果如图 3-7-11所示。

◆ 创建花架弧形梁

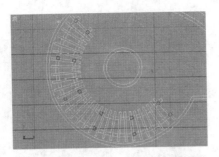 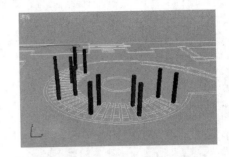

图 3-7-11 环形阵列花架立柱效果

(1) 在创建命令面板中单击 ![] ▶ [弧] 按钮,在顶视图中创建一段圆弧,设置其参数,如图 3-7-12 所示。在视图中调整它的位置,如图 3-7-13 所示。

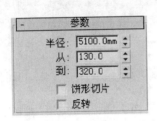 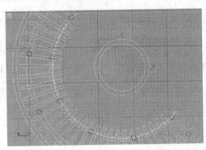

图 3-7-12 弧形参数设置　　　　图 3-7-13 调整弧形线位置

(2) 打开 ![] 修改命令面板,对圆弧施用"编辑样条线"修改器,激活 ![] (样条线)次物体层次。

(3) 在修改命令面板的 [几何体] 卷展栏中的 [轮廓] 按钮后的数值输入框中输入 -150mm,然后按回车确认,创建出圆弧的轮廓线。

(4) 确认轮廓后的圆弧处于选中状态,在修改命令面板中单击 [修改器列表],在弹出的下拉选项中选择"挤出"命令,设置挤出的数量为 200mm,修改其名称为"内侧弧形梁"。

(5) 确认"内侧弧形梁"处于选中状态,在前视图中利用移动工具将其向上移动到花架立柱的上端,移动距离 2900mm,如图 3-7-14 所示。

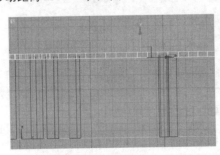 

图 3-7-14 调整内侧弧形梁位置

(6) 在创建命令面板中单击 ![] ▶ [弧] 按钮,在顶视图中创建"外侧弧形梁"的圆弧线,设置其参数,如图 3-7-15 所示。

(7) 确认"外侧弧形梁"圆弧线处于选中状态,选择 ◆ (对齐)命令,将其与"内侧弧形梁"在"轴点"上对齐,位置如图 3-7-16 所示。

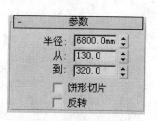
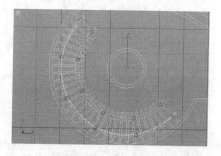

图 3-7-15 外侧圆弧参数设置　　　图 3-7-16 调整"外侧弧形梁"圆弧线位置

(8) 重复上面第(3)步至第(5)步的操作步骤,使用相同的参数创建"外侧弧形梁"并调整其位置,如图 3-7-17 所示。

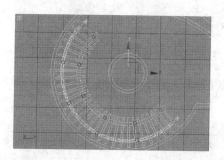

图 3-7-17 调整外侧弧形梁位置

◆ 创建花架檩条

(1) 在创建命令面板中单击 ◎ ▶ 矩形 按钮,在左视图中创建一个矩形作为参考矩形,并设置其长度为 200mm,宽度为 3000mm。

(2) 在创建命令面板中单击 ◎ ▶ 线 按钮,在左视图参考矩形内绘制一条如图3-7-18所示的封闭曲线,并将其命名为"花架檩条"。

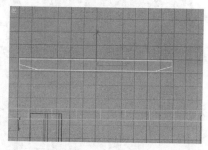

图 3-7-18 绘制"花架檩条"封闭曲线

⬇ 提示:

使用 线 命令绘制曲线时,很难把握曲线尺寸,此时可以首先绘制一个矩形框,通过矩形框设定尺寸,然后再参照这个矩形框绘制曲线,从而控制曲线的尺寸,这个起参照作用的矩形框就是参考矩形。

(3) 确认封闭曲线处于选中状态,在修改命令面板中单击 修改器列表 ▼,在弹出的下拉选项中选择"挤出"命令,设置挤出的数量为 100mm。

(4) 在主工具栏中单击 ↻ (旋转)按钮,在顶视图中将"花架檩条"沿 Z 轴旋转 45°,并调整

"花架檩条"的位置,如图3-7-19所示。

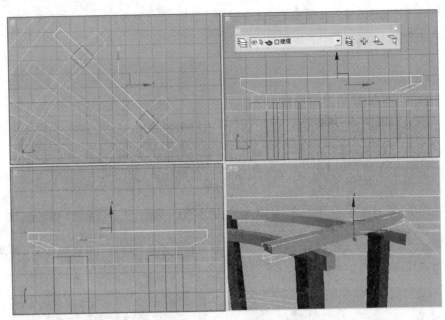

图3-7-19 调整"花架檩条"位置

(5) 参见前面"花架立柱"的阵列方法,对"花架檩条"进行环形阵列,阵列参数如图3-7-20所示,阵列结果如图3-7-21所示。

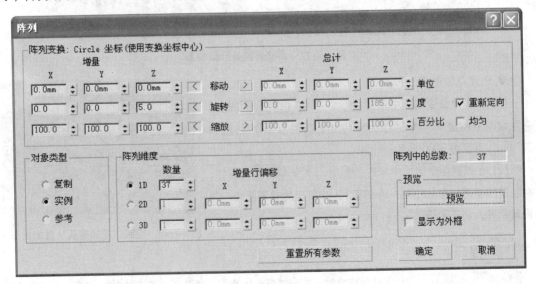

图3-7-20 "花架檩条"阵列参数设置

◆ 创建花架坐凳

(1) 在创建命令面板中单击 ◎ ▶ 弧 按钮,在顶视图中创建"花架坐凳"的圆弧线,绘制参数如图3-7-22所示。

(2) 打开 ◢ 修改命令面板,对圆弧施用"编辑样条线"修改器,激活 ∧ (样条线)次物体层

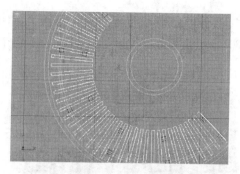
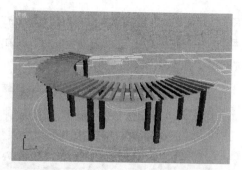

图 3-7-21 "花架檩条" 阵列结果

次。在 [- 几何体] 卷展栏中的 [轮廓] 按钮后的数值输入框中输入 -500mm，然后按回车键确认，创建出"花架坐凳"的轮廓线。

(3) 确认"花架坐凳"处于选中状态，在修改命令面板中单击 [修改器列表 ▼]，在弹出的下拉选项中选择"挤出"命令，设置挤出的数量为 100mm。在前视图中利用移动工具将"花架坐凳"向上移动 400mm，如图 3-7-23 所示。

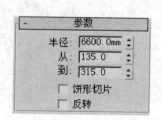
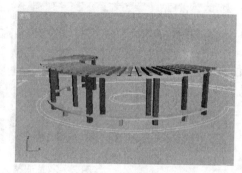

图 3-7-22 "花架坐凳" 弧线参数设置　　　图 3-7-23 "花架坐凳" 造型

3.7.2.3 创建方形花架

◆ 创建花架立柱

(1) 在创建命令面板中单击 [◎] ▶ [长方体] 按钮，在顶视图中创建一个长方体，设置其长度和宽度为 300mm、高度为 2500mm，命名为"左侧花架立柱"，调整其位置如图 3-7-24 所示。

(2) 保持"左侧花架立柱"处于选中状态，在主工具栏中单击 ✥ (移动)按钮，按住键盘上的 Shift 键后，按住鼠标左键移动复制出另外 3 个左侧花架立柱，并在视图中调整其位置，如图 3-7-25 所示。

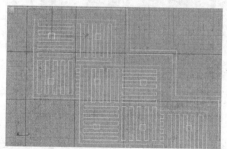
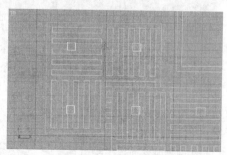

图 3-7-24 调整"左侧花架立柱"位置　　　图 3-7-25 移动复制出另外三个"左侧花架立柱"

(3) 使用同样的方法创建 4 个"右侧花架立柱",设置其长度和宽度为 300mm,高度为 2100mm。创建两个"中间花架立柱",设置其长度和宽度为 300mm,高度为 3100mm。在视图中调整各个花架立柱的位置,如图 3-7-26 所示。

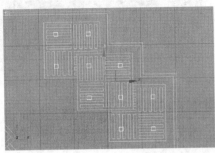

图 3-7-26 方形花架立柱位置

(4) 在创建命令面板中单击 ○ ▶ 圆柱体 按钮,在顶视图中创建一个圆柱体,设置其半径为 80mm、高度为 500mm,命名为"花架顶柱",在视图中调整其位置,如图 3-7-27 所示。

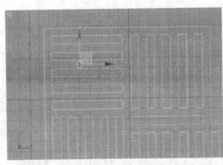
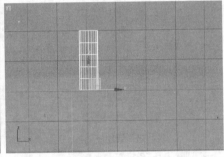

图 3-7-27 调整方形花架顶柱位置

(5) 通过移动复制的方法将"花架顶柱"复制到方形花架的所有立柱上去。

(6) 将左侧花架与中间花架共用立柱上的"花架顶柱"的高度修改为 1100mm,将右侧花架与中间花架共用立柱上的"花架顶柱"高度修改为 1400mm,如图 3-7-28 所示。

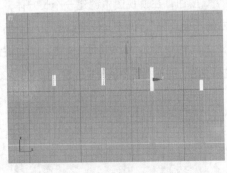
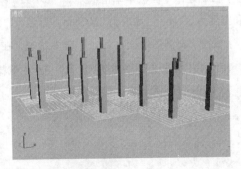

图 3-7-28 复制、调整花架顶柱位置和高度

◆ 创建花架顶梁

(1) 在创建命令面板中单击 ○ ▶ 长方体 按钮,在顶视图中创建一个长方体,设置其

长度为200mm,宽度为4200mm,高度为200mm,命名为"左侧花架顶梁",调整其位置如图3-7-29所示。

(2) 保持"左侧花架顶梁"处于选中状态,在主工具栏中单击 ◎ (旋转)按钮,按住键盘上的 Shift 键后,按住鼠标左键旋转复制出另外一个花架顶梁,并在视图中调整其位置,如图3-7-30所示。

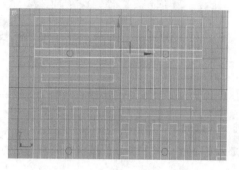
图3-7-29 创建左侧花架顶梁

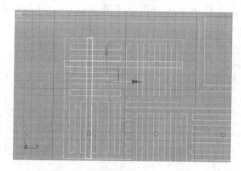
图3-7-30 旋转复制左侧花架顶梁

(3) 复制出另外两根花架顶梁,确定所有4根"左侧花架顶梁"都处于选中状态,在前视图中将其向上移动到左侧花架立柱的顶部,移动距离3100mm,结果如图3-7-31所示。

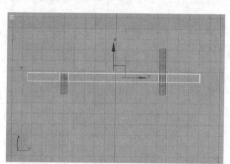

图3-7-31 调整"左侧花架顶梁"的位置

(4) 通过复制"左侧花架顶梁",创建"右侧花架顶梁"和"中间花架顶梁",并分别将其移动到花架立柱的顶部,如图3-7-32所示。

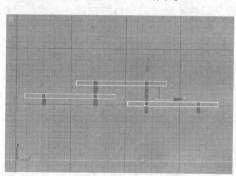

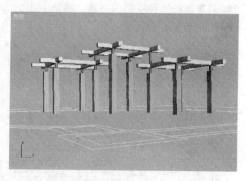

图3-7-32 复制、调整中间、右侧花架顶梁的位置

◆ 创建花架外圈梁

（1）在创建命令面板中单击 ◯ ▶ 矩形 按钮，在顶视图中创建一个正方形，设置其边长为4200mm，再在矩形中创建4个小正方形，小正方形的边长为1800mm。调整其位置如图3-7-33所示。

（2）保持大正方形处于选中状态，对其施用"编辑样条线"修改器，激活 ∧ (样条线)次物体层次。

（3）在修改命令面板的 ― 几何体 卷展栏中单击 附加 按钮，在顶视图中依次拾取4个小正方形，将所有矩形合为一个对象。

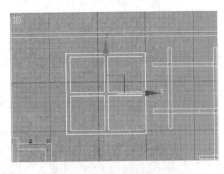

图 3-7-33　创建正方形

（4）确认合并后的矩形处于选中状态，在修改命令面板中单击 修改器列表 ▼ ，在弹出的下拉选项中选择"挤出"命令，设置挤出的数量为200mm，将拉伸后的造型命名为"左侧花架外圈梁"。

◆ 创建花架檩条

（1）在创建命令面板中单击 ◯ ▶ 长方体 按钮，在顶视图中创建一个长方体，设置其长度为100mm，宽度为1850mm，高度为200mm，命名为"花架檩条"，调整其位置如图3-7-34所示。

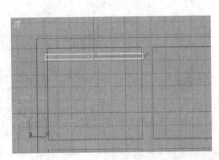 

图 3-7-34　创建/调整花架檩条位置

（2）对"花架檩条"先执行矩形阵列命令(阵列轴：Y轴、阵列距离：－220、阵列数量：8)，再通过移动复制和旋转复制的方法，将阵列出的8根花架檩条移动到合适的位置，完成所有花架檩条的创建，如图3-7-35所示。

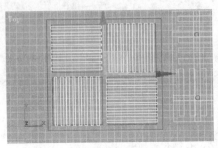 

图 3-7-35　移动复制/旋转复制完成花架檩条的创建

(3) 保持"花架外圈梁"和"花架檩条"都处于选中状态,在视图中将其移动到左侧花架的顶梁上面。复制"花架外圈梁"和"花架檩条",在视图中将其分别移动到中间花架和右侧花架的顶梁上面,如图 3-7-36 所示。

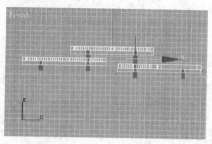

图 3-7-36　完成花架顶面的制作

3.7.2.4　创建入口拱形花架

◆ 创建中央拱形花架

(1) 在前视图中创建一个参考矩形,并设置其长度为 4000mm,宽度为 3100mm。在参考矩形内绘制两条如图 3-7-37 所示的样条曲线,作为拱形花架放样路径。

(2) 在前视图中绘制一个半径为 80mm 的圆形,作为花架放样路径的截面。

(3) 保持"放样路径"处于选中状态,在创建命令面板中单击 ⬤ (几何体),在创建下拉菜单中选择"复合对象"选项,在弹出的复合对象创建面板中单击 放样 按钮,在放样参数面板中点取 获取图形 按钮,将光标移动到视图中的圆形截面上,当光标显示为 形状时单击鼠标,完成放样模型的创建,将其命名为"拱形花架梁柱",结果如图 3-7-38 所示。

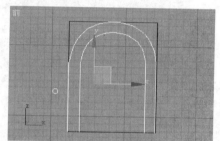

图 3-7-37　绘制拱形花架放样路径和放样截面

(4) 在视图中将"拱形花架梁柱"移动到入口位置,并复制出另外一个花架梁柱,如图 3-7-39 所示。

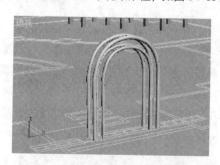

图 3-7-38　创建拱形花架梁柱　　图 3-7-39　复制拱形花架梁柱

(5) 在前视图中创建一个圆柱体,并设置其半径为 40mm,高度为 400mm,将其命名为"拱形花架横梁"。在视图调整其位置后,旋转复制出另外 3 个并调整其位置如图 3-7-40 所示。

(6) 将上面创建的 4 根花架横梁组合成组,然后将其复制 19 个,调整其位置如图 3-7-41 所示,完成中央拱形花架的创建。

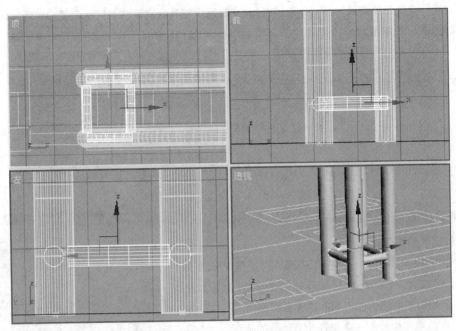

图 3-7-40　创建花架横梁并调整其位置

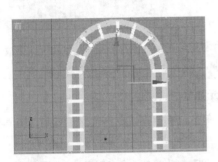
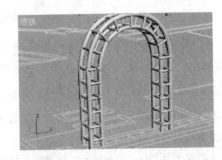

图 3-7-41　创建中央拱形花架

◆ 创建两侧拱形花架

(1) 在前视图中创建一个参考矩形，并设置其长度为 4000mm，宽度为 3100mm。在参考矩形内绘制两条如图 3-7-42 所示的样条曲线，作为侧面拱形花架放样路径。

(2) 在前视图中绘制一个半径为 80mm 的圆形，作为侧面拱形花架放样路径的截面。

(3) 参照前面方法创建侧面拱形花架的造型，并调整其位置如图 3-7-43 所示。

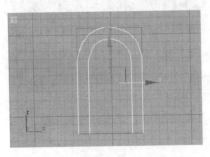

图 3-7-42　绘制侧面拱形花架放样路径　　　　图 3-7-43　创建侧面拱形花架造型

(4) 将侧面拱形花架复制一个，调整其位置到中央花架的另一侧，完成入口拱形花架的创建，如图 3-7-44 所示。

(5) 将入口拱形花架造型复制一组，然后移动到另一个入口位置，如图 3-7-45 所示。

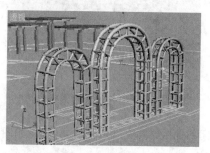
图 3-7-44　入口拱形花架造型

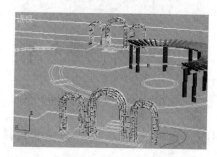
图 3-7-45　复制另一组入口花架造型

3.7.2.5　创建喷泉景墙与水池

◆ 创建景墙

(1) 在创建命令面板中单击 ⬥ ▶ 弧 按钮，在顶视图中沿景墙平面位置绘制一条弧线，如图 3-7-46 所示。

(2) 打开 ⬥ 修改命令面板，对圆弧施用"编辑样条线"修改器，激活 ⌒ (样条线)次物体层次。点击 轮廓 按钮，创建出圆弧的轮廓线。

(3) 确认轮廓后的圆弧处于选中状态，对其施用"挤出"修改命令，设置挤出的数量为 2800mm，修改其名称为"景墙"，如图 3-7-47 所示。

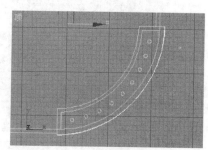
图 3-7-46　绘制景墙弧线

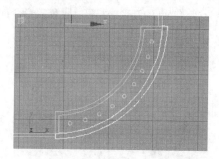
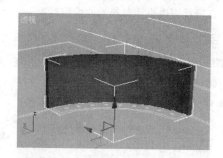
图 3-7-47　"挤出"景墙高度

◆ 创建喷泉水池

(1) 在顶视图中用 线 命令绘制出喷泉水池的轮廓线，如图 3-7-48 所示。

(2) 打开 ⬥ 修改命令面板，对轮廓线施用"编辑样条线"修改器，激活 ⌒ (样条线)次物体层次。点击 轮廓 按钮，创建出水池壁的厚度。

(3) 确认轮廓后的水池壁处于选中状态，对其施用"挤出"修改命令，设置挤出的数量为 500mm，修改其名称为"水池壁"，如图 3-7-49 所示。

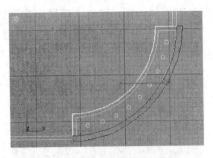
图 3-7-48 绘制水池轮廓线

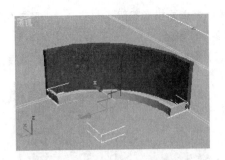
图 3-7-49 "挤出"水池壁高度

(4) 在顶视图中沿"水池壁"的内侧绘制一条封闭的曲线,命名为"水池水面",如图 3-7-50 所示。

(5) 对"水池水面"施加"挤出"修改命令,设置挤出的数量为 400mm,如图 3-7-51 所示。

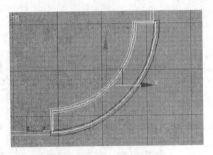
图 3-7-50 绘制水面曲线

图 3-7-51 "挤出"水面高度

3.7.2.6 创建花台

◆ 创建中央圆形花台

(1) 在顶视图中央圆形花池的位置绘制一个半径为 2000mm 的圆形,打开 修改命令面板,对圆施用"编辑样条线"修改器,激活 (样条线)次物体层次。点击 轮廓 按钮,创建出圆形的轮廓线(轮廓值:280mm)。

(2) 确认轮廓后的圆形处于选中状态,对其施用"挤出"修改命令,设置挤出的数量为 350mm,修改其名称为"圆形花台",如图 3-7-52 所示。

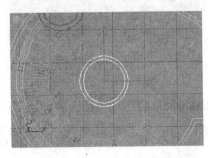
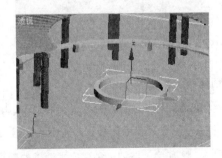
图 3-7-52 创建圆形花台

(3) 在顶视图绘制一个半径为 1440mm 的圆形,对其施用"轮廓"修改命令(轮廓值:-400mm),再对其施用"挤出"修改命令(挤出值:200mm),修改其名称为"圆形花台顶面"。

(4)在视图中将"圆形花台顶面"造型移动到"圆形花台"造型的上面,如图3-7-53所示。

(5)在顶视图创建一个半径为2000mm、高度为3800mm的圆柱体,修改其名称为"圆形花台草坪",将其与"圆形花台"对齐,结果如图3-7-54所示。

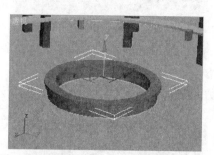

图3-7-53 创建圆形花台顶面

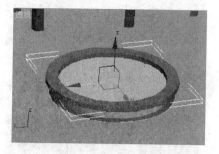

图3-7-54 创建圆形花台草坪

◆ 创建中央弧形花台

(1)在顶视图中使用 弧 和 线 命令绘制出弧形花台的轮廓线,确认其中的一条圆弧线处于选中状态,打开 修改命令面板,对圆弧施用"编辑样条线"修改器,激活 (样条线)次物体层次。点击 附加 按钮,在视图中依次拾取另外一条弧线和两条直线。

(2)设定"阈值距离"为5mm,利用 命令拖拽选中的圆弧对象离开原位置,然后再将其拖回到原来位置,此时所有线段被自动焊接在一起,如图3-7-55所示。

(3)对焊接后的弧线施用"轮廓"修改命令(轮廓值:250mm),再对其施用"挤出"修改命令(挤出值:400mm),修改其名称为"弧形花台",如图3-7-56所示。

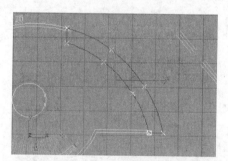

图3-7-55 焊接弧线与直线

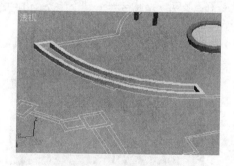

图3-7-56 创建弧形花台

(4)在顶视图中绘制一个边长为2000mm的正方形,对其施用"轮廓"修改命令(轮廓值:250mm),再对其施用"挤出"修改命令(挤出值:500mm),修改其名称为"方形花台"。

(5)在顶视图中将"方形花台"沿Z轴旋转45°后,调整其位置到弧形花台的中央,结果如图3-7-57所示。

(6)在顶视图中沿着"弧形花台"和"方形花台"的内侧绘制三条封闭的曲线,分别命名为"花台绿植1"、"花台绿植2"、"花台绿植3",如图3-7-58所示。

(7)对"花台绿植"施加"挤出"命令,设置"绿植1"和"绿植2"的挤出数量为700mm,"绿植3"的挤出数量为900mm,结果如图3-7-59所示。

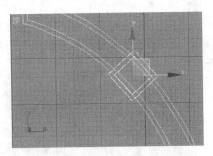

图 3-7-57　创建方形花台

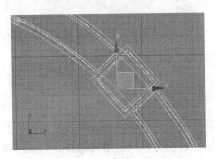
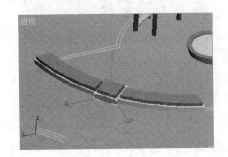

图 3-7-58　绘制绿植封闭曲线　　　　　　图 3-7-59　"挤出"绿植造型

(8) 参见前面的操作步骤，完成小游园中其他位置的花台和花台绿植的模型创建，效果如图3-7-60所示。

3.7.2.7　创建植物色带

(1) 在顶视图中使用　线　命令沿底图上的植物色带的平面图形绘制植物色带的轮廓线，将其命名为"植物色带"，如图3-7-61所示。

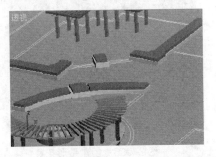
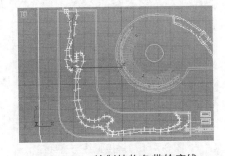

图 3-7-60　创建其他花台和花台绿植的造型　　　图 3-7-61　绘制植物色带轮廓线

(2) 对"植物色带"施加"挤出"修改命令，设置挤出数量为500mm，完成植物色带造型的创建，效果如图3-7-62所示。

3.7.2.8　创建绿地

(1) 在顶视图中使用　线　命令绘制绿地沿的轮廓，对其施用"轮廓"修改命令(轮廓值：150mm)，再对其施用"挤出"修改命令(挤出值：150mm)，修改其名称为"绿地沿"，如图3-7-63所示。

图 3-7-62　创建植物色带造型

图 3-7-63　创建绿地沿

(2) 在顶视图中的"绿地沿"内绘制一条封闭的曲线,将其命名为"绿地",对"绿地"施用"挤出"修改命令(挤出值：100mm),效果如图 3-7-64 所示。

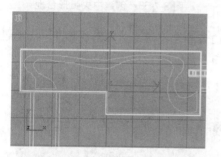

图 3-7-64　创建绿地

3.7.2.9　创建台地

◆ 创建中央弧形花架台地

(1) 在顶视图中沿中央弧形花架台地的边沿绘制一个圆(半径 8000mm)、一段圆弧以及一段直线,如图 3-7-65 所示。

(2) 确认圆弧线处于选中状态,打开 修改命令面板,对圆弧施用"编辑样条线"修改器,激活 (样条线)次物体层次。点击 附加 按钮,在视图中依次拾取圆和直线。

(3) 点击 修剪 按钮,将光标移动到圆弧和直线所夹的圆上,点击鼠标,将这段圆剪掉,结果如图 3-7-66 所示。

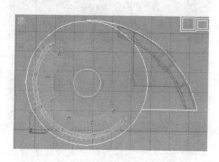
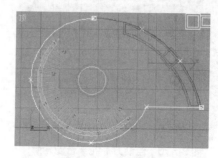

图 3-7-65　绘制圆、弧以及直线　　　　图 3-7-66　修剪圆

(4) 在修改面板中勾选 自动焊接 项,设定合适的"阈值距离"后,利用 命令拖拽选中的圆弧对象离开原位置,然后再将其拖回到原来位置,此时所有线段被自动焊接在一起,如图3-7-67

所示。

(5) 将焊接后的图形施加"挤出"修改命令(挤出数量：200mm)，将其命名为"弧形花架台地"，结果如图3-7-68所示。

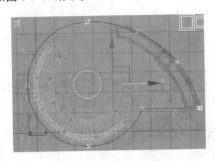 

图3-7-67　自动焊接曲线　　　　　　　图3-7-68　创建中央弧形台地

(6) 将"中央弧形花架"和"中央圆形花台"的造型全部选中，在前视图中将其向上移动200mm，将其移动到弧形台地的上面，结果如图3-7-69所示。

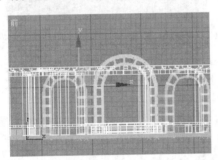 

图3-7-69　向上移动弧形花架和圆形花台的位置

◆ 创建方形花架台地

(1) 在顶视图中沿方形花架台地的边缘绘制一条封闭曲线，将其命名为"方形花架台地"，如图3-7-70所示。

(2) 对"方形花架台地"施用"挤出"修改命令(挤出数量：300mm)，结果如图3-7-71所示。

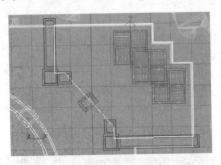 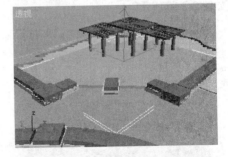

图3-7-70　绘制方形花架台地轮廓　　　　图3-7-71　创建方形花架台地造型

3.7.2.10　创建台阶

(1) 在顶视图中创建一个长方体，设置其长为8000mm，宽为400mm，高为150mm，将其沿Z轴旋转一定的角度，调整其位置如图3-7-72所示，将其命名为"台地台阶"。

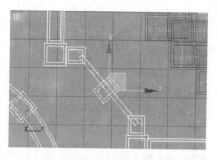 

图 3-7-72　创建台地台阶

(2) 在顶视图中创建一个长方体，设置其长为 2400mm，宽为 6000mm，高为 150mm，将其命名为"入口台阶"并将其移动到花架入口位置，如图 3-7-73 所示。

(3) 将"入口台阶"复制并移动到另一个花架入口位置。

(4) 在顶视图中创建一个长方体，设置其长为 5000mm，宽为 2400mm，高为 150mm，将其命名为"侧面入口台阶"，并将其移动到侧面入口位置。

3.7.2.11　创建地面

◆ 创建小游园广场地面

在顶视图中沿小游园广场轮廓绘制一个封闭曲线，将其命名为"广场地面"，如图 3-7-74 所示。对"广场地面"施用"挤出"修改命令，设置挤出数量为 10mm。

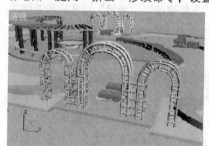 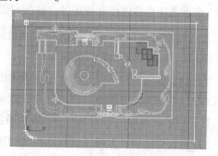

图 3-7-73　创建入口台阶　　　　　　图 3-7-74　绘制广场地面轮廓

◆ 创建公路

(1) 在顶视图创建一个长方体，设置其长度为 10000mm，宽度为 79000mm，高度为 5mm，并将其命名为"公路"，如图 3-7-75 所示。

(2) 在顶视图创建一个长方体，设置其长度为 54000mm，宽度为 10000mm，高度为 5mm，并将其命名为"侧面公路"，如图 3-7-76 所示。

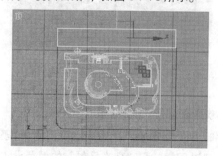 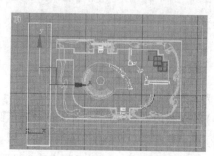

图 3-7-75　创建公路　　　　　　图 3-7-76　创建"侧面公路"

并设置材质的高光,如图 3-7-77 所示。

(3) 单击"漫反射"后面的 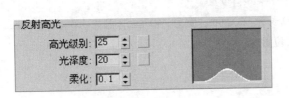 贴图按钮,打开"材质/贴图"浏览器,双击位图贴图,从本书光盘"实例素材"中选择一幅名为"木材质"的位图,如图 3-7-78 所示。

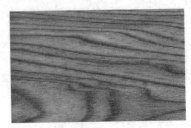

图 3-7-77　参数设置　　　　　　　　　图 3-7-78　木材质贴图

(4) 在视图中选中弧形花架的"立柱"、"弧形梁"、"花架檩条"、"坐凳"以及方形花架的"外圈梁"部分,在材质编辑器中单击 按钮,将材质赋予指定对象,结果如图 3-7-79 所示。

3.7.3.2　方形花架材质的制作

(1) 在材质编辑器中选择一个新的材质示例球,将材质命名为"方形花架"。

(2) 在"明暗器基本参数"卷展栏中设置材质的明暗方式为"Phong"(塑性),在"Phong 基本参数"卷展栏中将材质的"环境光"设置为黑色,"漫反射"和"高光反射"设置为白色。

(3) 在视图中选中方形花架的"立柱"、"顶柱"、"顶梁"、"花架檩条"部分,在材质编辑器中单击 按钮,将材质赋予指定对象,结果如图 3-7-80 所示。

图 3-7-79　将木材质赋给指定对象　　　　图 3-7-80　赋予方形花架材质

3.7.3.3　拱形花架材质的制作

(1) 在材质编辑器中选择一个新的材质示例球,将材质命名为"拱形花架"。

(2) 在"明暗器基本参数"卷展栏中设置材质的明暗方式为 Phong"(塑性),在"Phong 基本参数"卷展栏中将材质的"环境光"的颜色设置为黑色,"漫反射"和"高光反射"的颜色设置为白色，并设置材质的高光，如图 3-7-81 所示。

（3）在视图中选择两个"拱形花架"，将以上材质赋予指定对象，如图 3-7-82 所示。

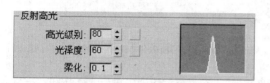

图 3-7-81　参数设置

图 3-7-82　赋予拱形花架材质

3.7.3.4　景墙材质的制作

（1）在材质编辑器中选择一个新的材质示例球，将材质命名为"景墙"。

（2）在"明暗器基本参数"卷展栏中设置材质的明暗方式为"Phong"（塑性），在"Phong 基本参数"卷展栏中将材质的"环境光"和"漫反射"设置为"灰色"，"高光反射"设置为白色。

（3）在"贴图"卷展栏中，单击"漫反射颜色"贴图按钮，打开"材质/贴图"浏览器，双击选择"位图"贴图，从本书光盘"实例素材"中选择一幅名为"毛石"的位图，如图 3-7-83 所示。

（4）在视图中选中"景墙"，单击 按钮，将材质赋予它。

（5）确定"景墙"处于选中状态，在修改命令面板中单击 修改器列表 ，在弹出的下拉菜单中选中"UVW 贴图"命令，设置贴图方式为"长方体"，并设置其长、宽为 1000mm，高为 2000mm，结果如图 3-7-84 所示。

图 3-7-83　毛石贴图

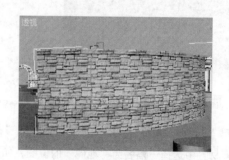

图 3-7-84　赋予景墙材质

3.7.3.5　花台材质的制作

（1）在材质编辑器中选择一个新的材质示例球，将材质命名为"花台"。

（2）在"明暗器基本参数"卷展栏中设置材质的明暗方式为"Phong"（塑性），在"Phong 基本参数"卷展栏中将材质的"环境光"和"漫反射"设置为"灰色"，"高光反射"设置为白色，并设置材质的高光，如图 3-7-85 所示。

（3）单击"漫反射"后面的 贴图按钮，打开"材质/贴图"浏览器，双击位图贴图，从本书光盘"实例素材"中选择一幅名为"大理石"的位图，如图 3-7-86 所示。

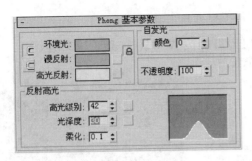

图 3-7-85　参数设置

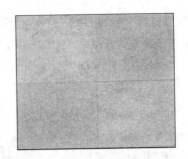

图 3-7-86　大理石贴图

(4) 在视图中选中所有的"花台"以及"喷泉水池"，在材质编辑器中单击  按钮，将材质赋予指定对象。

(5) 依次选择各个花台造型，在修改命令面板中单击 修改器列表 ，在弹出的下拉菜单中选中"UVW 贴图"命令，设置贴图方式为"长方体"，并设置其长、宽、高都为 2000mm，结果如图 3-7-87 所示。

3.7.3.6　台地地面的材质制作

(1) 在材质编辑器中选择一个新的材质示例球，将材质命名为"台地"。

(2) 在"明暗器基本参数"卷展栏中设置材质的明暗方式为"Phong"（塑性），在"Phong 基本参数"卷展栏中将材质的"环境光"设置为黑色，"漫反射"设置为"灰色"，"高光反射"设置为白色，并设置材质的高光，如图 3-7-88 所示。

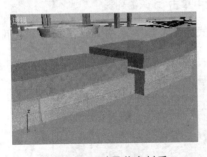

图 3-7-87　赋予花台材质

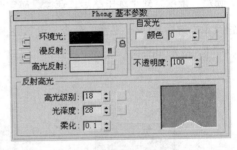

图 3-7-88　台地材质高光参数设置

(3) 单击"漫反射"后面的 贴图按钮，打开"材质/贴图"浏览器，双击位图贴图，从本书光盘"实例素材"中选择一幅名为"地砖"的位图，如图 3-7-89 所示。

(4) 在贴图级别的"坐标"卷展栏中设置贴图的平铺次数为 15×15，如图 3-7-90 所示。

图 3-7-89　地砖贴图

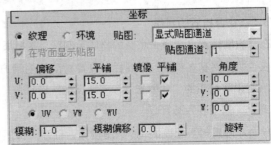

图 3-7-90　贴图坐标参数设置

（5）在视图中选中"入口台阶"、"弧形花架台地"和"方形花架台地"，单击 按钮，将材质赋予指定对象。

3.7.3.7 广场地面的材质制作

（1）在材质编辑器中选择一个新的材质示例球，将材质命名为"广场地面"。

（2）在"明暗器基本参数"卷展栏中设置材质的明暗方式为"Phong"（塑性），在"Phong基本参数"卷展栏中将材质的"环境光"和"漫反射"设置为"灰色"，"高光反射"设置为白色，并设置材质的高光参数，如图3-7-91所示。

（3）单击"漫反射"后面的 贴图按钮，打开"材质/贴图"浏览器，双击位图贴图，从本书光盘"实例素材"中选择一幅名为"铺地"的位图，如图3-7-92所示。

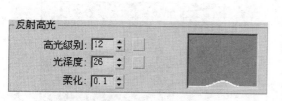

图3-7-91　高光参数设置

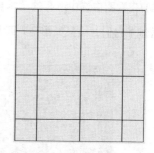

图3-7-92　铺地贴图

（4）在贴图级别的"坐标"卷展栏中设置贴图的平铺次数为20×13，如图3-7-93所示。

（5）在视图中选中"广场地面"，单击 按钮，将材质赋予它。

3.7.3.8 绿地沿的材质制作

（1）在材质编辑器中选择一个新的材质示例球，将材质命名为"绿地沿"。

（2）单击"漫反射"后面的 贴图按钮，打开"材质/贴图"浏览器，双击位图贴图，从本书光盘"实例素材"中选择一幅名为"砖石"的位图，如图3-7-94所示。

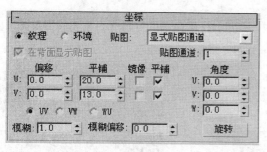

图3-7-93　贴图坐标参数设置

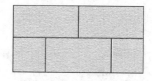

图3-7-94　砖石贴图

（3）在视图中选中"绿地沿"，单击 按钮，将材质赋予它们。

（4）确定"绿地沿"处于选中状态，在修改命令面板中单击 修改器列表 ，在弹出的下拉菜单中选中"UVW贴图"命令，设置贴图方式为"长方体"，并设置其长、宽、高均为800mm，结果如图3-7-95所示。

3.7.3.9 绿地材质的制作

(1) 在材质编辑器中选择一个新的材质示例球，将材质命名为"绿地"。

(2) 在"明暗器基本参数"卷展栏中设置材质的明暗方式为"Phong"（塑性）。

(3) 单击"漫反射"后面的 ■ 贴图按钮，打开"材质/贴图"浏览器，双击位图贴图，从本书光盘"实例素材"中选择一幅名为"草地"的位图，如图3-7-96所示。

图3-7-95 赋予绿地沿材质

(4) 在视图中选中所有的"绿地"单击 按钮，将材质赋予它们，结果如图3-7-97所示。

图3-7-96 草地贴图

图3-7-97 赋予草地材质

3.7.3.10 植物色带材质的制作

(1) 在材质编辑器中选择一个新的材质示例球，将材质命名为"植物色带"。

(2) 在"明暗器基本参数"卷展栏中设置材质的明暗方式为"Phong"（塑性），在"Phong基本参数"卷展栏中将材质的"环境光"和"漫反射"设置为"灰色"，"高光反射"设置为白色，并设置材质的高光参数，如图3-7-98所示。

(3) 单击"漫反射"后面的 ■ 贴图按钮，打开"材质/贴图"浏览器，双击位图贴图，从本书光盘"实例素材"中选择一幅名为"绿植"的位图，如图3-7-99所示。

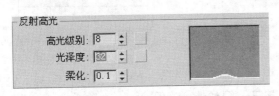

图3-7-98 参数设置

图3-7-99 绿植贴图

(4) 在视图中选中所有的"植物色带"造型，单击 按钮，将材质赋予它们。

(5) 确认所选造型处于选中状态，在修改命令面板中单击 修改器列表 ，在弹出的下拉菜单中选中"UVW 贴图"命令，设置贴图方式为"长方体"，并将其长、宽、高都设置为 2000mm。

3.7.3.11 水面材质的制作

(1) 在材质编辑器中选择一个新的材质示例球，将材质命名为"水面"。

(2) 在"明暗器基本参数"卷展栏中设置材质的明暗方式为"Phong"（塑性），在"Phong 基本参数"卷展栏中将材质的"环境光"设置为黑色，"漫反射"和"高光反射"设置为白色，并设置材质的高光，如图 3-7-100 所示。

(3) 在"贴图"卷展栏中，单击"漫反射颜色"贴图按钮，打开"材质/贴图"浏览器，双击选择"位图"贴图，从本书光盘"实例素材"中选择一幅名为"水面"的位图，如图 3-7-101 所示，同时材质进入贴图级别。

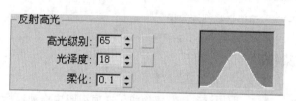
图 3-7-100 参数设置

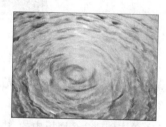
图 3-7-101 水面贴图

(4) 在材质编辑器工具栏中单击 按钮返回材质级别，在"贴图"卷展栏中，单击"反射"贴图按钮，打开"材质/贴图"浏览器，双击"光线跟踪"贴图，并设置"反射"贴图通道的数量为 50。

(5) 在视图中选中"水面"，在材质编辑器中单击 按钮，将材质赋予它。

3.7.3.12 公路材质的制作

(1) 在材质编辑器中选择一个新的材质示例球，将材质命名为"公路"。

(2) 在"明暗器基本参数"卷展栏中设置材质的明暗方式为"Phong"（塑性），在"Phong 基本参数"卷展栏中将材质的"环境光"和"漫反射"设置为灰色，"高光反射"设置为白色，并设置材质的高光，如图 3-7-102 所示。

(3) 单击"漫反射"后面的 贴图按钮，打开"材质/贴图"浏览器，双击位图贴图，从本书光盘"实例素材"中选择一幅名为"公路"的位图，如图 3-7-103 所示。

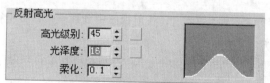
图 3-7-102 参数设置

图 3-7-103 公路贴图

(4) 视图中选中"公路"造型，在材质编辑器中单击 按钮，将材质赋予它们。

至此，小游园绿地的材质全部制作完成，单击 （渲染）按钮，渲染透视视图，渲染效果如图 3-7-104 所示。

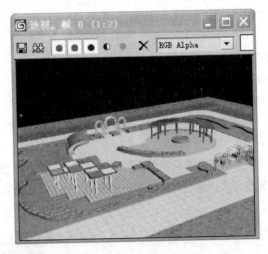

图 3-7-104　渲染透视视图效果

3.7.4　设置摄像机、灯光与渲染输出

3.7.4.1　设置摄像机

（1）单击创建命令面板中的 ![] 按钮，选择 ![目标] 摄像机，在顶视图中拖动鼠标创建目标摄像机，并调整摄像机的位置，如图 3-7-105 所示。

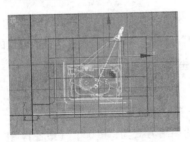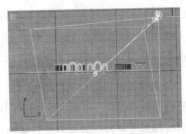

图 3-7-105　设置摄像机

（2）激活透视视图，单击键盘上的 C 键，即可将透视视图转换为摄像机视图。

3.7.4.2　设置光源

◆ 设置主光源

（1）在创建命令面板中单击 ![] 按钮，选择 ![目标平行光]，在前视图中创建一个目标平行光源，调整其位置如图 3-7-106 所示，将其命名为"主光源"。

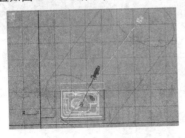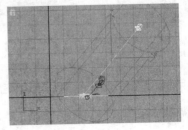

图 3-7-106　设置主光源

(2) 确认"主光源"处于选中状态,打开修改命令面板,在"常规参数"卷展栏中勾选"启用阴影",并设置阴影的渲染方式为"高级光线跟踪",如图 3-7-107 所示。

(3) 在"强度/颜色/衰减"卷展栏中将"倍增"值设定为 1.2。

(4) 在"平行光参数"卷展栏中将"聚光区/光束"值设定为 60000mm,将"衰减区/区域"设定为 60050mm,如图 3-7-108 所示。

(5) 在"阴影"参数卷展栏中将阴影密度值设定为 0.6,如图 3-7-109 所示。

图 3-7-107 常规参数设置　　图 3-7-108 平行光参数设置　　图 3-7-109 阴影参数设置

◆ 设置辅助光源

(1) 在创建命令面板中单击 按钮,选择 天光 ,在顶视图中创建一个天光光源,调整其位置如图 3-7-110 所示。

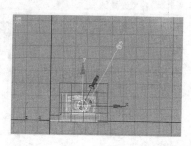
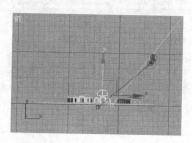

图 3-7-110 设置辅助光源

(2) 在"强度/颜色/衰减"卷展栏中将天光的"倍增"值设定为 0.3。

至此,小游园绿地的摄像机设置和灯光设置全部完成。

3.7.4.3 渲染输出

(1) 在工具栏中单击 按钮,弹出如图 3-7-111 所示的"渲染场景"对话框,在对话框中设置渲染图像的输出大小为 4000×3000。

(2) 单击渲染对话框中的 渲染 按钮,进行渲染,结果如图 3-7-112 所示。

(3) 单击渲染效果图左上角的 按钮,在弹出的保存图像对话框中将文件名称命名为"小游园渲染图",设置文件的格式为 TIF。

(4) 单击对话框中的 保存(S) 按钮,弹出如图 3-7-113 所示的"TIF 图像控制"对话框,勾选其中的"存储 Alpha 通道"选项,单击 确定 按钮,渲染的图像文件被保存。

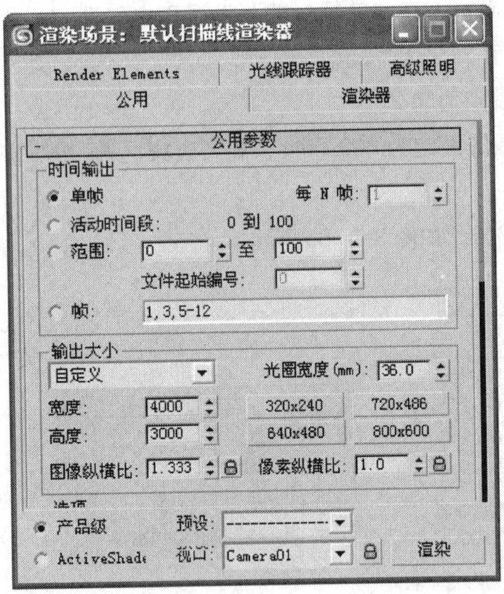

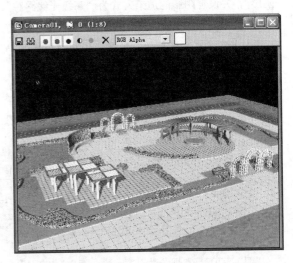

图 3-7-111 "渲染场景"对话框

图 3-7-112 渲染结果

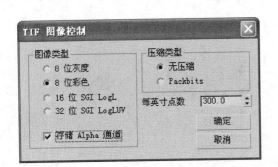

图 3-7-113 "TIF 图像控制"对话框

图 3-7-114 清除背景后的图像

3.7.5 在 Photoshop 中进行小游园的后期处理

3.7.5.1 去除背景

(1) 启动 Photoshop CS，在菜单栏中单击"文件 ► 打开"，打开在 3ds Max 7.0 中渲染输出的"小游园效果图"。在图层面板中双击"背景"图层，在弹出对话框后按回车键确认，将背景图层转换为 0 图层。

(2) 打开"通道"面板，按住键盘上的 Ctrl 键的同时，单击 Alpha 1 通道载入选区。

(3) 返回到图层面板，执行菜单栏中的"选择 ► 反选"(快捷键：Ctrl + Shift + I)命令，将图像中的黑色背景区域选中，执行菜单栏中的"编辑 ► 清除"(快捷键：Delete)将选中区域内的图像删除，此时背景部分的图像变为透明，如图 3-7-114 所示。

3.7.5.2 添加天空背景

(1) 从本书光盘"实例素材"中选择一幅名为"天空背景"的图像，如图 3-7-115 所示。

图 3-7-115　天空素材图像

图 3-7-116　添加天空背景图像

3.7.5.3　添加水体喷泉

(1) 从本书光盘"实例素材"中选择一幅名为"水柱"的图片，如图 3-7-117 所示。

(2) 将"水柱"图像复制到小游园效果图中。在图层面板中，将"水柱"所在的图层调整至效果图所在的 0 图层的上面。

(3) 确认当前图层为"水柱"所在的图层，在菜单栏中执行"编辑 ▶ 变换 ▶ 缩放"命令，在效果图中调整其图像的大小和位置，如图 3-7-118 所示。

图 3-7-117　水柱素材图片

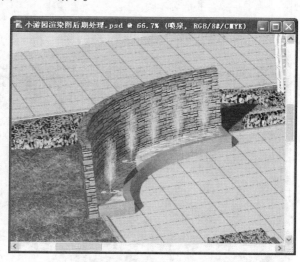

图 3-7-118　调整水柱位置

3.7.5.4　添加植物种植

(1) 从本书光盘"实例素材"中选择各种植物的素材图片，将其复制到小游园效果图中，调整其图像的大小并参照在 AutoCAD 中绘制的"小游园平面绿化设计图"中植物种植点的位置，调整各种植物的种植位置。

(2) 参照本书 Photoshop CS 一章中所介绍的为植物添加阴影的方法，为小游园效果图中的植物添加阴影(设置植物阴影的不透明度为50%)，结果如图 3-7-119 所示。

图 3-7-119　添加植物种植

3.7.5.5　添加人物配景

(1) 从本书光盘"实例素材"中选择各种人物的素材图片，将其复制到小游园效果图中。

(2) 参照本书 Photoshop CS 一章中所介绍的为人物添加阴影的方法，为小游园效果图中的人物配景添加阴影(设置人物阴影的不透明度为50%)，结果如图 3-7-120 所示。

图 3-7-120　添加人物配景

参 考 文 献

[1] 郑阿奇. AutoCAD 2000 中文版实用教程. 北京：电子工业出版社，2000.
[2] 吴永进，林美樱. AutoCAD 2006 中文版实用教程——基础篇. 北京：人民邮电出版社，2006.
[3] 陈志民. Photoshop 7 建筑效果图制作精粹. 北京：机械工业出版社，2003.
[4] 朱仁成，王翔宇，王开美. Photoshop CS 中文版效果图后期处理商用实例. 北京：电子工业出版社，2005.
[5] 高志清. 3DS MAX 效果图灯光材质应用范例精粹. 北京：中国水利水电出版社，2004.
[6] 雪茗斋电脑教育研究室. 3ds Max 7 中文版建筑效果图 100 例. 北京：人民邮电出版社，2005.
[7] 邢黎峰. 园林计算机辅助设计教程. 北京：机械工业出版社，2004.
[8] 卢圣. 计算机辅助园林设计(修订版). 北京：气象出版社，2004.